"十二五"职业教育国家规划教材修订版

电工中高级实训

主　编　唐义锋
副主编　于宝佺　罗　斌
　　　　邵喜乐　王　炜
主　审　倪　伟

北京理工大学出版社
BEIJING INSTITUTE OF TECHNOLOGY PRESS

内 容 提 要

本书参照中华人民共和国人力资源和社会保障部2019年1月颁布的国家职业技能标准《电工》(职业编码：6-31-01-03)，将电工中、高级工应知、应会的控制部分内容整合凝练为6个任务，借鉴CDIO工程教育理念，采用任务驱动、项目导向进行编写，内容包括：任务一电动机控制线路的设计、安装与调试，任务二用可编程控制器进行项目设计，任务三直流调速与控制系统的安装与调试，任务四交流调速系统的设计与调试，任务五三相变压器的检测，任务六学会典型生产机械电气控制线路分析与排故，附录1电工中级工操作技能样题及评分标准，附录2电工高级工操作技能样题及评分标准。

本书在1+X证书制度的实施中，用作高职、高专和各类成人教育机电、数控、电气自动化及电子信息类专业学生中、高级电工考工培训教材，具体配合电工中、高级工考工训练，作为“电工实训”“机电控制实训”或“电气控制实训”课程的训练教材，也可供机电、数控、电子、电气专业的设备设计、维修、维护技术人员参考。

图书在版编目（CIP）数据

电工中高级实训／唐义锋主编.—北京：北京理工大学出版社，2019.9（2023.1重印）
ISBN 978-7-5682-7627-6

Ⅰ.①电…　Ⅱ.①唐…　Ⅲ.①电工技术-技术培训-教材　Ⅳ.①TM

中国版本图书馆CIP数据核字（2019）212890号

出版发行／北京理工大学出版社有限责任公司
社　　址／北京市海淀区中关村南大街5号
邮　　编／100081
电　　话／(010) 68914775（总编室）
　　　　　(010) 82562903（教材售后服务热线）
　　　　　(010) 68948351（其他图书服务热线）
网　　址／http：//www.bitpress.com.cn
经　　销／全国各地新华书店
印　　刷／唐山富达印务有限公司
开　　本／787毫米×1092毫米　1/16
印　　张／19.75
字　　数／466千字
版　　次／2019年9月第1版　2023年1月第2次印刷
定　　价／49.00元

责任编辑／王艳丽
文案编辑／王艳丽
责任校对／周瑞红
责任印制／施胜娟

前言 Preface

本书参照中华人民共和国人力资源和社会保障部2019年1月颁布的国家职业技能标准《电工》（职业编码：6-31-01-03），将电工中、高级工应知、应会的控制部分内容整合凝练为6个任务，借鉴CDIO工程教育理念，采用任务驱动、项目导向进行编写。

本书内容包括：任务一电动机控制线路的设计、安装与调试，任务二用可编程控制器进行项目设计，任务三直流调速与控制系统的安装与调试，任务四 交流调速系统的设计与调试，任务五三相变压器的检测，任务六学会典型生产机械电气控制线路分析与排故，附录1电工中级工操作技能样题及评分标准，附录2电工高级工操作技能样题及评分标准。

本书在1+X证书制度的实施中，配合电工中、高级工考工训练，作为“电工实训”“机电控制实训”或“电气控制实训”课程的训练教材，同时具有一定的工具性。在人才培养的中期安排。全书采用项目化设计，力求浓缩精炼，突出针对性、典型性、实用性。通过项目实施使学生在掌握技术、技能的同时学会解决问题的一般方法。

本书由江苏财经职业技术学院唐义锋担任主编并统稿，由洪泽联合化纤有限公司于宝佺、江苏财经职业技术学院罗斌、淮安昊锐科技发展有限公司王炜、炎黄职业技术学院邵喜乐担任副主编。其中，唐义锋编写任务三、任务四、任务六的部分项目，以及电工中高级职业技能鉴定样题和部分理论样题库；于宝佺编写任务二、任务五的部分项目，以及电工中高级工理论样题库；罗斌编写任务四、任务五的部分项目；王炜编写任务一、任务五的部分项目；邵喜乐编写任务六和任务三的部分项目；胡玉忠编写任务一、任务二的部分项目；冯辉编写任务一、任务二的部分项目；江苏沙钢集团淮钢特钢有限公司陈冬生等同志进行部分项目的验证工作；江苏财经职业技术学院丁琳、徐大诏等同志参与了书稿的校对工作。

在编写过程中，得到了江苏瑞特电子设备有限公司、无锡华阳科技有限公司和淮安金恒泰科技有限公司、江苏沙钢集团淮钢特钢有限公司等合作单位领导和技术人员的大力支持，他们在提供了大量翔实技术资料的同时，还提供嵌入课程教学中进行工学结合一体化训练的产品，共建了项目实施的实训场所；在编审过程中，江苏沙钢集团淮钢特钢有限公司高级工程师王灿秀等同志进行了初审，提出了许多宝贵意见和建议，在此一并表示由衷的感谢。

本书由淮阴工学院倪伟教授主审，提出了许多宝贵意见和建议，还给以相关资料的支持。编者在此表示衷心的感谢。

本书在编写过程中，编者查阅和参考了大量文献资料，并引用了参考文献中有关章节和亚龙实训装置指导书部分内容，在此表示感谢。由于采用工程项目研究思路进行教材编写，打破了传统方式，加之编者水平有限，书中难免有不妥之处，敬请读者指正。

编　者

目录 Contents

电动机控制线路的设计、安装与调试

【教学目标】

（1）了解电动机控制线路的安装和调试的原则、方法等。

（2）掌握三相异步电动机启、停和正反转控制线路的设计。

（3）掌握三相异步电动机的星形－三角形降压启动控制线路的设计。

（4）掌握继电接触器对动力滑台的控制线路的安装接线。

（5）掌握三相异步电动机的能耗制动线路的安装接线。

【任务描述】

对电动机的控制是目前工业控制中最常见的内容，本任务通过具体的项目来介绍电动机控制线路的设计、安装布线与调试维修等方面的知识。

本任务根据实际工作中使用的需求，选择了6个典型项目，主要包括三相异步电动机点动及单向运行控制线路的安装与调试；三相异步电动机的正反转启动控制线路的安装与调试；两级传送带顺序启动、顺序停止控制线路的安装与调试；三相较大功率异步电动机星形－三角形降压启动控制线路的安装与调试；采用继电接触器控制的动力滑台控制线路的安装与调试；能耗制动电路的设计与安装。

通过本任务的训练，使得学生掌握电动机控制线路安装和调试的基本知识，能够按照控制功能的要求进行电动机控制线路的简单设计，掌握基本的电动机控制功能线路的安装布线和调试方法。

项目1　三相异步电动机点动及单向运行控制线路的安装与调试

项目描述

设计一套控制线路，能够实现对三相异步电动机进行点动及单向运行控制，并根据电动机型号及电气原理图选用元器件及部分电工器材；按电气原理图装接控制线路；通电空载试运行成功。

项目分析

本项目是对电动机控制的最基本操作，通过对三相电动机点动及单向运行控制线路的实际安装接线训练，能够掌握电动机控制线路的安装、接线与调试的方法。因此，本项目实施需要了解三相异步电动机控制电路的一般原则、控制电路中各种保护的设计方法，能进行电气原理图的绘制与识读，了解控制线路的安装接线步骤。

知识链接

1. 三相异步电动机控制电路的一般原则

生产机械的电气控制线路都是根据生产工艺过程的控制要求设计的，而生产工艺过程必然伴随着一些物理量的变化，如行程、时间、速度、电流等。这就需要某些电器能准确地测量和反映这些物理量的变化，并根据这些量的变化对电动机实现自动控制。电动机控制的一般原则有行程控制原则、时间控制原则、速度控制原则和电流控制原则。

1）行程控制原则

根据生产机械运动部件的行程或位置，利用位置开关来控制电动机的工作状态称为行程控制原则。行程控制原则是生产机械电气自动化中应用最多和作用原理最简单的一种方式。如工作台自动往返行程控制线路就是按行程原则来控制的。

2）时间控制原则

利用时间继电器按一定时间间隔来控制电动机的工作状态称为时间控制原则，如电动机的降压启动、制动及变速过程中，利用时间继电器按一定时间间隔改变线路的接线方式，以自动完成电动机的各种控制要求。在这里，换接时间的控制信号由时间继电器发出，换接时间的长短则根据生产工艺要求或者电动机的启动、制动和变速过程的持续时间来整定时间继电器的动作时间。如星形－三角形降压启动控制线路就是按时间原则来控制的。

3）速度控制原则

根据电动机的速度变化，利用速度继电器等来控制电动机的工作状态称为速度控制原则。反映速度变化的电器有多种。直接测量速度的电器有速度继电器、小型测速发电机。间接测量电动机速度分两类：对于直流电动机用其感应电动势来反映，通过电压继电器来控制；对于交流绕线式异步电动机可用转子频率来反映，通过频率继电器来控制。反接制动控制线路就是利用速度继电器来进行速度控制的。

4）电流控制原则

根据电动机主回路电流的大小，利用电流继电器来控制电动机的工作状态称为电流控制原则。如机床横梁夹紧机构的自动控制线路就是按行程控制原则和电流控制原则来控制的。

2. 电动机的保护

电动机在运行的过程中，除按生产机械的工艺要求完成各种正常运转外，还必须在线路出现短路、过载、过电流、欠压、失压及失磁等现象时，能自动切断电源停止转动，以防止和避免发生电气设备和机械设备的损坏事故，保证操作人员的人身安全。为此，在生产机械的电气控制线路中，采取了对电动机的各种保护措施。常用的电动机的保护有短路保护、过载保护、欠压保护、失压保护、过流保护及失磁保护等。

1）短路保护

当电动机绕组和导线的绝缘损坏时，或者控制电器及线路损坏发生故障时，线路将出现短路现象，产生很大的短路电流，使电动机、电器、导线等电器设备严重损坏。因此，在发生短路故障时，保护电器必须立即动作，迅速将电源切断。

常用的短路保护电器是熔断器和自动空气断路器。熔断器的熔体与被保护的电路串联，当电路正常工作时，熔断器的熔体不起作用，相当于一根导线，其上面的压降很小，可忽略不计。当电路短路时，很大的短路电流流过熔体，使熔体立即熔断，切断电动机电源，电动机停转。同样若电路中接入自动空气断路器，当出现短路时，自动空气断路器会立即动作，切断电源使电动机停转。

2）过载保护

当电动机负载过大，启动操作频繁或缺相运行时，会使电动机的工作电流长时间超过其额定电流，电动机绕组过热，温升超过其允许值，导致电动机的绝缘材料变脆，寿命缩短，严重时会使电动机损坏。因此，当电动机过载时，保护电器应动作切断电源，使电动机停转，避免电动机在过载下运行。

常用过载保护电器是热继电器。当电动机的工作电流小于额定电流时，热继电器不动作，电动机正常工作；当电动机短时过载或过载电流较小时，热继电器不动作，只有经过较长时间过载热继电器才动作；当电动机过载电流较大时，串接在主电路中的热元件会在较短时间内发热弯曲，使串接在控制电路中的常闭触点断开，切断控制电路电源从而使主电路的电源断开，使电动机停转。

3）欠压保护

当电网电压降低，电动机便在欠压下运行。由于电动机载荷没有改变，所以欠压下电动机转速下降，定子绕组中的电流增加。因此电流增加的幅度尚不足以使熔断器和热继电器动作，所以这两种电器起不到保护作用。如不采取保护措施，时间一长将会使电动机过热损坏。另外，欠压将引起一些电器释放，使电路不能正常工作，也可能导致人身伤害和设备损坏事故。因此，应避免电动机欠压下运行。

实现欠压保护的电器是接触器和电磁式欠电压继电器。在机床电气控制线路中，只有少数线路专门装设了电磁式电压继电器起欠压保护作用；而大多数控制线路，由于接触器已兼有欠压保护功能，所以不必再加设欠压保护电器。一般当电网电压降低到额定电压的85%

以下时，接触器（电压继电器）线圈产生的电磁吸力减小到复位弹簧的拉力，动铁心被释放，其主触点和自锁触点同时断开，切断主电路和控制电路电源，使电动机停转。

4）失压保护（零压保护）

生产机械在工作时，由于某种原因发生电网突然停电，这时电源电压下降为零，电动机停转，生产机械的运动部件随之停止转动。一般情况下，操作人员不可能及时拉开电源开关，如不采取措施，当电源恢复正常时，电动机会自行启动运转，很可能造成人身伤害和设备损坏事故，并引起电网过电流和瞬间网络电压下降。因此，必须采取失压保护措施。

在电气控制线路中，起失压保护作用的电器是接触器和中间继电器。当电网停电时，接触器和中间继电器线圈中的电流消失，电磁吸力减小为零，动铁心释放，触点复位，切断了主电路和控制电路电源。当电网恢复供电时，若不重新按下启动按钮，则电动机就不会自行启动，实现了失压保护。

5）过流保护

为了限制电动机的启动或制动电流，在直流电动机的电枢绕组中或在交流绕线式异步电动机的转子绕组中需要串入附加的限流电阻。如果在启动或制动时，附加电阻被短接，将会造成很大的启动或制动电流，使电动机或机械设备损坏。因此，对直流电动机或绕线式异步电动机常常采用过流保护。

过流保护常用电磁式过电流继电器来实现。当电动机过流值达到电流继电器的动作值时，继电器动作，使串接在控制电路中的常闭触点断开切断控制电路，电动机随之脱离电源停转，达到了过流保护的目的。

6）失磁保护

直流电动机必须在磁场有一定强度下才能启动正常运转。若在启动时，电动机的励磁电流很小，产生的磁场太弱，将会使电动机的启动电流很大；若电动机在正常运转过程中，磁场突然减弱或消失，电动机的转速将会迅速升高，甚至发生“飞车”。因此，在直流电动机的电气控制线路中要采取失磁保护。失磁保护是在电动机励磁回路中串入失磁继电器（即欠电流继电器）来实现。在电动机启动运转过程中，当励磁电流值达到失磁继电器的动作值时，继电器就吸合，使串接在控制电路中的常开触点闭合，允许电动机启动或维持正常运转；但当励磁电流减小很多或消失时，失磁继电器就释放，其常开触点断开，切断控制电路，接触器线圈失电，电动机断电停转。

3. 绘制、识读电气控制线路原理图的原则

（1）原理图一般分电源电路、主电路、控制电路、信号电路及照明电路。

电源电路画成水平线，三相交流电源相序 L1、L2 和 L3 由上而下依次排列画出，中线 N 和保护地线 PE 画在相线之下。直流电源则正端在上，负端在下。电源开关要水平画出。

主电路是指进行能量转换的电路，它通过的是电动机的工作电流，电流较大。主电路要与电源电路垂直画在原理图的左侧。

控制电路是指控制主电路工作状态的电路。信号电路是指显示主电路工作状态的电路。照明电路是指实现机床设备局部照明的电路。这些电路通过的电流都较小，画原理图时，控制电路、信号电路、照明电路要跨接在两相电源线之间，依次垂直画在主电路右侧，且电路中的耗能元件（如接触器和断电器的线圈、信号灯、照明灯等）要画在电路的下方，而电器的触点画在耗能元件的上方。

（2）原理图中，各电器的触点位置都按电路未通电或电器未受外力作用时的常态位置画出。分析原理时，应从触点的常态位置出发。

（3）原理图中，各电气元件不画实际的外形图，而采用国家标准统一图形符号画出。

（4）原理图中，同一电器的各元件不按它们的实际位置画在一起，而是按其在线路中所起作用分别画在不同电路中，但它们的动作却是相互关联的，必须标以相同的文字符号。接触器 KM 的线圈画在控制电路中，而 3 对主触点则画在主电路中。若线圈得电，主触点随即动作，因此，均需标以相同的文字符号 KM，来表示它们属于同一个接触器的元件。若图中相同的电器较多时，需要在电器文字符号后面加上数字以示区别，如 KM1 和 KM2 等。

（5）原理图中，对有直接电联系的交叉导线连接点，要用小黑圆点表示，无直接电联系的交叉导线连接点则不画小黑圆点。

4. 电动机控制线路安装步骤和方法

安装电动机控制线路时，必须按照有关技术文件执行，并应适应安装环境的需要。

电动机的控制线路包含电动机的启动、制动、反转和调速等，大部分的控制线路是采用各种有触点的电器，如接触器、继电器、按钮等。一个控制线路可以比较简单，也可以相当复杂。但是，任何复杂的控制线路总是由一些比较简单的环节有机地组合起来的。因此，对不同复杂程度的控制线路在安装时，所需要技术文件的内容也不同。对于简单的电气设备，一般可把有关资料归在一个技术文件里（如原理图），但该文件应能表示电气设备的全部器件，并能实施电气设备和电网的连接。

电动机控制线路安装步骤和方法如下。

1）按元器件明细表配齐电气元器件，并进行检验

所有电气控制元器件，至少应具有制造厂的名称或商标、型号或索引号、工作电压性质和数值等标志。若工作电压标志在操作线圈上，则应使装在元器件的线圈的标志是显而易见的。

2）安装控制箱（柜或板）

控制板的尺寸应根据电器的安排情况决定。

（1）电器的安排。尽可能组装在一起，使其成为一台或几台控制装置。只有那些必须安装在特定位置上的元器件，如按钮、手动控制开关、位置传感器、离合器、电动机等，才允许分散安装在指定的位置上。

安放发热元器件时，必须使箱内所有元器件的温升保持在它们的容许极限内。对发热很大的元器件，如电动机的启动、制动电阻等，必须隔开安装，必要时可采用风冷散热措施。

（2）可接近性。所有电器必须安装在便于更换、检测方便的地方。

为了便于维修和调整，箱内电气元器件的部位，必须位于离地 0.4 ~ 2 m。所有接线端子，必须位于离地 0.2 m 处，以便于装拆导线。

（3）间隔和爬电距离。安排元器件必须符合规定的间隔和爬电距离，并应考虑有关的维修条件。

控制箱中的裸露、无电弧的带电零件与控制箱导体壁板间的间隙为：对于 250 V 以下的电压，间隙应不小于 15 mm；对于 250 ~ 500 V 的电压，间隙应不小于 25 mm。

（4）控制箱内的电器安排。除必须符合上述有关要求外，还应做到以下几点。

①除了手动控制开关、信号灯和测量仪器外，门上不要安装任何元器件。

②由电源电压直接供电的电器最好装在一起，使其与只由控制电压供电的电器分开。

③电源开关最好装在箱内右上方，其操作手柄应装在控制箱前面和侧面。电源开关上方最好不安装其他电器，否则应把电源开关用绝缘材料盖住，以防电击。

④箱内电器（如接触器、继电器等）应按原理图上的编号顺序，牢固安装在控制箱（板）上，并在醒目处贴上各元器件相应的文字符号。

⑤控制箱内电器安装板的大小必须能自由通过控制箱和壁的门，以便装卸。

3）布线

（1）选用导线。导线的选用要求如下。

①导线的类型。硬线只能用在固定安装于不动部件之间，且导线的截面积应小于 0.5 mm^2。若在有可能出现振动的场合或导线的截面积大于或等于 0.5 mm^2 时，必须采用软线。

电源开关的负载侧可采用裸导线，但必须是直径大于 3 mm 的圆导线或者是厚度大于 2 mm 的扁导线，并应有预防直接接触的保护措施（如绝缘、间距、屏护等）。

②导线的绝缘。导线必须绝缘良好，并应具有抗化学腐蚀的能力。在特殊条件下工作的导线，必须同时满足使用条件的要求。

③导线的截面积。在必须承受正常条件下流过的最大稳定电流的同时，还应考虑到线路允许的电压降、导线的机械强度和熔断器相配合。

（2）敷设方法。所有导线从一个端子到另一个端子的走线必须是连续的，中间不得有接头。有接头的地方应加接线盒。接线盒的位置应便于安装与检修，而且必须加盖，盒内导线必须留有足够的长度，以便于拆线和接线。敷线时，对明敷导线必须做到平直、整齐、走线合理等。

（3）接线方法。所有导线的连接必须牢固，不得松动。在任何情况下，连接元器件必须与连接的导线截面积和材料性质相适应。

导线与端子的接线，一般一个端子只连接一根导线。有些端子不适合连接软导线时，可在导线端头上采用针形、叉形等冷压接线头。如果采用专门设计的端子，可以连接两根或多根导线，但导线的连接方式，必须是工艺上成熟的各种方式，如夹紧、压接、焊接、绕接等。这些连接工艺应严格按照工序要求进行。

导线的接头除必须采用焊接方法外，所有导线应当采用冷压接线头。如果电气设备在正常运行期间承受很大振动，则不许采用焊接的接头。

（4）导线的标志。

①导线的颜色标志。保护导线（PE）必须采用黄绿双色；动力电路的中线（N）和中间线（M）必须是浅蓝色；交流或直流动力电路应采用黑色；交流控制电路采用红色；直流控制电路采用蓝色；用于控制电路连锁的导线，如果是与外边控制电路连接，而且当电源开关断开仍带电时，应采用橘黄色或黄色；与保护导线连接的电路采用白色。

②导线的线号标志。导线线号的标志应与原理图和接线图相符合。在每一根连接导线的线头上必须套上标有线号的套管，位置应接近端子处。线号编制方法如下。

a. 主电路。三相电源按相序自上而下编号为 L1、L2、L3；经过电源开关后，在出线端子上按相序依次编号为 U11、V11、W11。主电路中各支路的，应从上至下、从左至右，每经过一个电气元器件的线桩后，编号要递增，如 U11、V11、W11，U12、V12、W12 等。单台三相交流电动机（或设备）的3根引出线按相序依次编号为U、V、W（或用U1、V1、W1表示），多台电动机引出线的编号，为了不致引起误解和混淆，可在字母前冠以数字来区别，如1U、1V、1W，2U、2V、2W等。在不产生矛盾的情况下，字母后应尽可能避免采用双数字，如单台电动机的引出线采用U、V、W的线号标志时，三相电源开关后的出线编号可为U1、V1、W1。当电路编号与电动机线端标志相同时，应三相同时跳过一个编号来避免重复。

b. 控制电路与照明、指示电路。应从上至下、从左至右，逐行用数字来依次编号，每经过一个电气元器件的接线端子，编号要依次递增。编号的起始数字，除控制电路必须从阿拉伯数字1开始外，其他辅助电路依次递增100作为起始数字，如照明电路编号从101开始，信号电路编号从201开始等。

(5) 控制箱（板）内部配线方法。一般采用能从正面修改配线的方法，如板前线槽配线或板前明线配线，较少采用板后配线的方法。

采用线槽配线时，线槽装线不要超过容积的70%，以便安装和维修。线槽外部的配线，对装在可拆卸门上的电器接线必须采用互连端子板或连接器，它们必须牢固固定在框架、控制箱或门上。从外部控制、信号电路进入控制箱内的导线超过10根，必须接到端子板或连接器件的过渡处，但动力电路和测量电路的导线可以直接接到电器的端子上。

(6) 控制箱（板）外部配线方法。除有适当保护的电缆外，全部配线必须一律装在导线通道内，使导线有适当的机械保护，防止液体、铁和灰尘的侵入。

①对导线通道的要求。导线通道应留有余量，允许以后增加导线。导线通道必须固定可靠，内部不得有锐边和运动部件。

导线通道采用钢管，壁厚应不小于1 mm，如用其他材料，壁厚必须有等效壁厚为1 mm钢管的强度。若用金属软管时，必须有适当的保护。当利用设备底座作为导线通道时，无须再加预防措施，但必须能防止液体、铁和灰尘的侵入。

②通道内导线的要求。移动部件或可调整部件上的导线必须用软线。运动的导线必须支撑牢固，使得在接线点上不致产生机械拉力，又不出现急剧的弯曲。

不同电路的导线可以穿在同一线管内，或处于同一个电缆之中。如果它们的工作电压不同，则所用导线的绝缘等级必须满足其中最高一级电压的要求。

为了便于修改和维修，凡安装在同一机械防护通道内的导线束，需要提供备用导线的根数为：当同一管中相同截面积导线的根数在3～10根时，应有1根备用导线，以后每递增1～10根增加1根。

4）连接保护电路

电气设备的所有裸露导体零件（包括电动机、机座等）必须接到保护接地专用端子上。

(1) 连续性：保护电路的连续性必须用保护导线或机床结构上的导体可靠结合来保证。为了确保保护电路的连续性，保护导线的连接件不得作任何别的机械紧固用，不得由于任何原因将保护电路拆断，不得利用金属软管作为保护导线。

(2) 可靠性：保护电路中严禁用开关和熔断器。除采用特低安全电压电路外，在接上电源电路前必须先接通保护电路，在断开电源电路后才断开保护电路。

(3) 明显性：保护电路连接处应采用焊接或压接等可靠方法，连接处要便于检查。

5）通电前检查

控制线路安装好后，在接电前应进行如下项目的检查。

（1）各个元器件的代号、标记是否与原理图上的一致和齐全。

（2）各种安全保护措施是否可靠。

（3）控制电路是否满足原理图所要求的各种功能。

（4）各个电气元器件安装是否正确和牢靠。

（5）各个接线端子是否连接牢固。

（6）布线是否符合要求、整齐。

（7）各个按钮、信号灯罩、光标按钮和各种电路绝缘导线的颜色是否符合要求。

（8）电动机的安装是否符合要求。

（9）保护电路导线连接是否正确、牢固可靠。

（10）检查电气线路的绝缘电阻是否符合要求。其方法是：短接主电路、控制电路和信号电路，用500 V兆欧表测量与保护电路导线之间的绝缘电阻不得小于1 MΩ。当控制电路或信号电路不与主电路连接时，应分别测量主电路与保护电路、主电路与控制电路和信号电路、控制电路和信号电路与保护电路之间的绝缘电阻。

6）空载例行试验

通电前应检查所接电源是否符合要求。通电后应先点动，然后验证电气设备的各个部分的工作是否正确和操作顺序是否正常。特别要注意验证急停部件的动作是否正确。验证时，如有异常情况，必须立即切断电源查明原因。

7）负载形式试验

在正常负载下连续运行，验证电气设备所有部分运行的正确性，特别要验证电源中断和恢复时是否会危及人身安全、损坏设备。同时要验证全部元器件的温升不得超过规定的允许温升和在有载情况下验证急停元器件是否仍然安全有效。

项目实施

本项目中需要掌握电气控制中常用接触器的性能特性、电气控制系统图的绘制与阅读方法，以及控制线路安装的一般步骤和方法。在电动机控制功能中，有些生产机械要求电动机既可以单向运行又可以点动，如一般机床在正常加工时，电动机是连续转动的，即单向运行，而在试车调整时，则往往需要点动，本项目将设计安装一种既可单向运行又可点动的控制线路。

1. 三相异步电动机的点动及单向运行控制线路的设计

1）三相异步电动机的点动控制线路

电动机的点动控制电路，可以控制机械设备的步进和步退，电动机只作短时动作，不连续供电旋转。机械设备手动控制间断工作，即按下启动按钮，电动机转动，松开按钮，电动机停转，这样的控制称为点动。

点动控制线路如图1－1－1所示。线路动作过程：先合上电源开关QS，按下按钮SB→KM线圈得电→KM主触点闭合→电动机M启动运转。松开按钮SB→KM线圈失电→KM主触点断开→电动机M停止运转。

2）三相异步电动机的点动及单向运行控制线路原理图

机械设备单向运转即电动机单向连续工作，而在一般控制设备中，单向运行为基本要求时，为了调试维修等需要，要求设备同时具有点动和单向运行控制功能，完成这种功能的控

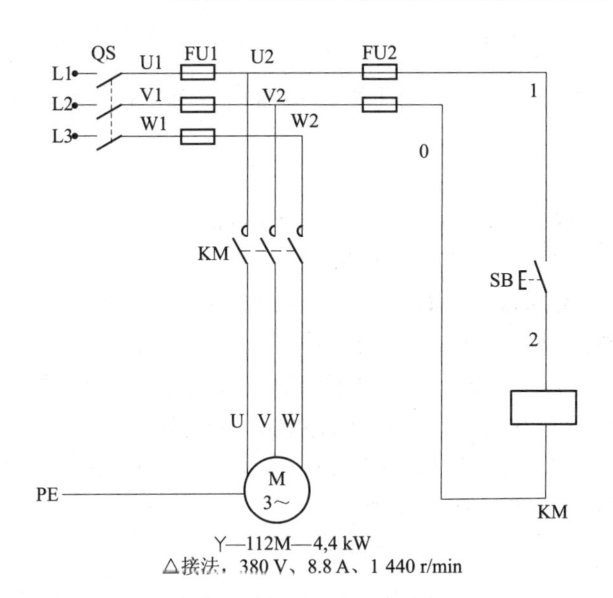

图 1-1-1　点动控制线路原理图

制电路即为混合控制电路。其电气控制线路如图 1-1-2 所示。

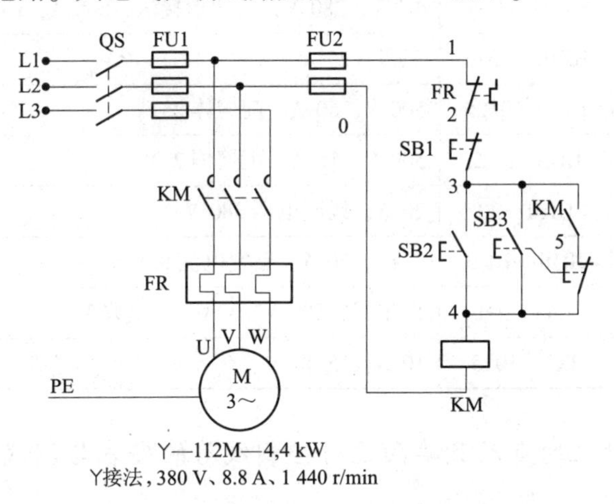

图 1-1-2　点动及单向运行控制线路原理图

线路的动作过程：先合上电源开关 QS，点动控制、单向运行控制和停止的工作过程如下。

(1) 点动控制。按下按钮 SB3→SB3 常闭触点先分断（切断 KM 辅助触点电路）。SB3 常开触点后闭合（KM 辅助触点闭合）→KM 线圈得电→KM 主触点闭合→电动机 M 启动运转。

松开按钮 SB3→SB3 常开触点先恢复分断→KM 线圈失电→KM 主触点断开（KM 辅助触点断开）后 SB3 常闭触点恢复闭合→电动机 M 停止运转，实现了点动控制。

(2) 单向运行控制。按下按钮 SB2→KM 线圈得电→KM 主触点闭合（KM 辅助触点闭合）→电动机 M 启动运转。实现了单向运行控制。

(3) 停止。按下停止按钮 SB1→KM 线圈失电→KM 主触点断开→电动机 M 停止运转。

2. 电工工具、仪表及器材

（1）电工常用工具：测电笔、电工钳、尖嘴钳、斜口钳、螺钉旋具（一字形与十字形）、电工刀、相序表等。

（2）万用表。

（3）自制控制板一块（650 mm×500 mm×50 mm）。

（4）导线规格。根据《机械安全　机械电气设备》（GB 5226—2008）规定，导线截面积在0.5 mm^2 以下可以采用软线，但在不小于0.5 mm^2 时必须采用硬线。但在本项目及其他项目中，根据实际实习条件和从基本训练角度考虑，在控制线路布线时，初级阶段仍采用硬线进行板前明线敷设训练。因此，本控制线路中主电路采用BV1.5 mm^2（黑色），控制电路采用BV1 mm^2（红色），按钮线采用BV0.75 mm^2（红色），接地线采用BVR1.5 mm^2（绿黄双色线）。数量可以按实际情况由教师确定，导线颜色在训练阶段除接地线外，可不必强求，但应使主电路与控制电路有明显区别。

（5）电气元器件明细见表1-1-1所示。

表1-1-1　元器件明细表

代号	名　称	型号	规　格	数量
M	三相异步电动机	Y—112M—4	4 kW，380 V，三角形接法，8.8 A，1 440 r/min	1
QS	组合开关	HZ10—25/3	三极，25 A	1
FU1	熔断器	RL1—60/25	500 V，60 A，配熔体25 A	3
FU2	熔断器	RL1—15/2	500 V，15 A，配熔体2 A	2
KM	交流接触器	CJ10—20	20 A，线圈电压380 V	1
FR	热继电器	JR16—20/3	三极，20 A，整定电流8.8 A	1
SB	按钮	LA4—3H	保护式，500 V，5 A，按钮数3	1
XT	端子板	JX2—1015	10 A，15节	1

3. 三相异步电动机的点动及单向运行控制线路的安装与调试

1）训练步骤

（1）按元器件明细表将所需器材配齐并检验元器件质量。

（2）在控制板上按图1-1-3安装除电动机以外的所有电气元器件。

（3）按图1-1-2及参考图1-1-4走线方法进行板前明线布线和套编码套管。

（4）按图1-1-2检验控制板布线的正确性。

（5）接电源、电动机等控制板外部的导线。

（6）经指导教师检查后，通电试机。

2）训练工艺要求

（1）检验元器件质量应在不通电的情况下，用万用表、蜂鸣器等检查各触点的分、合情况是否良好。检验接触器时，应拆卸灭弧罩，用手同时按下三副主触点并用力均匀；若不拆卸灭弧罩检验时，切忌将旋具用力过猛，以防触点变形。同时应检查接触器线圈电压与电源电压是否相符。

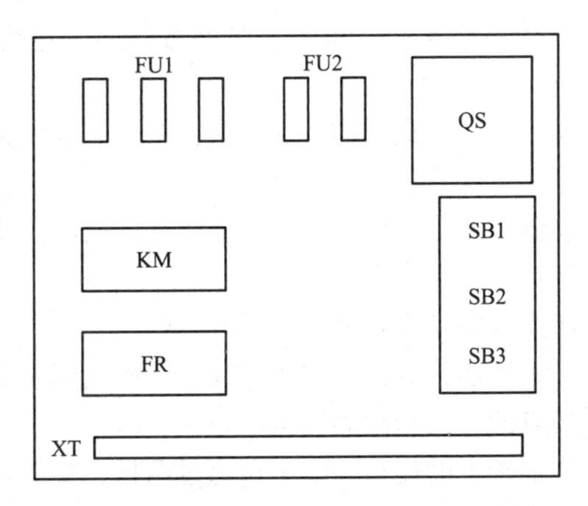

图 1－1－3　点动及单向运行控制电气元器件布置图

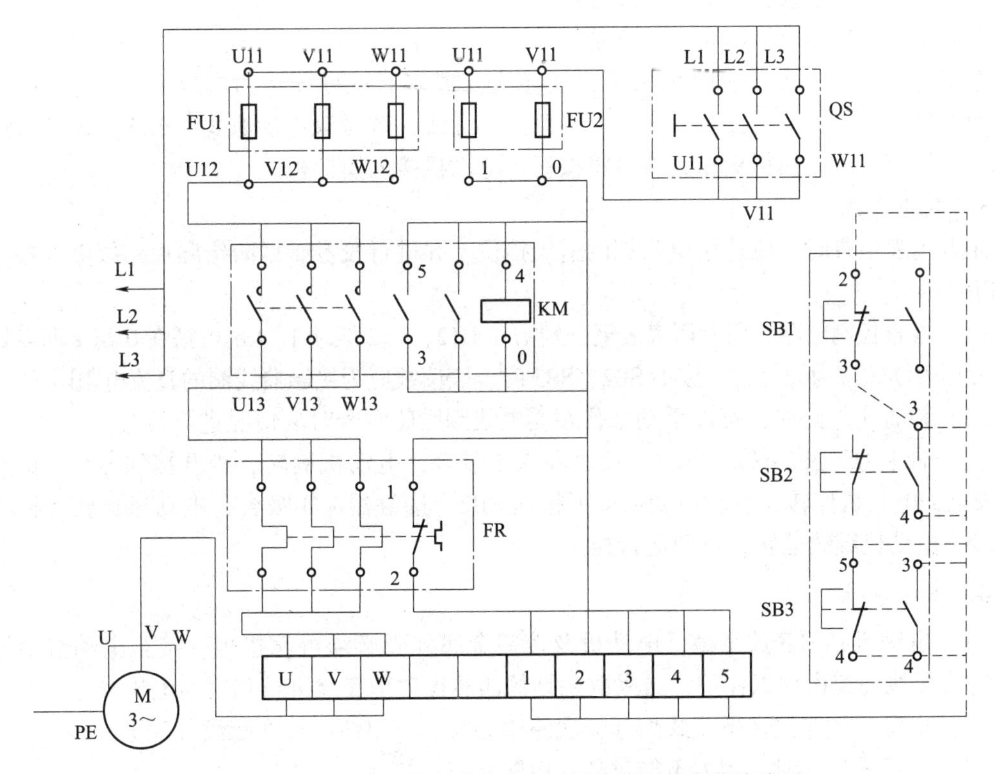

图 1－1－4　电动机的点动及单向运行控制电气安装接线图

（2）安装电气元器件，必须按图 1－1－3 进行安装，同时应做到以下几点。

①组合开关、熔断器的受电端子应安装在控制板的外侧，并使熔断器的受电端为底座的中心端。

②各元器件的安装位置应整齐、均称、间距合理和便于更换元器件。

③紧固各元器件时应用力均匀，紧固程度适当。在紧固熔断器、接触器等易碎裂元器件时，应用手按住元器件一边轻轻摇动，一边用旋具旋紧对角线的螺钉，直至手感摇不动后再适当旋紧一些即可。

(3) 板前明线布线时，应符合平直、整齐、紧贴敷设面、走线合理及接点不得松动等要求。其原则如下。

①走线通道应尽可能少，同一通道中的沉底导线，按主、控电路分类集中，单层平行密排，并紧贴敷设面。

②同一平面的导线应高低一致或前后一致，不能交叉。当必须交叉时，该根导线应在接线端子引出时，水平架空跨越，但必须走线合理。

③布线应横平竖直，变换走向应垂直。

④导线与接线端子或接线桩连接时，应不压绝缘层、不反圈及不露铜过长，并做到同一元器件、同一回路的不同接点的导线间距离保持一致。

⑤一个电气元器件接线端子上的连接导线不得超过两根，每节接线端子板上的连接导线一般只允许连接一根。

⑥布线时，严禁损伤线芯和导线绝缘。

⑦如果线路简单可以不套编码套管。

⑧配电板布线，按布线图采用单股硬导线（或多股软导线进行布线），红色接控制电路，黑色接主电路，蓝色接直流电路，白色接中性线，黄绿双色接地线。布线时需按行线槽布线工艺规定进行。模拟板布完线后将按钮与电动机接入模拟板。

3）电路调试

用万用表检查时，应选用电阻挡的适当挡位，并进行校零，以防错漏短路故障。检查内容如下。

(1) 检查控制电路，用万用表表笔分别搭在U12、V12线端上（也可搭在0与1两点处），这时万用表读数应为无穷大；按下SB2、SB3时，表读数应为接触器线圈的直流电阻阻值。

(2) 检查主电路时，可以手动来代替受电线圈励磁吸合时的情况进行检查。

(3) 合上QS，按下按钮SB3，接触器KM吸合，电动机运转，松开按钮SB3，接触器KM失电，电动机停转，点动控制；按下按钮SB2，接触器KM吸合，电动机运转，松开按钮SB2，电动机继续运转，单向运行控制。

4. 注意事项

(1) 电动机必须安放平稳，电动机及按钮金属外壳必须可靠接地。接至电动机的导线必须穿在导线通道内加以保护，或采取坚韧的四芯橡皮护套线进行临时通电校验。

(2) 电源进线应接在螺旋式熔断器底座中心端上，出线应接在螺纹外壳上。

(3) 按钮内接线时，用力不能过猛，以防止螺钉打滑。

(4) 热继电器的整定电流应按原理图中的电动机规格进行调整。

(5) 点动采用复合按钮，其常闭触点必须串联在电动机的自锁控制电路中。

(6) 通电试车时，应先合上QS，再按下按钮SB2或SB3，并确保用电安全。

5. 问题思考

(1) 在本项目中，三相异步电动机点动控制回路的特点是什么？请举例说明其具体应用场合有哪些。

(2) 三相异步电动机点动及单向运行控制回路的特点是什么？请举例说明其具体应用场合有哪些。

项目评价

项目1考核评价见表1－1－2。

表1－1－2　项目1考核评价表

序号	评价指标	评价内容	分值	学生自评	小组评价	教师评价
1	硬件设计	原理图正确	10			
		电气接线正确	20			
2	调试	调试方法正确	10			
		调试步骤正确	20			
		功能符合要求	20			
3	安全规范与提问	符合安全操作规范	10			
		回答问题	10			
总　分			100			
问题记录和解决方法			记录任务实施中出现的问题和采取的解决方法（可附页）			

拓展训练

试举出5个日常生活和工业生产中用到点动或者点动及单向运行控制的机器或者设备，并选择其中一个详细分析其工作原理。

项目2　三相异步电动机的正反转启动控制线路的安装与调试

项目描述

设计一套控制线路，能够实现对三相异步电动机的正反转控制，要求有足够的保护，能够在正反转之间直接切换。根据电动机型号及电气原理图选用电气元器件及部分电工器材；按电气原理图装接控制线路；并通电空载试运行成功。

项目分析

三相异步电动机的正反转启动控制常用于升降控制、进给控制等。本项目实施需要了解三相异步电动机的控制电路的接触器互锁等常用知识，了解三相电动机正反动控制线路的设计方法和实际安装接线方法，从而进一步训练学生对电动机控制线路的安装、接线与调试等技能。

知识链接

1. 接触器互锁的正、反转控制线路

图 1 –2 –1 所示为电动机正反转控制电路。该图为利用两个接触器的常闭触头 KM1、KM2 起相互控制作用，即利用一个接触器通电时，其常闭辅助触头的断开来锁住对方线圈的电路。这种利用两个接触器的常闭辅助触头互相控制的方法叫作互锁，而两对起互锁作用的触头便叫互锁触头。

主电路中接触器 KM1 和 KM2 构成正反转相序接线，按图 1 –2 –1 中正向启动按钮 SB2，正向控制接触器 KM1 线圈得电动作，其主触点闭合，电动机正向转动，按下停止按钮 SB1，电动机停转。按下反向启动按钮 SB3，反向接触器 KM2 线圈得电动作，其主触点闭合，主电路定子绕组变正转相序为反转相序，电动机反转。

图 1 –2 –1 所示控制线路做正反向操作控制时，必须首先按下停止按钮 SB1，然后再反向启动，因此它是“正—停—反”控制线路。

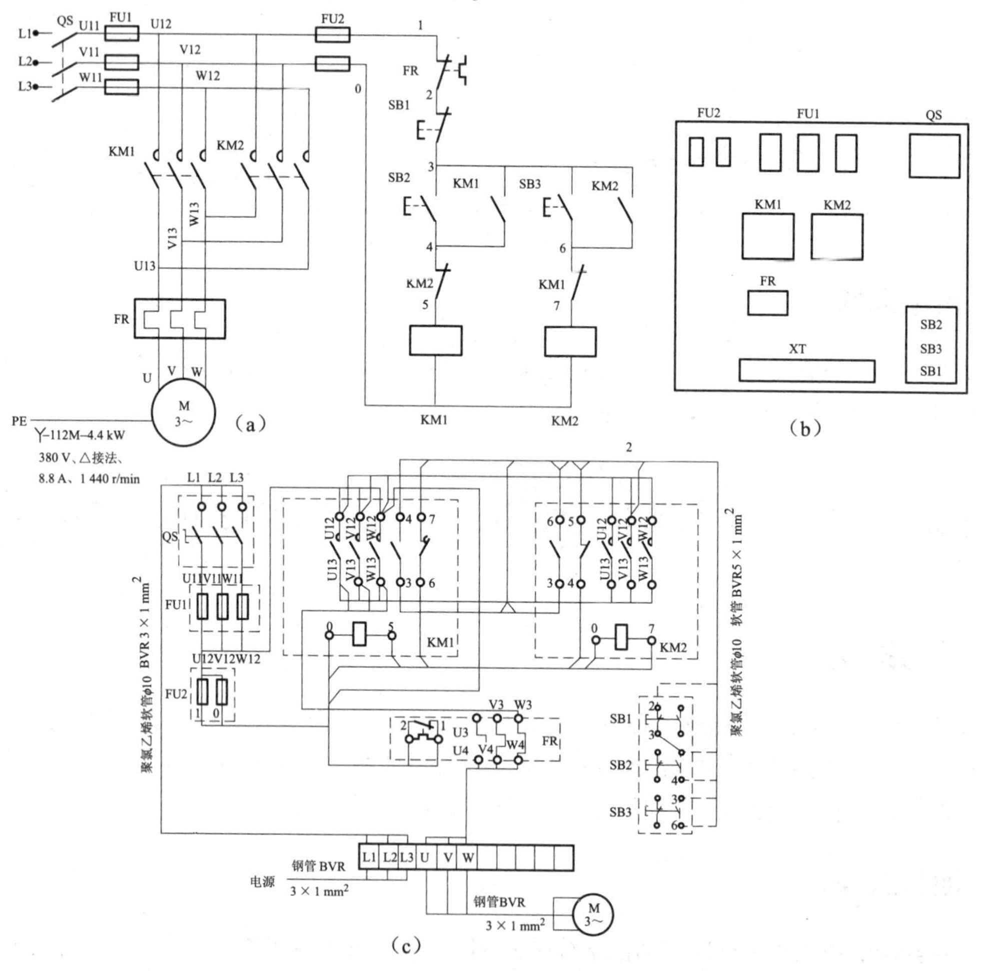

图 1 –2 –1　接触器互锁的正、反转控制电气图

(a) 电气原理图；(b) 电器布置图；(c) 电气安装接线图

2. 按钮和接触器双重互锁的正、反转控制线路

在生产实际中，为了提高劳动生产率，减少辅助工时，要求直接实现正反转变换控制。由于电动机正转的时候，按下反转按钮时首先应断开正转接触器线圈线路，待正转接触器释放后再接通反转接触器，于是在图1－2－1所示电路的基础上，将正转启动按钮SB1与反转启动按钮SB2的常闭触点串接到对方常开触点电路中，如图1－2－2所示。这种利用按钮的常开、常闭触点的机械连接，在电路中互相制约的接法，称为机械互锁。

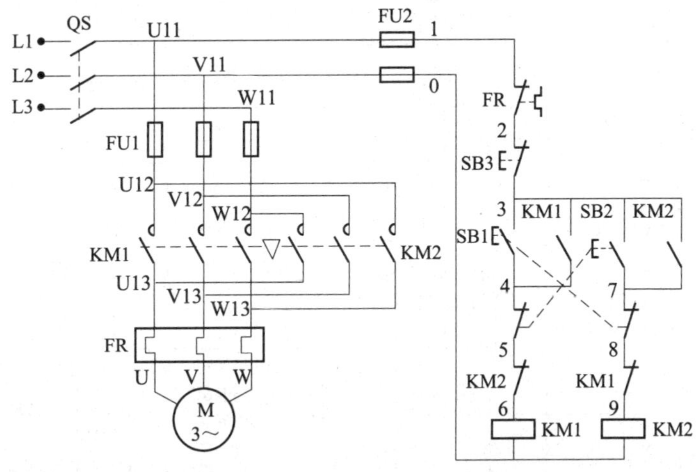

图1－2－2 按钮和接触器双重互锁的正、反转控制线路电气原理图

项目实施

1. 方案选择

利用接触器互锁的控制线路做正、反向操作控制时，必须首先按下停止按钮SB1，然后再反向启动，因此它是“正—停—反”控制线路。因此，操作上比较烦琐。而接触器和按钮双重互锁的控制线路具有电气、机械双重互锁功能，在控制电路是常用的、可靠的电动机可逆旋转控制电路，正反转之间可以直接切换，它既可实现正转—停止—反转—停止的控制，又可实现正转—反转—停止的控制。因此，本项目采用接触器和按钮双重互锁的控制线路设计方案进行项目设计与实施。

2. 按钮和接触器双重互锁的正、反转控制线路设计

控制线路电气控制原理如图1－2－2所示。双重互锁控制正反转电气安装接线如图1－2－3所示。线路的动作过程：先合上电源开关QS，正转控制、反转控制和停止的工作过程如下。

（1）正转控制：按下按钮SB1→SB1常闭触点分断对KM2连锁（切断反转控制电路）。SB1常开触点后闭合→KM1线圈得电→KM1主触点闭合（KM1自锁触点闭合）→电动机M启动连续正转。KM1连锁触点分断对KM2连锁（切断反转控制电路）。

（2）反转控制：按下按钮SB2→SB2常闭触点先分断→KM1线圈失电→KM1主触点分断→电动机M失电；SB2常开触点后闭合→KM2线圈得电→KM2主触点闭合（KM2自锁触点闭

合）→电动机 M 启动连续反转。KM2 连锁触点分断对 KM1 连锁（切断正转控制电路）。

（3）停止。按停止按钮 SB3→整个控制电路失电→KM1（或 KM2）主触点分断→电动机 M 失电停转。

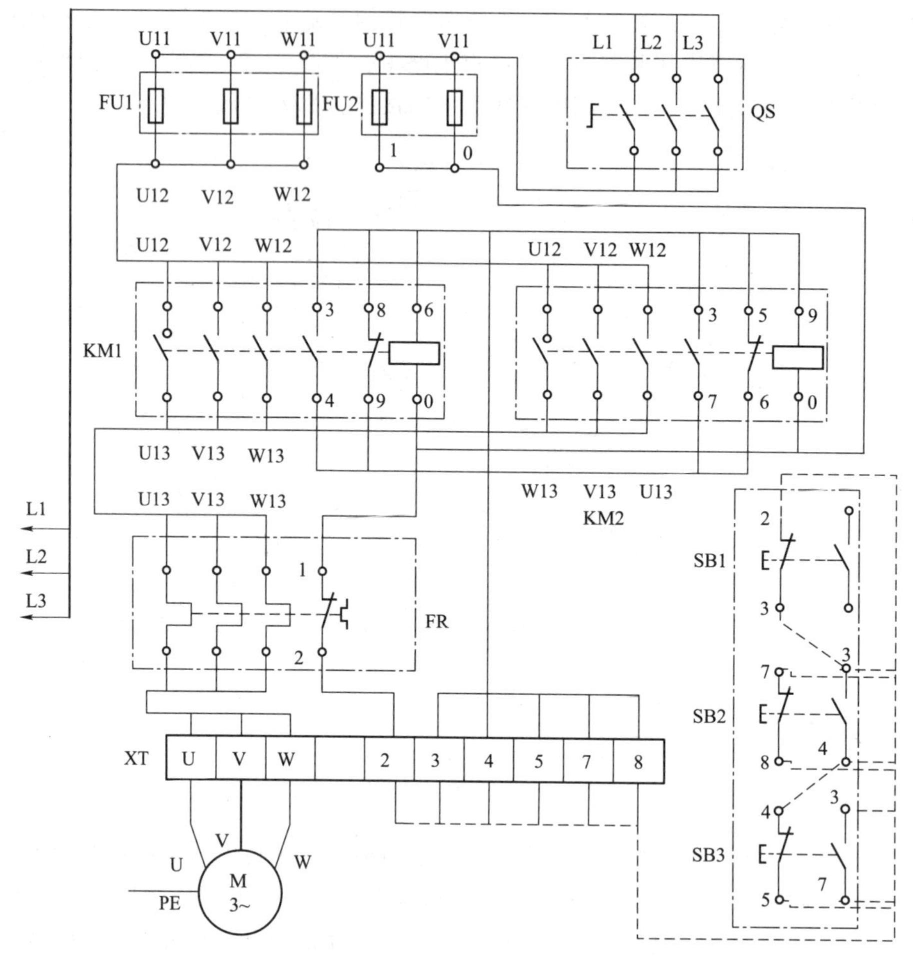

图 1-2-3 双重互锁控制正、反转电气安装接线图

3. 电工工具、仪表及器材

（1）电工常用工具：测电笔、电工钳（剥线钳）、尖嘴钳、斜口钳、螺钉旋具（一字形与十字形）、电工刀、相序表等。

（2）仪表：万用表等。

（3）自制木台（控制板）一块（650 mm×500 mm×50 mm）。

（4）导线规格：根据《机械安全 机械电气设备》（GB 5226—2008）规定，导线截面积在 0.5 mm^2 以下可以采用软线，但在不小于 0.5 mm^2 时，必须采用硬线。但在本项目及以后面的项目中，根据实际实习条件和从基本训练角度考虑，在控制线路布线时，初级阶段仍采用硬线进行板前明线敷设训练。因此，本控制线路中主电路采用 BV1.5 mm^2（黑色），控制电路采用 BV1 mm^2（红色），按钮线采用 BV0.75 mm^2（红色），接地线采用 BVR1.5 mm^2（绿黄双色线）。数量可按实际情况由教师确定，导线颜色在训练阶段除接地线外，可不必强求，但应使主电路与控制电路有明显区别。

（5）紧固体及编线号套管按需发给（但简单线路可不用编码套管）。

（6）电气元器件明细如表 1－2－1 所示。

表 1－2－1　元器件明细表

代号	名称	型号	规　格	数量
M	三相异步电动机	Y—112M—4	4 kW，380 V，三角形接法，8.8 A，1 440 r/min	1
QS	组合开关	HZ10—25/3	三相额定电流 25 A	1
FU1	螺旋式熔断器	RL1—60/25	500 V，60 A，配熔体额定电流 25 A	3
FU2	螺旋式熔断器	RL1—15/2	500 V，15 A，配熔体额定电流 2 A	2
KM	交流接触器	CJ10—20	20 A，线圈电压 380 V	2
SB	按钮	LA10—3H	保护式按钮数 3（代用）	1
XT	端子板	JX2—1015	500 V，10 A，15 节	1

4. 按钮和接触器双重互锁的正、反转控制线路的安装与调试

1）实习步骤

（1）按元器件明细表将所需器材配齐并校验元器件质量。

（2）在控制板上按图 1－2－2 安装所有电气元器件。

（3）按图 1－2－2 进行板前明线布线和套编码套管。

（4）自检控制板布线的正确性。

（5）进行控制板外部布线。

（6）经指导教师初检后，通电检验。

2）训练工艺要求

（1）检验元器件质量应在不通电的情况下，用万用表、蜂鸣器等检查各触点的分、合情况是否良好。检验接触器时，应拆卸灭弧罩，用手同时按下三副主触点并用力均匀；若不拆卸灭弧罩检验时，切忌将旋具用力过猛，以防触点变形。同时应检查接触器线圈电压与电源电压是否相符。

（2）安装电气元器件必须按图 1－2－4 安装，同时应做到以下几点。

①组合开关、熔断器的受电端子应安装在控制板的外侧，并使熔断器的受电端为底座的中心端。

②各元器件的安装位置应整齐、匀称、间距合理和便于更换元器件。

③紧固各元器件时应用力均匀，紧固程度适当。在紧固熔断器、接触器等易碎裂元器件时，应用手按住元器件一边轻轻摇动，一边用旋具旋紧对角线的螺钉，直至手感摇

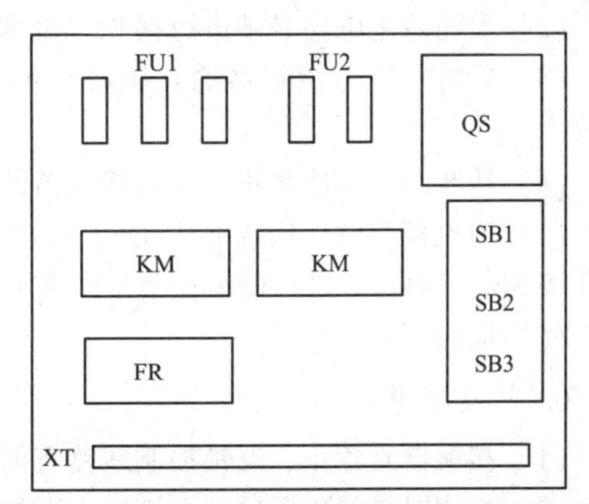

图 1－2－4　正、反、停控制线路电气元器件布置图

不动后，再适当旋紧一些即可。

（3）板前明线布线时，应符合平直、整齐、紧贴敷设面、走线合理及接点不得松动等要求。其原则如下。

①走线通道应尽可能少，同一通道中的沉底导线，按主、控电路分类集中，单层平行密排，并紧贴敷设面。

②同一平面的导线应高低一致或前后一致，不能交叉。当必须交叉时，该根导线应在接线端子引出时，水平架空跨越，但必须走线合理。

③布线应横平竖直，变换走向应垂直。

④导线与接线端子或接线桩连接时，应不压绝缘层、不反圈及不露铜过长。并做到同一元器件、同一回路的不同接点的导线间距离保持一致。

⑤一个电气元器件接线端子上的连接导线不得超过两根，每节接线端子板上的连接导线一般只允许连接一根。

⑥布线时，严禁损伤线芯和导线绝缘。

⑦如果线路简单可以不套编码套管。

配电板布线，按布线图采用单股硬导线（或多股软导线进行布线），红色接控制电路，黑色接主电路，蓝色接直流电路，白色接中性线，黄绿双色接地线。布线时需按行线槽布线工艺规定进行。模拟板布完线后将按钮与电动机接入模拟板。

3）电路调试

用万用表检查时，应选用电阻挡的适当挡位，并进行校零，以防发生错漏短路故障。

（1）检查控制电路，用万用表表笔分别搭在 U2、V2 线端上（也可搭在 0 与 1 两点处），这时万用表读数应为无穷大；按下 SB2、SB3 时表读数应为接触器线圈的直流电阻阻值。

（2）检查主电路时，可以手动来代替受电线圈励磁吸合时的情况进行检查。

（3）合上 QS，能够符合上文分析关于正转控制、反转控制，以及停止的动作次序。

5. 注意事项

（1）电动机必须安放平稳，以防止在可逆运转时产生滚动而引起事故，并将其金属外壳可靠接地。

（2）要注意主电路必须进行换相，否则电动机只能进行单向运转。

（3）要特别注意接触器的互锁触点不能接错，否则将会造成主电路中二相电源短路事故。

（4）接线时，不能将正、反转接触器的自锁触点进行互换，否则只能进行点动控制。

（5）通电校验时，应先合上 QS，再检验 SB1（或 SB2）及 SB3 按钮的控制是否正常，并在按 SB1 后再按 SB2，观察有无互锁作用。

（6）应做到安全操作。

6. 问题思考

（1）接触器互锁正、反锁控制线路有何优、缺点？

（2）接线时，将正反转的自锁触点误接成互锁，电动机将会如何动作？

（3）请举例说明电动机正、反转控制线路具体有哪些应用场合。

项目评价

项目 2 考核评价见表 1－2－2。

表 1－2－2　项目 2 考核评价表

序号	评价指标	评价内容	分值	学生自评	小组评价	教师评价
1	硬件设计	原理图正确	10			
		电气接线正确	20			
2	调试	调试方法正确	10			
		调试步骤正确	20			
		功能符合要求	20			
3	安全规范与提问	符合安全操作规范	10			
		回答问题	10			
总　分			100			
问题记录和解决方法			记录任务实施中出现的问题和采取的解决方法（可附页）			

拓展训练

在大型生产车间中，经常用到行车进行升降与搬运原材料，请上网搜索行车的控制功能要求，并利用前两个项目的训练内容设计出行车的电气控制线路原理图。

项目 3　两级传送带顺序启动、顺序停止控制线路的安装与调试

项目描述

多级传送带是常见的工业设备，本项目要求设计一套控制线路，能够实现对两级传送的顺序控制，即两台三相异步电动机顺序启动与停止的控制，进一步训练电气控制线路的安装与调试的方法。

项目分析

实际生产中，有些设备常要求电动机按一定的顺序启动，如铣床工作台的进给电动机必

须在主轴电动机已启动工作的条件下才能启动工作，自动加工设备必须在前一工步已完成，具备转换条件后，方可进入新的工步。还有一些设备要求液压泵电动机首先启动正常供液后，其他动力部件的驱动电动机方可启动工作。控制设备完成这样顺序启动电动机的电路，称为顺序启动控制电路或称条件控制电路。实施本项目需要了解顺序控制电路的实现方案，并能进行比较与设计，通过实际操作加以验证。

知识链接

1. 主电路实现顺序控制方案

图 1－3－1 所示是两台电动机主电路实现顺序控制线路。电动机 M1 和 M2 分别通过接触器 KM1 和 KM2 来控制。接触器 KM2 的主触点接在接触器 KM1 主触点的下面，这样就保证了当 KM1 主触点闭合，电动机 M1 启动运转后，M2 才可能通电运转。

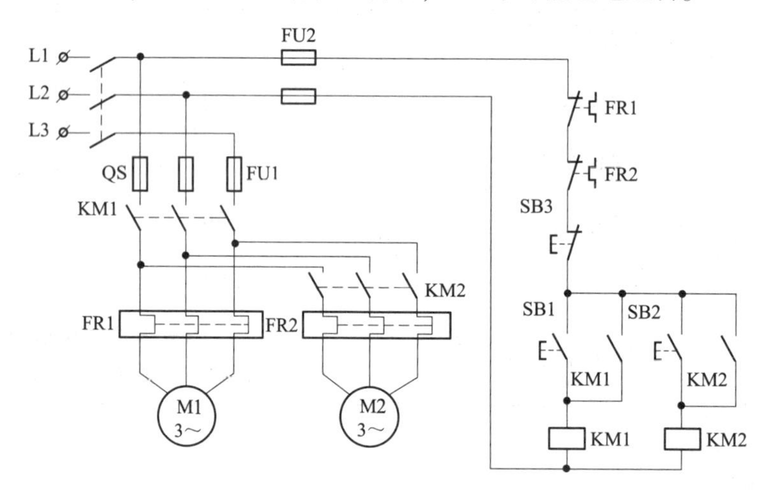

图 1－3－1　主电路实现顺序控制线路

线路工作过程：合上电源开关 QS，按下启动按钮 SB1，接触器 KM1 线圈得电，接触器 KM1 主触点闭合，电动机 M1 启动连续运转。按下按钮 SB2，接触器 KM2 线圈得电，接触器 KM2 主触点闭合，电动机 M2 启动连续运转。按下按钮 SB3，接触器 KM1 和 KM2 线圈失电，主触点分断，电动机 M1 和 M2 失电停转。

2. 控制电路实现顺序控制方案

图 1－3－2 所示为控制电路实现电动机顺序控制线路。电动机 M2 的控制电路先与接触器 KM1 的线圈并接后再与接触器 KM1 自锁触点串联，这样就保证了 M1 启动后，M2 才能启动的顺序控制要求。

线路动作：合上电源开关 QS，按下启动按钮 SB1，接触器 KM1 线圈得电，接触器 KM1 主触点闭合，电动机 M1 启动连续运转。再按下按钮 SB2，接触器 KM2 线圈得电，接触器 KM2 主触点闭合，电动机 M2 启动连续运转。

按下按钮 SB3，接触器 KM1 和 KM2 线圈失电，主触点分断，电动机 M1 和 M2 失电同时停转。

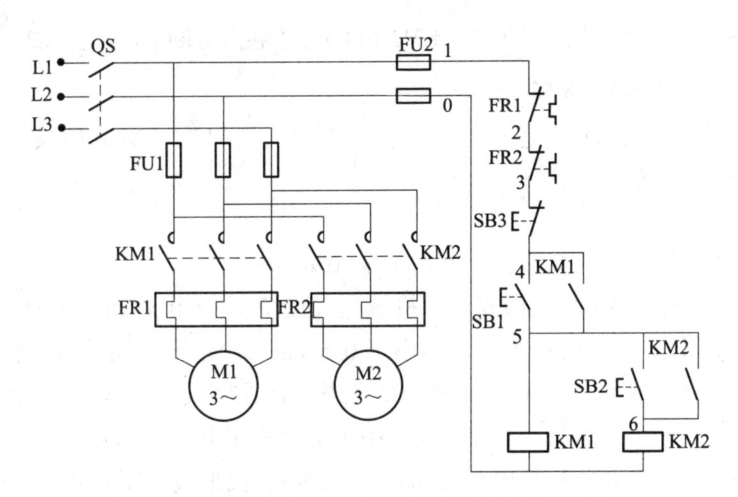

图 1－3－2　控制电路实现电动机顺序控制线路

项目实施

1. 电气控制原理图设计

电气控制线路图按照控制电路控制的顺序启动、逆序停止形式设计如图 1－3－3 所示。

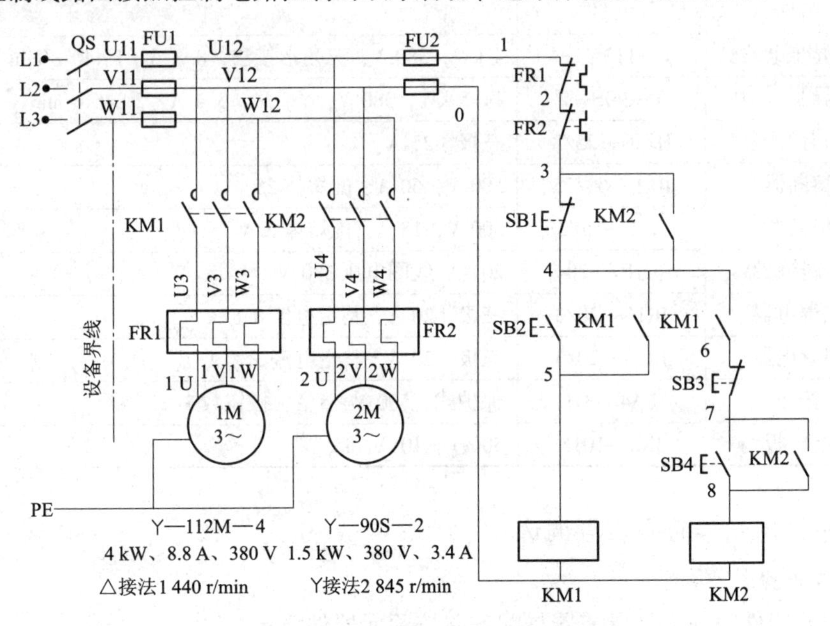

图 1－3－3　两台电动机顺序控制电气图

（1）线路特点。电动机 M2 的控制电路先与接触器 KM1 的线圈并接后再与 KM1 的自锁触点串接，这样就保证了 M1 启动后，M2 才能启动的顺序控制要求。

（2）线路工作过程。合上电源开关 QS。按下 SB2→KM1 线圈得电→KM1 主触点闭合→电动机 M1 启动连续运转→再按下 SB4→KM2 线圈得电→KM2 主触点闭合→电动机 M2 启动连续运转。

按下 SB3、SB1→控制电路顺序失电→KM2 和 KM1 主触点分断→电动机 M2 和 M1 逆序停转。

2. 电工工具、仪表及器材

（1）电工常用工具：测电笔、电工钳、尖嘴钳、斜口钳、螺钉旋具（一字形与十字形）、电工刀、相序表等。

（2）仪表：万用表。

（3）自制控制板一块（650 mm×500 mm×50 mm）。

（4）导线及规格：根据《机械安全　机械电气设备》（GB 5226—2008）规定，导线截面积在 0.5 mm^2 以下可以采用软线，在不小于 0.5 mm^2 时必须采用硬线。但在本项目其他项目中，根据实际实习条件和从基本训练角度考虑，在控制线路布线时，初级阶段仍采用硬线进行板前明线敷设训练。因此，本控制线路中主电路采用 BV1.5 mm^2（黑色），控制电路采用 BV1 mm^2（红色），按钮线采用 BV0.75 mm^2（红色），接地线采用 BVR1.5 mm^2（黄绿双色线）。数量可以按实际情况由教师确定，导线颜色在训练阶段除接地线外，可不必强求，但应使主电路与控制电路有明显区别。

（5）紧固体及编线号管按需发给。

（6）电气元器件明细见表 1-3-1。

表 1-3-1　元器件明细表

代号	名称	型号	规　　格	数量
1M	三相异步电动机	Y—112M—4	4 kW，380 V，三角形接法，8.8 A，1 440 r/min	1
2M	三相异步电动机	Y—90S—2	11.5 kW，380 V，Y接法，3.4 A，2 845 r/min	1
QS	组合开关	HZ10—25/3	三极，25 A	1
FU1	熔断器	RL1—60/25	500 V，60 A，配熔体 25 A	3
FU2	熔断器	RL1—15/2	500 V，15 A，配熔体 2 A	2
KM	交流接触器	CJ10—20	20 A，线圈电压 380 V	2
FR1	热继电器	JR16—20/3	三极，20 A，整定电流 8.8 A	2
FR2	热继电器	JR16—20/3	三极，20 A，整定电流 3.4 A	1
SB	按钮	LA4—3H	保护式，500 V，5 A，按钮数 3	1
XT	端子板	JX2—1015	500 V，10 A，15 节	1

3. 顺序控制线路的安装与调试

1）安装步骤

（1）按元器件明细表将所需器材配齐并校验元器件质量。

（2）按图 1-3-3 所示进行板前布线和套管。

（3）自检控制板布线的正确性。

（4）进行控制板外部布线。

（5）经指导教师初检后，通电校验。

2）工艺要求

与项目 1 中“项目实施”有关部分的内容相同。

3）电路调试

用万用表检查时，应选用电阻挡的适当挡位，并进行校零，以防错漏短路故障。

（1）检查控制电路，用万用表表笔分别搭在 U12、V12 线端上（也可搭在 0 与 1 两点处），这时万用表读数应为无穷大；按下 SB2 时表读数应为接触器线圈的直流电阻阻值；按下 KM1 线圈和 SB4 表读数应为接触器线圈的直流电阻阻值。

（2）检查主电路时，可以手动来代替受电线圈励磁吸合时的情况进行检查。

（3）合上 QS，按下 SB2→KM1 线圈得电→KM1 主触点闭合→电动机 M1 启动连续运转→再按下 SB4→KM2 线圈得电→KM2 主触点闭合→电动机 M2 启动连续运转。

（4）按下 SB3 和 SB1→控制电路顺序失电→KM2 和 KM1 主触点分断→电动机 M2 和 M1 顺序停转。

4. 注意事项

（1）电动机必须安放平稳，以防止启动运转时产生滚动而引起事故，并将其金属外壳可靠接地。

（2）要注意主电路不得换相，电动机只进行单向运转。

（3）要特别注意接触器的触点不能错接，否则会造成主电路短路事故。

（4）接线时，不能将接触器的辅助触点进行互换，否则会造成电路短路等事故。

（5）通电校验时，应先合上 QS，再检验 SB2 或 SB3 及 SB1 按钮的控制是否正常，并在按 SB2 后再按 SB4，观察有无顺序作用。

（6）应做到安全操作。

5. 问题思考

请举例说明电动机顺序启停控制线路具体有哪些应用场合？

项目评价

项目 3 考核评价见表 1－3－2。

表 1－3－2　项目 3 考核评价表

<table>
<tr><th>序号</th><th>评价指标</th><th>评价内容</th><th>分值</th><th>学生自评</th><th>小组评价</th><th>教师评价</th></tr>
<tr><td rowspan="2">1</td><td rowspan="2">硬件设计</td><td>原理图正确</td><td>10</td><td rowspan="2"></td><td rowspan="2"></td><td rowspan="2"></td></tr>
<tr><td>电气接线正确</td><td>20</td></tr>
<tr><td rowspan="3">2</td><td rowspan="3">调试</td><td>调试方法正确</td><td>10</td><td rowspan="3"></td><td rowspan="3"></td><td rowspan="3"></td></tr>
<tr><td>调试步骤正确</td><td>20</td></tr>
<tr><td>功能符合要求</td><td>20</td></tr>
<tr><td rowspan="2">3</td><td rowspan="2">安全规范与提问</td><td>符合安全操作规范</td><td>10</td><td rowspan="2"></td><td rowspan="2"></td><td rowspan="2"></td></tr>
<tr><td>回答问题</td><td>10</td></tr>
<tr><td colspan="3">总　分</td><td>100</td><td></td><td></td><td></td></tr>
<tr><td colspan="3">问题记录和解决方法</td><td colspan="4">记录任务实施中出现的问题和采取的解决方法（可附页）</td></tr>
</table>

拓展训练

在项目训练中，控制功能要求为“顺序启动，逆序停止”，即停止时按下 SB3，M2 先停止，再按下 SB1，M1 停止。请试着改变控制电路图实现，按下按钮后 M1 先停止，再按下一个按钮，M2 停止，即实现“顺序停止”。

项目 4　三相较大功率异步电动机星形－三角形降压启动控制线路的安装与调试

项目描述

对于较大功率异步电动机而言，启动时会产生较大的冲击电流，容易损坏线路和设备，因此启动的控制就成为电动机控制线路的研究重点。本项目要求设计一套控制线路，能够实现电动机的星形－三角形降压启动控制，能实现星形－三角形的自动切换，进一步训练电气控制线路的安装与调试的方法。

项目分析

电动机启动控制中，对于正常运行时定子绕组接成三角形的三相笼形异步电动机，可采用星形－三角形的降压换接启动方法来达到限制启动电流的目的。即启动时，定子绕组首先接成星形，待转速上升到接近额定转速时，将定子绕组的接线由星形换接成三角形，电动机便进入全电压正常运行状态。因功率在 4 kW 以上的三相笼形异步电动机均为三角形接法，可以采用星形－三角形启动方法，也可以采用三角形直接启动方法，但 7.5 kW 以上的电动机直接启动时，对电网就会有较大影响，有必要采用星形－三角形启动方法。项目实施需要了解星形－三角形启动的控制方案，并进行设计与实施。

知识链接

1. 按钮切换星形－三角形降压启动控制线路方案

图 1－4－1 所示为按钮切换星形－三角形降压启动控制电路。

电路工作情况如下。

电动机Y接法启动：先合上电源开关 QS，按下 SB2，接触器 KM1 线圈通电，KM1 自锁触点闭合，同时 KM2 线圈通电，KM2 主触点闭合，电动机星形接法启动，此时，KM2 常闭互锁触点断开，使得 KM3 线圈不能得电，实现电气互锁。

电动机三角形接法运行：当电动机转速升高到一定值时，按下 SB3，KM2 线圈断电，KM2 主触点断开，电动机暂时失电，KM2 常闭互锁触点恢复闭合，使得 KM3 线圈通电，KM3 自锁触点闭合，同时 KM3 主触点闭合，电动机三角形接法运行；KM3 常闭互锁触点断开，使得 KM2 线圈不能得电，实现电气互锁。

这种启动电路由启动到全压运行，需要两次按动按钮，因此不太方便，并且切换时间也不易掌握。为了克服上述缺点，也可采用时间继电器自动切换控制电路。

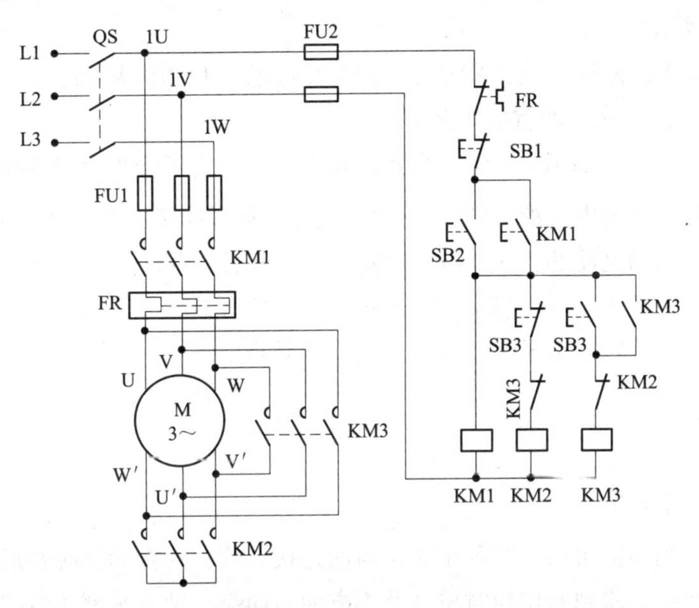

图 1－4－1　按钮切换星形－三角形降压启动控制电路

2. 时间继电器自动切换星形－三角形降压启动控制电路方案

图 1－4－2 所示是采用时间控制环节，合上 QS，按下 SB2，接触器 KM1 线圈通电，KM1 常开主触点闭合，KM1 辅助触点闭合并自锁。同时星形控制接触器 KM2 和时间继电器 KT 的线圈通电，KM2 主触点闭合，电动机做星形连接启动。KM2 常闭互锁触点断开，使三角形控制接触器 KM3 线圈不能得电，实现电气互锁。

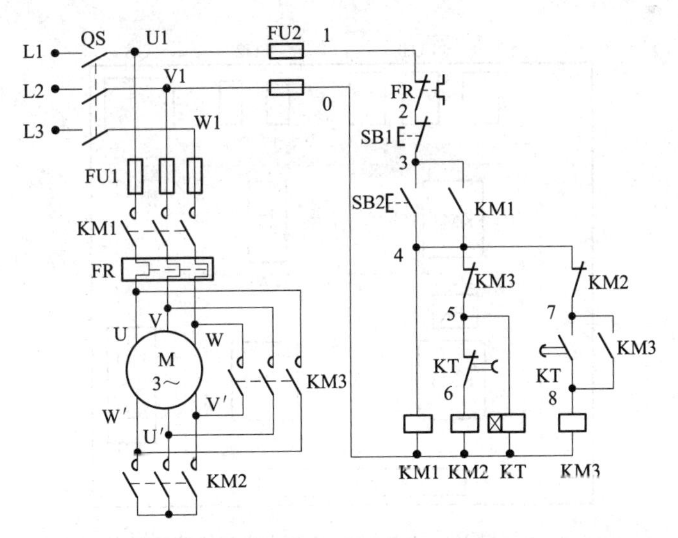

图 1－4－2　时间继电器自动切换星形－三角形降压启动控制电路

经过一定时间后，时间继电器的常闭延时触点打开，常开延时触点闭合，使 KM2 线圈断电，其常开主触点断开，常闭互锁触点闭合，使 KM3 线圈通电，KM3 常开触点闭合并自锁，电动机恢复三角形连接全压运行。KM3 的常闭互锁触点分断，切断 KT 线圈电路，并使 KM2 不能得电，实现电气互锁。

SB1 为停止按钮，必须指出，KM2 和 KM3 实行电气互锁的目的，是为了避免 KM2 和 KM3 同时通电吸合而造成的严重的短路事故。

三相笼形异步电动机采用星形－三角形降压启动时，定子绕组星形连接状态下启动电压为三角形连接直接启动的电压的 $1/\sqrt{3}$。启动转矩为三角形连接直接启动的 1/3，启动电流也为三角形连接直接启动电流的 1/3。与其他降压启动相比，星形－三角形降压启动投资少，线路简单，但启动转矩小。这种启动方法适用于空载或轻载状态下启动，而且这种降压启动方法，只能用于正常运转时定子绕组接成三角形的异步电动机。

项目实施

1. 方案分析与确定

第一种方案中利用按钮切换两种定子绕组的连接方式，这样的系统在启动时要人工进行切换，使用时还要凭经验判断切换时机，并不方便。而第二种方案利用时间继电器控制两种绕组连接方式的切换，不仅可以利用有效的经验一次调试成功，每次启动时只需按一次启动按钮即可，不需要人工切换连接方式。因此本项目采用带时间继电器自动切换星形－三角形降压启动控制电路作为训练内容。

2. 电气控制图

电气控制原理如图 1－4－2 所示，电气控制线路安装位置如图 1－4－3 所示，电气控制安装接线如图 1－4－4 所示。

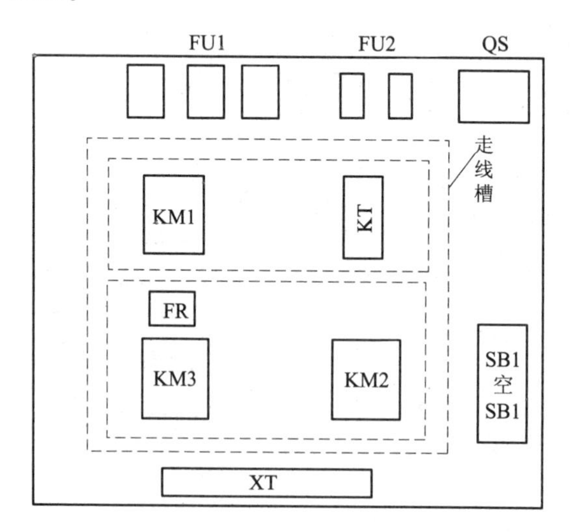

图 1－4－3　星形－三角形降压启动控制线路安装位置图

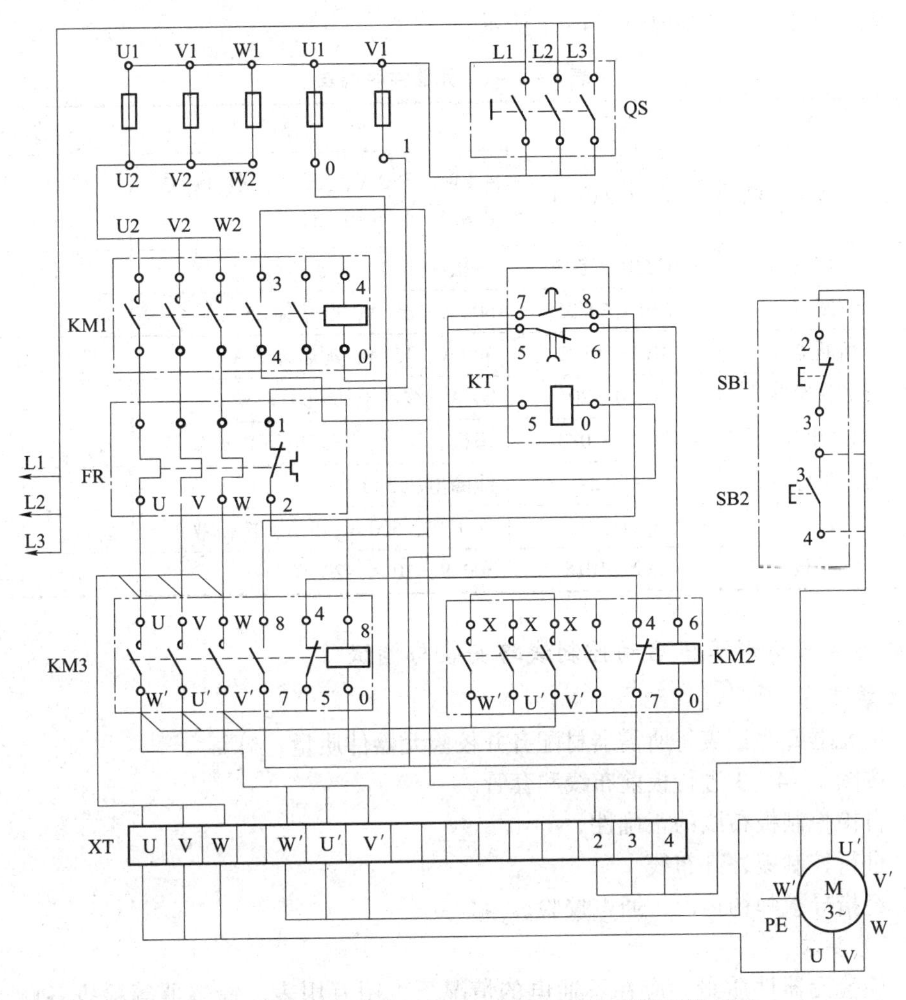

图 1-4-4　星形-三角形的降压启动电气控制安装接线图

3. 电工工具、仪表及器材

（1）电工常用工具：测电笔、电工钳、扁嘴钳、剥线钳、尖嘴钳、斜口钳、一字形与十字形螺钉旋具、电工刀、相序表等。

（2）仪表：万用表、兆欧表等。

（3）器材：自制控制板一块（650 mm×500 mm×50 mm）。

（4）导线规格：根据《机械安全　机械电气设备》（GB 5226—2008）规定，导线截面积在 0.5 mm^2 以下可以采用软线，不小于 0.5 mm^2 时必须采用硬线。但在本项目中，根据实际实习条件和从基本训练角度考虑，在控制线路布线时，初级阶段仍采用硬线进行板前明线敷设训练。因此，本控制线路中主电路采用 BV1.5 mm^2（黑色），控制电路采用 BV1 mm^2（红色），按钮线采用 BV0.75 mm^2（红色），接地线采用 BVR1.5 mm^2（黄绿双色线）。数量可以按实际情况由教师确定，导线颜色在训练阶段除接地线外，可不必强求，但应使主电路与控制电路有明显区别。

（5）紧固体及编线号管按需发给。

（6）电气元器件明细如表1－4－1所示。

表1－4－1　元器件明细表

代号	名称	型号	规　　格	数量
M	三相异步电动机	Y—112M—4	4 kW，380 V，三角形接法，8.8 A，1 440 r/min	1
QS	组合开关	HZ10—25/3	三极，25 A	1
FU1	熔断器	RL1—60/35	500 V，60 A，配熔体25 A	3
FU2	熔断器	RL1—15/2	500 V，15 A，配熔体2 A	2
KM	交流接触器	CJ10—20	20 A，线圈电压380 V	3
FR	热继电器	JR16—20/3	三极，20 A，整定电流8.8 A	1
KT	时间继电器	JS7—2A	线圈电压380 V	1
SB	按钮	LA4—3H	保护式，500 V，5 A，按钮数2	1
XT	端子板	JX2—1015	500 V，10 A，20节	1

4. 星形－三角形降压启动控制线路安装与调试

1）安装步骤

（1）按元器件明细表将所需器材配齐并校验元器件质量。

（2）按图1－4－3进行板前布线和套管。

（3）自检控制板布线的正确性。

（4）进行控制板外部布线。

（5）经指导教师初检后，通电校验。

2）工艺要求

（1）检验元器件质量：应在不通电的情况下，用万用表、蜂鸣器等检查各触点的分、合情况是否良好。检验接触器时，应拆卸灭弧罩，用手同时按下三副主触点并用力均匀；若不拆卸灭弧罩检验时，切忌将旋具用力过猛，以防触点变形。同时应检查接触器线圈电压与电源电压是否相等。

（2）板前明线布线：布线时，应符合平直、整齐、紧贴敷设面、走线合理及接点不得松动等要求。其原则是：走线通道应尽可能少，同一通道中的沉底导线，按主、控电路分类集中，单层平行密排，并紧贴敷设面；同一平面的导线应高低一致或前后一致，不能交叉；当必须交叉时，该根导线应在接线端子引出时，水平架空跨越，但必须走线合理；布线应横平竖直，变换走向应垂直。导线与接线端子或接线桩连接时，应不压绝缘层、不反圈及不露铜过长；做到同一元器件、同一回路的不同接点的导线间距离保持一致；一个电气元器件接线端子上的连接导线不得超过两根，每节接线端子板上的连接导线一般只允许连接一根；布线时，严禁损伤线芯和导线绝缘；如果线路简单可以不套编码套管。

（3）自检：用万用表检查时，应选用电阻挡的适当挡位，并进行校零，以防错漏短路故障。

检查控制电路，可以将表笔分别搭在U12、V12线端上，读数应为无穷大，按下SB2时，读数应为KM1、KM2、KT线圈的直流电阻阻值。

检查元器件，接触器线圈阻值的测量，动合、动断触点的测量；时间继电器线圈阻值的测量，延时触点的测量；按钮动合、动断触点的测量；电动机三相绕组的测量。

检查主电路时，可以手动来代替受电线圈励磁吸合时的情况进行检查。

（4）电路调试：星形－三角形启动调试。电路采用 KT 时间继电器做通电延时控制、接触器 KM1 做三相电源控制，KM2 做星形启动控制，KM3 做三角形运转控制，按 SB2 启动按钮，KM1 吸合自锁，KM2 吸合电动机做星形启动，KT 吸合延时开始，电动机启动预选时间到，KT 延时动断触点断开，延时动合触点接通，使 KM2 断开，转换成 KM3 吸合，电动机从星形启动转换成三角形运转。KT 延时时间应按电动机功率选定。

（5）通电试车：接电前必须征得教师同意，并由教师接通电源和现场监护。

学生合上电源开关 QS 后，允许用万用表或测电笔检查主、控电路的熔体是否完好，但不得对线路接线是否正确进行带电检查。

试车成功率以通电后第一次按下按钮时计算。

出现故障后，学生应独立进行检修，若需要带电检查时，必须有教师在现场监护。检修完毕再次试车，也应有教师监护，并做好实习时间记录。

训练课题应在规定时间内完成，应做到安全操作、文明生产。

5. 注意事项

（1）电动机必须安放平稳，以防止在星形－三角形切换时产生滚动而引起事故，并将其金属外壳可靠接地。进行星形－三角形自动降压启动的电动机，必须是有 6 个出线端子且定子绕组在三角形接法时的额定电压等于 380 V。

（2）要注意电路星形－三角形自动降压启动换接，电动机只能进行单向运转。

（3）要特别注意接触器的触点不能错接，否则会造成主电路短路事故。

（4）接线时，不能将接触器的辅助触点进行互换，否则会造成电路短路等事故。

（5）通电校验时，应先合上 QS，再检验 SB2 按钮的控制是否正常，并在按 SB2 后 6 s，观察星形－三角形自动降压启动作用。

6. 问题思考

（1）三相异步电动机星形－三角形降压启动的目的是什么？

（2）时间继电器的延时长短对启动有何影响？

（3）采用星形－三角形降压启动对电动机有什么要求？

项目评价

项目 4 考核评价见表 1－4－2。

表 1－4－2　项目 4 考核评价表

序号	评价指标	评价内容	分值	学生自评	小组评价	教师评价
1	硬件设计	原理图正确	10			
		电气接线正确	20			

续表

序号	评价指标	评价内容	分值	学生自评	小组评价	教师评价
2	调试	调试方法正确	10			
		调试步骤正确	20			
		功能符合要求	20			
3	安全规范与提问	符合安全操作规范	10			
		回答问题	10			
总　分			100			
问题记录和解决方法			记录任务实施中出现的问题和采取的解决方法（可附页）			

拓展训练

对于电动机启动控制而言，除了利用改变定子绕组连接方式的星形－三角形启动控制，还有其他一些启动方式，请设计一种其他启动控制方法（如串电阻降压启动、改变极对数变速启动等），画出其电气原理图。

项目5　采用继电接触器控制的动力滑台控制线路的安装与调试

项目描述

本项目要求采用继电接触器控制方式实现对动力滑台的运行控制，设计出一套控制线路，能够实现不带反向工作进给的机械动力滑台的控制，并进一步训练电气控制线路的安装与调试的方法。

项目分析

机械动力滑台是完成进给运动的动力部件。在机械动力滑台上可以配置各种切削头，用于完成钻、扩、铰、镗、铣及攻螺纹等加工工序，也可以作为工作台使用，因此它的使用具有很大的灵活性。因此，对动力滑台的控制主要是对多个电动机的逻辑顺序控制。首先要深入了解动力滑台的工作工程，然后根据工作过程设计控制线路。

知识链接

机械动力滑台由动力滑台、机械滑座、电动机及传动装置等组成，由快速电动机和工作进给电动机分别拖动滑台，实现快速移动和工作进给。图1－5－1所示为机械动力滑台传动系统示意图。

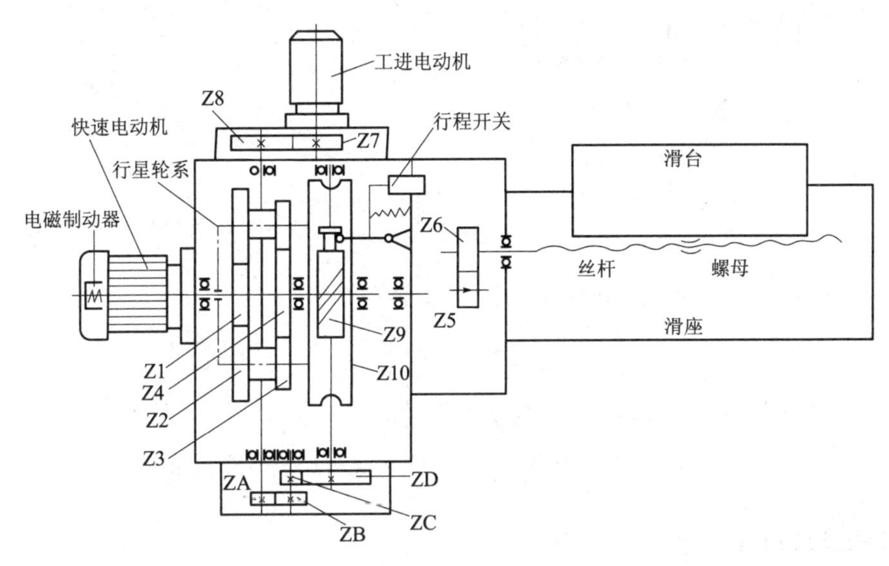

图 1-5-1　机械动力滑台传动系统示意图

滑台的快速移动由快速进给电动机经齿轮 Z1—Z4 及 Z5—Z6 带动丝杆快速旋转，并由螺母推动滑台做快速移动。快速电动机的正反向旋转，可实现滑台的快进与快退，滑台的工作进给由工作进给电动机经齿轮 Z7—Z8、配换齿轮 ZA—ZD、蜗杆和蜗轮（蜗轮系空套在轴上）、行星齿轮 Z1—Z4（快进电动机被制动，Z1 齿轮不转，Z2 齿轮除绕 Z1 旋转外，又绕其本身的转轴旋转，Z2 与 Z3 是双联齿轮，于是通过 Z3 又带动 Z4 旋转），再经齿轮 Z5—Z6 带动丝杆做慢速旋转，推动滑台实现工作进给。

不带反向工作进给的机械动力滑台电气控制线路如图 1-5-2 所示。线路的工作过程：在主轴电动机启动工作的情况下，KM 常开触点闭合，按下向前工作按钮 SB1，KM1 通电并自锁，YB 通电，快速电动机正向启动，滑台快速向前移动，当挡铁压下 SQ2 时，KM1、YB 相继断电，快速电动机停转并制动。同时 KM3 通电并自锁，进给电动机启动，滑台转为工作进给。进给加工至终点，挡铁压下 SQ3，KM3 断电，进给电动机停转，同时 KM2 通电并自锁。KM2 常闭触头断开，一方面与 KM1 起互锁作用，另一对常闭触点与 SQ1 常闭触点并联，断开后为滑台退回原位切断电源做准备，KM2 一对常开触点闭合，使 YB 线圈通电，于是快速电动机反向启动，滑台快速退回，直至挡铁压下原位开关 SQ1，KM2、YB 断电，快速电动机停转并制动，滑台停在原位，工作循环结束。

触点 KM 为保证主轴电动机启动后，滑台才可连锁工作。调整开关 SA 作为主轴电动机不工作时，单独调整滑台用。SQ4 为滑台前进极限行程开关，在 SQ3 开关失灵时起限位保护作用。

项目实施

1. 不带反向工作进给的机械动力滑台控制线路设计

本项目所采用的控制线路原理如图 1-5-2 所示。

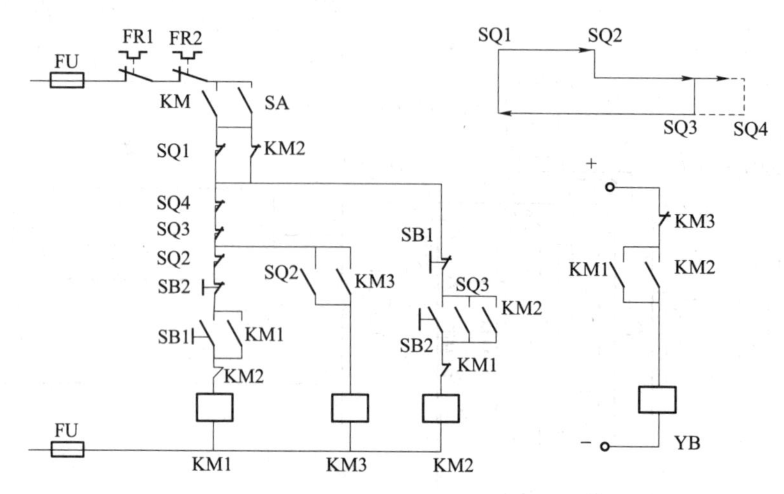

图 1－5－2　不带反向工作进给的机械动力滑台控制电路

2. 安装接线内容

不带反向工作进给的机械动力滑台控制电路的电气元器件明细见表 1－5－1。在模拟板（或平板）上安装不带反向工作进给的机械动力滑台控制线路。

表 1－5－1　不带反向工作进给动力滑台控制线路电气元器件明细表

代号	名称	型号与规格	件数	备注
QS	电源开关	HZ2—25/3	1	板后接线
1M	工进电动机	Y—132M7，5 kW，1 410 r/min	1	
2M	快速电动机	Y—132M4，4 kW，3 000 r/min	1	
KM1 ~ KM3	交流接触器	CJ10—20B 吸引线圈 220 V，50 Hz	3	
FR1	热继电器	JR0—40/3，三极 8 ~ 22 A	1	整定电流 18 A
FR2		JR0—40/3，三极 1 ~ 1.6 A	1	整定电流 1.57 A
FU1	熔断器	RL1—60/30 配熔体 30 A	3	
FU2		RL1—15/10 配熔体 10 A	2	
TC	控制变压器	BK—150 380 V/220—36—6 V	1	6 V 从 220 V 中抽头
SB1 ~ SB2	按钮	LA19—11D 指示灯电压为 6 V	2	红、绿色各 1 只
SQ1 ~ SQ4	行程开关	LX5—11	4	安装在动力滑台上
YB	电磁铁	MFJ1—3 吸引线圈 220 V 50 Hz	1	交流或直流
SA	调整开关		1	

3. 安装步骤及要求

（1）制作20 mm×1 000 mm×1 600 mm的木制模拟板和1 600 mm×1 800 mm立式铁质框架，并将模拟板紧固在框架上方沿线上。模拟板分两个区域，大区在模拟板的左端，面积为800 mm×1 000 mm，小区在模拟板的右端，面积为500 mm×1 000 mm，中间留有300 mm×1 000 mm的空区。

（2）按照编号原则在电气原理图上进行编制线号。

（3）按电气元器件明细表配齐元器件，并检验元器件质量。

（4）按照电气原理图上编制的线号，预制好编码套管和元器件文字符号的标志。

（5）在模拟板的大区内合理、牢固安装熔断器FU1~FU2、接触器KM1~KM3、热继电器FR1~FR2、控制变压器TC、插座、走线槽和接线端子板等。在模拟板的小区内也应牢固、合理安装电源开关QS、按钮SB1~SB2、机床局部工作照明灯、指示灯、接线端子板等。安装时，电气元器件的位置应该考虑到走线方便和检修安全，同时应将电源开关安装在右上角，并在各电气元器件的近处贴上文字符号的标志。

（6）电动机及电磁铁可安装在模拟板大区的正下方，若采用灯箱代替时，灯箱可固定在模拟板的中间空区内，但接线仍应按控制板外部布线要求进行敷设。

（7）选配合适的导线，模拟板内部导线采用BVR塑铜线，接到电动机及电源进线采用四芯橡套绝缘电缆线，接到电磁铁及模拟板二区域间的连接线，采用BVR塑铜线并应穿在导线通道内加以保护。

（8）布线时，模拟板大区内采用走线槽的敷设方法，接到电动机或两区域间的导线必须经过接线端子板。在按原理图正确接线的同时，应在导线的线头上套有与原理图一致线号编码套管。

（9）检查布线的正确性和各接点的可靠性，同时进行绝缘电阻的测量和接地通道是否连续的试验。

（10）清理安装场地并进行通电空运转试验。通电试验时要密切注意电动机、电气元器件及线路有无异常现象，若有，应立即切断电源进行检查，找出故障原因并进行排除后通电试车。

4. 注意事项

（1）安装时，必须认真、细致地做好线号的安置工作，不得产生差错。

（2）如通道内导线根数较多时，应按规定放好备用导线，并将导线通道牢固地支撑住。

（3）通电前，检查布线是否正确，应一个环节一个环节地进行，以防止由于漏检而产生通电不成功。

（4）必须遵守安全规程，做到安全操作。

项目评价

项目5考核评价见表1-5-2。

表1－5－2　项目5考核评价表

序号	评价指标	评价内容	分值	学生自评	小组评价	教师评价
1	硬件设计	原理图正确	10			
		电气接线正确	20			
2	调试	调试方法正确	10			
		调试步骤正确	20			
		功能符合要求	20			
3	安全规范与提问	符合安全操作规范	10			
		回答问题	10			
总　分			100			
问题记录和解决方法			记录任务实施中出现的问题和采取的解决方法（可附页）			

拓展训练

试找出一款机床的控制线路图，并分析其系统中每个电动机的控制线路，同时选择其中一个分析其工作原理。

项目6　能耗制动电路设计与安装

项目描述

本项目要求采用单管能耗制动方案，设计一套控制线路，并采用时间原则实现对电动机的能耗制动控制。

项目分析

所谓能耗制动，就是在电动机脱离三相交流电源之后，定子绕组上加一个直流电压，即通入直流电流，以产生静止磁场，利用转子的机械能产生的感应电流与静止磁场的作用以达到制动的目的。项目实施需要了解能耗制动方案、设计方法等。掌握用时间继电器根据时间原则，或用速度继电器根据速度原则进行能耗制动控制电路的设计与安装。

知识链接

1. 按时间原则控制的单向运行的能耗制动控制线路方案

图1－6－1为按时间原则进行能耗制动控制电路图。图中KM1为单向运行接触器，

KM2 为能耗制动接触器，KT 为时间继电器，T 为整流变压器，VC 为桥式整流电路。

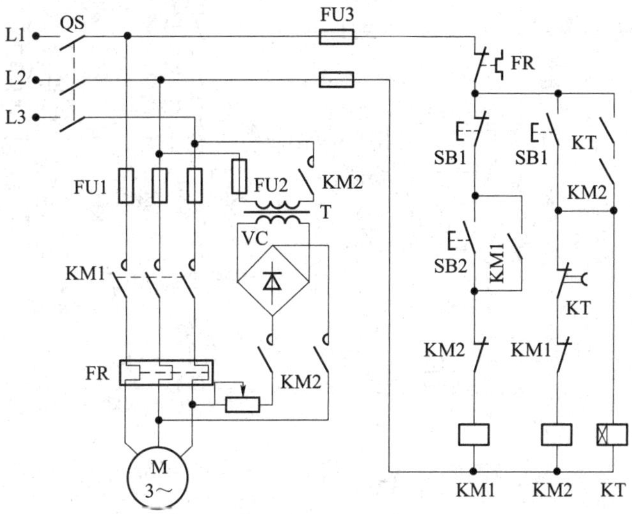

图 1－6－1　按时间原则进行能耗制动控制电路图

电路工作情况：合上电源开关 QS，按下正转启动按钮 SB2，KM1 通电并自锁，电动机正常运行。若要停机，按下停止按钮 SB1，KM1 断电，电动机定子脱离三相电源，同时 KM2 通电并自锁，将两相定子接入直流电源进行能耗制动，在 KM2 通电同时 KT 也通电。电动机在能耗制动作用下转速迅速下降，当接近零时，KT 延时时间到，其延时触点动作，使 KM2、KT 相继断电，制动过程结束。

该电路中，将 KT 瞬动触点与 KM2 自锁触点串接，是考虑时间继电器断线、松脱或机械卡住致使触点不动作，不至于使 KM2 长期通电，造成电动机定子长期通入直流电源。

2. 按速度原则控制的可逆运行的能耗制动控制线路方案

图 1－6－2 为按速度原则控制的可逆运行的能耗制动控制线路图。图中 KM1、KM2 为正反转接触器，KM3 为制动接触器，KV 为速度继电器。

电路工作情况：合上电源开关 QS，根据需要可按下正转或反转启动按钮 SB2 或 SB3，相应接触器 KM1 或 KM2 通电并自锁，电动机正常运转。此时速度继电器相应触点 KV1 或 KV2 闭合，为停车时接通 KM3，实现能耗制动做准备。

停车时，按下停止按钮 SB1，电动机定子绕组脱离三相交流电源，同时 KM3 通电，电动机接入直流电源进行能耗制动，转速迅速下降到 100 r/min 时，速度继电器 KV1 或 KV2 触点断开，此时 KM3 断电，能耗制动结束，以后电动机自然停车。

3. 无变压器单管能耗制动控制线路方案

前面介绍的能耗制动均为带变压器的单相桥式整流电路，其制动效果好。对于功率较大的电动机应采用三相整流电路，但所需设备多，成本高。对于 10 kW 以下的电动机，在制动要求不高时，可采用无变压器单管能耗制动控制线路，这样设备简单、体积小、成本低。图 1－6－3 为无变压器单管能耗制动控制线路图，其工作原理读者可自行分析。

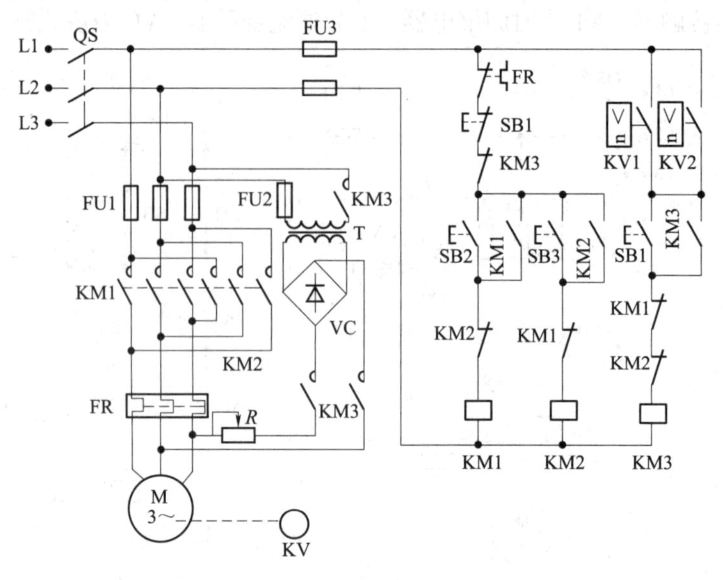

图 1－6－2　按速度原则控制的可逆运行能耗制动控制线路图

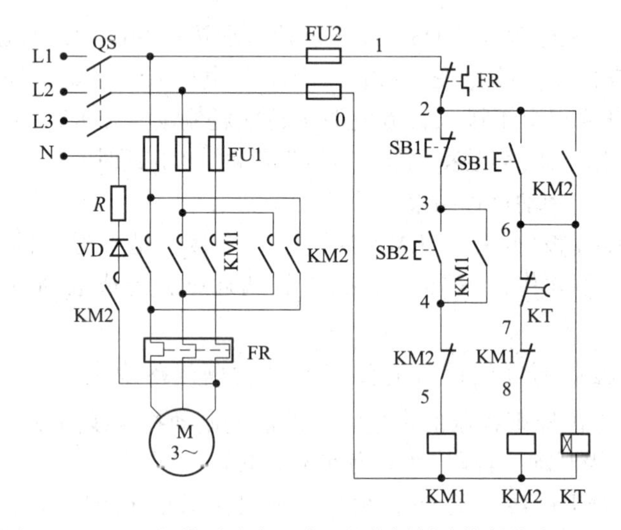

图 1－6－3　三相笼形异步电动机的能耗制动控制线路原理图

项目实施

1. 方案分析与确定

以上 3 种方案中前两种均需要变压器与整流电路的参与，成本更高，而单管能耗制动控制线路中只需要接一个二极管，利用半波整流降压后的直流电进行制动，设备简单，成本低廉，因此本项目选用该控制线路的安装接线作为训练项目。

2. 电路原理

图 1－6－3 是三相笼形异步电动机的能耗制动控制线路原理图。在运转中的三相异步电

动机脱离电源后，立即给定子绕组通入直流电产生恒定磁场，则正在惯性运转的转子绕组中的感生电流将产生制动力矩，使电动机迅速停转。

主电路由 QS、FU1、KM1 和 FR 组成单向启动控制环节；整流器 V 将 L3 相电源整流，得到脉动直流电，由 KM2 控制通入电动机绕组，显然 KM1、KM2 不能同时得电动作，否则将造成电源短路事故。辅助电路中由时间继电器延时触点来控制 KM2 的动作，而时间继电器 KT 的线圈由 KM2 的常开辅助触点控制。线路由 SB1 控制电动机惯性停机（轻按 SB1）或制动（将 SB1 按到底）。制动电源通入电动机的时间长短由 KT 的延时长短决定。

3. 安装接线内容与步骤

（1）分析三相笼形异步电动机的能耗制动控制电气原理图。

（2）根据电气原理图绘制电器安装接线图，如图 1－6－4 所示，正确标注线号。元器件的布置与正、反转控制线路相似。

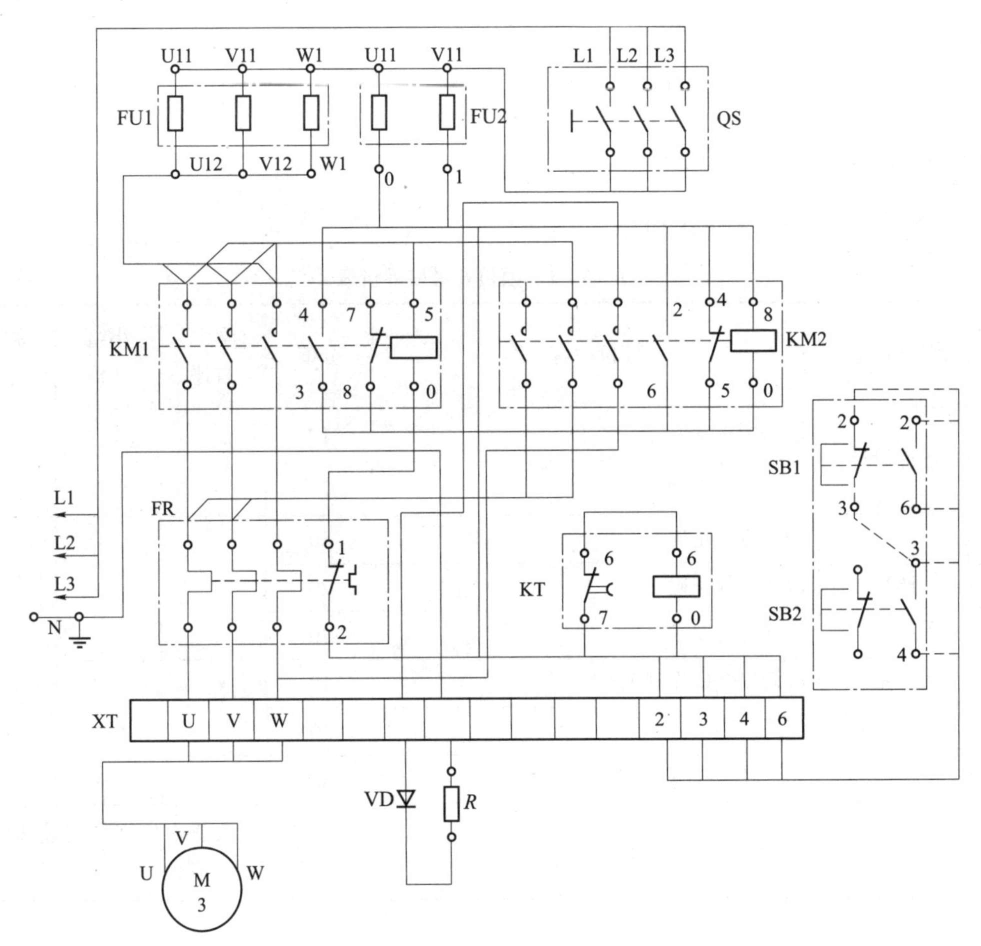

图 1－6－4　能耗制动控制电路电气安装接线

（3）检查电气元器件。按照常规要求检查按钮、接触器、时间继电器等元器件；检查整流器的耐压值、额定电流值是否符合要求，检查热继电器的热元器件、触点，试验其保护动作。

（4）按照电器安装接线图连接导线。先连接主线路，后连接控制线路，先串联连接，后并联连接。

（5）检查线路。仍旧按照先主线路，后控制线路，先串联，后并联进行检查。检查电气元器件连接是否正确和牢靠。再检查时间继电器 KT 的延时控制。

（6）在接线完成且检查无误后，经指导老师检查允许方可通电调试。

4. 注意事项

（1）试验时应注意启动、制动不可过于频繁，防止电动机过载或整流器过热。

（2）试验前应反复核查主电路接线，并一定要先进行空操作试验，直到线路动作正确可靠后，再进行带负荷试验，避免造成损失。

（3）制动直流电流不能太大，一般取 3 ~ 5 倍电动机的空载电流，可通过调节制动电阻 R 来实现。制动时 SB1 必须按到底。

5. 问题思考

（1）能耗制动的工作原理是什么？有何优、缺点？

（2）图 1 – 6 – 1 中为什么将 KT 与 KM2 常开触点串联？

项目评价

项目 6 考核评价见表 1 – 6 – 1。

表 1 – 6 – 1　项目 6 考核评价表

<table>
<tr><th>序号</th><th>评价指标</th><th>评价内容</th><th>分值</th><th>学生自评</th><th>小组评价</th><th>教师评价</th></tr>
<tr><td rowspan="2">1</td><td rowspan="2">硬件设计</td><td>原理图正确</td><td>10</td><td rowspan="2"></td><td rowspan="2"></td><td rowspan="2"></td></tr>
<tr><td>电气接线正确</td><td>20</td></tr>
<tr><td rowspan="3">2</td><td rowspan="3">调试</td><td>调试方法正确</td><td>10</td><td rowspan="3"></td><td rowspan="3"></td><td rowspan="3"></td></tr>
<tr><td>调试步骤正确</td><td>20</td></tr>
<tr><td>功能符合要求</td><td>20</td></tr>
<tr><td rowspan="2">3</td><td rowspan="2">安全规范与提问</td><td>符合安全操作规范</td><td>10</td><td rowspan="2"></td><td rowspan="2"></td><td rowspan="2"></td></tr>
<tr><td>回答问题</td><td>10</td></tr>
<tr><td colspan="3">总　　分</td><td>100</td><td></td><td></td><td></td></tr>
<tr><td colspan="3">问题记录和解决方法</td><td colspan="4">记录任务实施中出现的问题和采取的解决方法（可附页）</td></tr>
</table>

拓展训练

试制动对于高速运转的电动机很重要，在很多场合下还需要迅速制动，本项目训练了关于能耗制动控制线路的安装接线。因此，要求在能耗制动能实现迅速制动方案以外，再设计一种通过电气控制方法实现迅速制动的方案，作为拓展训练内容。

用可编程控制器进行项目设计

【教学目标】

通过本任务中具体的项目训练，使学生了解 PLC 的产生和发展、分类及应用、组成及各组成部分的作用、工作原理；熟悉 PLC 的结构和外部接线方法；熟悉编程软件的使用方法；了解用编程软件写入和编辑程序的方法，以及对 PLC 进行运行监控的方法。任务中分别应用三菱 FX 系列和西门子 S7—300 两种 PLC 进行项目设计与探索，使学生掌握不同厂家、不同系列 PLC 控制系统分析与设计的一般方法。

【任务描述】

本任务根据生产实际需要，采用可编程控制器对三相异步电动机进行控制，进而实现对其不同拖动对象的控制。以项目实施过程训练为主，提高实训内容的可操作性。本任务共选择了 8 个项目。其中，三菱 FX2N 系列 4 个，即用 PLC 实现对单级输送带电动机的控制、用 PLC 实现对小车运动的控制、用 PLC 实现对三级传送带电动机的控制、用 PLC 实现对电动机星形－三角形降压启动的控制；西门子 S7—300 系列 4 个，即用 PLC 实现对单级输送带电动机的控制、用 PLC 实现对小车运动的自动控制、用 PLC 实现对三级传送带电动机的控制、用 PLC 实现对电动机星形－三角形降压启动的控制。

项目 1　用 PLC（FX2N）实现对单级输送带电动机的控制

项目描述

本项目为用三菱 FX 系列的可编程控制器实现对单级输送带电动机的启、保、停控制。要求选择实训设备和元器件；配线并画出其继电器控制线路图和 PLC 的梯形图；通过 PLC 的接线、程序编写和输入实现对输送带电动机的启、保、停控制。

项目分析

本项目要求了解可编程控制器的产生和发展、分类及应用、组成及各组成部分的作用、工作原理；三菱 FX 系列可编程控制器微机编程软件 FX—PCS/WIN—C 的主要功能；FX2N—32MR 的硬件设置及主要功能、使用方法和注意事项等。

知识链接

1. FX 系列 PLC 的编程元件及编程语言的表达方式

不同厂家、不同系列的 PLC，其内部软继电器的功能和编号都不相同，因此在编制程序时，必须熟悉所选用 PLC 的软继电器的功能和编号。

FX 系列 PLC 软继电器编号由字母和数字组成，其中，输入继电器和输出继电器用八进制数字编号，其他软继电器均采用十进制数字编号。

1）数据结构及软元件（继电器）概念

（1）数据结构。十进制数；二进制（在 FX 系列 PLC 内部，数据是以二进制（BIN）补码的形式存储的，所有的四则运算都使用二进制数）；八进制（输入继电器、输出继电器的地址采用八进制）；十六进制；BCD 码；常数 K、H（K：十进制常数，H：十六进制常数）。

（2）软元件（编程元件、操作数）。

①软元件概念。PLC 内部具有一定功能的单元（输入输出单元、存储器的存储单元）。

②分类：位元件、字元件。

a. 位元件。

X：输入继电器，用于输入给 PLC 的物理信号。

Y：输出继电器，从 PLC 输出的物理信号。

M（辅助继电器）和 S（状态继电器）：PLC 内部的运算标志。

说明：

● 位单元只有 ON 和 OFF 两种状态，可用“1”和“0”表示。

● 元件可以通过组合使用，4 个位元件为一个单元，通用表示方法是由 K*n* 加起始的软元件号组成，*n* 为单元数。例如，K2 M0 表示 M0 ~ M7 组成两个位元件组（K2 表示两个单元），它是一个 8 位数据，M0 为最低位。

b. 字元件。

数据寄存器 D：在模拟量检测以及位置控制等场合存储数据和参数。

字节（Byte）、字（Word）、双字（Double Word）。

2）FX 系列 PLC 的编程元件

（1）输入继电器（X）。

作用：用来接受外部输入的开关量信号，输入端通常外接常开触点或常闭触点。

编号：X000 ~ X007，X010 ~ X017 等。

说明：

● 输入继电器以八进制编号，其中，FX2N 系列 PLC 带扩展时，最多可有 184 点输入继电器（X0 ~ X267）。

- 输入继电器不能程序驱动，只能外部驱动。
- 可以有无数的常开触点和常闭触点。
- 输入信号（ON，OFF）至少要维持一个扫描周期。

（2）输出继电器（Y）。

作用：输出程序运行的结果，驱动执行机构控制外部负载。

编号：Y000 ~ Y007，Y010 ~ Y017 等。

说明：

- 输出继电器以八进制编号，其中 FX2 系列 PLC 带扩展时最多可有 184 点输出继电器（Y0 ~ Y267）。
- 输出驱动必须由输出继电器进行。
- 输出模块的硬件继电器只有一个常开触点，梯形图中输出继电器的常开触点和常闭触点可以多次使用。

（3）辅助继电器（M）：中间继电器。辅助继电器是用软件实现，是一种内部的状态标志，相当于继电器控制系统中的中间继电器。

说明：

- 辅助继电器以十进制编号。
- 辅助继电器只能程序驱动，不能接收外部信号，也不能驱动外部负载。
- 可以有无数的常开触点和常闭触点。

辅助继电器分为：通用型、掉电保持型和特殊辅助继电器 3 种。

①通用型辅助继电器：M0 ~ M499（共 500 个）。

特点：通用辅助继电器和输出继电器一样，在 PLC 电源断开后，其状态将变为 OFF。当电源恢复后，除因程序使其变为 ON 外，它仍保持 OFF。

用途：中间继电器（逻辑运算的中间状态存储、信号类型的变换）。

②掉电保持型辅助继电器：M500 ~ M1023。

特点：在 PLC 电源断开后，保持型辅助继电器具有保持断电前瞬间状态的功能，并在恢复供电后继续保持断电前的状态。掉电保持是由 PLC 机内电池支持。

③特殊辅助继电器：M8000 ~ M8255。特殊辅助继电器是具有某项特定功能的辅助继电器，分为触点型和线圈型两类。

触点型特殊辅助继电器：其线圈由 PLC 自动驱动，用户只可以利用其触点。

线圈型特殊辅助继电器：由用户驱动线圈，PLC 将做出特定动作。

a. 运行监视继电器：

M8000——当 PLC 处于 RUN 时，其线圈一直得电。

M8001——当 PLC 处于 STOP 时，其线圈一直得电。

运行监视继电器波形如图 2 - 1 - 1 所示。

b. 初始化继电器：

M8002——在 PLC 开始运行的第一个扫描周期内得电。

M8003——在 PLC 开始运行的第一个扫描周期内失电。

对计数器、移位寄存器、状态寄存器等进行初始化，初始化继电器工作波形如图 2 - 1 - 2所示。

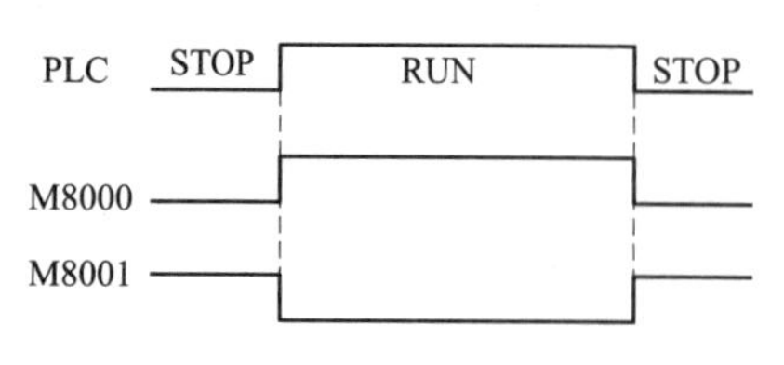

图 2－1－1　运行监视继电器波形图

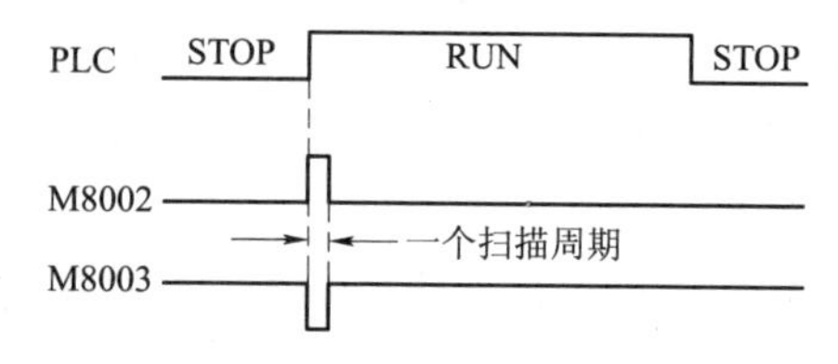

图 2－1－2　初始化继电器工作波形图

c. 出错指示继电器：

M8004——当 PLC 有错误时，其线圈得电。

M8005——当 PLC 锂电池电压下降至规定值时，其线圈得电。

M8061——PLC 硬件出错，出错代码为 D8061。

M8064——参数出错，出错代码为 D8064。

M8065——语法出错，出错代码为 D8065。

M8066——电路出错，出错代码为 D8066。

M8067——运算出错，出错代码为 D8067。

M8068——当线圈得电，锁存错误运算结果。

d. 时钟继电器：

M8011——产生周期为 10 ms 脉冲。

M8012——产生周期为 100 ms 脉冲。

M8013——产生周期为 1 s 脉冲。

M8014——产生周期为 1 min 脉冲。

时钟继电器波形如图 2－1－3 所示。

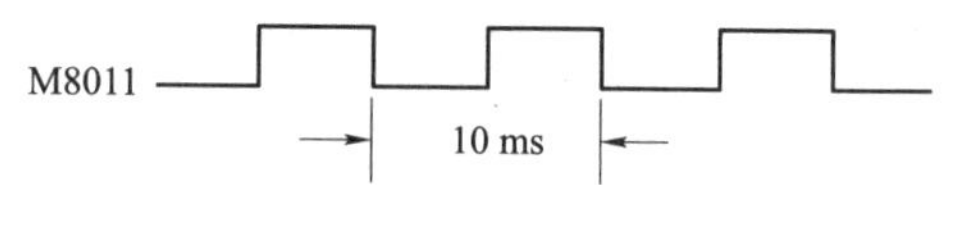

图 2－1－3　时钟继电器波形图

e. 标志继电器：

M8020——零标志。当运算结果为 0 时，其线圈得电。

M8021——借位标志。减法运算的结果为负的最大值以下时，其线圈得电。

M8022——进位标志。加法运算或移位操作的结果发生进位时，其线圈得电。

f. PLC 模式继电器：

M8034——禁止全部输出。当 M8034 线圈被接通时，则 PLC 的所有输出自动断开。

M8039——恒定扫描周期方式。当 M8039 线圈被接通时，则 PLC 以恒定的扫描方式运行，恒定扫描周期值由 D8039 决定。

M8031——非保持型继电器、寄存器状态清除。

M8032——保持型继电器、寄存器状态清除。

M8033——RUN→STOP 时，输出保持 RUN 前状态。

M8035——强制运行（RUN）监视。

M8036——强制运行（RUN）。

M8037——强制停止（STOP）。

（4）状态寄存器（S）。状态寄存器主要用于作为编制顺序控制程序的状态标志。

①初始化用：S0～S9。这 10 个状态寄存器用作步进程序中的初始状态。

②通用：S10～S127。这 118 个状态寄存器用作步进程序中的普通状态。

注意：不使用步进指令时，状态寄存器也可当作辅助继电器使用。

(5) 定时器（T)。

作用：相当于时间继电器。

分类：普通定时器、积算定时器。

定时器工作原理：当定时器线圈得电时，定时器对相应的时钟脉冲（100 ms、10 ms、1 ms）从 0 开始计数，当计数值等于设定值时，定时器的触点接通。

定时器组成：初值寄存器（16 位）、当前值寄存器（16 位）、输出状态的映像寄存器（1 位）——元件号 T。

定时器的梯形图如图 2－1－4 所示。

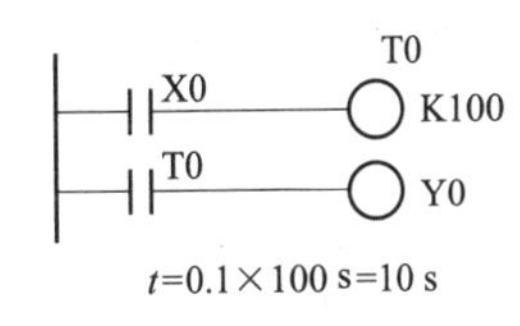

图 2－1－4　定时器的梯形图

定时器的设定值可用常数 K，也可用数据寄存器 D 中的参数。K 的范围为 1～32 767。

①普通定时器。输入断开或发生断电时，计数器和输出触点复位。

100 ms 定时器：T0～T199，共 200 个，定时范围：0.1～3 276.7 s。

10 ms 定时器：T200～T245，共 46 个，定时范围：0.01～327.67 s。

$$t = 100 \times 100\ \text{ms} = 10\ \text{s}$$

普通定时器的梯形图和波形图分别如图 2－1－5 和图 2－1－6 所示。

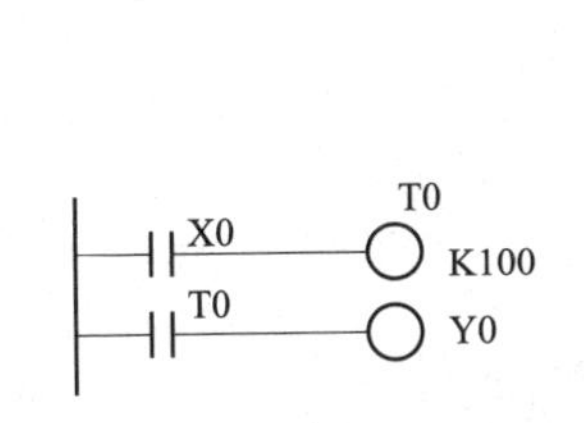

图 2－1－5　普通定时器的梯形图

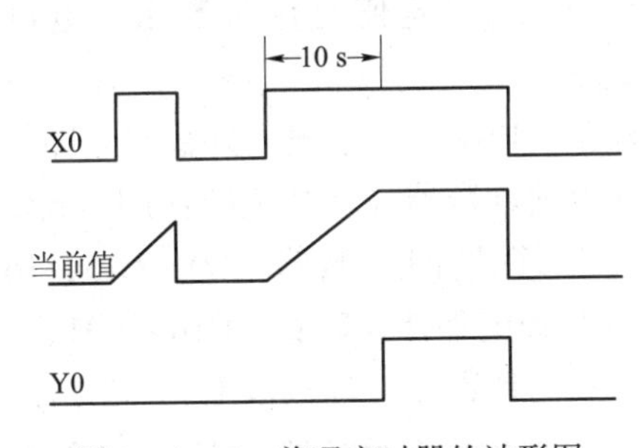

图 2－1－6　普通定时器的波形图

②积算定时器。输入断开或发生断电时，保持当前值，只有复位接通时，计数器和触点复位。

复位指令：如 RST T250。

1 ms 积算定时器：T246～T249，共 4 个，定时范围：0.001～32.767 s。

100 ms 积算定时器：T250～255，共 6 个，定时范围：0.1～3 276.7 s。

积算定时器的梯形图和波形图分别如图 2－1－7 和图 2－1－8 所示。

(6) 计数器（C)。

作用：对内部元件 X、Y、M、T、C 的信号进行计数（计数值达到设定值时计数动作）。

计数器分类：普通计数器、双向计数器、高速计数器。

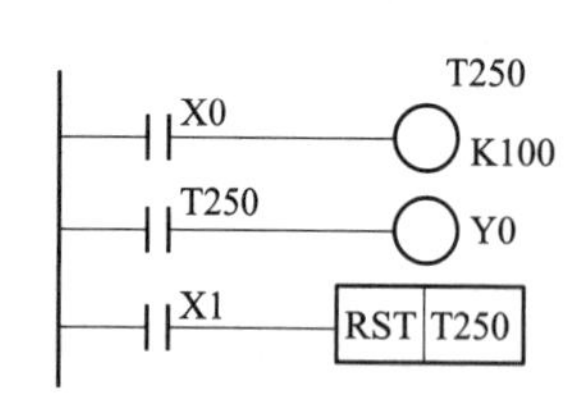

图 2－1－7 积算定时器梯形图

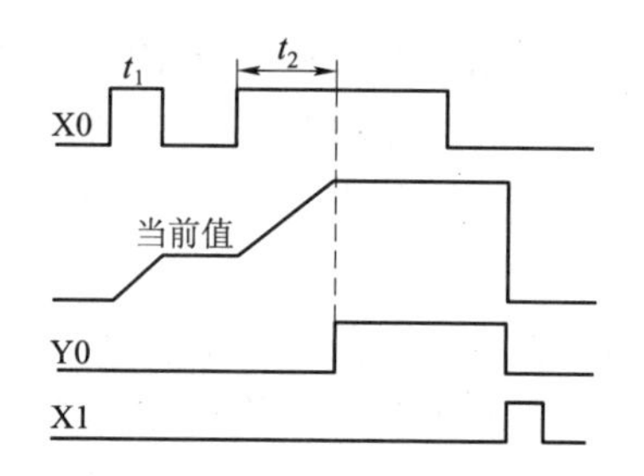

图 2－1－8 积算定时器波形图

计数器工作原理：计数器从 0 开始计数，计数端每来一个脉冲计数值加 1，当计数值与设定值相等时，计数器触点动作。

通用加法计数器的梯形图和波形图分别如图 2－1－9 和图 2－1－10 所示。

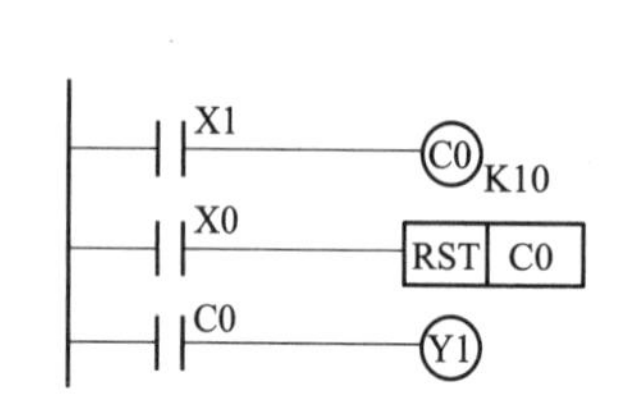

图 2－1－9 计数器的梯形图

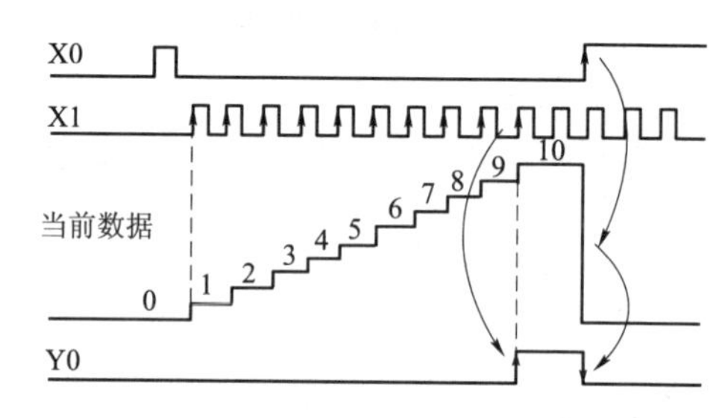

图 2－1－10 计数器的波形图

计数器的设定值可用常数 K，也可用数据寄存器 D 中的参数。计数值设定范围为 1～32 767。

注意：RST 端一接通，计数器立即复位。

①普通计数器（计数范围：K1～K32 767）。

16 位通用加法计数器：C0～C15，16 位增计数器。

16 位掉电保持计数器：C16～C31，16 位增计数器。

②双向计数器（计数范围：－2 147 483 648～2 147 483 647）。

32 位通用双向计数器：C200～C219，共 20 个。

32 位掉电保持计数器：C220～C234，共 15 个。

说明：

● 设定值可直接用常数 K 或间接用数据寄存器 D 的内容。间接设定时，要用编号紧连在一起的两个数据寄存器。

● C200～C234 计数器的计数方向（加、减计数）由特殊辅助继电器 M8200～M8234 设定。当 M82××接通（置 1）时，对应的计数器 C2××为减法计数；当 M82××断开（置 0）时为加法计数。

（7）数据寄存器 D。用来存储 PLC 进行输入输出处理、模拟量控制、位置量控制时的数据和参数。数据寄存器为 16 位，最高位是符号位。32 位数据可用两个数据寄存器存储。

①通用数据寄存器：D0～D127。通用数据寄存器在 PLC 由 RUN→STOP 时，其数据全部清零。如果将特殊继电器 M8033 置 1，则 PLC 由 RUN → STOP 时，数据可以保持。

②保持数据寄存器：D128 ~ D255。保持数据寄存器只要不被改写，原有数据就不会丢失，不论电源接通与否，PLC 运行与否，都不会改变寄存器的内容。

③特殊数据寄存器：D8000 ~ D8255。

④文件寄存器：D1000 ~ D2499。

（8）变址用寄存器：V，Z。是一种特殊用途的数据寄存器，相当于微机中的变址寄存器，用于改变元件的编号（变址）。

（9）常数：K、H。十进制常数用 K 表示（如常数 123 表示为 K123）；十六进制常数则用 H 表示（如常数 345 表示为 H159）。

（10）指针：P，I。

跳转用指针：P0 ~ P63 共 64 点，它作为一种标号，用来指定跳转指令或子程序调用指令等分支指令的跳转目标。

中断用指针：I00 ~ I03 共 4 点，作为中断程序的入口地址标号。

3）编程软件编程语言表达方式

可编程控制器与一般的计算机相类似，在软件方面有系统软件和应用软件之分，只是可编程控制器的系统软件由可编程控制器生产厂家固化在 ROM 中，一般用户只能在应用软件上进行操作，即通过编程软件来编制用户程序。编程软件是由可编程控制器生产厂家提供的编程语言，迄今为止还没有一种能适合各种可编程控制器的通用编程语言，但是各个可编程控制器的编程语言即编程工具都大体差不多，一般有如下 5 种表达方式。

（1）梯形图（Ladder Diagram）。梯形图是一种以图形符号及图形符号在图中的相互关系表示控制关系的编程语言，它是从继电器控制电路图演变过来的。梯形图将继电器控制电路图进行简化，同时加进了许多功能强大、使用灵活的指令，将微机的特点结合进去，使编程更加容易，而实现的功能却大大超过传统继电器控制电路图，是目前最普通的一种可编程控制器编程语言。

梯形图及符号画法应按一定规则，各厂家的符号和规则虽不尽相同，但基本上大同小异。

①梯形图中只有动合和动断两种触点。各种机型中动合触点和动断触点的图形符号基本相同，但它们的元件编号不相同，随不同机种、不同位置（输入或输出）而不同。统一标记的触点可以反复使用，次数不限，这点与继电器控制电路中同一触点只能使用一次不同。因为在可编程控制器中每一触点的状态均存入可编程控制器内部的存储单元中，可以反复读写，故可以反复使用。

②梯形图中输出继电器（输出变量）的表示方法也不同，可用圆圈、括弧和椭圆表示，而且它们的编程元件编号也不同，不论哪种产品，输出继电器在程序中只能使用一次。

③梯形图最左边是起始母线，每一逻辑行必须从起始母线开始画。梯形图最右边还有结束母线，一般可以将其省略。

④梯形图必须按照从左到右、从上到下的顺序书写，可编程控制器是按照这个顺序执行程序的。

⑤梯形图中触点可以任意地串联或并联，而输出继电器线圈可以并联但不可以串联。

⑥程序结束后应有结束符。

（2）指令表（Instruction List）。梯形图编程语言的优点是直观、简便，但要求用带 CRT 屏幕显示的图形编程器才能输入图形符号。小型的编程器一般无法满足，而是采用经济便携的编程器（指令编程器）将程序输入到可编程控制器中，这种编程方法使用指令语句（助记符语言），它类似于汇编语言。

语句是指令语句表编程语言的基本单元，每个控制功能由一个或多个语句组成的程序来执行。每条语句规定可编程控制器中 CPU 如何动作的指令，它是由操作码和操作数组成的。

操作码用助记符表示要执行的功能，操作数（参数）表明操作的地址或一个预先设定的值。

（3）顺序功能图（Sequential Chart）。顺序功能图常用来编制顺序控制类程序。它包含步、动作、转换 3 个要素。顺序功能编程法可将一个复杂的控制过程分解为一些小的顺序控制程序，将其按要求连接组合成整体的控制程序。顺序功能图法体现了一种编程思想，在程序的编制中具有很重要的意义。图 2-1-11 所示为顺序功能图。

（4）功能块图（Function Block Diagram）。功能块图编程语言实际上是用逻辑功能符号组成的功能块来表达命令的图形语言，与数字电路中的逻辑图一样，它极易表现条件与结果之间的逻辑功能。图 2-1-12 所示为将“与”和“或非”的结果再进行“或”输出操作的功能块图。由图可见，这种编程方法是根据信息流将各种功能块加以组合，是一种逐步发展起来的新式的编程语言，正在受到各种可编程控制器厂家的重视。

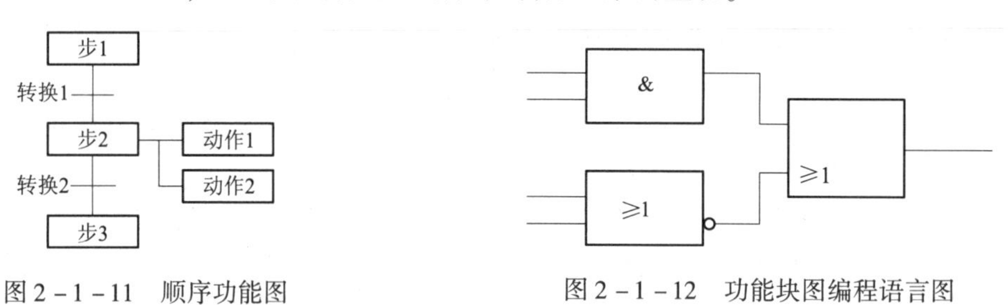

图 2-1-11　顺序功能图

图 2-1-12　功能块图编程语言图

（5）结构文本（Structure Text）。为了增强可编程控制器的数字运算、数据处理、图表显示、报表打印等功能，方便用户的使用，许多大中型可编程控制器都配备了 Pascal、Basic、C 等高级编程语言。这种编程方式叫作结构文本。与梯形图相比，结构文本有两大优点：其一，能实现复杂的数学运算；其二，非常简洁和紧凑。用结构文本编制极其复杂的数学运算程序非常简捷。结构文本用来编制逻辑运算程序也很容易。

以上编程语言的 5 种表达式是由国际电工委员会（IEC）于 1994 年 5 月在可编程控制器标准中推荐的。对于一款具体的可编程控制器，生产厂家可在这 5 种表达方式中提供其中的几种编程语言供用户选择。也就是说，并不是所有的可编程控制器都支持全部的 5 种编程语言。

可编程控制器的编程语言是可编程控制器应用软件的工具。它以可编程控制器输入口、输出口、机内元器件之间的逻辑及数量关系表达系统的控制要求，并存储在机内的存储器中，即所谓的“存储逻辑”。

2. FX—PCS/WIN—C 微机编程软件

1）编程环境的进入及 PC 与 PLC 的连接与下载

FXGP/WIN 编程软件供对 FX0S、FX0N、FX2 和 FX2N 系列三菱可编程控制器编程以及监控可编程控制器中各软元件的实时状态。

（1）进入 FXGP/WIN 的编程环境。在 Windows 环境下启动安装进入 MELSEC－F/FX 系统，双击鼠标选择 FXGP—WIN—C 文件，出现如图 2－1－13 所示界面即可进行编程。

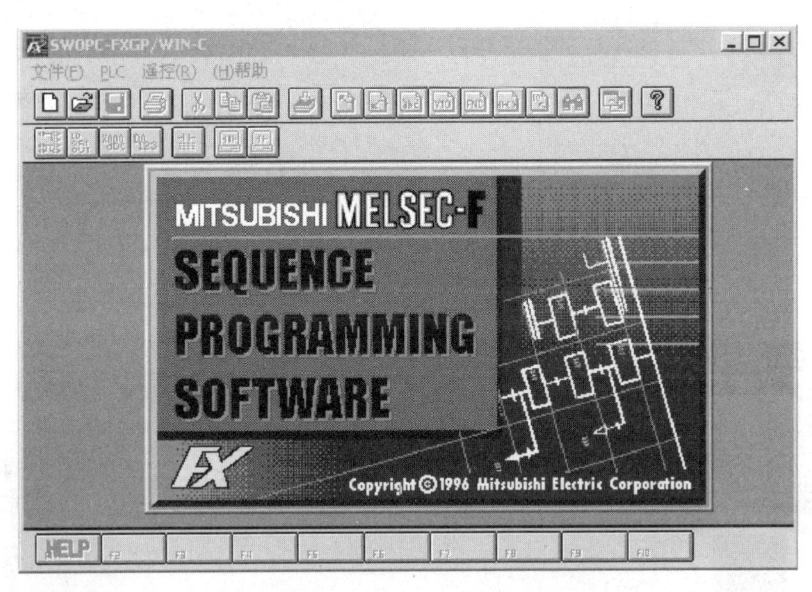

图 2－1－13　FXGP/WIN 编程环境界面

（2）可编程控制器程序下载。可编程控制器程序下载的方法是：首先应使用编程通信转换接口电缆 SC—09 连接好计算机的 RS－232C 接口和 PLC 的 RS－422 编程器接口，然后选择如图 2－1－13所示的 PLC 菜单，即出现如图 2－1－14 所示的界面。

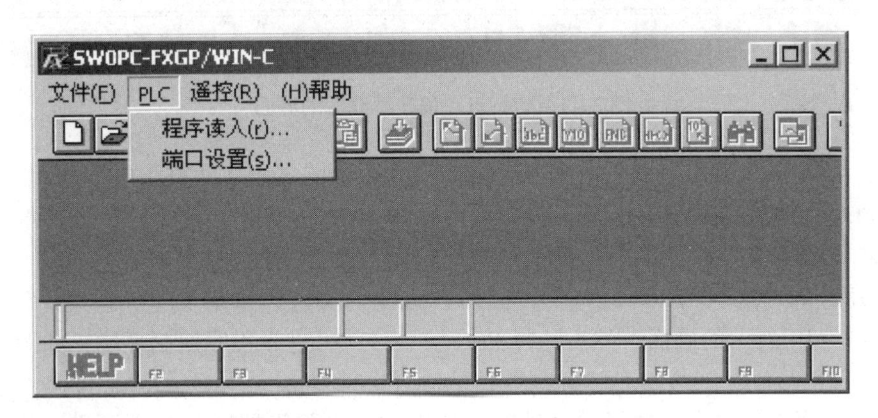

图 2－1－14　下载程序界面

图 2－1－14 所示界面出现后，再打开 PLC 菜单下的“端口设置”子菜单，如图 2－1－15 所示，选择正确的串行口后单击“确认”按钮。

选择好串行口后，选择如图 2－1－14 中的 PLC 菜单下的“程序读入”选项，即可进入如图 2－1－16 所示的界面。正确选择可编程控制器的型号，单击“确认”按钮后等待几分钟，可编程控制器中的程序即下载到计算机的 FXGPWIN 文件夹中。程序下载后的界面如图 2－1－17 所示。

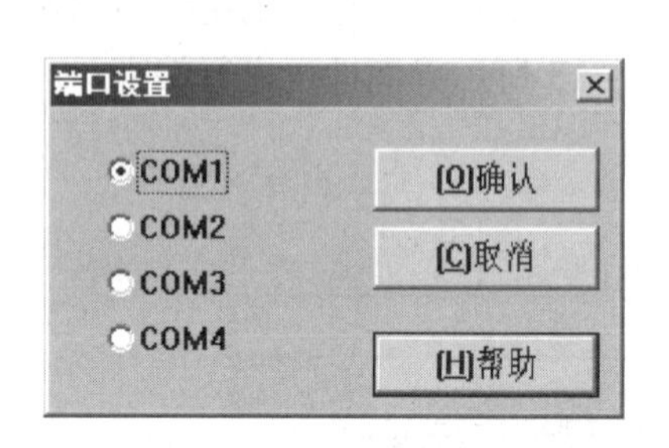

图 2－1－15　端口设置菜单窗口界面

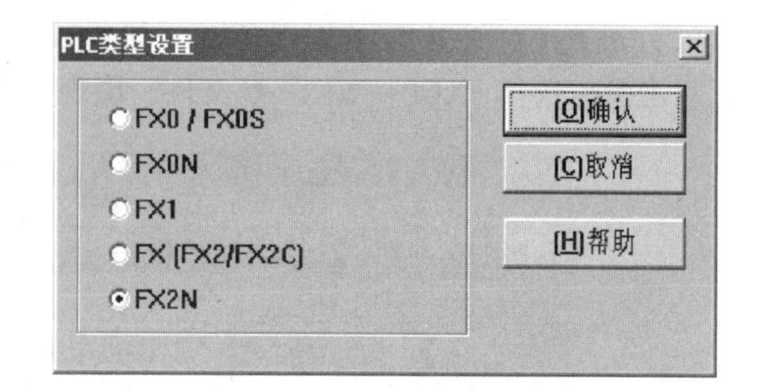

图 2－1－16　PLC 型号选择界面

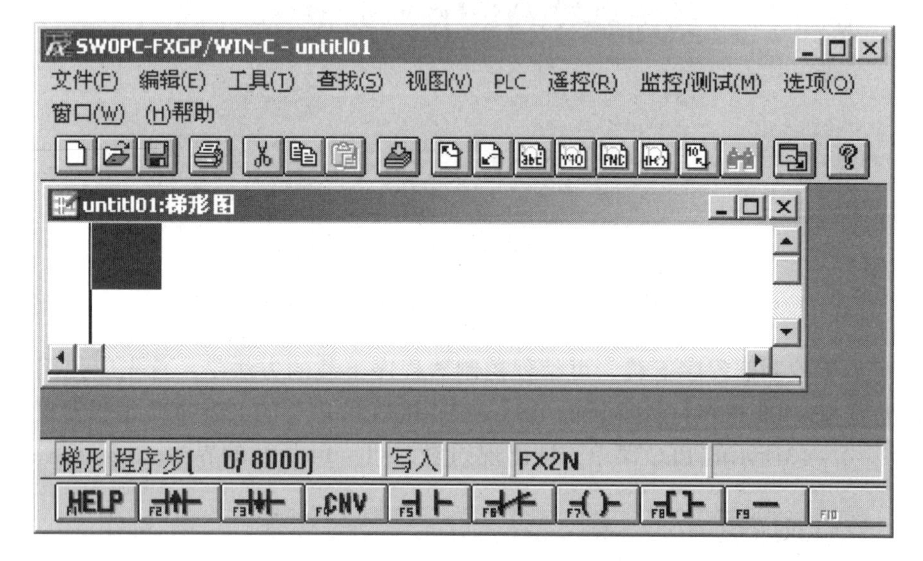

图 2－1－17　PLC 程序下载后的界面

注意：如果 PLC 读出被设置有密码，则要输入正确的密码才能将程序下载到 PC 中。

（3）PLC 程序的打开。首先选择“文件”菜单下的“打开”选项，界面如图 2－1－18 所示。选择正确的文件后，单击“确定”按钮，就可打开文件。

（4）编制新的程序。如图 2－1－19 所示，选择“文件”菜单下的“新文件”选项，出现如图 2－1－19 所示的画面，然后选择 PLC 型号，就可进入程序编制环境，如图 2－1－20 所示。

（5）设置页面和打印。选择“文件”菜单下的“页面设置”选项即可进行编程页面设置。选择“文件”菜单下的“打印机设置”选项，即可进行打印设置。

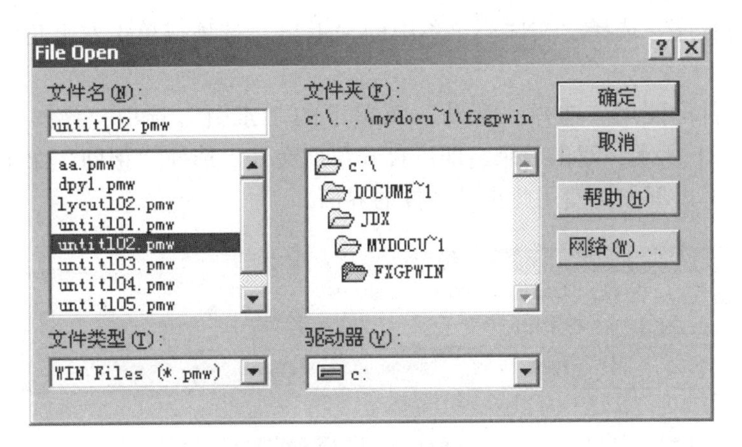

图 2－1－18　文件打开界面

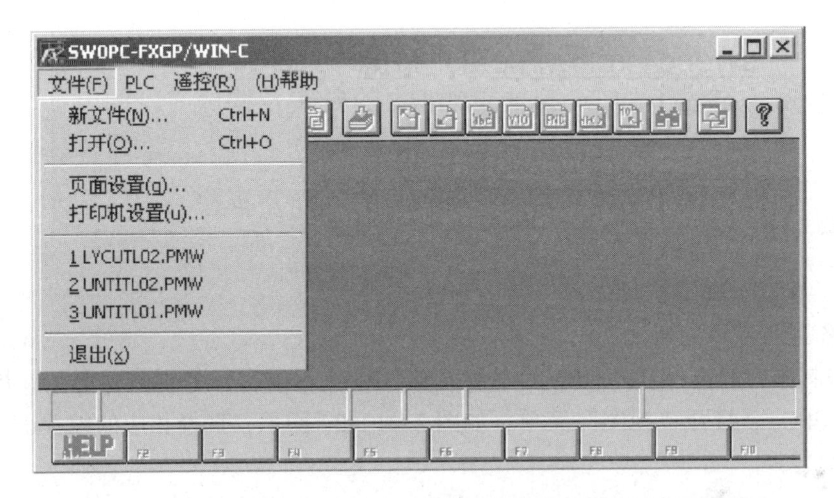

图 2－1－19　打开新文件界面

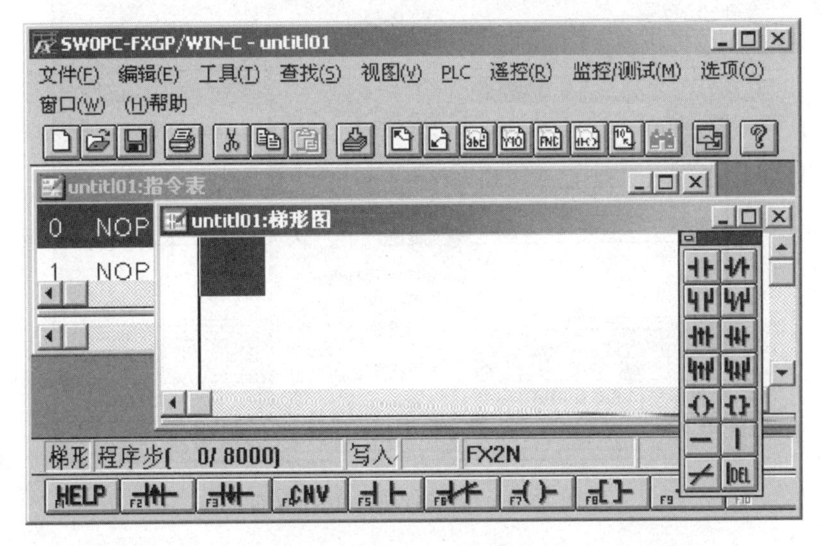

图 2－1－20　编制程序界面

(6) 退出主程序。选择“文件”菜单中的“退出”选项或单击右上角的关闭按钮，即可退出主程序。

(7) 帮助文件的使用。选择“帮助”菜单下的“索引”选项，寻找所需帮助的目录名，如图 2-1-21 所示，双击目录名即可打开帮助文件。选择“帮助”菜单下的“如何使用帮助”选项，将出现如何使用此帮助文件的界面。

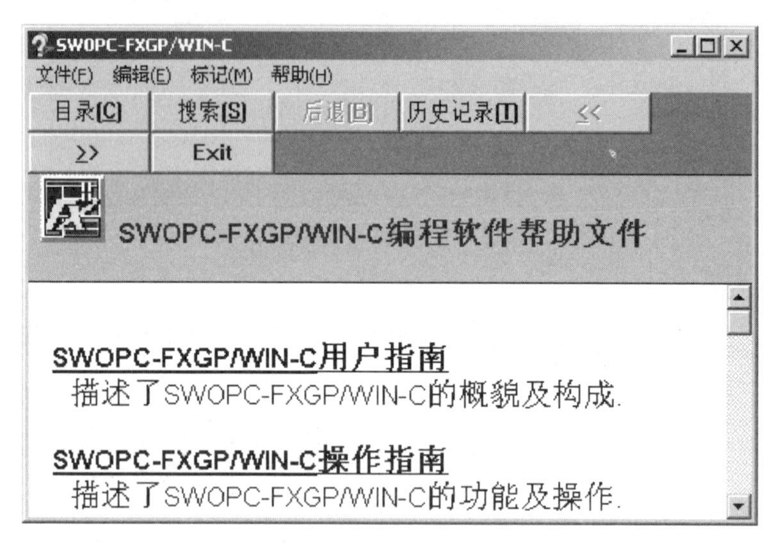

图 2-1-21　帮助文件界面

2) 准备进行程序编制

(1) 编制语言的选择。FXGPWIN 软件提供 3 种编程语言，分别是梯形图、指令表和功能逻辑图 (SFC)。打开“视图”菜单，如图 2-1-22 所示，选择相应的编程语言。

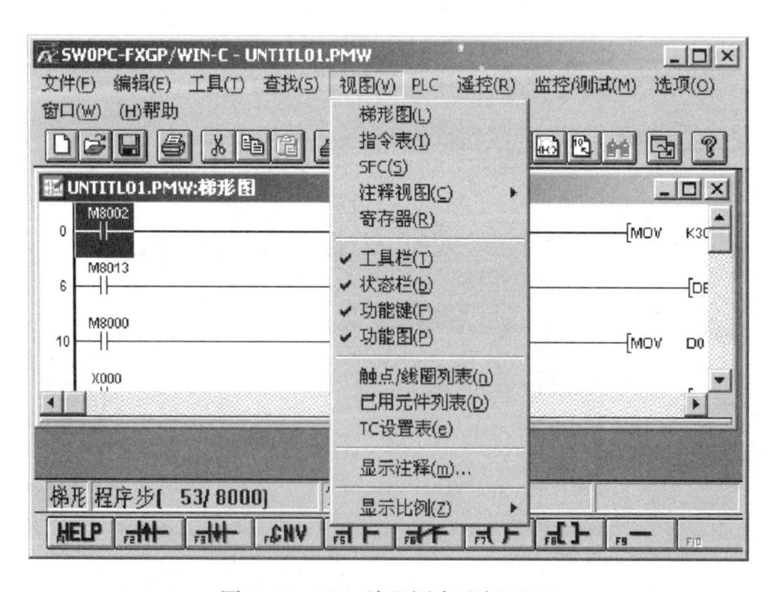

图 2-1-22　编程语言选择界面

（2）采用梯形图编写程序。

①按以上步骤选择梯形图编程语言。选择“视图”菜单下的“工具栏”“状态栏”“功能键”和“功能图”选项，如图 2－1－23 所示。

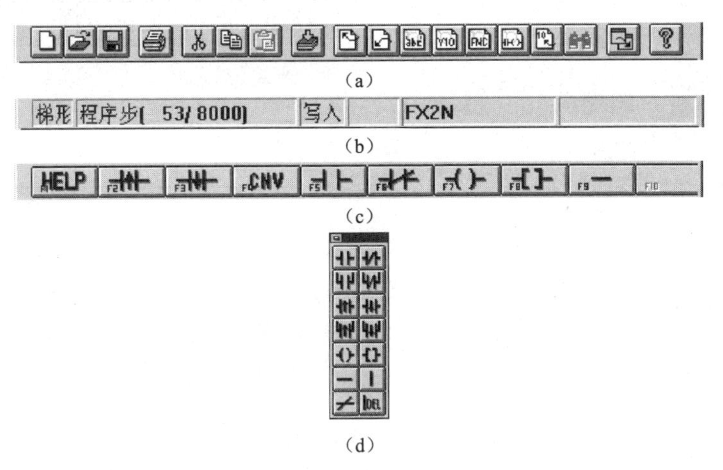

图 2－1－23　“视图”菜单界面

（a）工具栏；（b）状态栏；（c）功能键；（d）功能图

②梯形图中对软元件的选择既可通过以上“功能键”和“功能图”工具栏选样，也可在“工具”菜单中选择。“工具”菜单如图 2－1－24 所示。菜单中的“触点”选项提供对输入各元件的选用；“线圈”和“功能”选项提供对各输出继电器、中间继电器、时间继电器和计数器等软元件的选用；“连线”选项除了用于梯形图中各连线外，还可以通过按 Del 键删除连接线。“全部清除”选项用于清除所有编程内容。

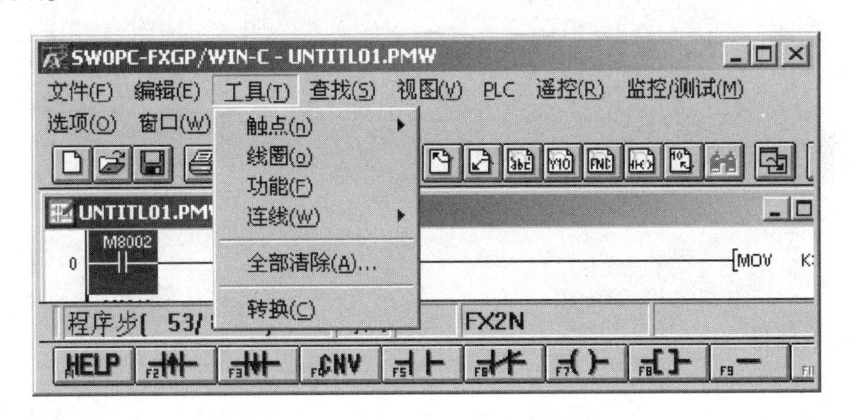

图 2－1－24　“工具”菜单界面

③“编辑”菜单的使用。“编辑”菜单含有如图 2－1－25 所示的内容。有“剪切”“撤销键入”“粘贴”“复制”和“删除”等选项。其余各选项用于对各连接线、软元件等的操作。

④编程语言的转换。当完成梯形图程序编写后，可以通过“视图”菜单中的“梯形图”“指令表”和 SFC（功能逻辑图）选项进行 3 种编程语言的转换。

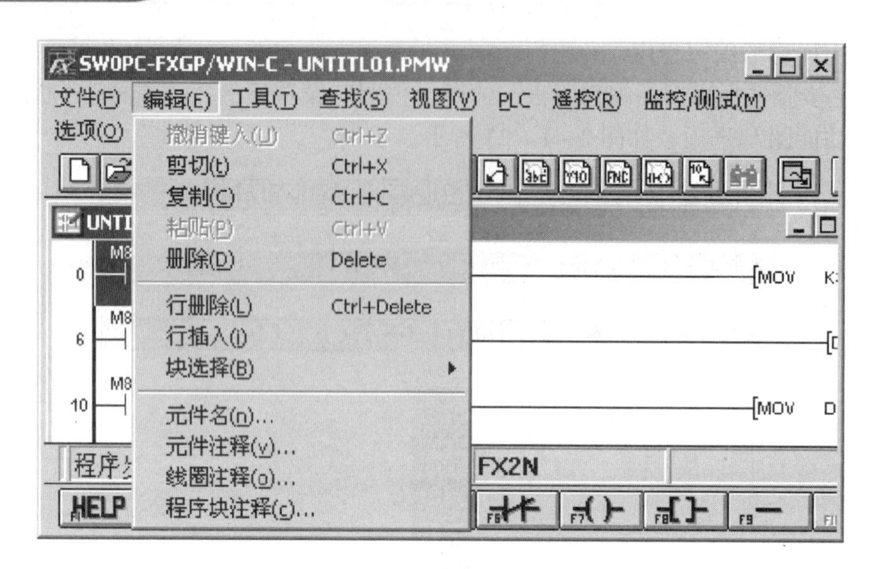

图 2-1-25 “编辑”菜单界面

3）程序的检查

选择“选项”菜单中的“程序检查”选项，就进入了程序检查环境，如图 2-1-26 所示。图其中有 3 个单选项：“语法错误检查”单选项用于检查软元件号有无错误，“双线圈检验”单选项用于检查输出软元件，“电路错误检查”单选项用于检查各回路有无错误，它们都可以通过图 2-1-26 中“结果”信息框显示有无错误信息。

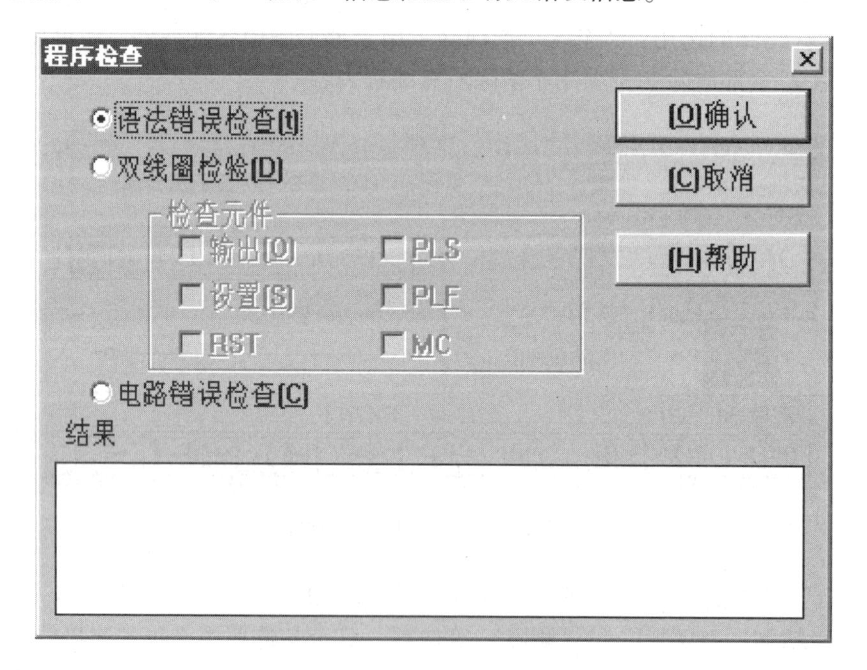

图 2-1-26 “程序检查”对话框

4）程序的传送

程序的传送操作通过 PLC 菜单的“传送”选项来执行，如图 2-1-27 所示。“传送”

菜单选项有 3 项内容：“读入”“写出”和“核对”。程序的读入指的是把 PLC 的程序读入到计算机的 FXGPWIN 程序操作环境中，程序的写出指的是把已经编写的程序写入到 PLC 中。当编写的程序有错误时，在写出的过程中，CPU—E 指示灯将闪烁。当要读入 PLC 程序时，正确选择好串行口和连接好编程电缆后，选择“读入”选项即可。当要把程序写出到 PLC 中时，选择“写出”选项即可。写完程序后“核对”选项将起作用，用于确认要写出的程序和 PLC 的程序是否一致。

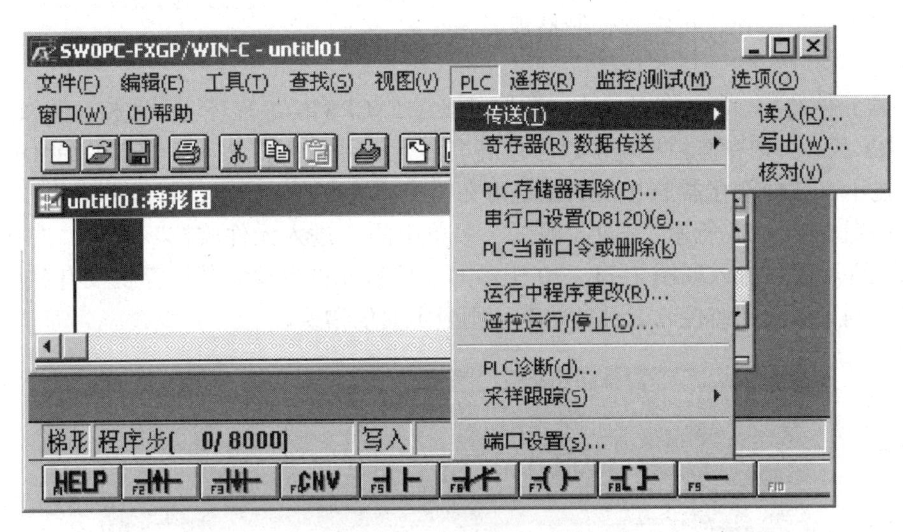

图 2－1－27　“传送”子菜单界面

5）软元件的监控和强制执行

在 FXGPWIN 操作环境中，可以监控各软元件的状态和强制执行输出等功能。这些功能主要在“监控/测试”菜单中完成，其界面如图 2－1－28 所示。

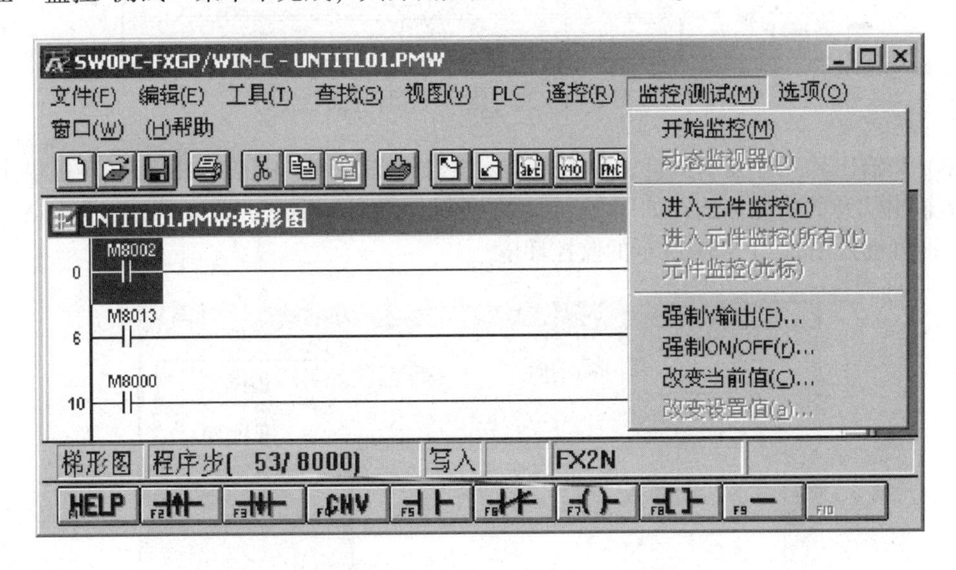

图 2－1－28　“监控/测试”菜单界面

(1) 可编程控制器的强制运行和强制停止。选择如图 2－1－27 所示 PLC 菜单中的“遥控运行/停止”选项，出现如图 2－1－29所示对话框。选择“运行”单选钮后，单击“确认”按钮，可编程控制器被强制运行。选择“中止”单选钮后，单击“确认”按钮，可编程控制器被强制停止。

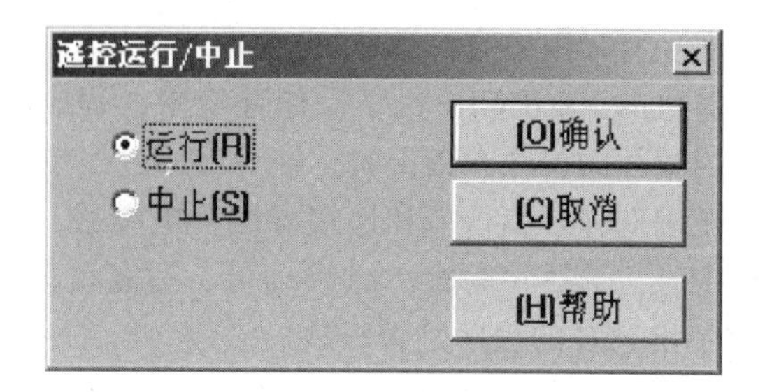

图 2－1－29 “遥控运行/中止”对话框

(2) 软元件监控。软元件的状态、数据可以在 FXGPWIN 编程环境中监控。例如，Y 软元件工作在 ON 状态，则在监控环境中以绿色高亮显示，并且闪烁表示；若工作在 OFF 状态，则无任何显示。数据寄存器 D 中的数据也可在监控环境中表示出来，可以带正负号。

选择如图 2－1－28 所示“监控/测试”菜单中的“进入元件监控”选项，选择好所要监控的软元件，即可进入如图 2－1－30 所示的监控软元件界面。若计算机没有和可编程控制器通信，则无法反映监控软元件的状态，则显示通信错误。

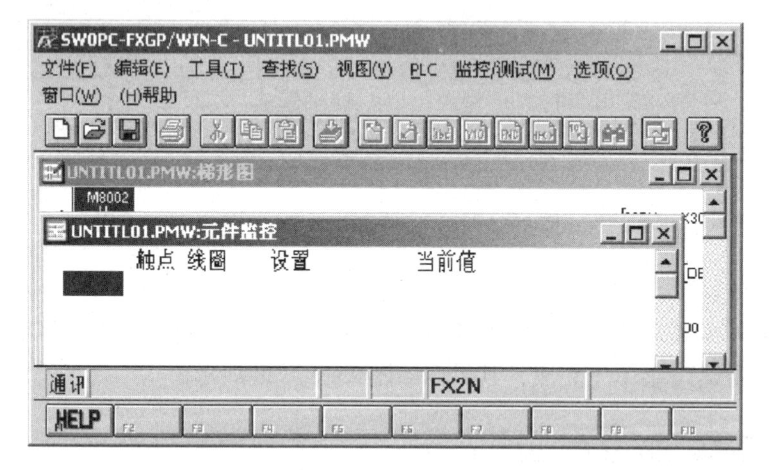

图 2－1－30 监控软元件界面

(3) Y 输出软元件强制执行。为了调试、维修设备方便，FXGPWIN 程序还提供了强制执行 Y 输出状态的功能。选择如图 2－1－28 所示“监控/测试”菜单中的“强制 Y 输出”选项，即可进入图 2－1－31 所示的监控环境。

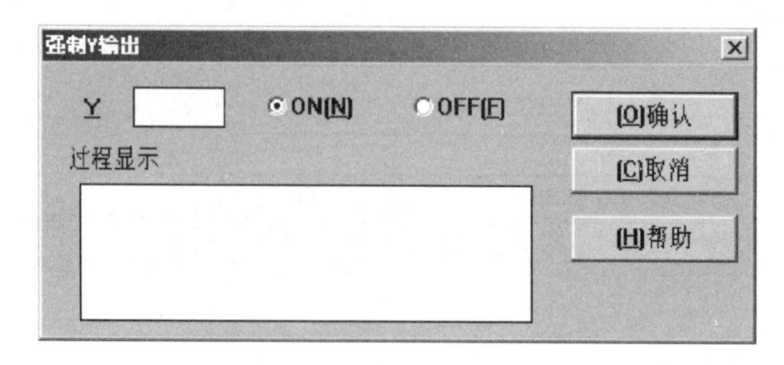

图 2－1－31 “强制 Y 输出”对话框

选择好 Y 软元件，就可对其强制执行，并在左下角框中显示其状态，可编程控制器对应的 Y 软元件灯将根据选择状态亮或灭。

（4）其他软元件的强制执行。各输入软元件的状态也可通过 FXGPWIN 程序设定，选择如图 2－1－28 中“监控/测试”菜单中的“强制 ON/OFF”选项，即可进入此强制执行环境设定软元件的工作状态。

选择 X002 软元件，并选择“设置”状态，单击“确认”按钮，可编程控制器的 X002 软元件指示灯将亮。如图 2－1－32 所示。

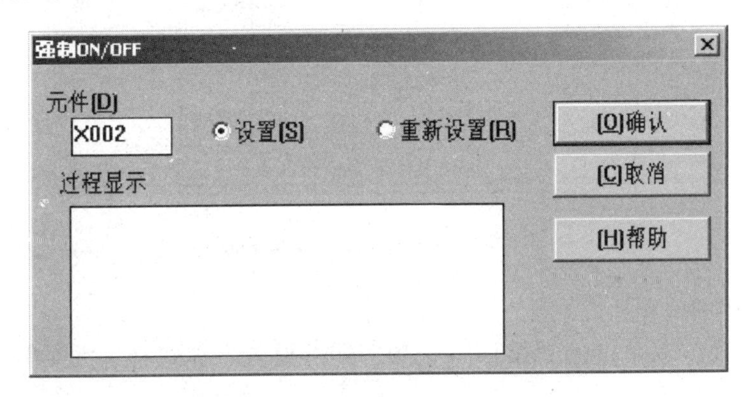

图 2－1－32　“强制 ON/OFF”对话框

6）其他菜单及目录的使用

（1）可编程控制器的数据寄存器的读入和写出。在 PLC 菜单下的“寄存器数据传送”菜单选项中有 3 项内容：“读入”“写出”和“核对”，如图 2－1－33 所示。选择“读入”选项即可从可编程控制器中读出数据寄存器的内容。选择“写出”选项，即可将程序中相应的数据寄存器内容写入可编程控制器中。“核对”选项用于确认内容是否一致。

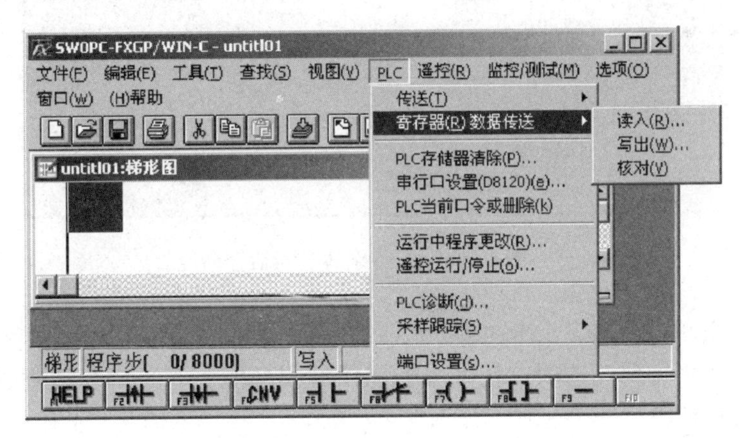

图 2－1－33　“寄存器数据传送”菜单界面

（2）“选项”菜单的使用。“选项”菜单的内容如图 2－1－34 所示。

①可编程控制器 EPROM 的处理。选择“EPROM 传送”菜单选项，有 3 项内容：“读入”“写出”和“核对”。选择“读入”选项，即可从可编程控制器读出 EPROM 的内容。选择“写出”选项，即可将编写的程序写入可编程控制器中。“核对”选项用于验证编写的

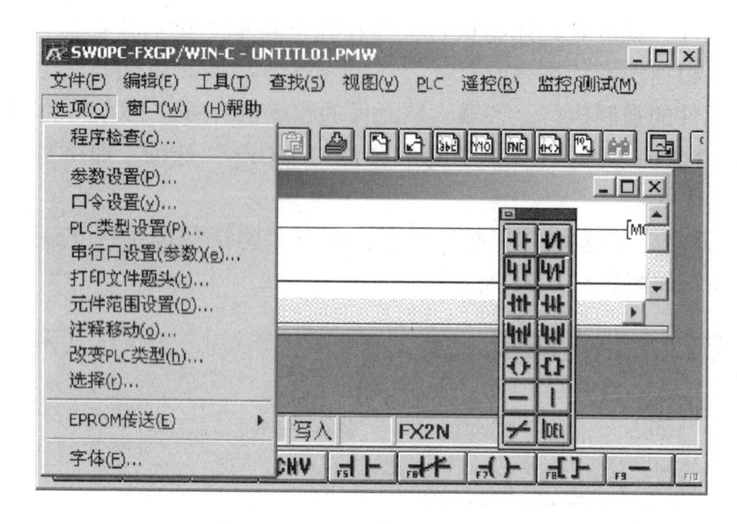

图 2-1-34 “选项”菜单界面

程序和 EPROM 中的内容是否一致。

②选择“选项”菜单中的“字体”选项，即可设置字体式样、大小等有关内容，如图 2-1-35所示。

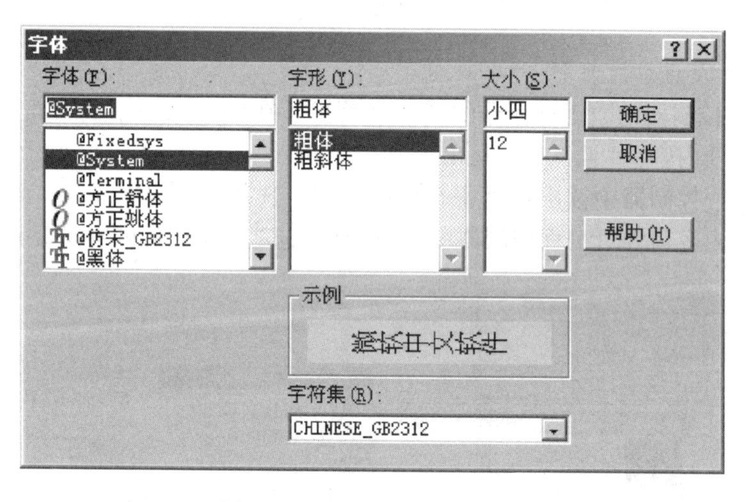

图 2-1-35 “字体”对话框

③“窗口”菜单的使用。双击“窗口”菜单中的“视图顺排”选项，就可层铺编程环境；双击“窗口水平排列”选项，就可水平铺设编程环境；双击“窗口垂直排列”选项，就可垂直铺设编程环境。

3. PLC 的硬件设置及主要功能、使用方法和注意事项

(1) PLC 的硬件功能。开关量控制是 PLC 的基本功能，对于开关量控制系统，主要需要考虑 PLC 的最大开关量 I/O 点数要满足系统的要求。

(2) PLC 指令系统的功能。对于小型单台仅需要开关量控制的设备，一般的小型 PLC 可以满足要求。如果系统要求 PLC 完成某些特殊功能，要考虑 PLC 的指令系统是否有相应

的指令来支持。

（3）PLC 物理结构的选择。在小型控制系统中一般采用整体式 PLC。较复杂的要求较高的系统一般选用模块式 PLC。

（4）确定 I/O 点数。应确定哪些信号需要输入 PLC，哪些负载由 PLC 驱动，是开关量还是模拟量，是直流还是交流，以及电压的等级；还要考虑是否有特殊要求。

（5）开关量输入模块。开关量输入模块的输入电压一般为 DC 24 V 和 AC 220 V。直流输入电路的延时时间短，可以直接与接近开关、光电开关等电子输入装置连接。交流输入方式适合在恶劣环境下使用。

（6）开关量输出模块。继电器型输出模块的工作电压范围广，触点的导通压降小，承受瞬时过电压和瞬时过电流的能力强，但是动作较慢，触点寿命有一定限制。如果系统的输出信号变化不频繁，则优先选择继电器型。

（7）继电器型开关量输出模块。注意负载电压不能超过 AC 220 V，同时还要注意触点的电流容量，负载电流不能超过 3 A。

项目实施

1. 控制系统的要求分析

单级输送带电动机的启、保、停控制电路分析：根据控制要求可知，该电路为电动机启、保、停控制电路，即所谓的长动控制电路。按启动按钮，电动机全压启动后运行；按停止按钮，电动机停止运行。电动机运行过程中如果出现过载或断相，则热继电器（FR）动作，给 PLC 发出信号，使电动机停止运行。该控制系统的梯形图程序以自锁电路为基础。

2. 设备与元器件选择

设备与元器件明细见表 2－1－1。

表 2－1－1　设备与元器件明细表

序号	代号	名　称	型号或规格	数量
1	QM	电动机专用断路器	GV3—M20，380 V，20 A	1 只
2	FR	热继电器	JR36—20/3D，13～21 A 连续可调	1 只
3	KM	交流接触器	CJ20—10，AC 220 V，10 A	1 只
4	SB1	停止按钮（红）	LA—25	1 只
5	SB2	启动按钮（绿）	LA—25	1 只
6	FU	熔断器	RT—32，2 A	1 只
7		计算机	IBM PC/AT486，16 MB 及以上配置	1 台
8		电缆	SC—90	1 根
9	PLC	可编程控制器	FX2N—32MR	1 台
10	XT	端子排	JX—2—10—15	2 只
11	W	导线	BVR—2.5 mm^2 和 BVR—1.5 mm^2	若干
12	M	三相异步电动机	Y100L—4，4 kW	1 台

3. 程序设计

（1）PLC 的接线图、输入输出设备与 PLC 的 I/O 配置表。首先要熟悉接线端子和电源配置，如图2-1-36 所示。电动机启、保、停运行与 PLC 的 I/O 的接线，如图2-1-37 所示。

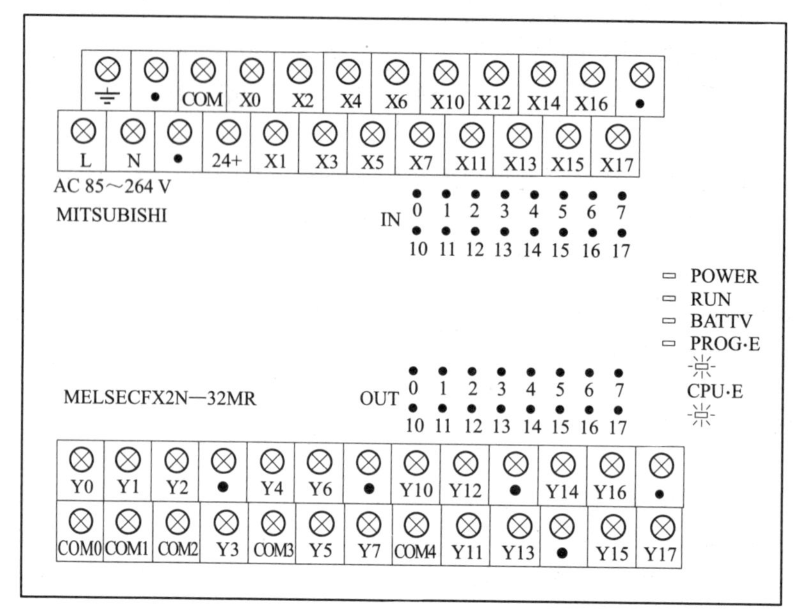

图 2-1-36　FX2N—32MR 接线端子和电源配置

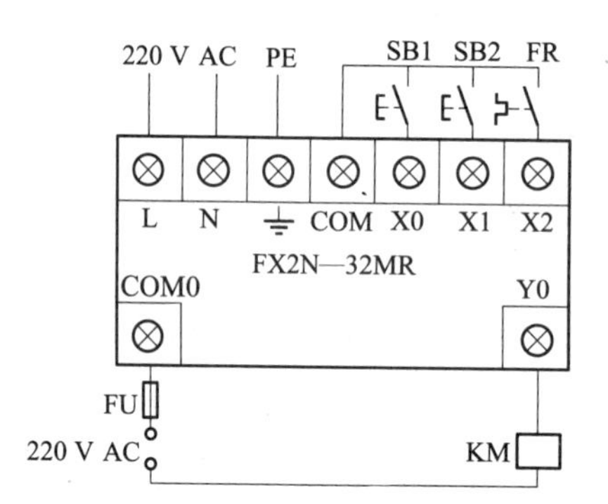

图 2-1-37　电动机运行与 PLC 的 I/O 接线图

（2）输入、输出设备与 PLC 的 I/O 配置，见表 2-1-2。

表 2-1-2　输入、输出设备与 PLC 的 I/O 地址分配表

输　入　设　备			输　出　设　备		
符号	功能	PLC 输入继电器	符号	功能	PLC 输出继电器
SB1	停止按钮	X0	KM	电动机接触器	Y0
SB2	启动按钮	X1			
FR	热继电器	X2			

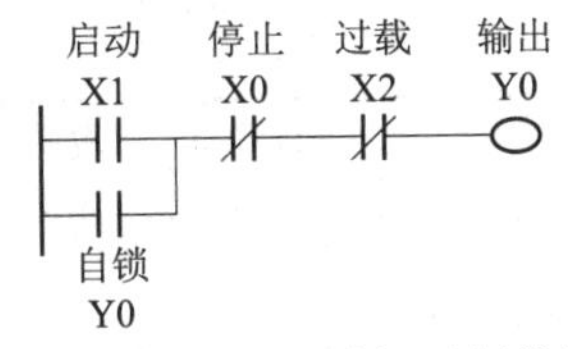

图 2-1-38　电动机运行控制系统的梯形图

(3) 梯形图和时序图。电动机运行控制系统的梯形图，如图 2-1-38 所示。按照控制要求，对梯形图程序进行分析，得到时序图，如图 2-1-39 所示。

(4) 电动机主电路，如图 2-1-40 所示。

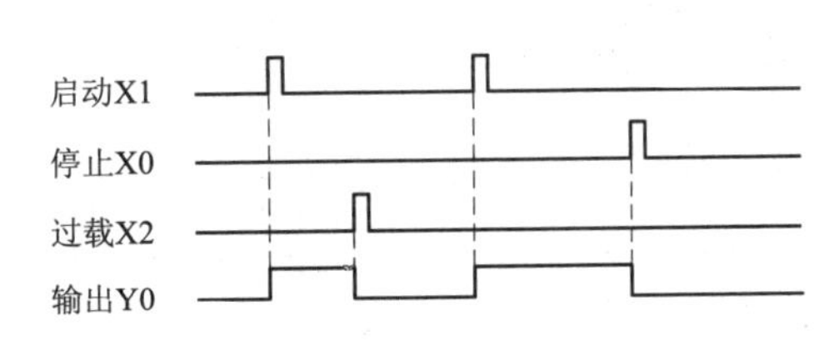

图 2-1-39　电动机运行过程的时序图

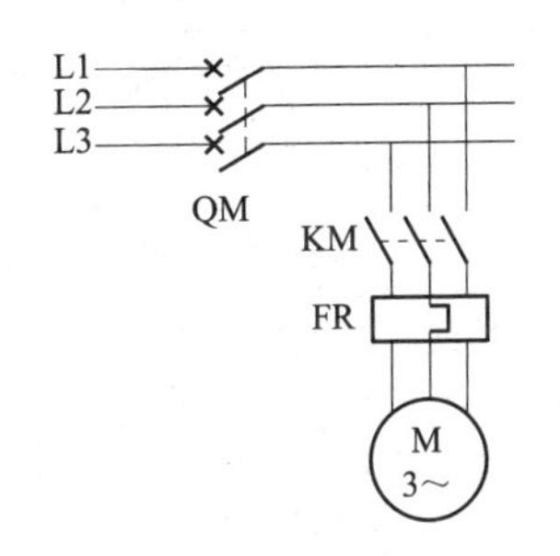

图 2-1-40　电动机主电路图

4. 运行与调试

(1) 应用 FX 系列 PLC 编程软件 FX—PCS/WIN—C 软件，将梯形图录入 PLC。

(2) 按图 2-1-37 接线，不接主电路。

(3) PLC 接电源，并置于非运行状态，观察 PLC 面板上 LED 指示灯和计算机上显示的梯形图中各触点和线圈的状态。

(4) PLC 置 RUN 状态，按下启动按钮 SB2，观察 Y0 指示灯的状态和计算机中的梯形图中各触点和线圈的状态。

(5) PLC 置 RUN 状态，按下停止按钮 SB1，观察 Y0 指示灯的状态和计算机中的梯形图中各触点和线圈的状态。

(6) PLC 置 RUN 状态，再按下启动按钮 SB2，然后短接热继电器的常开触点，观察 Y0 指示灯的状态和计算机中的梯形图中各触点和线圈的状态。

(7) 以上程序正常后，接主电路。按第 (3) ~ (7) 步观察 Y0 指示灯的状态和计算机中的梯形图中各触点和线圈的状态。并注意观察电动机的三相电流、声音和转速，如正常，说明安装调试成功并结束训练，否则向下进行。

(8) 查找软硬件原因。如为硬件原因，关闭电源，排除硬件故障后重新进行第 (3) ~ (7) 步，如还不成功，继续第 (8) 步，直到成功；如为软件原因，则修改程序，下载，试运行，直到成功。

项目评价

项目 1 考核评价见表 2-1-3。

表 2-1-3　项目 1 考核评价表

序号	评价指标	评价内容	分值	学生自评	小组评价	教师评价
1	电路设计	I/O 分配表正确	5			
		输入输出接线图、时序图正确	5			
		主电路正确	5			
		保护功能齐全	5			
2	安装接线	元器件选择、布局合理，安装符合要求	10			
		布线合理美观	10			
		接点牢固、接触良好	10			
3	PLC 调试	程序编制实现功能	30			
		操作步骤正确	10			
		接负载试车成功	10			
总　分			100			
问题记录和解决方法			记录项目实施中出现的问题和采取的解决方法（可附页）			

拓展训练

根据设计要求，用指令表将程序输入 PLC。

项目 2　用 PLC（FX2N）实现对小车运动的控制

项目描述

本项目用 FX 系列的可编程控制器实现对小车运动的控制。要求选择设备、元器件，配线并画出其继电器控制线路图和 PLC 的梯形图。通过 PLC 的接线、程序编写和输入实现对小车运动的可逆控制。

项目分析

本项目要求了解三相笼形异步电动机的三相绕组的接法，以及电动机可逆运行的原理；了解用 FX2N—32MR 实现对电动机可逆运行的控制中需要注意的问题；了解行程（限位）开关的结构、电气符号及文字符号；了解小车运动的工作过程及工艺要求；了解 FX2N—32MR 的硬件设置及主要功能、使用方法和注意事项等。

知识链接

1. 三相笼形异步电动机的三相绕组的接法以及电动机可逆运行的原理

（1）三相异步电动机的工作原理。当静止的转子受到旋转磁场的作用时，将在转子绕组中产生感应电流，感应电流与旋转磁场相互作用而使转子产生电磁转矩而旋转，并且转子的旋转方向与旋转磁场的方向相同。所以，只要改变定子电流的相序，则旋转磁场的方向就会发生变化，从而改变转子的旋转方向。

①旋转磁场的产生如图 2－2－1 所示。

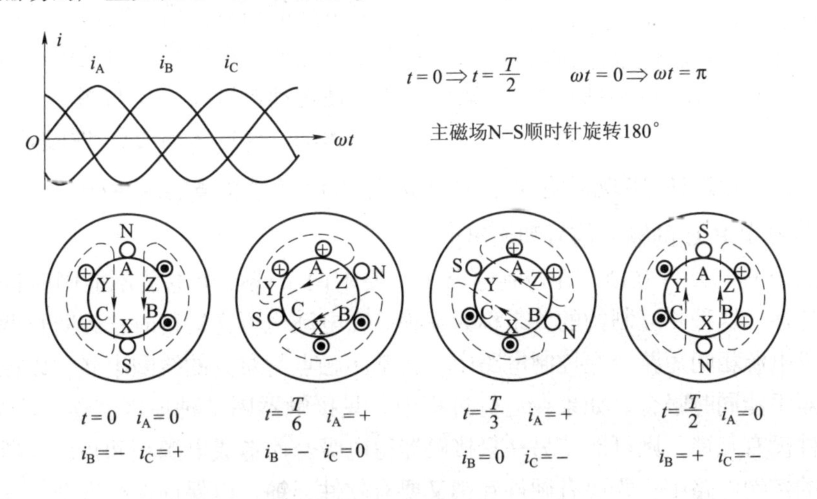

图 2－2－1　旋转磁场的产生

② 旋转磁场的旋转方向。三相交流电流最大值到达的顺序（相序）决定电动机的转向：A→B→C 定子绕组（顺时旋转）；A→C→B 定子绕组（逆时旋转）。

结论：只要改变定子电流的相序，则旋转磁场的方向就会发生变化，从而改变转子的旋转方向，这就是电动机可逆运行的理论基础。

（2）三相异步电动机的三相绕组的接法如图 2－2－2 所示，只要将接入电动机的L1 ~ L3 的顺序改变一下，即可实现对电动机的正反转控制，这样可以用两个接触器进行互锁控制。

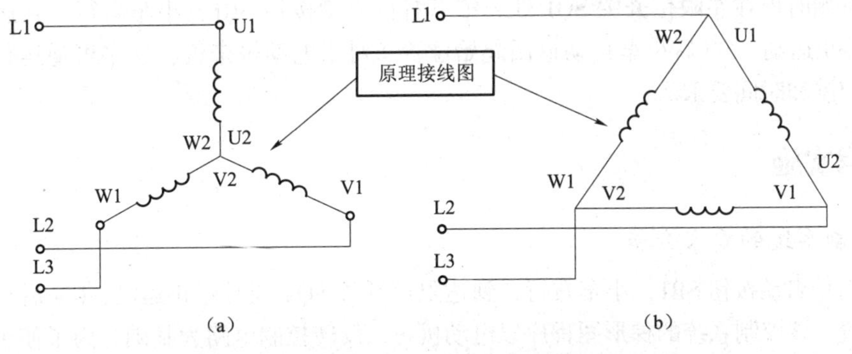

图 2－2－2　三相异步电动机的三相绕组的接法

（a）绕组星形接法；（b）绕组三角形接法

2. 行程开关

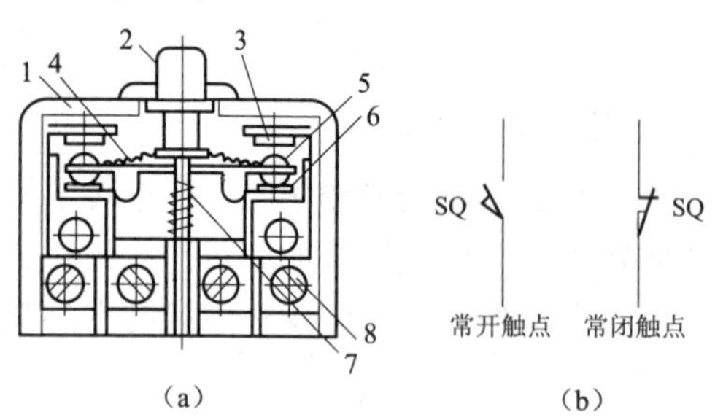

图2-2-3　行程开关的结构和符号

(a) 结构示意图；(b) 电气符号和文字符号

1—外壳；2—顶杆；3—常开静触点；4—触点弹簧；5—动触点；6—常闭静触点；7—恢复弹簧；8—螺钉

1) 结构、符号

行程开关的结构及符号如图2-2-3所示。

2) 作用

行程开关是利用生产设备某些运动部件的机械位移而碰撞位置开关，使其触点动作，将机械信号变为电信号，接通、断开或变换某些控制电路的指令，借以实现对机械的电气控制要求。它通常被用来限制机械运动的位置或行程，使运动机械按一定位置或行程自动停止、反向运动、变速运动或自动往返运动等。

3. 用FX2N—32MR实现对电动机可逆运行的控制中需要注意的问题

(1) 尽量减少PLC的输入信号和输出信号。

(2) 软件互锁与硬件互锁。在控制电路中，要求两个或多个电器不能同时得电动作，相互之间有排他性，这种相互制约的关系称为互锁。在电动机可逆运行时，为防止两个接触器同时吸合而造成电源相间短路，在控制电路中，将常闭触点与对方的线圈串联，以保证正常运行时两个接触器不能同时吸合。如果在运行过程中一只接触器因某种原因粘连而不能完全释放，此时如果软件没有互锁，则可能使另一只接触器得电吸合而造成电源相间短路。所以，在电动机可逆运行的控制电路中，既要有硬件互锁又要有软件互锁，以保证运行安全。

(3) 梯形图电路的优化设计。对梯形图中的触点的排列，一般遵循“上重下轻，左重右轻”的原则，可在将梯形图转换为语句表时，减少指令数。

(4) 热继电器触点的处理。热继电器有手动复位和自动复位两种方式。采用手动复位的热继电器常闭触点可以与接触器的线圈串联，这样可以节约PLC的一个输入点。如果热继电器采用自动复位方式时，仍然将热继电器的常闭触点与接触器的线圈串联，将会导致过载保护后电动机重新自动启动。因此，采用自动复位方式的热继电器的触点必须接在PLC的输入端。

4. 小车运动的工作过程及工艺要求

小车开始时停在左限位开关SQ1处。按下右行启动按钮SB1，小车右行，到达限位开关SQ2处时停止运动，6 s后小车自动返回起始位置。对于电动机来说，这是可逆运行，在工艺上有限位控制和时间要求。

项目实施

1. 控制系统的要求分析

按下右行启动按钮SB1，小车右行，到达限位开关SQ2处时停止运动，6 s后小车自动返回起始位置。该控制系统的梯形图程序以电动机正、反转控制电路为基础。为了使小车向右的运动自动停止，将右限位开关对应的X4的常闭触点与控制右行的Y0的线圈串联。为了在右端使小车暂停6 s，用X4的常开触点与定时器T0的线圈串联，T0的定时时间到时，其常开触点闭合，给控制 Y1 的启、保、停电路提供启动信号，使 Y1 的线圈得电，小车自动返回。小车离开 SQ2 所在的位置后，X4 的常开触点断开，T0 被复位。小车回到 SQ1 所在的位置时，X3 常闭触点断开，使 Y1 的线圈断电，小车停在起始位置。根据以上分析，可以画出小车运动的示意图，如图 2－2－4 所示。

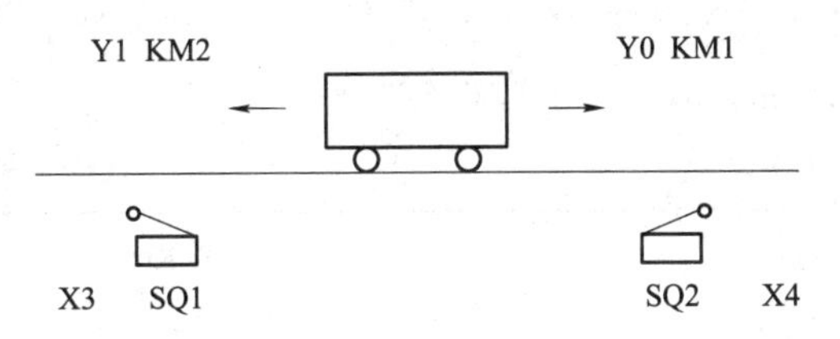

图 2－2－4　小车运动示意图

2. 设备选择

设备及元器件明细见表 2－2－1。

表 2－2－1　设备及元器件明细表

序号	代号	名　　称	型号或规格	数量
1	QM	电动机专用断路器	GV3—M20，380 V，20 A	1 只
2	FR	热继电器	JR36—20/3D，7～11 A 连续可调	1 只
3	KM	交流接触器	CJ20—10，AC 220 V，10 A	2 只
4	SB3	停止按钮（红）	LA—25	1 只
5	SB2	启动按钮（绿）	LA—25	1 只
6	FU	熔断器	RT—32，2 A	1 只
7		计算机	IBM PC/AT486，16 MB 及以上配置	1 台
8		电缆	SC—90	1 根
9	PLC	可编程控制器	FX2N—32 MR	1 台
10	XT	端子排	JX—2—10—15	2 只
11	W	导线	BVR—2.5 mm^2 和 BVR—1.5 mm^2	若干
12	M	三相异步电动机	Y100L—4，4 kW	1 台
13	SQ	限位开关	LX19—121	2 只

3. 程序设计

1）端子分配

小车运动的控制与 PLC 的 I/O 的接线如图 2－2－5 所示。列出的输入、输出设备与 PLC 的 I/O 配置表，见表 2－2－2。

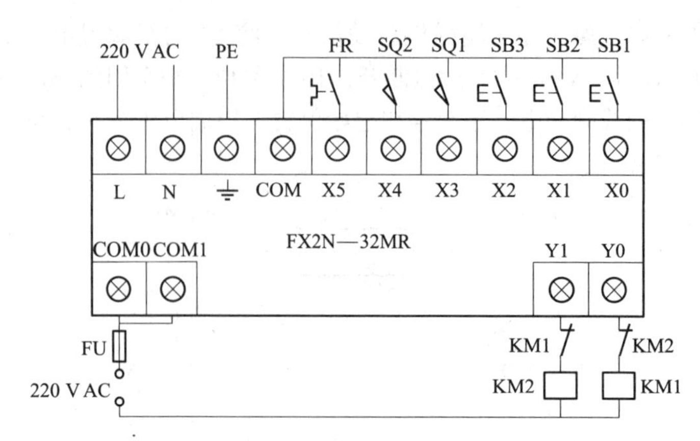

图 2－2－5　小车运动的控制与 PLC 的 I/O 接线图

表 2－2－2　输入、输出设备与 PLC 的 I/O 的地址分配表

输　入　设　备			输　出　设　备		
符号	功能	PLC 输入继电器	符号	功能	PLC 输出继电器
SB1	右行启动按钮	X0	KM1	右行接触器	Y0
SB2	左行启动按钮	X1	KM2	左行接触器	Y1
SB3	停止按钮	X2			
SQ1	左限位开关	X3			
SQ2	右限位开关	X4			
FR	热继电器	X5			

2）梯形图和时序图

电动机运行控制系统的梯形图，如图 2－2－6 所示。

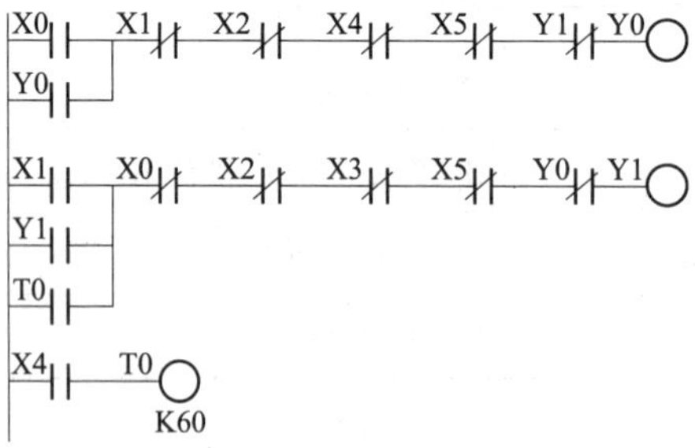

图 2－2－6　电动机运行控制系统的梯形图

按照控制要求，对梯形图程序进行分析，得到时序图，如图 2－2－7 所示。

3）电动机主电路

电动机主电路如图 2－2－8 所示。

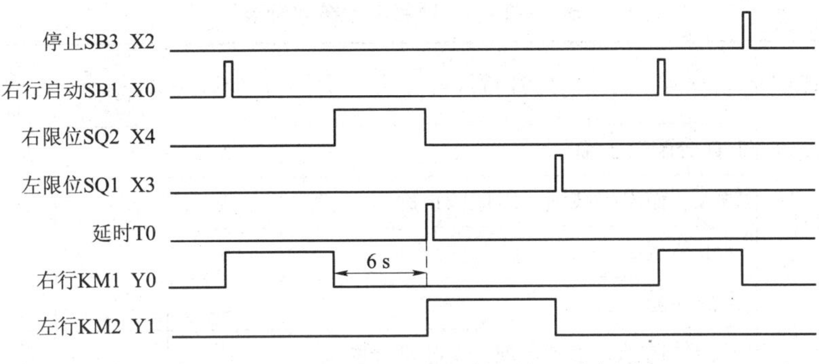

图 2-2-7　电动机运行控制系统的时序图

4. 运行与调试

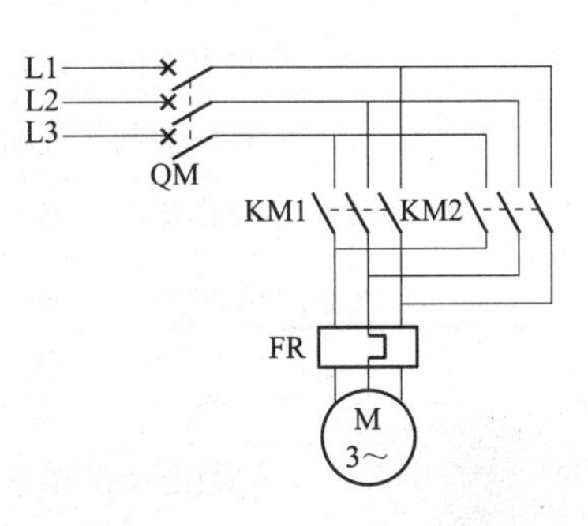

图 2-2-8　电动机主电路

(1) 应用 FX 系列 PLC 编程软件 FX—PCS/WIN—C 软件，将梯形图录入 PLC。

(2) 按图 2-2-5 接线，不接主电路。

(3) PLC 接电源，并置于非运行状态，观察 PLC 面板上 LED 指示灯和计算机上显示的梯形图中各触点和线圈的状态。

(4) PLC 置 RUN 状态，按下启动按钮 SB2，观察 Y1 指示灯的状态和计算机中的梯形图中各触点和线圈的状态。

(5) PLC 置 RUN 状态，按下停止按钮 SB3，观察 Y0、Y1 指示灯的状态和计算机中的梯形图中各触点和线圈的状态。

(6) PLC 置 RUN 状态，再按下启动按钮 SB1 或 SB2，然后短接热继电器的常开触点，观察 Y0 或 Y1 指示灯的状态和计算机中的梯形图中各触点和线圈的状态。

(7) PLC 置 RUN 状态，按下 SQ2，观察 Y0、Y1 指示灯的状态和计算机中的梯形图中各触点和线圈的状态。

(8) PLC 置 RUN 状态，按下 SQ1，观察 Y0、Y1 指示灯的状态和计算机中的梯形图中各触点和线圈的状态。

(9) 以上程序正常后，接主电路。按第 (4) ~ (8) 步的步骤观察 Y0 或 Y1 指示灯的状态和计算机中的梯形图中各触点和线圈的状态，并注意观察电动机的三相电流、声音和转速，如正常，说明实训成功并结束训练，否则向下进行。

(10) 查找软硬件原因。如为硬件原因，关闭电源，排除硬件故障后重新进行第(3) ~ (9) 步，如还不成功，继续执行第 (10) 步，直到成功；如为软件原因，则修改程序，下载，试运行直到成功。

项目评价

项目 2 考核评价见表 2-2-3。

表 2-2-3　项目 2 考核评价表

序号	评价指标	评价内容	分值	学生自评	小组评价	教师评价
1	电路设计	I/O 分配表正确	5			
		输入、输出接线图、时序图正确	5			
		主电路正确	5			
		保护功能齐全	5			
2	安装接线	元器件选择、布局合理，安装符合要求	10			
		布线合理美观	10			
		接点牢固、接触良好	10			
3	PLC 调试	程序编制实现功能	30			
		操作步骤正确	10			
		接负载试车成功	10			
总　分			100			
问题记录和解决方法			记录任务实施中出现的问题和采取的解决方法（可附页）			

拓展训练

根据设计要求，用指令表将程序输入 PLC。

项目 3　用 PLC（FX2N）实现对三级传送带电动机的控制

项目描述

本项目要求使用 FX 系列可编程控制器实现对三级传送带电动机的控制。其工作过程及工艺要求为：启动时应先启动最后一级的传送带，再启动上面的传送带。停机时为了避免物料的堆积，应尽量将皮带上的物料清理干净，使下一次可以轻载启动，停机的顺序与启动相反。按下启动按钮后 3 号传送带开始运行，延时 5 s 后，2 号传送带自动启动，再过 5 s 后，1 号传送带自动启动。停机时，按下停止按钮，先停 1 号传送带，5 s 后停 2 号传送带，再过5 s 后停 3 号传送带。根据要求选择设备和元器件，配线并画出其继电器控制线路图和 PLC 的梯形图。通过 PLC 的接线、程序编写和输入实现对小车运动的可逆控制。

项目分析

由项目要求可知，本项目可通过步进指令实现。因此，需了解步进指令和顺序功能图设计方法；了解用 FX2N—32MR 实现对三级传送带电动机的控制中需要注意的问题；了解选择序列的编程方法；了解三级传送带的工作过程及工艺要求；了解 FX2N—32MR 的硬件设置及主要功能、使用方法和注意事项等。

知识链接

PLC 应用系统的设计包括硬件系统设计和软件系统设计。软件系统的设计主要是编程语言的设计。PLC 常用的编程语言有梯形图、指令表、顺序功能图、功能块图和结构文本等。其中使用最广泛的是梯形图语言。梯形图语言的设计方法很多，主要有经验设计法和逻辑设计法。用经验设计法进行梯形图设计时，没有一套固定的方法和步骤可以遵循，主要靠程序设计人员的经验积累，特别是在设计复杂控制系统的梯形图时，常要用大量的中间单元来完成记忆、连锁和互锁的功能，需要考虑的因素很多。另外，用此方法设计的梯形图很难阅读，给系统的维修和改进带来很大困难。而用顺序功能图设计法设计梯形图，则有一定的规律可循，程序的阅读和改进也比较容易，可以大大提高设计的效率。使用 FXGP/WIN 编程软件对 FX 系列 PLC 进行顺序功能图的绘制方法如下。

1. 顺序功能图

顺序功能图（Sequential Function Chart，SFC）又称状态转移图，它是描述控制系统的控制过程、功能和特性的一种图形。顺序功能图具有直观、简单、逻辑性强特点，使工作效率大为提高，并且程序调试极为方便。SFC 主要由步、有向连线、转换、转换条件和动作（或命令）组成。根据步与步间进展的不同情况，顺序功能图有以下 3 种基本结构形式。

（1）单序列：各步按顺序相继激活的情况进展，如图 2－3－1（a）所示。

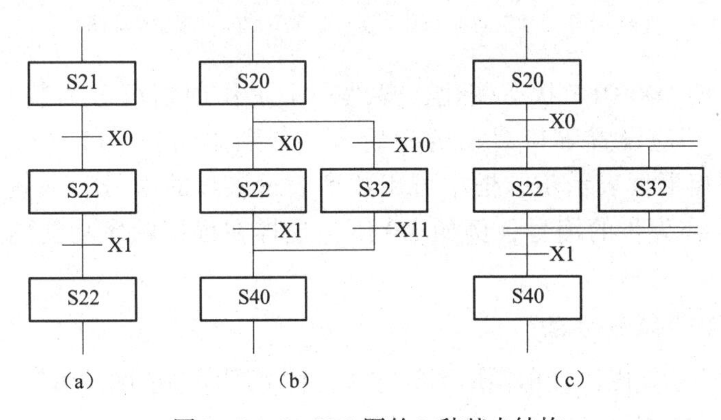

图 2－3－1　SFC 图的 3 种基本结构

（2）选择序列：在一个活动步之后紧接着有几个后继步可供选择的结构形式，如图 2－3－1（b）所示；各个分支都有各自的转换条件，但不能同时转换，只能沿其中一个分支转换。

（3）并行序列：在一个活动步之后有几个后继步同时激活的结构形式，如图 2－3－1（c）所示，其中 S20、X0 为 S22 和 S32 同时激活的条件，而 S22、S32、X1 为 S40 激活的条件。任何复杂的系统都可以由以上 3 种基本结构组成系统的功能图。

2. 步及其划分示例

如图2-3-2所示的送料小车，开始停在右侧限位开关X1处，如图2-3-2（a）所示，按下启动按钮X3，Y2变为ON，打开料斗闸门，开始装料，同时用定时器T0定时，8 s后关闭料斗闸门，Y2变为OFF，Y1变为ON，开始左行。碰到限位开关X2后停下卸料，Y1变为OFF，Y3变为ON，同时用定时器T1定时；10 s后Y3变为OFF，Y0变为ON，开始右行，碰到限位开关X1后返回初始状态，Y0变为OFF，小车停止运行。

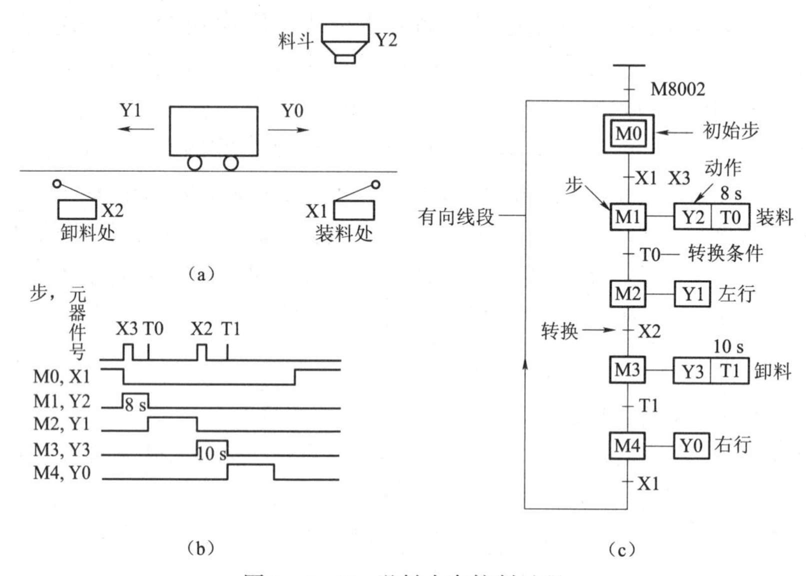

图2-3-2 送料小车控制过程

（a）小车运动空间示意图；（b）时序图；（c）顺序功能图

根据Y0～Y3的ON/OFF状态变化，显然一个工作周期可分为装料、左行、卸料、右行这4步，另外还应设置等待启动的初始步，分别用M0～M4来代表这5步。在图2-3-2（c）中用矩形框表示步，框中可用数字表示该步的编号，一般用代表该步的编程元件的元器件号作为步的编号，例如M0等，这样在根据顺序功能图设计梯形图时较为方便。

3. 顺序功能图的编程方法

根据系统的顺序功能图设计出梯形图的方法，称为顺序功能图的编程方法。目前常用的编程方法有3种，即使用启、保、停电路的编程方法，使用STL指令的编程方法，以转换为中心的编程方法。

根据系统的顺序功能图设计出梯形图时，可以用辅助继电器M来代表步。某一步为活动步时，对应的辅助继电器为ON，某一转换实现时，该转换的后续步变为活动步，前级步变为不活动步。由于很多转换条件为短暂的电信号，即它存在的时间比它激活的后续步为活动步的时间短，因此应使用有记忆（或称保持）功能的电路（如启、保、停电路或置位、复位指令组成的电路）来控制代表步的辅助继电器。

4. 绘制顺序功能图的注意事项

（1）两个步绝对不能直接相连，必须用一个转换将它们隔开。

(2) 两个转换也不能直接相连，必须用一个步将它们隔开。

(3) 一个顺序功能图应至少有一个初始步。初始步一般对应于系统等待启动的初始状态，初始步可以没有任何输出动作。

(4) 自动控制系统应能多次重复执行同一工艺过程，因此在顺序功能图中一般应有由步和有向线段组成的闭环，即在完成一次工艺过程的全部操作之后，应从最后一步返回初始步，系统停留在初始状态（单周期操作，如图 2-3-2 所示），在连续循环工作方式时，将最后一步返回下一工作周期开始运行的第一步。

(5) 在顺序功能图中，只有当某一步的前级是活动步时，该步才有可能变为活动步。如果用没有断电保持功能的编程元器件代表各步，进入 RUN 工作方式时，它们均处于 OFF 状态，必须用初始化脉冲 M8002 的动合触点作为转换条件，将初始步预置为活动步（图 2-3-2），否则因顺序功能图中没有活动步，该系统将无法工作。如果系统有自动和手动两种工作方式，由于顺序功能图是用来描述自动工作过程的，因此，还应用一个适当的信号将初始步置为活动步，使系统由手动工作方式进入自动工作方式。

5. SFC（顺序功能图）的特点

SFC（顺序功能图）既具有流程图简单清晰的结构，又不必处理复杂的连锁关系，所以使用非常方便，编程和维护都很容易。

用 FX2N—32MR 实现对三级传送带电动机控制中需要注意的问题，请参考任务 2 项目二知识链接。

项目实施

1. 控制系统的要求及设计分析

根据项目要求可知，该控制系统以 3 台电动机顺序启动、逆序停止控制电路为基础，可以画出传送带控制系统的示意图，如图 2-3-3 所示。确定运动控制的对应关系为：按下启动按钮 SB2，3 号传送带电动机 M3 开始运行，延时 5 s 后，2 号传送带电动机 M2 自动启动，再过 5 s 后，1 号传送带电动机 M1 自动启动。

停机时，按下停止按钮 SB1，先停 1 号传送带电动机 M1，5 s 后停 2 号传送带电动机 M2，再过 5 s 停 3 号传送带电动机 M3。

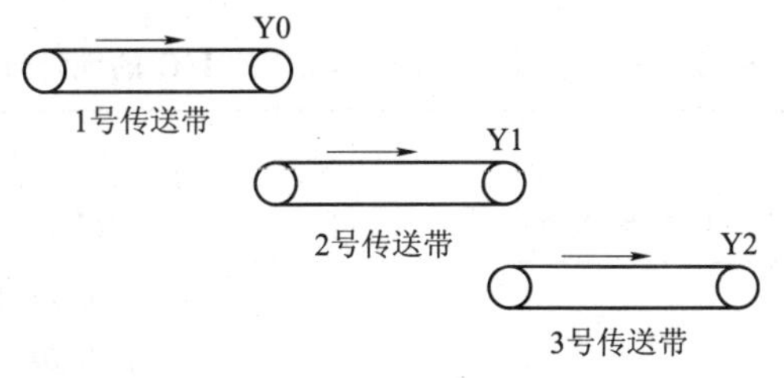

图 2-3-3　传送带控制系统示意图

2. 设备及元器件选择

设备及元器件明细见表 2-3-1。

表 2-3-1　设备及元器件明细表

序号	代号	名　　称	型号或规格	数量
1	QM	电动机专用断路器	GV3—M20，380 V，20 A	1 只
2	FR	热继电器	JR36—20/3D，7～11 A 连续可调	3 只
3	KM	交流接触器	CJ20—10，AC220 V，10 A	3 只
4	SB2	启动按钮（绿）	LA—25	1 只
5	SB1	停止按钮（红）	LA—25	1 只
6	FU	熔断器	RT—32，2 A	1 只
7		计算机	IBM PC/AT486，16 MB 及以上配置	1 台
8		电缆	SC—90	1 根
9	PLC	可编程控制器	FX2N—32MR	1 台
10	XT	端子排	JX—2—10—15	2 只
11	W	导线	BVR—2.5 mm^2 和 BVR—1.5 mm^2	若干
12	M	三相异步电动机	Y100L—4，4 kW	3 台

3. 程序设计

（1）PLC 的接线图及输入、输出设备与 PLC 的 I/O 配置表。传送带电动机的控制与 PLC 的 I/O 的接线图，如图 2-3-4 所示。按照图 2-3-4，列出输入、输出设备与 PLC 的 I/O 配置表，见表 2-3-2。

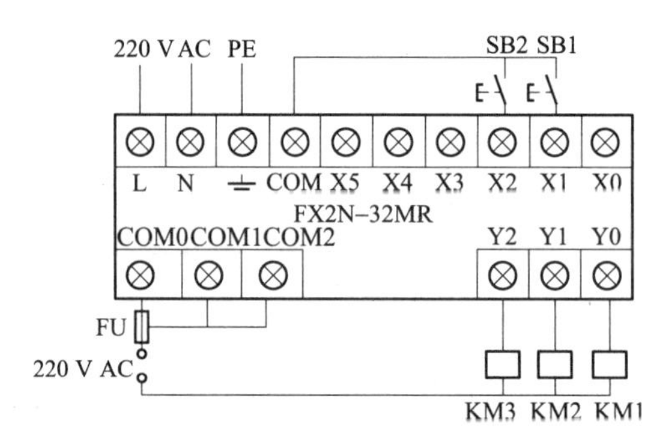

图 2-3-4　传送带电动机的控制与 PLC 的 I/O 接线图

表 2-3-2　输入、输出设备与 PLC 的 I/O 的地址分配表

输　入　设　备			输　出　设　备		
符号	功能	PLC 输入继电器	符号	功能	PLC 输出继电器
SB2	启动按钮	X2	KM1	电动机 M1 的接触器	Y0
SB1	停止按钮	X1	KM2	电动机 M2 的接触器	Y1
			KM3	电动机 M3 的接触器	Y2

（2）功能图和梯形图。三级传送带控制系统的顺序功能图如图 2－3－5 所示。梯形图如图 2－3－6 所示。

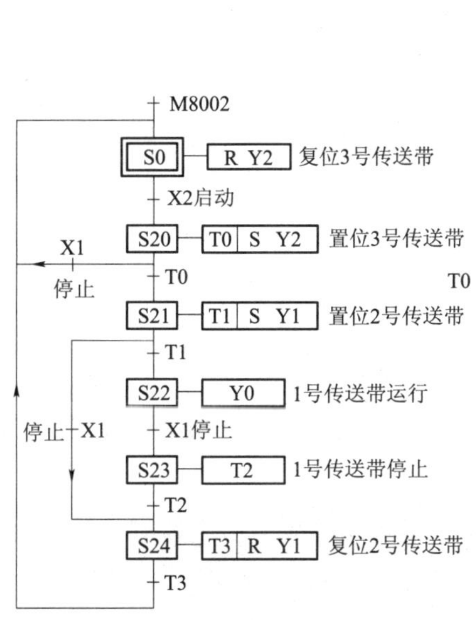

图 2－3－5　三级传送带控制系统的顺序功能图

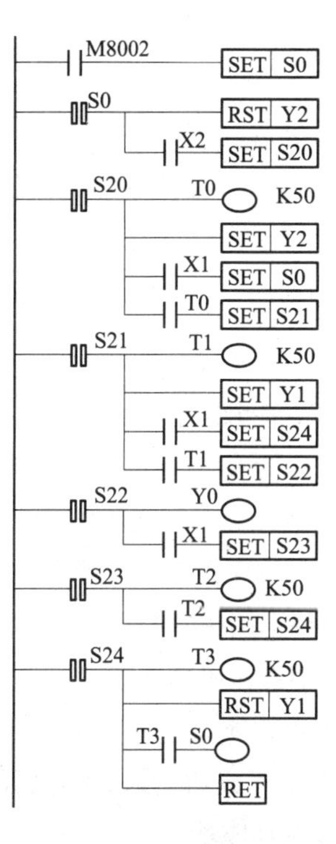

图 2－3－6　三级传送带控制系统的梯形图

（3）按照控制要求，对梯形图程序进行分析，得到时序图，如图 2－3－7 所示。

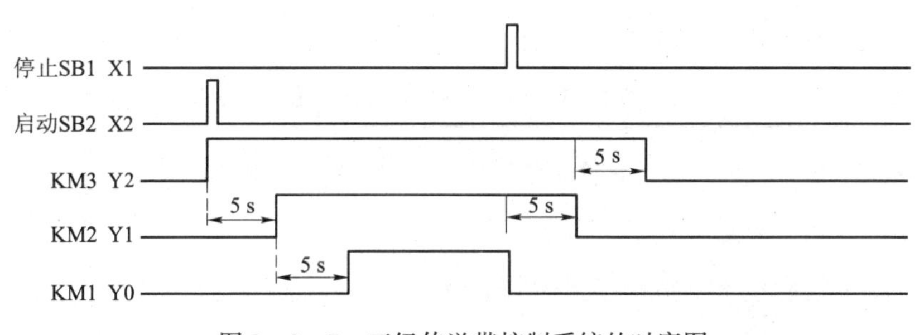

图 2－3－7　三级传送带控制系统的时序图

（4）电动机主电路如图 2－3－8 所示。

4. 运行与调试

（1）应用 FX 系列 PLC 编程软件 FX—PCS/WIN—C 软件，将梯形图录入 PLC。

（2）按图 2－3－4 接线（不接主电路）。

（3）PLC 接电源，并置于非运行状态，观察 PLC 面板上 LED 指示灯和计算机上显示的梯形图中各触点和线圈的状态。

（4）PLC 置 RUN 状态，按下启动按钮 SB2，观察 Y0、Y1、Y2 指示灯的状态和计算机

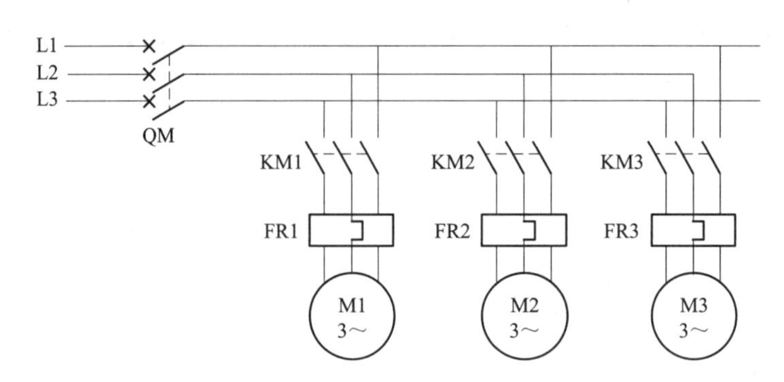

图 2－3－8　电动机主电路图

中的梯形图中各触点和线圈的状态。

（5）PLC 置 RUN 状态，按下停止按钮 SB1，观察 Y0、Y1、Y2 指示灯的状态和计算机中的梯形图中各触点和线圈的状态。

（6）以上程序正常后，接主电路。按第（4）、（5）步观察 Y0、Y1、Y2 指示灯的状态和计算机中的梯形图中各触点和线圈的状态。并注意观察 3 台电动机的三相电流、声音和转速，如正常，说明操作成功并结束训练，否则向下进行。

（7）查找软硬件原因。如为硬件原因，关闭电源，排除硬件故障后重新进行第（3）～（6）步，如还不成功，则继续执行第（7）步，直到成功；如为软件原因，则修改程序，下载，试运行直到成功。

项目评价

项目 3 考核评价见表 2－3－3。

表 2－3－3　项目 3 考核评价表

序号	评价指标	评价内容	分值	学生自评	小组评价	教师评价
1	电路设计	I/O 分配表正确	5			
		输入、输出接线图、时序图正确	5			
		主电路正确	5			
		保护功能齐全	5			
2	安装接线	元器件选择、布局合理，安装符合要求	10			
		布线合理美观	10			
		接点牢固、接触良好	10			
3	PLC 调试	程序编制实现功能	30			
		操作步骤正确	10			
		接负载试车成功	10			
总　　分			100			
问题记录和解决方法			记录任务实施中出现的问题和采取的解决方法（可附页）			

拓展训练

根据设计要求，用指令表将程序输入 PLC。

项目 4 用 PLC（FX2N）对电动机进行星形－三角形降压启动控制

项目描述

本项目用 FX 系列可编程控制器对电动机进行星形－三角形降压启动控制。要求按下启动按钮 SB2，电动机定子绕组被接成星形，延时一段时间电动机定子绕组被接成三角形，电动机正常运行。按下停止按钮 SB1，电动机停止运行。过载或缺相时，热继电器 FR 动作，电动机停止运行，实现保护。选择设备和元器件，配线并画出其继电器控制线路图和 PLC 的梯形图。通过 PLC 的接线、程序编写和输入，实现对电动机星形－三角形降压启动控制。

项目分析

项目要求了解三相笼形异步电动机降压启动的原因和目的；了解用 FX2N—32MR 实现对电动机星形－三角形降压启动的控制中需要注意的问题；了解编程方法；了解电动机星形－三角形降压启动的控制工作过程；了解 FX2N—32MR 的硬件设置及主要功能、使用方法和注意事项等。

知识链接

1. 三相笼形异步电动机降压启动的原因和目的

1）电动机启动的概念和对启动性能的要求

电动机的启动是指电动机接通电源后，由静止状态加速到稳定运行状态的过程。对异步电动机启动性能的要求，主要有以下两点。

（1）启动电流要小，以减小对电网的冲击。

（2）启动转矩要大，以加速启动过程，缩短启动时间。

2）笼形异步电动机的启动方法分析

（1）直接启动。在许多工矿企业中，笼形异步电动机的数量占电力拖动设备总数的 85% 左右。在变压器容量允许情况下，笼形异步电动机应该尽可能采用全压直接启动，既可以提高控制线路的可靠性，又可减少电器的维修工作量。笼形异步电动机采用全压直接启动时，控制线路简单，维修工作量较少。但是，并不是所有异步电动机在任何情况下都可以采用全压启动。大功率异步电动机全压启动时，其性能恰好与要求的相反。

①启动电流 I_{st} 大。对于普通笼形异步电动机，启动电流倍数 $k_I = \frac{I_{st}}{I_N} = 4 \sim 7$。启动电流

I_{st}大的原因是：启动时，$n=0$，$s=1$，转子电动势很大，所以转子电流很大，根据磁动势平衡关系，定子电流也必然很大。

②启动转矩 T_{st}不大。对于普通笼形异步电动机，启动转矩 T_{st}的倍数 $k_{st}=\dfrac{T_{st}}{T_N}=1\sim2$。当然，普通笼形异步电动机的启动性能还可以用机械特性物理表达式来说明。首先，启动时的转差率（$s=1$）远大于正常运行时的转差率（$s=0.01-0.06$），启动时转子电路的功率因数角 $\varphi_2=\arctan\dfrac{sX_2'}{R_2'}$很大，转子的功率因数 $\cos\varphi_2$ 很低（一般只有0.3左右），因此，启动时虽然 I'_2 大，但其有功分量 $I'_2\cos\varphi_2$ 不大，所以启动转矩 T_{st}不大。其次，由于启动电流大，定子绕组漏抗压降大，使定子绕组感应电动势 E_1 减小，导致对应的气隙磁通量 Φ 减小（启动瞬间 Φ 约为额定值的一半），这是造成启动转矩 T_{st}不大的另一个原因。通过以上分析可见，三相笼形异步电动机直接启动时，启动电流 I_{st}大，而启动转矩 T_{st}并不大，这样的启动性能是不理想的。

过大的启动电流会缩短电动机寿命，致使变压器二次电压大幅度下降，减少电动机本身的启动转矩，甚至使电动机无法启动。如何判断一台电动机能否全压启动呢？一般规定，电动机容量在10 kW 以下的，可直接启动。10 kW 以上的异步电动机是否允许直接启动，要根据负载和电源容量来确定。

如果电动机的启动电流倍数满足下列经验公式：

$$\frac{I_{st}}{I_N}\leqslant\frac{1}{4}\left[3+\frac{\text{电网容量(kV·A)}}{\text{电动机容量(kW)}}\right]$$

则电动机便可以直接启动，否则应采用降压启动方法。

（2）降压启动。最普遍使用的降压启动为星形－三角形降压启动，简称星三角降压启动。这一线路的设计思想是按时间原则控制启动过程。与其他降压启动电路所不同的是，在启动时将电动机定子绕组接成星形，而在其启动后期则按预先整定的时间换接成三角形接法，电动机进入正常运行。凡是正常运行时定子绕组接成三角形的笼形异步电动机，均可采用这种线路。图2－4－1所示为星形－三角形降压启动原理接线，设电动机额定电压为 U_N，$s=1$ 时电动机的每相绕组的阻抗为 Z。则有以下结果。

①电压（指加在每相绕组的电压）：$U_{PY}=\dfrac{1}{\sqrt{3}}U_N$，$U_{P\triangle}=U_N$，$\dfrac{U_{PY}}{U_{P\triangle}}=\dfrac{1}{\sqrt{3}}$。可见，电动机星形接法时每相绕组的电压为三角形接法时的$\dfrac{1}{\sqrt{3}}$，实现了降压启动。

②电流（指电源的相线电流）：$I'_{st}=I_{stY}=\dfrac{U_{PY}}{|Z|}=\dfrac{U_N}{\sqrt{3}|Z|}$，$I_{st}=\sqrt{3}I_{st\triangle}=\sqrt{3}\dfrac{U_N}{|Z|}$，$\dfrac{I'_{st}}{I_{st}}=\dfrac{1}{3}$。可见，电动机采用星形－三角形降压启动的方法，降低了电动机的启动电流。

③启动转矩：$\dfrac{T_{stY}}{T_{st\triangle}}=\left(\dfrac{U_{PY}}{U_{P\triangle}}\right)^2=\dfrac{1}{3}$。可见，电动机采用星形－三角形降压启动的方法，降低了电动机的启动转矩。

2. 用 PLC 实现对电动机星形－三角形降压启动的控制中需要注意的问题

（1）这种启动方式仅适用于正常运行时定子绕组为三角形连接的电动机。

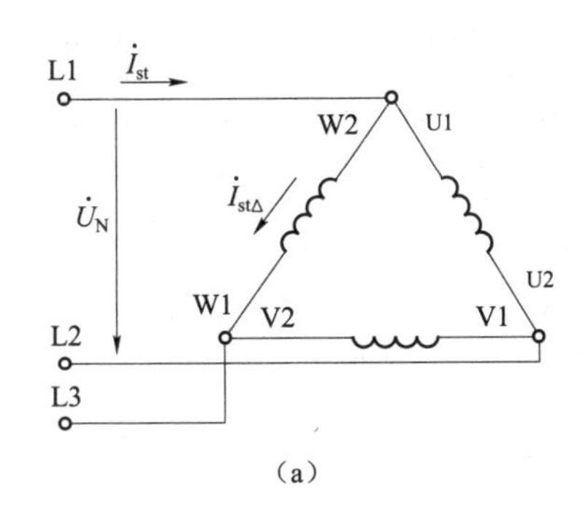

(a)

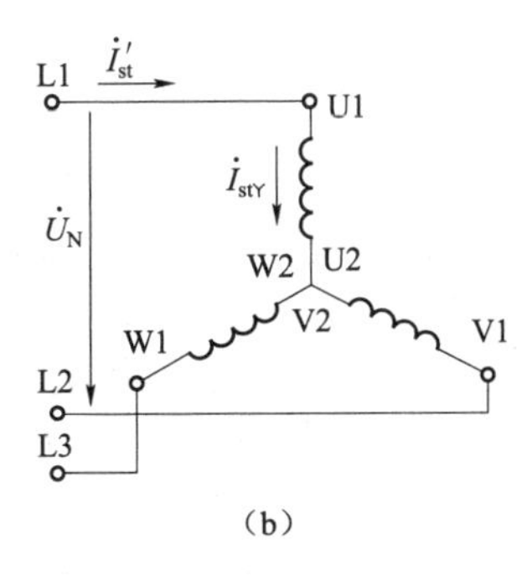

(b)

图 2－4－1　星形－三角形降压启动原理接线图

(a) 绕组三角形接法；(b) 绕组星形接法

(2) 由于启动转矩不大，这种启动方法多用于空载或轻载启动。

(3) 定子绕组在进行星形连接转换为三角形连接时，如果星形连接的接触器不能及时释放而三角形连接的接触器在 PLC 程序的驱动下吸合，会造成电源相间短路。所以，星形连接的接触器与三角形连接的接触器不但要有触点互锁，而且要有软件互锁。

(4) 如果作过载保护的热继电器采用手动复位，则热继电器常闭触点可以接在 PLC 的输出回路，这样可以节约 PLC 的一个输入点。如果热继电器采用自动复位方式时，仍然将热继电器的常闭触点与接触器的线圈串联，将会导致过载保护后电动机重新自动启动。所以，采用自动复位方式的热继电器的触点必须接在 PLC 的输入端。

项目实施

1. 控制系统的要求分析

按下启动按钮 SB2，电动机定子绕组被接成星形，延时一段时间，电动机定子绕组被接成三角形，电动机正常运行。按下停止按钮 SB1，电动机停止运行。过载或缺相时，热继电器 FR 动作，电动机停止运行，实现保护。因此，该控制系统的梯形图程序以自锁控制电路为基础，通过定时器实现星形－三角形转换。根据控制系统的要求可知，需要输入信号 3 个、输出信号 3 个，全部为开关量。

2. 设备及元器件选择

设备及元器件明细见表 2－4－1。

表 2－4－1　设备及元器件明细表

序号	代号	名　称	型号或规格	数量
1	QM	电动机专用断路器	GV3—M20，380 V，20 A	1 只
2	FR	热继电器	JR36—20/3D，7～11 A 连续可调	1 只
3	KM	交流接触器	CJ20—10，AC 220 V，10 A	3 只

续表

序号	代号	名　　称	型号或规格	数量
4	SB2	启动按钮（绿）	LA—25	1 只
5	SB1	停止按钮（红）	LA—25	1 只
6	FU	熔断器	RT—32，2 A	1 只
7		计算机	IBM PC/AT486，16 MB 及以上配置	1 台
8		电缆	SC—90	1 根
9	PLC	可编程控制器	FX2N—32MR	1 台
10	XT	端子排	JX—2—10—15	2 只
11	W	导线	BVR—2.5 mm^2 和 BVR—1.5 mm^2	若干
12	M	三相异步电动机	Y100L—4，4 kW	1 台

3. 程序设计

1）PLC 的接线图

电动机的控制与 PLC 的 I/O 接线，如图 2－4－2 所示。

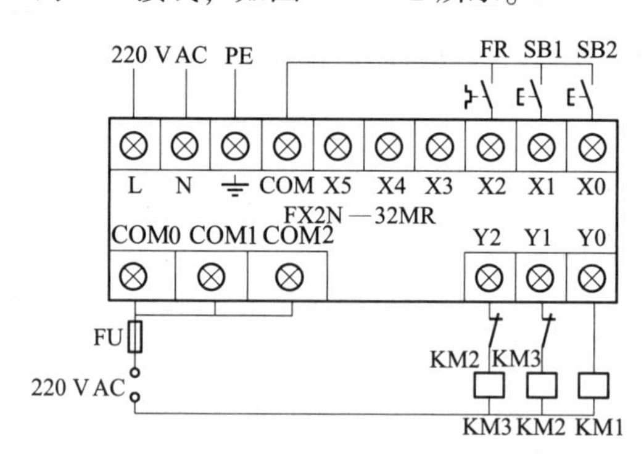

图 2－4－2　电动机的控制与 PLC 的 I/O 的接线图

2）输入、输出设备与 PLC 的 I/O 配置表

按照图 2－4－2，列出输入、输出设备与 PLC 的 I/O 配置表，见表 2－4－2。

表 2－4－2　输入、输出设备与 PLC 的 I/O 的地址分配表

输入设备			输出设备		
符号	功能	PLC 输入继电器	符号	功能	PLC 输出继电器
SB2	启动按钮	X0	KM1	主电源接触器	Y0
SB1	停止按钮	X1	KM2	三角形接触器	Y1
FR	热继电器	X2	KM3	星形接触器	Y2

3）梯形图和时序图

梯形图如图 2－4－3 所示。

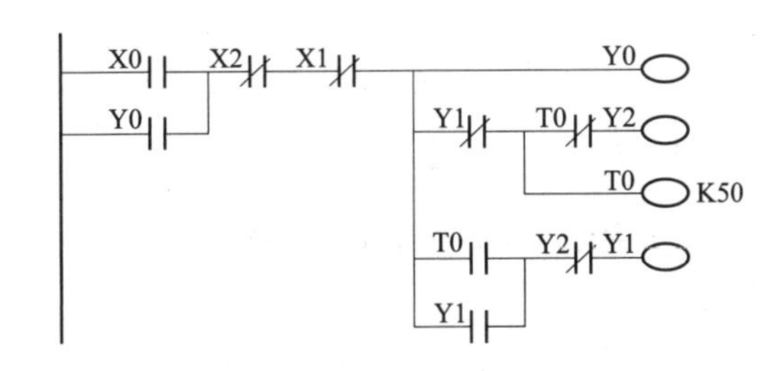

图 2－4－3 电动机星形－三角形降压启动的梯形图

按照控制要求，对梯形图程序进行分析，得到时序图，如图 2－4－4 所示。

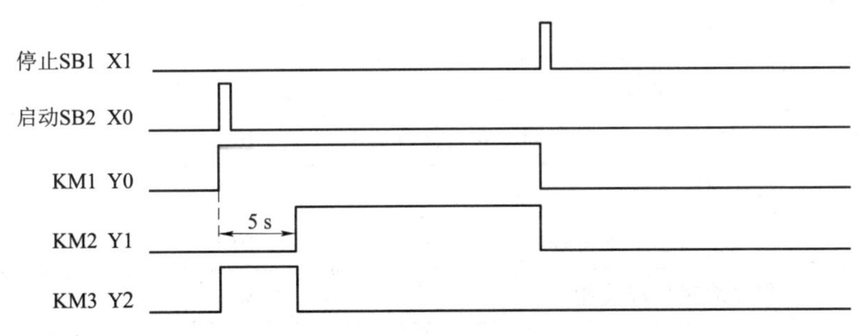

图 2－4－4 电动机星形－三角形降压启动的时序图

4）电动机主电路

电动机主电路如图 2－4－5 所示。

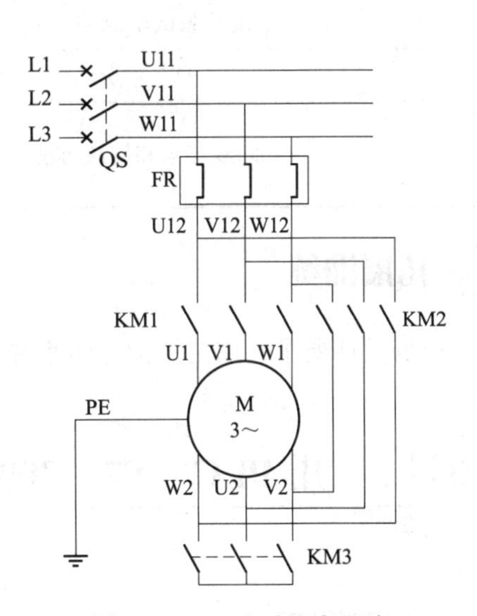

图 2－4－5 电动机主电路

4. 运行与调试

（1）应用 FX 系列 PLC 编程软件 FX—PCS/WIN—C，将梯形图录入 PLC。

（2）按图 2－4－2 接线，不接主电路。

（3）PLC 接电源，并置于非运行状态，观察 PLC 面板上 LED 指示灯和计算机上显示的梯形图中各触点和线圈的状态。

（4）PLC 置 RUN 状态，按下启动按钮 SB2，观察 Y0、Y1、Y2 指示灯的状态和计算机中的梯形图中各触点和线圈的状态。

（5）PLC 置 RUN 状态，按下停止按钮 SB1，观察 Y0、Y1、Y2 指示灯的状态和计算机中的梯形图中各触点和线圈的状态。

（6）PLC 置 RUN 状态，按下启动按钮 SB2，短接 FR 常开触点，观察 Y0、Y1、Y2 指示灯的状态和计算机中的梯形图中各触点和线圈的状态。

（7）以上程序正常后，接主电路。按第（4）～（6）步观察 Y0、Y1、Y2 指示灯的状态和计算机中的梯形图中各触点和线圈的状态，并注意观察 3 台电动机的三相电流、声音和转速，如正常，则调试成功。

项目评价

项目 4 考核评价见表 2－4－3。

表 2－4－3　项目 4 考核评价表

序号	评价指标	评价内容	分值	学生自评	小组评价	教师评价
1	电路设计	I/O 分配表正确	5			
		输入、输出接线图、时序图正确	5			
		主电路正确	5			
		保护功能齐全	5			
2	安装接线	元器件选择、布局合理，安装符合要求	10			
		布线合理美观	10			
		接点牢固、接触良好	10			
3	PLC 调试	程序编制实现功能	30			
		操作步骤正确	10			
		接负载试车成功	10			
总　分			100			
问题记录和解决方法			记录任务实施中出现的问题和采取的解决方法（可附页）			

拓展训练

根据设计要求，用主控指令编程并将程序输入 PLC。

项目 5　用 PLC（S7—300）实现对单级输送带电动机的控制

项目描述

本项目为用西门子 S7—300 系列可编程控制器实现对单级输送带电动机的启、保、停的控制。传送带电动机功率为 4 kW，设计出电气控制线路图和 PLC 的梯形图，选择设备和元器件，并配线。通过对 PLC 的接线、程序编写和输入实现对输送带电动机的启、保、停的控制。

项目分析

本项目需要在了解可编程控制器的产生和发展、分类及应用、组成及各组成部分的作用、工作原理的基础上，了解西门子系列可编程控制器编程软件 STEP 7 的主要功能。了解 S7—300 的硬件设置及主要功能、使用方法和注意事项等。研究项目的功能，设计电气线路图及 PLC 梯形图。

知识链接

1. S7—300 PLC 编程软件

1）S7—300 PLC 编程软件简介

STEP 7 为 S7—300 PLC 的编程软件，由系统程序与用户程序组成。其中，用户程序由组织块（OB）、功能块（FB，FC）、数据块（DB）构成。OB 是系统操作程序与用户应用程序在各种条件下的接口，用于控制程序的运行。OB1 是主程序循环块，在任何情况下，它都是需要的。功能块（FB，FC）实际上是用户子程序，分为带“记忆”的功能块 FB 和不带“记忆”的功能块 FC，见表 2-5-1。前者有一个数据结构与该功能块的参数表完全相同的数据块（DB）附属于该功能块，并随着功能块的调用而打开，随着功能块的结束而关闭。该附属数据块（DB）叫作背景数据块，存在背景数据块中的数据在 FB 块结束时继续保持，即被“记忆”。功能块 FC 没有背景数据块，当 FC 完成操作后数据不能保持。数据块（DB）是用户定义的用于存放数据的存储区。S7—300 PLC 的 CPU 还提供标准系统功能块（SFB，SFC）。

表 2-5-1　FB 与 FC 的区别

功能块	名称	背景数据块	定义静态变量
FB	功能块	需要	可以
FC	功能块	不需要	不可以

2）S7—300 PLC 的存储区

S7—300 PLC 的 CPU 有三个基本存储区。

（1）系统存储区：RAM 类型，用于存放操作数据（I/O、位存储、定时器、计数器等）。

（2）装载存储区：物理上是 CPU 模块中的部分 RAM，加上内置的 EEPROM 或选用的可拆卸 EEPROM 卡，用于存放用户程序。

（3）工作存储区：物理上是占用 CPU 模块中的部分 RAM，其存储内容是 CPU 运行时，所执行的用户程序单元（逻辑块和功能块）的复制件。CPU 程序所能访问的存储区为系统存储区的全部、工作存储区中的数据块 DB、暂时局部数据存储区、外设 I/O 存储区等。

程序可访问的存储区及功能见表 2-5-2。

表 2－5－2　程序可访问的存储区及功能

名称	存储区	存储区功能
输入（I）	输入过程映像表	扫描周期开始，操作系统读取过程输入值并录入表中，在处理过程中，程序使用这些值 每个 CPU 周期，输入存储区在输入映像表中存放输入状态值，它们是外设输入存储区头 128B 的映像
输出（Q）	输出过程映像表	在扫描周期中，程序计算输出值并存放该表中，在扫描周期结束后，操作系统从表中读取输出值，并传送到过程输出口，过程输出映像表是外设输出存储区的头 128B 的映像
位存储区（M）	存储位	存放程序运算的中间结果
外设输入（PI） 外设输出（PQ）	I/O：外设输入 I/O：外设输出	外设存储区允许直接访问现场设备（物理的或外部的输入和输出），外设存储区可以字节、字和双字格式访问，但不可以位方式访问
定时器（T）	定时器	为定时器提供存储区 计时时钟访问该存储区中的计时单元，并以减法更新计时值 定时器指令可以访问该存储区和计时单元
计数器（C）	计数器	为计数器提供存储区，计数指令访问该存储区
临时本地数据（L）	本地数据堆栈（L 堆栈）	在 FB、FC 可 OB 运行时设定。在块变量声明表中声明的暂时变量存在该存储区中，提供空间以传送某些类型参数和存放梯形图中间结果。块结束执行时，临时本地存储区再行分配。不同的 CPU 提供不同数量的临时本地存储区
数据块（DB）	数据块	DB 块存放程序数据信息，可被所有逻辑块公用（“共享”数据块）或被 FB 特定占用“背景”数据块

2. 西门子 S7—300 指令及其结构

指令是程序的最小独立单位，用户程序是由若干条顺序排列的指令构成。

1）语句指令

语句指令用助记符表示 PLC 要完成的操作。

指令：操作码＋操作数

操作码用来指定要执行的功能，告诉 CPU 该进行什么操作；操作数内包含为执行该操作所必需的信息，告诉 CPU 用什么地方的数据来执行此操作。例如：

操作码	操作数
O	I0.0
O	I0.1
=	Q0.0

有些语句指令不带操作数，因为它们的操作对象是唯一的。例如：

操作码	操作数
NOT	
SET	

2）梯形图指令

梯形图指令用图形元素表示 PLC 要完成的操作。在梯形图指令中，其操作码是用图素表示的，该图素形象表明 CPU 做什么，其操作数的表示方法与语句指令相同。例如：

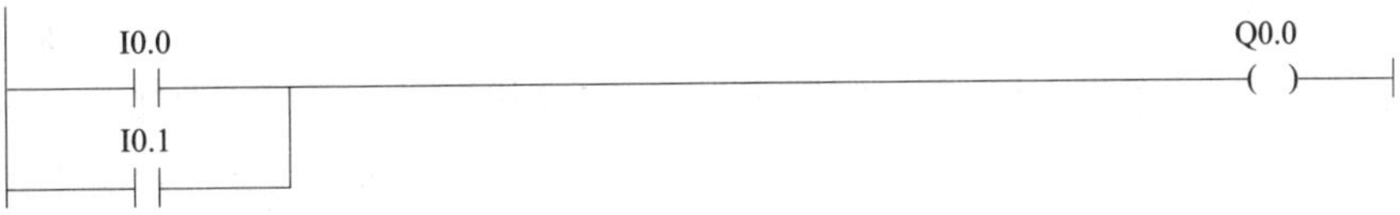

梯形图指令也可不带操作数。例如：

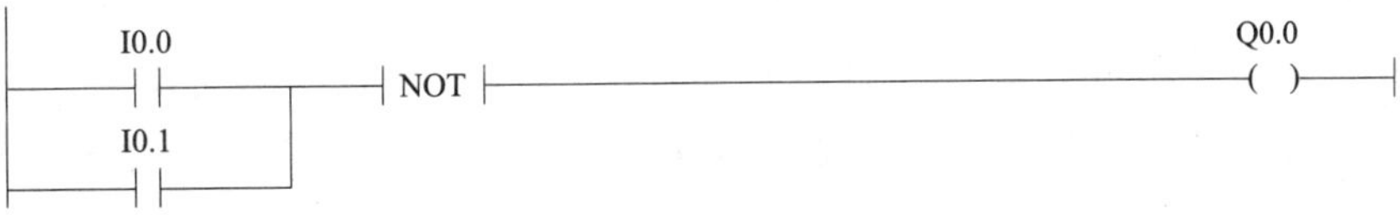

3）操作数

标识符及标识参数如下所述。

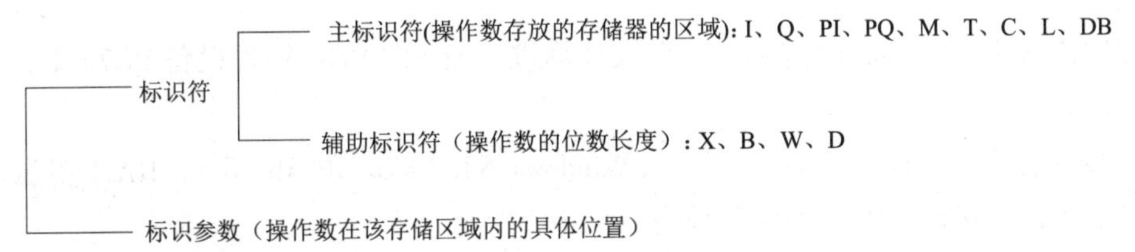

标识符和标识参数所表示的意义如下。

I：输入过程映像存储区。

Q：输出过程映像存储区。

PI：外部输入。

PQ：外部输出。

M：位存储区。

T：定时器。

C：计数器。

L：本地数据。

DB：数据块。

X：位。

B：字节。

W：字。

D：双字。

注意：

①PLC 物理存储器是以字节为单位的。

②当操作数长度是字或双字时，标识符后给出的标识参数是字或双字内的最低字节单元号。

③当使用宽度是字或双字的地址时，应保证没有生成任何重叠的字节分配，以免造成数据读写错误。

3. STEP 7 软件安装、环境设置与复位

1）软件特点

编程软件 STEP 7 适用于 S7—300、S7—400 系列 PLC 的系统设置（CPU 组态）、用于程序开发和实时监控运行；STEP 7 既可以离线调试也可以在线调试，还可以把 Protool、WINCC 等软件集成在 STEP 7 中，从而方便了程序开发与调试，并能显著减少错误、提高工作效率。

编程软件 STEP 7 的基本功能是协助用户完成 PLC 应用程序的开发，同时具有设置 PLC 参数、加密和运行监视等功能。STEP 7 编程软件在离线条件下，可以实现程序的输入、编辑、编译等功能。编程软件在联机工作方式（PLC 与编程 PC 连接）可实现上、下载，通信测试及实时监控等功能，在下载到 PLC 之前可以先通过 S7—PLCSIM 仿真器来进行调试。S7—PLCSIM 仿真器具有许多优点，但是它不能实现通信功能、特殊模块功能（例如定位）。

2）编程软件的安装

编程软件 STEP 7 可以安装在 PC（个人计算机）及 SIMATIC 编程设备 PG70 上，安装的条件和方法如下。

（1）安装条件。80486 处理器以上（Windows NT/2000/XP/Me 等），RAM 容量至少为 32 MB 以上的计算机以及专用的编程设备。

（2）安装方法。在 STEP 7 中，安装有 Setup 程序，使用该程序，可自动安装。用户可按照屏幕弹出的信息向导，一步一步地完成整个安装步骤。

如果在用户编程器的硬盘上已装有 STEP 7 软件，则用户不需要任何外部数据媒介。从光盘上安装 STEP 7 时，应先将第 1 张盘插入用户编程器或 PC 的光驱中。

STEP 7 的安装步骤如下

（1）插入光盘，双击文件 Setup. exe，启动安装程序。

（2）一步一步地按照安装程序所显示的指令进行。

在整个安装过程中，安装程序一步一步地指导用户。在安装的任何阶段，用户都可以切换到下一步或上一步。

在安装过程中，会出现对话框询问用户的需要，其中有一些选项需要用户选择。

①选择安装选项。在用户选择安装范围时，有 3 种选项。

● 标准组态：用于用户接口的所有语言、所有应用以及所有的举例。请参考最新产品信息中对这种组态所要求的存储空间。

● 最小组态：只有一种语言，没有举例。请参考最新产品信息中对这种组态所要求的存储空间。

● 用户定义组态：用户可定义安装范围，选择用户希望安装的程序、数据库、举例和通信功能。

在安装过程中，安装程序将提醒用户输入一个 ID 号码。要求输入的 ID 号码，可在软件产品证书或授权盘中找到。

安装程序将检查硬盘上是否有授权，如果没有发现授权，会出现一条信息，指出该软件只能在有授权的情况下使用。如果用户愿意，可立即运行授权程序，或者继续安装，稍后再执行授权程序。在前一种情况中，应插入授权盘。

②PG/PC 接口设置。在安装过程中，会出现一个用户可以设置 PG/PC 接口参数的对话框。用户可在“设置 PG/PC 接口”中找到更多信息。

③设置存储卡参数。在安装过程中，会出现一个用户可以为存储卡分配参数的对话框。

● 如果用户不用存储卡，则不需要 EPROM 驱动器，选择“NO ERROM Driver”选项。

● 否则，选择应用到用户的编程器上的输入路径。

● 如果用户使用的是 PC，则可选择用于外部编程口的驱动器。这里，用户必须定义哪个接口用于连接编程口（例如，LPT1）。

在安装完成之后，用户可通过 STEP 7 程序组或控制面板中的“Memory Card Parameter Assignment（存储卡参数赋值）”，修改这些设置参数。

如果在安装过程中出现错误，需要不结束安装，如果安装成功，会在屏幕上出现信息告知用户。如果在安装的过程中，改变了系统文件，将建议用户重新启动计算机。当用户完成这些以后，可以开始基本的 STEP 7 应用——SIMATIC 管理器。一旦安装成功完成，系统会为 STEP 7 生成一个程序组。

（3）设置 PG/PC 接口。通过这里所做的设置，用户可以设置 PG/PC 与可编程控制器之间的通信连接。在安装过程中，会出现一个设置 PG/PC 接口参数的对话框，要求用户进行设置。在安装之后，如需要更改某些设置，用户可在 STEP 7 程序组中调用“Setting PG/PC Interface（设置 PG/PC 接口）”程序进行。

为了对接口进行操作，用户需要按如下步骤进行。

①在操作系统中设置合适的接口参数。如果用户使用编程器并通过多点接口（MPI）进行连接，则不再需要其他的操作系统特别适配方法。如果用户使用 PC 和 MPI 卡或通信处理器（CP），则应检查在 Windows 中“Control Panel（控制面板）”里的中断和地址设置，以确保没有中断冲突和地址区重叠。系统在显示的对话框中提供一套预先定义的基本参数（接口参数）供用户选择，以便用户向 PG/PC 接口分配参数。

②为 PG/PC 接口分配参数。为了设置模板参数，请按照下列步骤要点进行（可在在线帮助中找到详细描述）：双击“Control Panel（控制面板）”中的“Setting PG/PC Interface（设置 PG/PC 接口）”。将“Access Point of Application（应用访问点）”设置为“S7ONLINE”。在“Interface Parameter Set Used（所用接口参数集）”的表中，选择所需接口参数赋值。如果没有显示所需要的接口参数，用户必须单击“Select（选择）”按钮先安装模板或协议。然后，接口参数会自动生成。如果用户所选的接口能自动识别总线参数（例

如，CP 5611)，则用户可以直接将编程器或 PC 接至 MPI 或 PROFIBUS 上，而不需要设置总线参数，此时，传输率应小于或等于 187.5 Kbps。

3) 卸载 STEP 7

使用通常的 Windows 步骤来卸载 STEP 7。在“Control Panel”中，双击“Add/Remove Programs”图标，弹出 Windows 下用于安装软件的对话框。在安装软件显示的项目表中，选择 STEP 7。单击“Add/Remove（加入/删除软件）”按钮。如果出现“Remove Enabled File（删除使能的文件）”对话框，此时用户又不知如何回答，则可单击“No”按钮。

4) 通信参数的选择

下载程序到可编程控制器中进行调试之前，请按如下步骤设置波特率。在“控制面板”中，选择“Setting the PG/PC Interface（设置 PG/PC 接口）”选项如图 2-5-1 所示，选择所需接口参数并赋值。例如，使用是 RS-232 转 MPI 的通信线，则可以选择“PC Adapter (MPI)”选项，然后单击属性，设置 MPI 和本地连接，如图 2-5-2 所示。

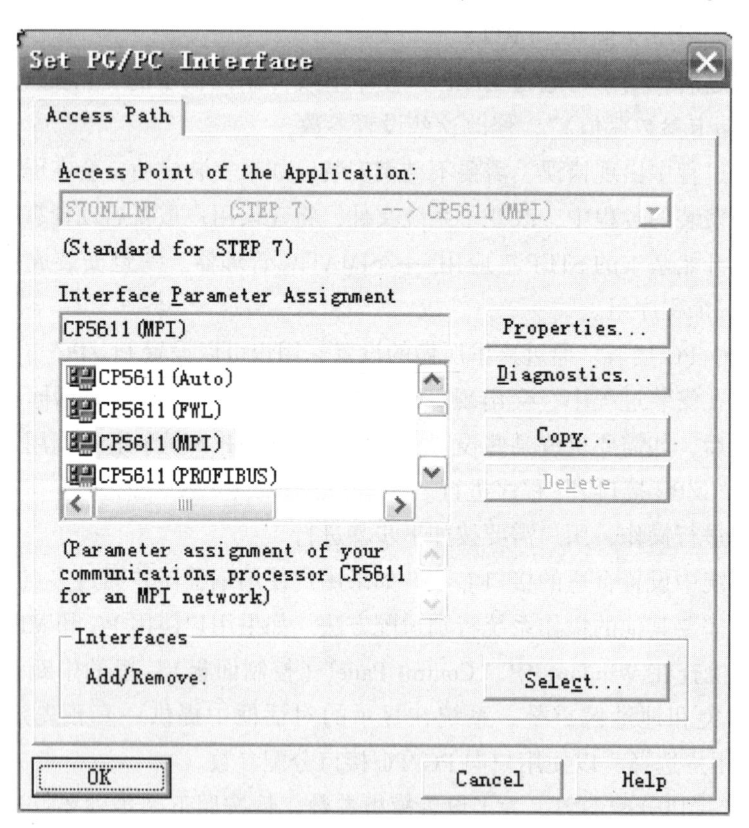

图 2-5-1 设置 PG/PC 接口

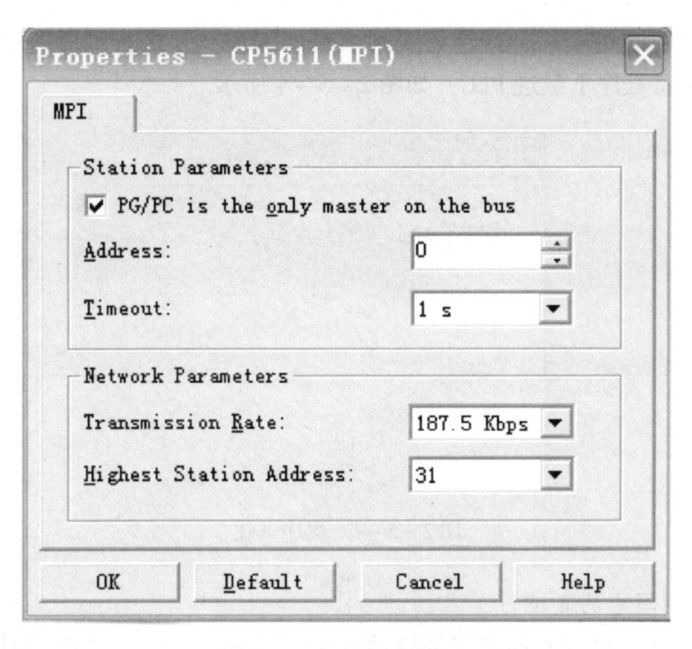

图2－5－2　设置波特率

5）下载程序

（1）打开例子程序的PLC硬件组态并核对与所使用的系统硬件配置一致，或按照现有的硬件配置进行硬件组态并编译后，进行下载，如图2－5－3所示。

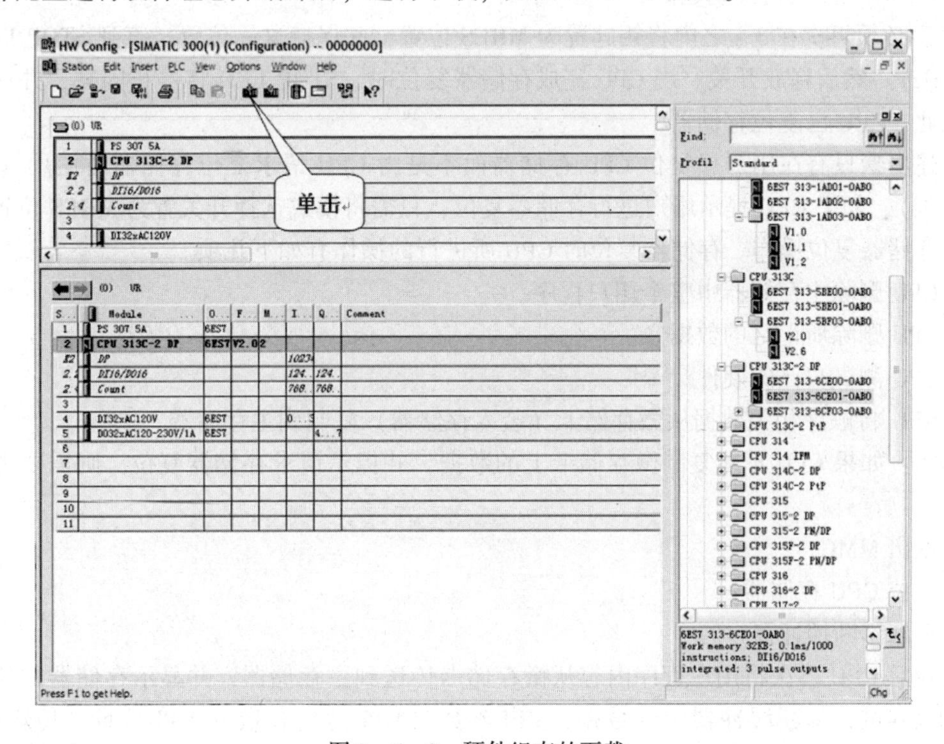

图2－5－3　硬件组态的下载

（2）打开例子项目的程序，或进行实际项目的编程，并进行编译，单击选择块，然后单击下载图标，可将程序下载进 PLC，如图 2－5－4 所示。

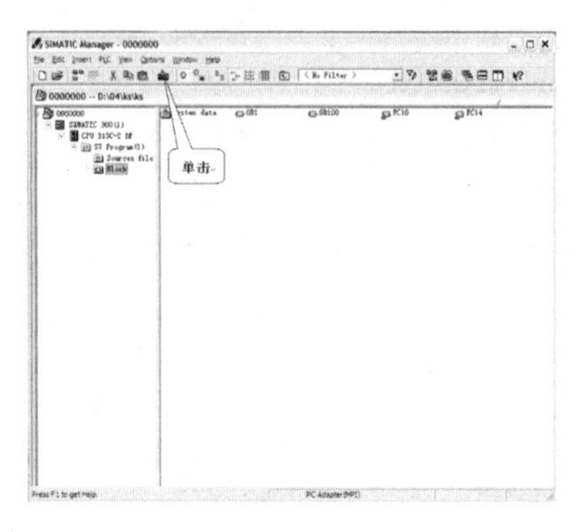

图 2－5－4 程序下载

6）可编程控制器中的复位

设置波特率、设置 PG/PC 接口等和通信有关的参数。清除 PLC 中的旧程序，即对 CPU 存储器进行复位，复位步骤如下。

（1）将钥匙置为 STOP 位置。

（2）将钥匙置为 MRES 位置。保持这一位置，直到 STOP LED 第二次闪亮后一直亮着（这需要 3 s）。然后松开钥匙。

（3）必须再次在 3 s 之内将钥匙置为 MRES 位置，并保持这一位置，直到 STOP LED 闪亮（2 Hz）。然后释放开关。当 CPU 完成存储器复位时，STOP LED 将停止闪亮，并一直亮着。至此，CPU 已复位存储器。

上述步骤只有在用户想复位 CPU 存储器而不是由 CPU 请求复位存储器时使用（STOP LED 慢闪）。如果 CPU 提示用户进行存储器复位，只需将模式选择开关置为 MRES 位置，即可激活存储器复位操作。存储器复位时 CPU 所进行的操作有如下几项。

● CPU 删除主存储器中整个用户程序。

● CPU 删除所记忆的数据。

● CPU 测试自己的硬件。

● CPU 将顺序相关数据从微存储卡（装入存储器）复制到主存储器。

提示：如果 CPU 不能复制微存储卡上的数据，并提示请求存储器复位，则需要做到以下几点。

①取出 MMC。

②复位 CPU 存储器。

③读取诊断缓冲器。

复位后 CPU 再次将用户程序内容从微存储卡传送到主存储器，并显示存储器的使用情况。剩余容量，诊断缓冲器中的数据、MPI 参数（MPI 地址和最大 MPI 地址、传输速率、S7—300 中 CP/FM 的组态 MPI 地址）。

4. 程序编制及运行

1）STEP 7 窗口组件及功能

STEP 7 窗口的主菜单包括文件、编辑、查看、PLC、调试、工具、窗口、帮助等，主菜单下方为工具条快捷按钮，其他为窗口信息显示区。如图 2－5－5 所示。

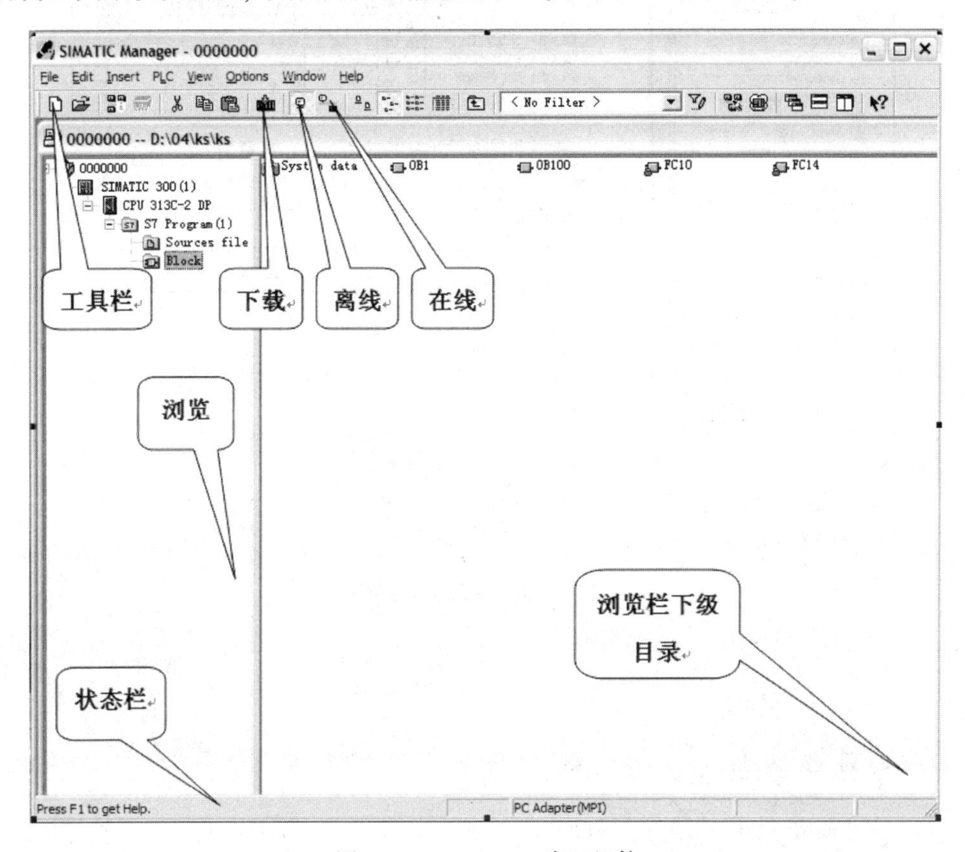

图 2－5－5 STEP 7 窗口组件

浏览栏——显示常用编程按钮群组。

视图——离线、在线、大图标、小图标、列表、详细资料、过滤器、显示所有的层、隐藏所有的层、工具栏、状态栏、更新等按钮。

状态栏——提供用户在 STEP 7 中操作时的操作状态信息。

单击相应的程序模块进入编程界面，如进行 OB1 编程，界面如图 2－5－6 所示。

工具栏如图 2－5－7 所示。

2）建立项目

(1) 打开已有的项目文件。打开已有项目常用的方法有以下两种。

①由“文件”菜单打开，引导到已经存在的项目，并打开项目文件。

②由文件名打开，最近工作项目的文件名在文件菜单下列出，可直接选择而不必打开对话框。也可以用 Windows 资源管理器寻找到正确的目录，再打开对应项目的文件。

(2) 创建新项目。创建新项目的方法有以下 3 种。

①单击“新建”快捷按钮。

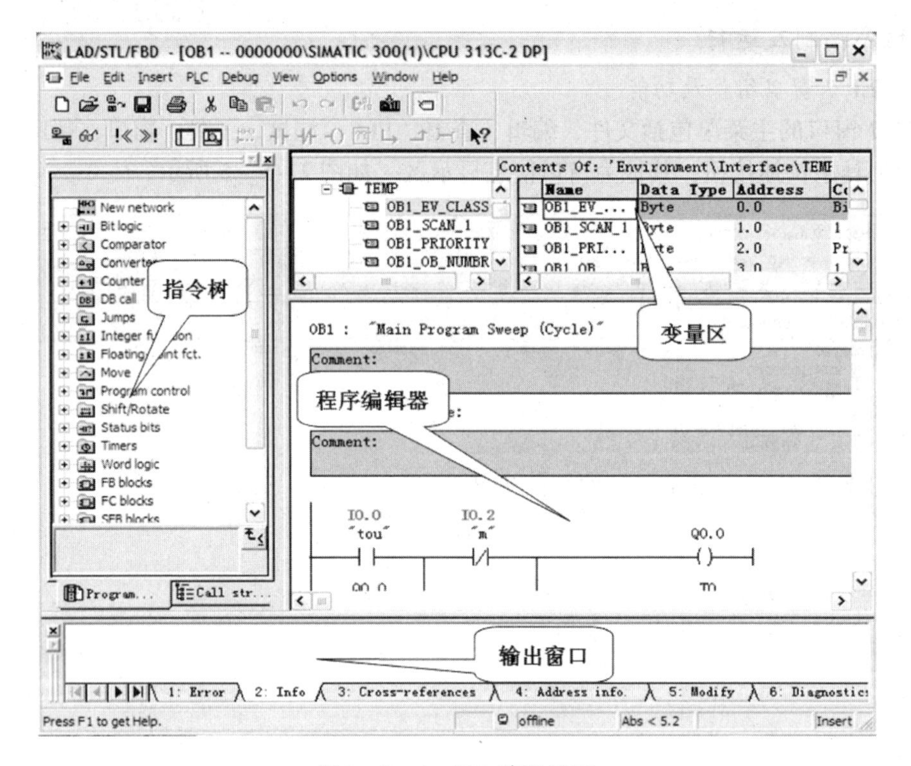

图 2-5-6　OB1 编程界面

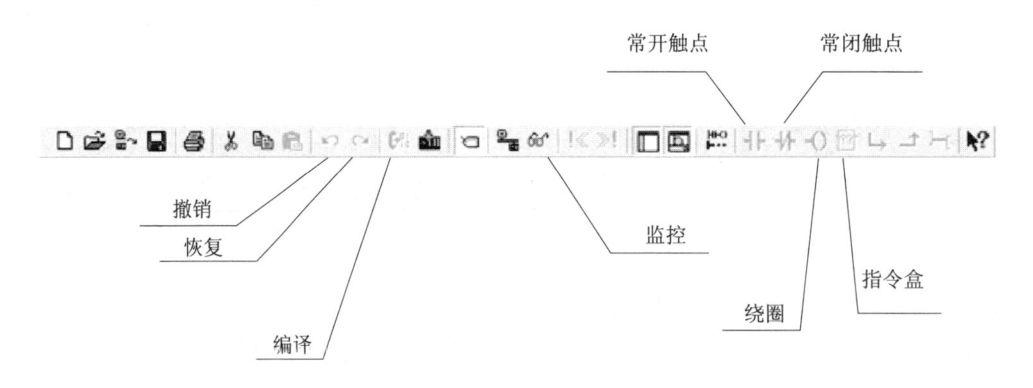

图 2-5-7　工具栏

②下拉“文件”菜单，单击“新建”按钮，建立一个新文件。

③下拉“文件”菜单，单击“新建项目”向导按钮，建立一个新文件。

（3）组态硬件。

①插入电源模块，对应 S7—300 系列 PLC，电源模块只能插在第 1 号槽中。

②在第 2 号槽中插入 CPU 模块。

③如果用到机架模块，则插入第 3 号槽中，否则就空着。空着只是针对软件组态来说的，实际装配中，2 号槽和 4 号槽的模块是紧挨在一起的。

3）梯形图编辑器

（1）梯形图各元素的工作原理。触点代表电流可以通过的开关，线圈代表有电流充电的中间继电器或输出线圈；指令盒代表电流到达此框时执行指令盒的功能。例如，计数、定时或数学运算等操作。

（2）梯形图排布规则。

①一个梯形程序段中，可以有多个分支，每条分支上可有多个元素。所有的元素和分支都必须连接；左边的能源轨不算连接。

②当用户编写梯形程序时，必须遵守编程规则。如果有系统规则错误发生，会有信息提示。

③每个梯形程序段都必须以输出线圈或功能框结束，但下列的梯形元素不能用于程序段结束：

- 比较框。
- 中间输出结果的线圈 -(#)-。
- 上升沿 -(P)- 或下降沿 -(N)- 线圈。

④与功能框连接的分支起始点必须总是左边的能源轨，在该功能框前的分支上可以有逻辑。

⑤线圈位于程序的最右端，并在这个位置上形成分支的终点。其中，用于中间结果输出的线圈 -(#)-，以及上升沿线圈 -(P)- 或下降沿线圈 -(N)-，都不能置于分支的最左端或最右端，也不允许放在平行分支上。

⑥有些线圈要布尔逻辑操作，而有些线圈一定不能用布尔逻辑操作。

- 要求布尔逻辑的线圈为：

-输出 -()，置位输入 -(S)，复位输入 -(R)。

-中间结果输出 -(#)-，上升沿 -(P)-，下降沿 -(N)-。

-所有的计数器和定时器线圈。

-逻辑非跳转 -(JMPN)。

-主控继电器接通 -(MCR <)。

-将 RLO 存入 BR 存储器 -(SAVE)。

-返回 -(RET)。

- 不允许布尔逻辑的线圈：

-主控继电器激活 -(MCRA)。

-主控继电器取消 -(MCRD)。

-打开数据块 -(OPN)。

-主控继电器关 -(MCR)。

除此之外的所有其他的线圈既可以用布尔逻辑操作，也可以不用布尔逻辑操作。

一定不能用于平行输出线圈有：

- 逻辑非跳转（JMPN）。
- 跳转（JMP）。
- 从线圈调用（CALL）。
- 返回（RET）。

⑦功能框的使能输入端 EN 和使能输出端 ENO 可以连接使用，也可以不用。

⑧如果分支中只有一个元素，当删除这个元素时，整个分支也同时被删掉。当一个功能

框被删除时，除主分支外，该功能框的所有布尔输入分支都将被删除。修改状态可用于简单的同类型元素的覆盖。

⑨二进制连接不能赋予常数（例如，TRUE 或 FALSE）。

注意：每个用户程序，可以多线圈输出，但如果无必要，建议不用多线圈。其他公司的 PLC 往往不支持多线圈输出。

（3）梯形图中的非法逻辑操作。

①不允许生成使能量流向相反方向的分支。如图 2－5－8 所示，当 I1.4 的信号状态为“0”时，能量流经 I6.8 的方向是从右到左，这是不允许的。

I1.0
I1.2
I1.4
I4.2
Q6.0
I2.6
I6.8
I4.4
I2.8

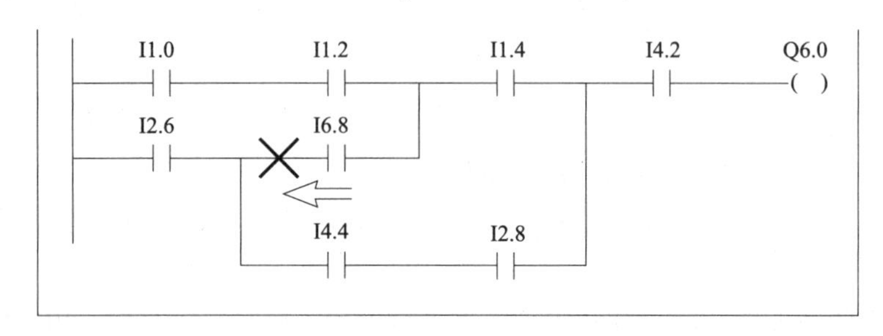

图 2－5－8　有能量流向相反方向的错误分支

②不允许生成造成短路的分支。如图 2－5－9 所示。

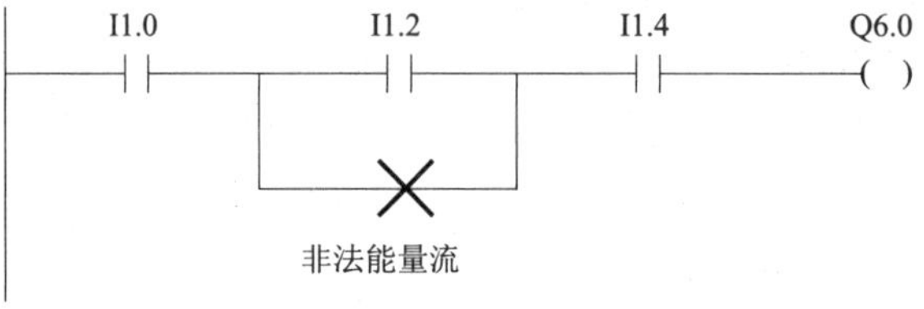

I1.0
I1.2
I1.4
Q6.0
非法能量流

图 2－5－9　有短路的分支

（4）在梯形图中输入指令（编程元件）。

进入梯形图（LAD）编辑器。STEP 7 至少支持 3 种编程语言：梯形图（LAD）、语句表（STL）、功能块图（FBD）。建议用户采用以下方法。

● 一般在梯形图模式下编写程序，这样适合电气工作人员编写程序，也易于调试、维护和交流。

● 建立指令库，用语句表编写程序。

● 编写程序时应养成做注释的良好习惯，每一句、每一个功能块都做注释。

● 除程序很简单外，应尽量不要将所有的程序都写在 OB1 里，最好按功能划分为不同的功能块，组织程序，这样程序容易编写、可读性好。

在创立功能块或组织块的时候指定使用的编程语言，也可在视图中切换。在视图中的切换方法如图 2－5－10 所示。

（5）编程元件的输入方法。编程元件包括线圈、触点、指令盒及导线等。程序一般是顺序输入，即自上而下，自左而右地在光标所在处放置编程元件（输入指令），也可以移动光标在任意位置输入编程元件。梯形图指令如图 2－5－11 所示。

编程元件的输入有指令树双击、拖放和单击工具条快捷键 F2（常开触点）、F3（常闭

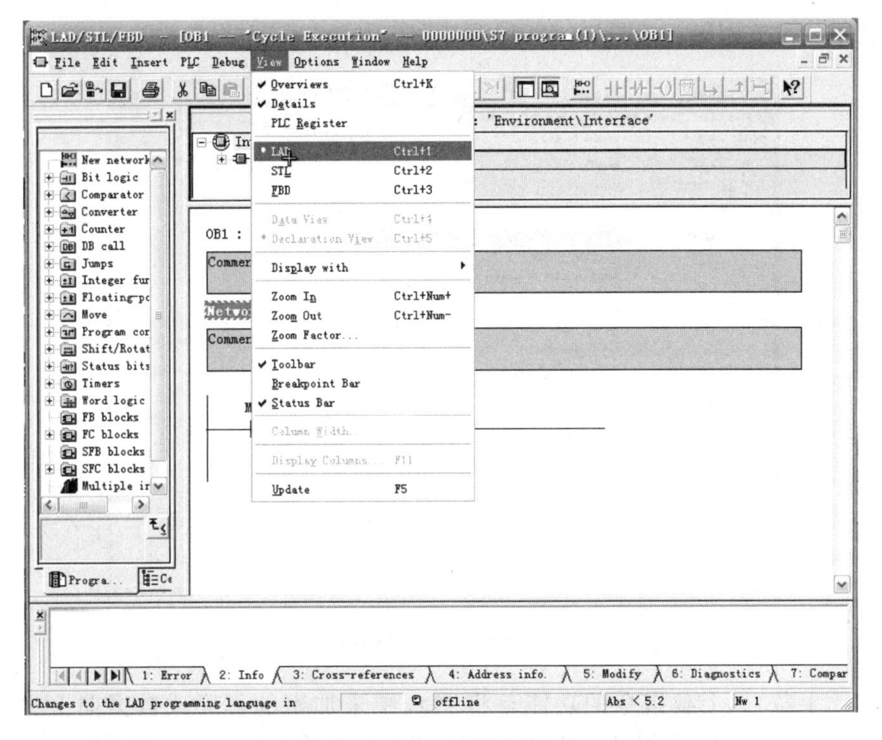

图 2-5-10　编程语言切换

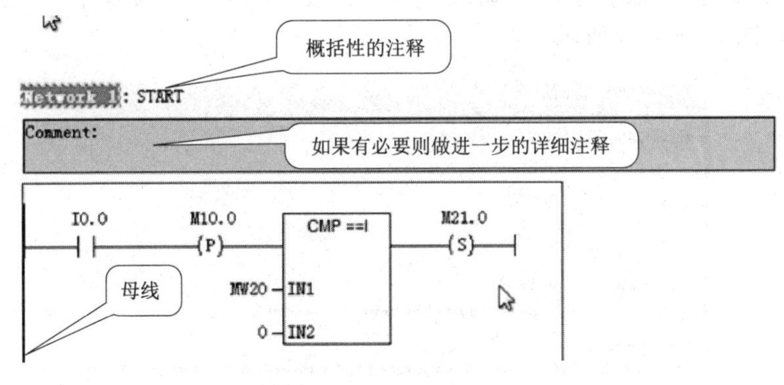

图 2-5-11　梯形图指令

触点)、F7（线圈)、Alt + F9（指令盒）等操作均可以选择输入编程元件。然后在触点、线圈或者功能块上输入地址等参数。

（6）程序的编辑及参数设定。程序的编辑包括程序的剪切、复制、粘贴、插入、删除、字符串替换、查找等。

（7）程序的编译及上传与下载。

①编译。用户程序编辑完成后，保存用户程序，并进行自动编译，系统检查是否有规则错误，如果有问题，则弹出错误提示信息，用户修改后再次保存，直至没有错误。

②下载。用户保存成功后，可以对组织块、功能块、功能、数据块等进行单个独立的下载，也可以一次下载。如果有密码则会提示用户输入密码，PLC 无法通过清除程序或复位等操作来清除密码，只有使用西门子的专门读开器工具来清除。因此设置的密码千万要记牢，

如无必要就不要设置密码。如图 2－5－12 所示。

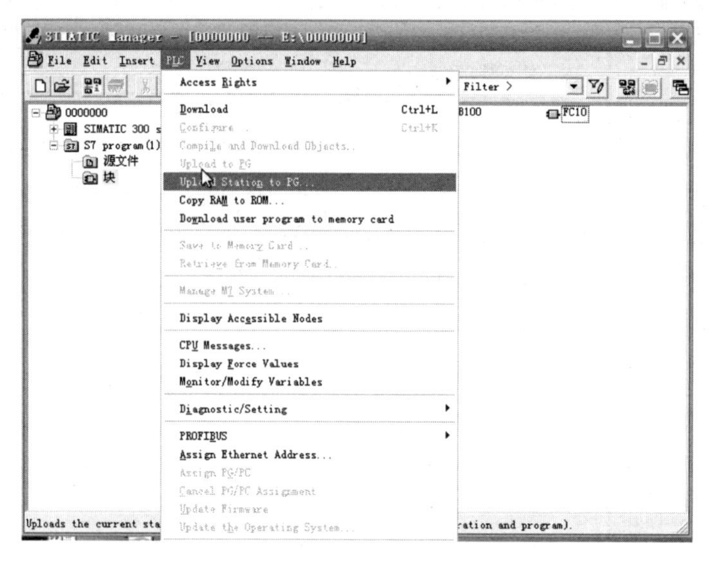

图 2－5－12　下载方法

③载入（上载）。上载指令的功能是将 PLC 中未加密的程序或数据向上送入编辑器（PC）。上载方法为：PLC→将站点传送到 PG。在跳出的选择节点地址对话框中，单击显示，然后单击可访问的节点，然后单击“确认”按钮，就可以上传所有程序、数据块、硬件组态、系统块。如图 2－5－13 所示。

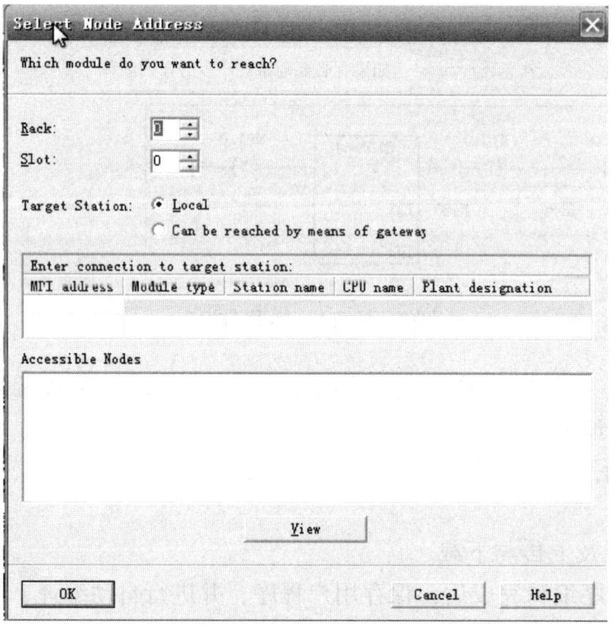

图 2－5－13　上载方法

5. 基本电路编程

任何一个复杂的梯形图程序，均由一系列简单的基本梯形图单元组成。因此，需研究一些单元电路，理解和掌握基本梯形图程序，便可编制复杂梯形图程序。

1）启、保、停控制程序

无论多么复杂的控制程序，总少不了启动和停止控制，它也是最基本的控制程序之一。图2－5－14所示梯形图是启动、停止、控制程序之一。I0.0是启动信号，I0.1是停止信号，当I0.0常开触点闭合时，输出继电器Q0.0线圈接通，其常开触点闭合自锁。当I0.1常闭触点断开，Q0.0线圈断开，其常开触点断开。

图2－5－15所示梯形图为另一种启动、保持、停止控制程序，该程序的启动和停止是利用置位和复位指令来实现的。同样，I0.0为启动信号，I0.1为停止信号。

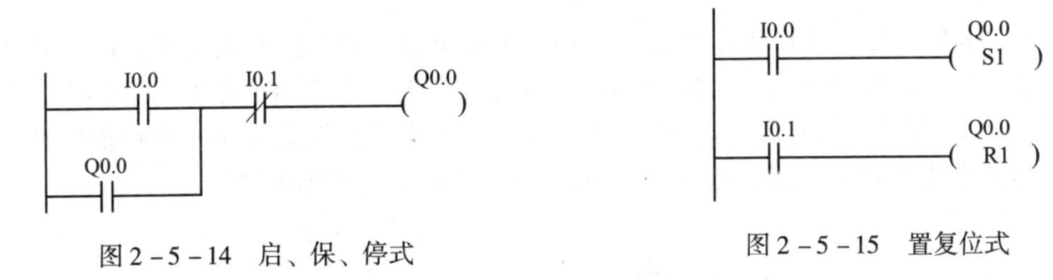

图2－5－14 启、保、停式

图2－5－15 置复位式

2）电动机正、反转控制电路及梯形图程序

图2－5－16（a）所示为PLC的外部硬件接线图。其中SB3为停止按钮；SB1为正转启动按钮；SB2为反转启动按钮；KM1为正转接触器；KM2为反转接触器。实现电动机的正、反转控制功能的一种梯形图如图2－5－16（b）所示。该梯形图是由两个启动、保持、停止的梯形图，再加上两者之间的互锁触点构成的。该梯形图也可以用继电控制电路转化获得。

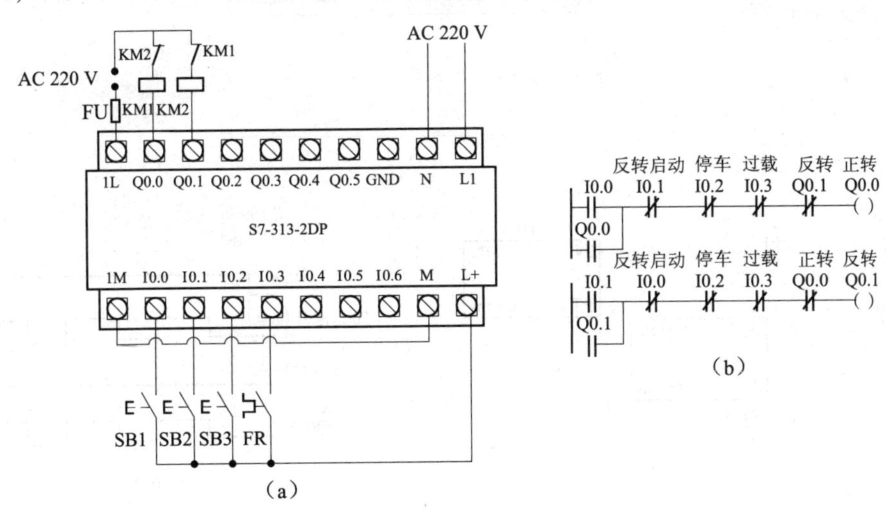

图2－5－16 电动机正、反转控制电路

（a）PLC的外部接线图；（b）梯形图

3）脉冲发生器

西门子 S7—300 系列 PLC 特殊位存储器 SM0.3、SM0.4 能分别产生 1 s 和 1 min 的时钟脉冲。在实际应用中还可以设计脉冲发生器。例如，设计一个周期为 300 s，脉冲持续时间为一个扫描周期的脉冲发生器，其梯形图如图 2-5-17 所示，其中 I0.0 外接带自锁的按钮或拔钮开关。

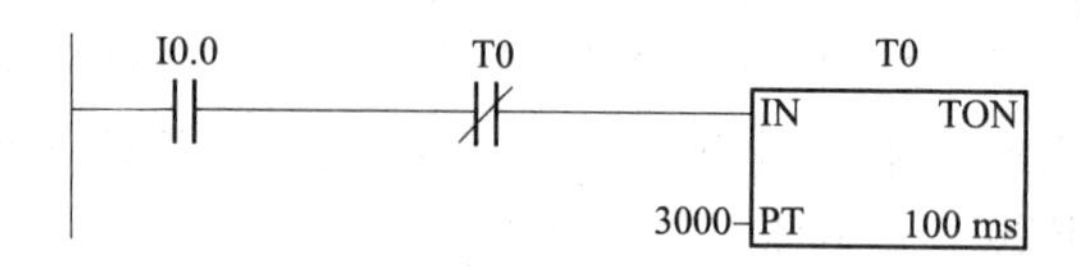

图 2-5-17　脉冲发生器

4）振荡电路

图 2-5-18 所示是一个产生振荡信号的 PLC 控制电路、梯形图与时序图。I0.0 外接的 SA 是带自锁的按钮或拔钮开关，如果 Q0.0 外接指示灯 HL，设置 T0 为 2 s 定时器，T1 为 3 s 定时器。T0 的常开触点闭合 3 s、断开 2 s，而 T1 的常开触点只导通一个扫描周期，这样，HL 就会产生亮 3 s 灭 2 s 的闪烁效果，所以该电路也称为闪烁电路。

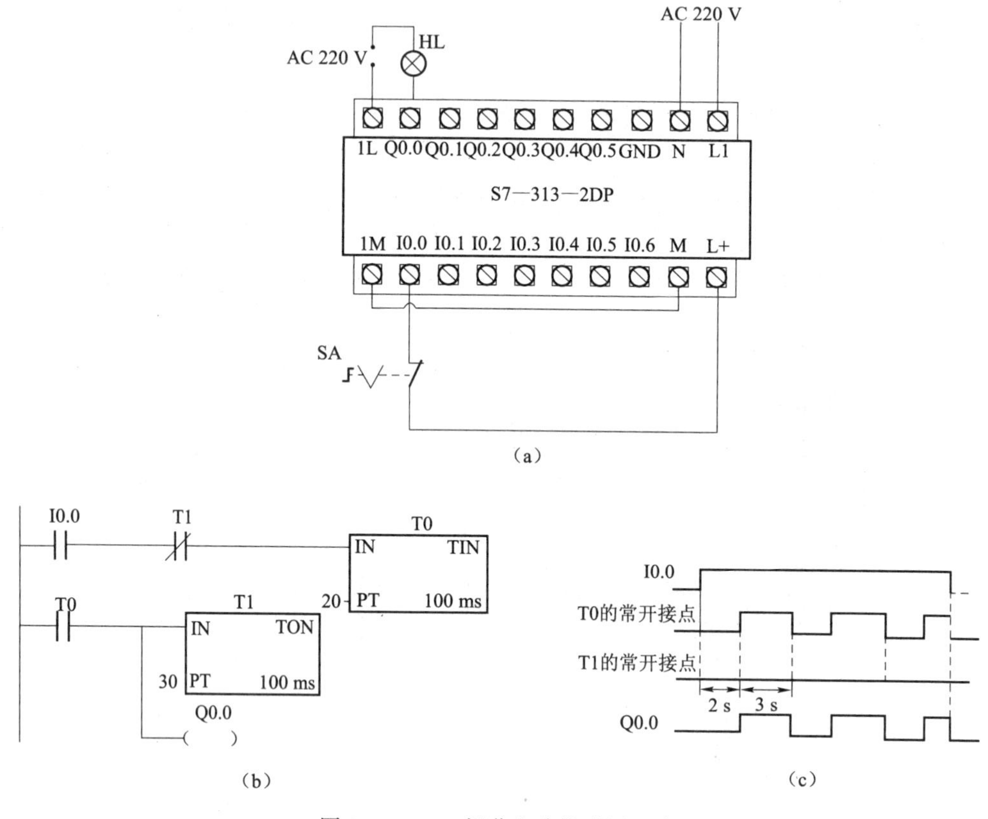

图 2-5-18　振荡电路梯形图设计

(a) 接线图；(b) 梯形图；(c) 时序图

5）延时接通的时间控制电路

图2－5－19所示为延时接通控制程序。运行原理是：当I0.0接通时，定时器T0的线圈得电并开始定时，经过10 s延时，T0的常开触点接通，使输出继电器Q0.0线圈得电；当I0.0复位（断开），T0线圈断电，其常开触点断开，输出继电器Q0.0线圈也失电。如果I0.0接通的时间不够10 s，则定时器T0和输出继电器Q0.0都不动作。由时序图可以看出：从输入信号I0.0接通瞬间开始，经过10 s延时Q0.0才有信号输出，所以称为延时接通型控制程序。

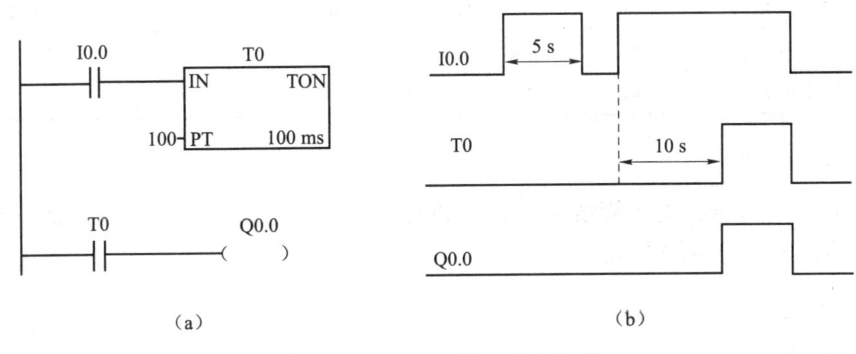

图2－5－19　延时接通控制电路

（a）梯形图；（b）时序图

6. 梯形图的编程原则与技巧

1）梯形图的编程规则

（1）梯形图从上到下、从左到右执行，其中每个元件和触点都应按照规定标注元件号和触点号，元件号和触点号必须在有效规定范围内。

（2）梯形图的每一逻辑行必须从左边母线以触点输入开始，以线圈结束。

（3）触点应画在水平线上，不能画在垂直分支上。

2）梯形图的编程技巧

（1）适当安排编程顺序，减少程序步数。

①在有几个串联回路相并联时，应将串联多的电路放在梯形图的上面。

②在有几个并联回路相串联时，应将并联多的电路放在梯形图的左面。

③在有线圈的并联电路中，将单个线圈放在上面。

（2）复杂电路的编程。可重复使用一些触点画出其等效电路，然后再进行编程。

（3）出现桥形电路要通过基本指令把它转化成简单的梯形图。

项目实施

1. 控制系统的要求分析

根据控制要求可知，单级输送带电动机电路为启、保、停控制电路，也称之为长动控制电路。按启动按钮，电动机全压启动后运行；按停止按钮，电动机停止运行。电动机运行过程中如果出现过载或断相，则热继电器（FR）动作，给PLC发出信号，使电动机停止运行。因此，该控制系统的梯形图程序设计应以自锁电路为基础。

2. 电气线路设计与元器件选择

1）输入、输出设备与 PLC 的 I/O 分配表

根据功能分析，确定并列出输入、输出设备与 PLC 的 I/O 地址分配表，见表 2－5－3。

表 2－5－3　输入、输出设备与 PLC 的 I/O 地址分配表

输入设备			输出设备		
符号	功能	PLC 输入继电器	符号	功能	PLC 输出继电器
SB2	启动按钮	I0.0	KM	电动机接触器	Q0.0
SB1	停止按钮	I0.1			
FR	热继电器	I0.2			

2）PLC 的接线图

选择好 PLC 的型号，进行接线端子和电源配置，画出电动机启、保、停运行与 PLC 的 I/O 接线图，如图 2－5－20 所示。

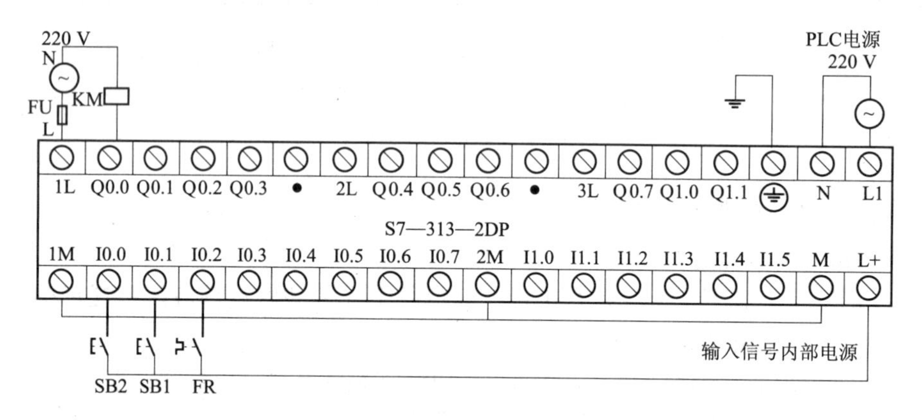

图 2－5－20　电动机启、保、停运行与 PLC 的 I/O 接线图

3）电动机主电路图 2－5－21

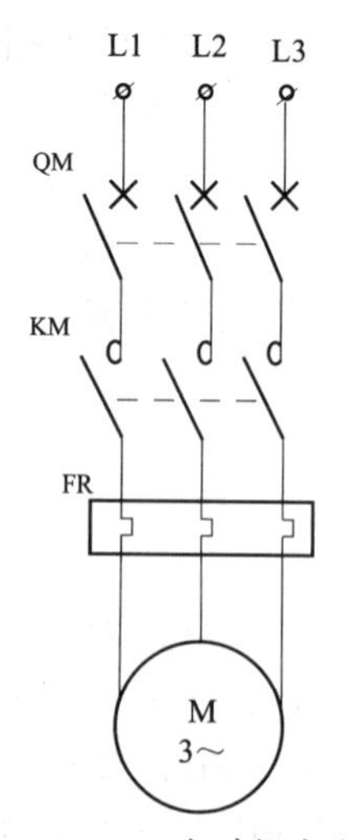

图 2－5－21　电动机主电路

4）设备与元器件明细表

设备与元器件明细表见表2－5－4。

表2－5－4　设备与元器件明细表

序号	代号	名称	型号或规格	数量
1	QM	电动机专用断路器	GV3—M20，380 V，20 A	1只
2	FR	热继电器	JR36—20/3D，7～11 A连续可调	1只
3	KM	交流接触器	CJ20—10　AC 220 V，10 A	1只
4	SB1	停止按钮（红）	LA—25	1只
5	SB2	启动按钮（绿）	LA—25	1只
6	FU	熔断器	RT—32，2 A	1只
7		计算机	IBM PC/AT486，16 MB及以上配置	1台
8		电缆	西门子通信电缆	1根
9	PLC	可编程控制器	S7—313—2DP	1台
10	XT	端子排	JX—2—10—15	2只
11	W	导线	BVR—2.5 mm^2和BVR—1.5 mm^2	若干
12	M	三相异步电动机	Y100L—4，4 kW	1台

3. 程序设计

按照控制要求，进行输入、输出分析，结合继电控制电路图，可设计出梯形图程序，优化出电动机运行控制系统的梯形图如图2－5－22所示。同时得到时序图，如图2－5－23所示。

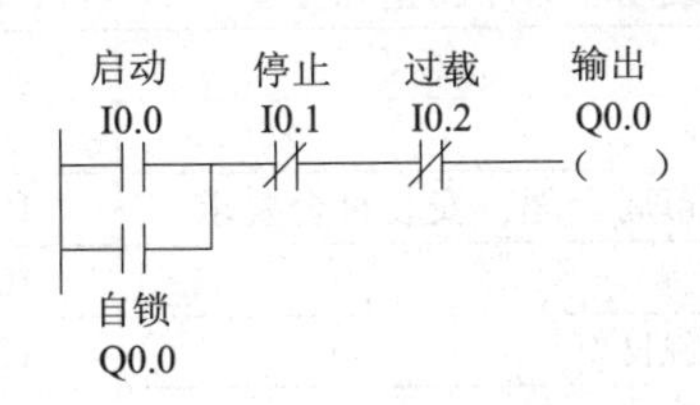

图2－5－22　电动机运行控制系统的梯形图

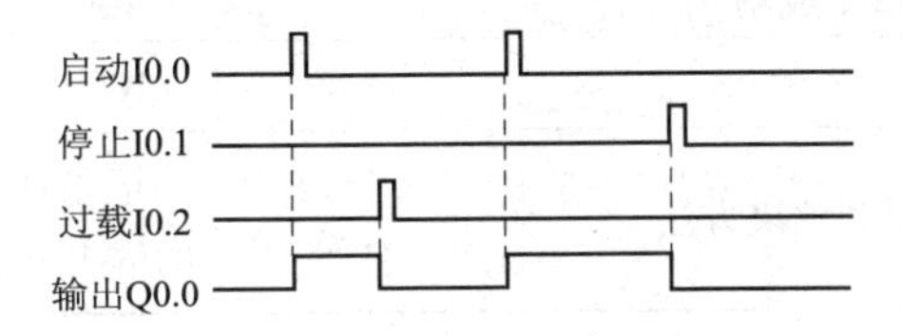

图2－5－23　电动机运行过程的时序图

4. 运行与调试

（1）应用STEP 7编程软件，将梯形图录入PLC。

（2）按图2－5－20接线，不接主电路。

（3）PLC 接电源，并置于非运行状态，观察 PLC 面板上 LED 指示灯和计算机上显示的梯形图中各触点和线圈的状态；以下进入在线监控状态。

（4）PLC 置 RUN 状态，按下启动按钮 SB2，观察 Q0.0 指示灯的状态和计算机中的梯形图中各触点和线圈的状态。

（5）PLC 置 RUN 状态，按下停止按钮 SB1，观察 Q0.0 指示灯的状态和计算机中的梯形图中各触点和线圈的状态。

（6）PLC 置 RUN 状态，再按下启动按钮 SB2，然后短接热继电器的常开触点，观察 Q0.0 指示灯的状态和计算机中的梯形图中各触点和线圈的状态。

（7）以上程序正常后，接主电路。按第（4）~（6）步观察 Q0.0 指示灯的状态和计算机中的梯形图中各触点和线圈的状态。并注意观察电动机的三相电流、声音和转速，如正常，完成操作并结束训练，否则向下进行。

（8）查找软、硬件。如为硬件原因，关闭电源，排除硬件故障后进行第（3）~（7）步，如还不成功，继续执行第（8）步，直到成功；如为软件原因，则修改程序，下载，试运行直到成功。

项目评价

项目 5 的考核评价如表 2-5-5 所示。

表 2-5-5　项目 5 考核评价表

序号	评价指标	评价内容	分值	学生自评	小组评价	教师评价
1	电路设计	I/O 分配表正确	5			
		输入、输出接线图、时序图正确	5			
		主电路正确	5			
		保护功能齐全	5			
2	安装接线	元器件选择、布局合理，安装符合要求	10			
		布线合理美观	10			
		接点牢固，接触良好	10			
3	PLC 调试	程序编制实现功能	30			
		操作步骤正确	10			
		接负载试车成功	10			
总　分			100			
问题记录和解决方法			记录任务实施中出现的问题和采取的解决方法（可附页）			

拓展训练

根据设计要求，在上述功能中，增加急停开关，设计并画出电气线路和梯形图。

项目6　用PLC（S7—300）实现对小车运动的自动控制

项目描述

本项目为用西门子S7—300系列可编程控制器实现对小车运动的控制。要求按下右行启动按钮SB1，小车右行，到达限位开关SQ2处时停止运动，6 s后小车自动返回起始位置。试选择设备和元器件，配线并画出其电气控制线路图和PLC的梯形图。通过PLC的接线、程序编写和输入实现对小车运动的控制。

项目分析

本项目需要了解三相笼形异步电动机三相绕组的接法，以及电动机可逆运行的原理；用西门子S7—300实现对电动机可逆运行控制中需要注意的问题；了解行程（限位）开关的结构、电气符号及文字符号；了解小车运动的工作过程及工艺要求；了解S7—300的硬件设置及主要功能、使用方法和注意事项等。

知识链接

（1）三相笼形异步电动机的三相绕组的接法以及电动机可逆运行的原理（参见本任务的项目2的知识链接1）。

（2）行程开关（参见本任务的项目2的知识链接2）。

（3）用S7—300 PLC实现对电动机可逆运行控制中需要注意的问题（参见本任务的项目5的知识链接）。

（4）小车运动的工作过程及工艺要求（参见本任务的项目2的知识链接4）。

（5）PLC的硬件设置及主要功能、使用注意事项（参见本任务的项目5的知识链接）。

项目实施

1. 控制系统的要求分析

可以用四个输入、两个输出加两个定时器实现。运动过程如图2－6－1所示。

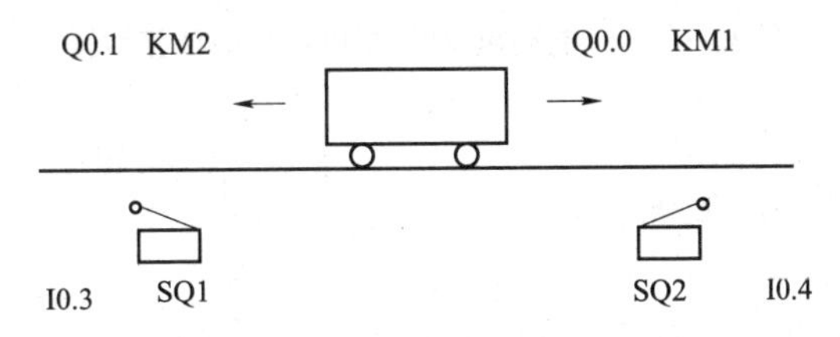

图2－6－1　小车运动示意图

2. 电气线路设计与元器件选择

1）输入、输出设备与 PLC 的 I/O 分配表

由上述分析，可以列出输入、输出设备与 PLC 的 I/O 地址分配表，见表 2－6－1。

表 2－6－1　输入、输出设备与 PLC 的 I/O 地址分配表

输入设备			输出设备		
符号	功能	PLC 输入继电器	符号	功能	PLC 输出继电器
SB1	右行启动按钮	I0.0	KM1	左行接触器	Q0.0
SB2	左行启动按钮	I0.1	KM2	右行接触器	Q0.1
SB3	停止按钮	I0.2			
SQ1	左限位开关	I0.3			
SQ2	右限位开关	I0.4			
FR	热继电器	I0.5			

2）小车运动的控制与 PLC 的 I/O 接线图

电动机运行与 PLC 的 I/O 接线如图 2－6－2 所示。

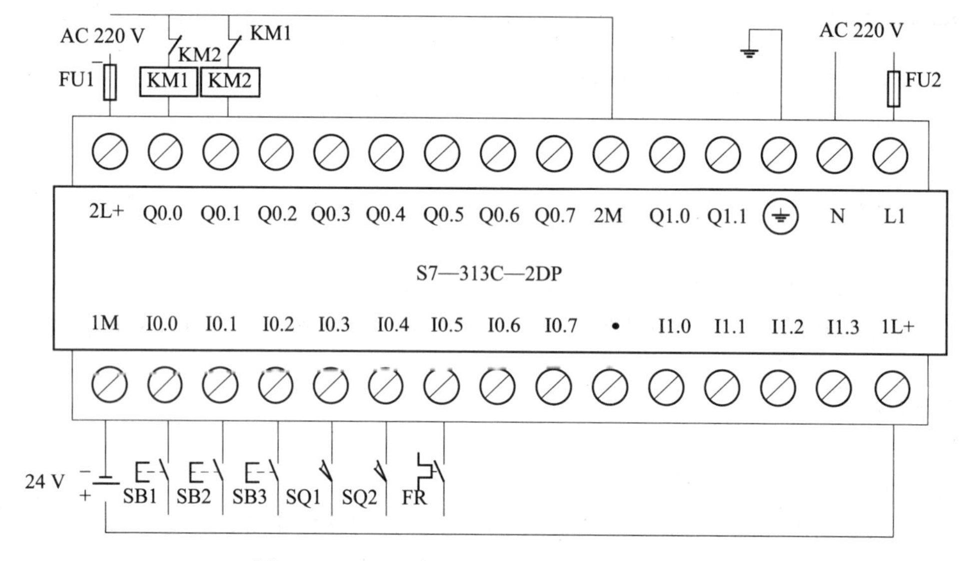

图 2－6－2　电动机运行与 PLC 的 I/O 接线图

3）电动机主电路

电动机主电路如图 2－6－3 所示。

4）设备与元器件明细表

设备与元器件明细见表 2－6－2。

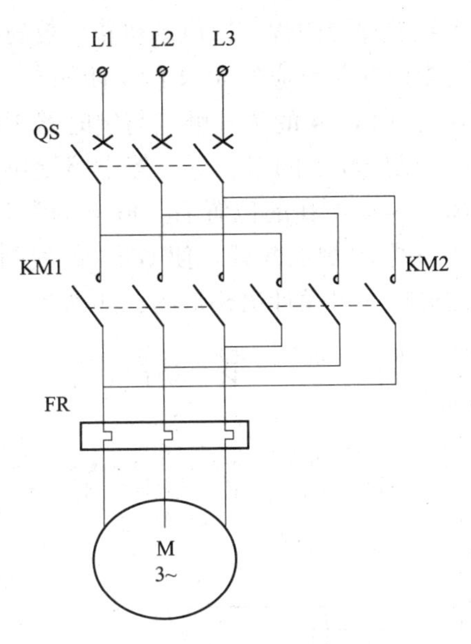

图 2-6-3　电动机的主电路图

表 2-6-2　设备与元器件明细表

序号	代号	名称	型号或规格	数量
1	QM	电动机专用断路器	GV3—M20，380 V，20 A	1 只
2	FR	热继电器	JR36—20/3D，7 ~ 11 A 连续可调	1 只
3	KM	交流接触器	CJ20—10，AC 220 V，10 A	2 只
4	SB1	停止按钮（红）	LA—25	1 只
5	SB2	启动按钮（绿）	LA—25	1 只
6	FU	熔断器	RT—32，2 A	1 只
7		计算机	IBM PC/AT486，16 MB 及以上配置	1 台
8		电缆	西门子通信电缆	1 根
9	PLC	可编程控制器	S7—313—2DP	1 台
10	XT	端子排	JX—2—10—15	2 只
11	W	导线	BVR—2.5 mm^2 和 BVR—1.5 mm^2	若干
12	M	三相异步电动机	Y100L—4，4 kW	1 台
13	SQ	限位开关	LX19—121	2 只

3. 程序设计

按下右行启动按钮 SB1，小车右行，到达限位开关 SQ2 处时停止运动，6 s 后小车自动返回起始位置。说明该控制系统的梯形图程序以电动机正、反转控制电路为基础。为了使小车向右的运动自动停止，将右限位开关对应的 I0.4 的常闭触点与控制右行的 Q0.0 的线圈串联。为了在右端使小车暂停 6 s，用 I0.4 的常开触点与定时器 T0 的线圈串联，T0 的定时时间到时，其常开触点闭合，给控制 Q0.1 的启、保、停电路提供启动信号，使 Q0.1 的线圈得电，小车自动返回。小车离开 SQ2 所在的位置后，I0.4 的常开触点断开，T0 被复位。小车回到 SQ1 所在的位置时，I0.3 常闭触点断开，使 Q0.1 的线圈断电，小车停在起始位置。根据小车运动的示意图及上述分析，可设计出梯形图，如图 2－6－4 所示。

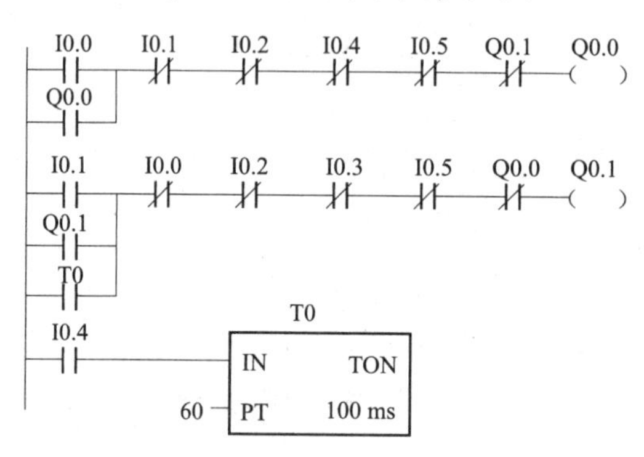

图 2－6－4　电动机运行控制系统的梯形图

4. 运行与调试

（1）应用 STEP 7 编程软件，将梯形图录入 PLC。

（2）按图 2－6－2 接线，不接主电路。

（3）PLC 接电源，并置于非运行状态，观察 PLC 面板上 LED 指示灯和计算机上显示的梯形图中各触点和线圈的状态。

（4）PLC 置 RUN 状态，按下启动按钮 SB2，观察 Q0.1 指示灯的状态和计算机中的梯形图中各触点和线圈的状态。

（5）PLC 置 RUN 状态，按下停止按钮 SB3，观察 Q0.0、Q0.1 指示灯的状态和计算机中的梯形图中各触点和线圈的状态。

（6）PLC 置 RUN 状态，再按下启动按钮 SB1 或 SB2，然后短接热继电器的常开触点，观察 Q0.0 或 Q0.1 指示灯的状态和计算机中的梯形图中各触点和线圈的状态。

（7）PLC 置 RUN 状态，按下 SQ2 观察 Q0.0、Q0.1 指示灯的状态和计算机中的梯形图中各触点和线圈的状态。

（8）PLC 置 RUN 状态，按下 SQ1 观察 Q0.0、Q0.1 指示灯的状态和计算机中的梯形图中各触点和线圈的状态。

（9）以上程序正常后，接主电路。按第（4）～（8）步观察 Q0.0 或 Q0.1 指示灯的状态和计算机中的梯形图中各触点和线圈的状态。并注意观察电动机的三相电流、声音和转速，如正常，说明实训成功并结束训练，否则向下进行。

（10）查找软、硬件。如为硬件原因，关闭电源，排除硬件故障后进行第（3）～（9）步，如还不成功，继续执行（10）步，直到成功；如为软件原因，则修改程序，下载，试运行直到成功。

项目评价

项目6考核评价见表2－6－3。

表2－6－3　项目6考核评价表

序号	评价指标	评价内容	分值	学生自评	小组评价	教师评价
1	电路设计	I/O分配表正确	5			
		输入、输出接线图、时序图正确	5			
		主电路正确	5			
		保护功能齐全	5			
2	安装接线	元器件选择、布局合理，安装符合要求	10			
		布线合理美观	10			
		接点牢固、接触良好	10			
3	PLC调试	程序编制实现功能	30			
		操作步骤正确	10			
		接负载试车成功	10			
总　分			100			
问题记录和解决方法			记录任务实施中出现的问题和采取的解决方法（可附页）			

拓展训练

在上述项目的基础上，增加一个转换开关，实现手动与自动控制，在手动模式下实现上述功能，在自动模式下，小车到达起点后4 s自动启动右行，试设计电气线路图与梯形图。

项目7　用PLC（S7—300）实现对三级传送带电动机的控制

项目描述

本项目为用S7—300系列可编程控制器控制三级传送带电动机的运行。要求按下启动按钮SB2，1号传送带电动机M1开始运行，延时5 s后，2号传送带电动机M2自动启动，再过5 s后，3号传送带电动机M3自动启动。停机时，按下停止按钮SB1，先停3号传送带电动机M3，5 s后停2号传送带电动机M2，再过5 s停1号传送带电动机M1。试选择设备和元器件，配线并画出其继电器控制线路图和PLC的梯形图。通过PLC的接线、程序编写和输入实现对传送带的控制。

项目分析

本项目要求了解步进指令和顺序功能图设计方法；用 S7—313—2DP PLC 实现对三级传送带电动机的控制中需要注意的问题；了解选择序列的编程方法；了解三级传送带的工作过程及工艺要求；了解 S7—313—2DP 的硬件设置及主要功能、使用方法和注意事项等。

知识链接

（1）步进顺控指令和顺序功能图。顺序功能图（简称 SFC）是 IEC 标准编程语言，用于编制复杂的顺控程序，很容易被初学者接受，对于有经验的电气工程师，也会大大提高工作效率。图 2－7－1 所示为顺序功能图单元结构，图 2－7－2 所示为顺序功能图的几种形式。

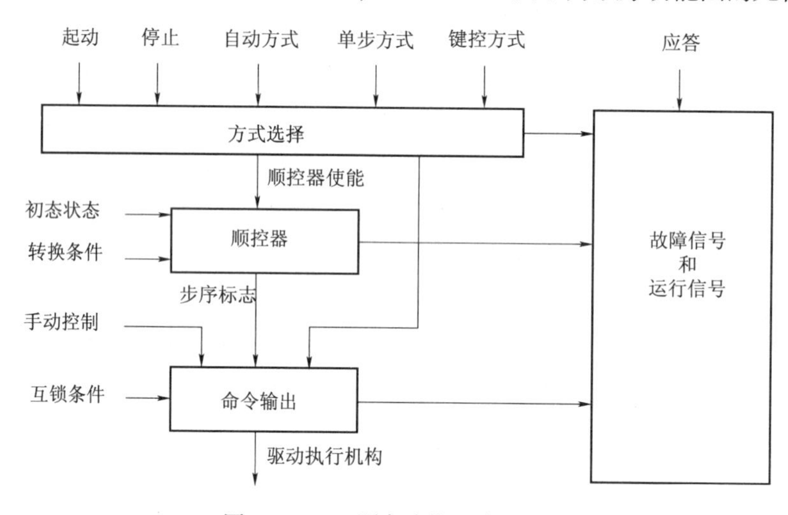

图 2－7－1　顺序功能图单元结构

（2）用 PLC 实现对三级传送带电动机的控制中需要注意的问题（同本任务项目 2 的知识链接 3）。

（3）工作过程及工艺要求（同本任务项目 2 的知识链接 4）。

（4）PLC 的硬件设置及主要功能、使用方法和注意事项（同本任务项目 5 的知识链接）。

项目实施

1. 控制系统的要求分析

按下启动按钮 SB2，1 号传送带电动机 M1 开始运行，延时 5 s 后，2 号传送带电动机 M2 自动启动，再过 5 s 后，3 号传送带电动机 M3 自动启动。

停机时，按下停止按钮 SB1，先停 3 号传送带电动机 M3，5 s 后停 2 号传送带电动机 M2，再过 5 s 停 1 号传送带电动机 M1。该控制系统的梯形图程序以三台电动机顺序启动、逆序停止控制电路为基础，3 台电动机均带过载保护。根据以上分析，可以画出传送带控制系统的示意图，如图 2－7－3 所示。

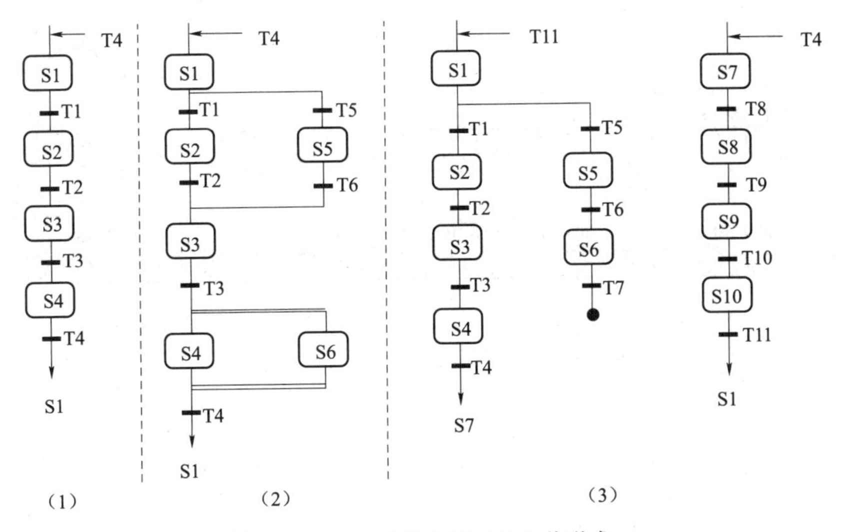

图 2-7-2　顺序功能图的几种形式

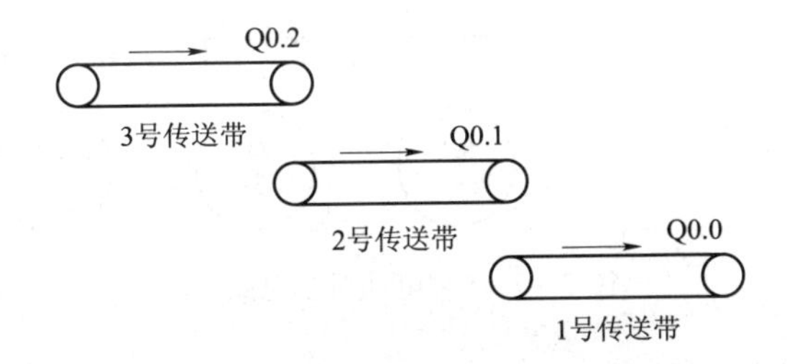

图 2-7-3　传送带控制系统示意图

2. 电气线路设计与元器件选择

(1) 根据前述分析，列出输入、输出设备与 PLC 的 I/O 地址分配表，见表 2-7-1。

表 2-7-1　输入、输出设备与 PLC 的 I/O 地址分配表

输入设备			输出设备		
符号	功能	PLC 输入继电器	符号	功能	PLC 输出继电器
SB2	启动按钮	I0. 0	KM1	电动机 M1 的接触器	Q0. 0
SB1	停止按钮	I0. 1	KM2	电动机 M2 的接触器	Q0. 1
FR1	M1 热继电器	I0. 2	KM3	电动机 M3 的接触器	Q0. 2
FR2	M2 热继电器	I0. 3			
FR3	M3 热继电器	I0. 4			

(2) 传送带电动机的控制与 PLC 的 I/O 接线，如图 2-7-4 所示。

(3) 电动机主电路如图 2-7-5 所示。

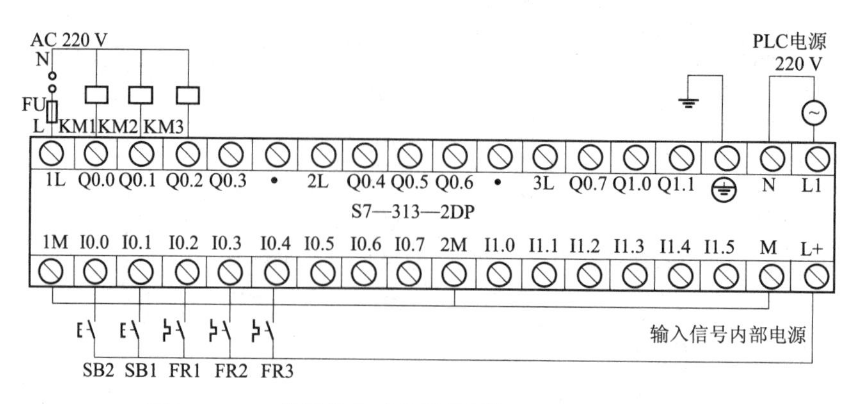

图 2－7－4　传送带电动机的控制与 PLC 的 I/O 接线图

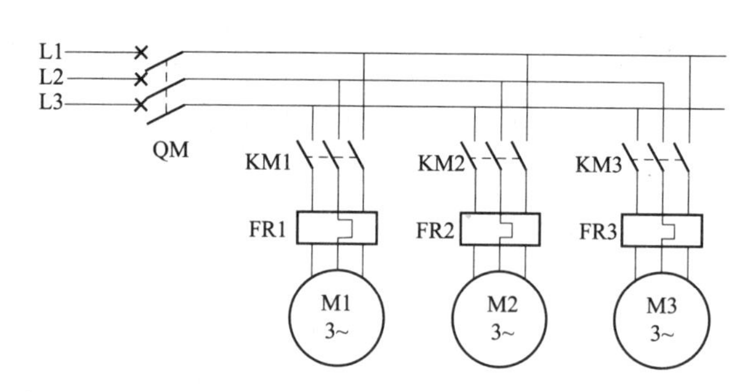

图 2－7－5　电动机主电路图

（4）设备与元器件明细表。

设备与元器件明细见表 2－7－2。

表 2－7－2　设备与元器件明细表

序号	代号	名称	型号或规格	数量
1	QM	电动机专用断路器	GV3—M20，380 V，20 A	1 只
2	FR	热继电器	JR36—20/3D，7～11 A 连续可调	3 只
3	KM	交流接触器	CJ20—10，AC 220 V，10 A	3 只
4	SB2	启动按钮（绿）	LA—25	1 只
5	SB1	停止按钮（红）	LA—25	1 只
6	FU	熔断器	RT—32　2 A	1 只
7		计算机	IBM PC/AT486，16 MB 及以上配置	1 台
8		电缆	西门子通信电缆	1 根
9	PLC	可编程控制器	S7—313—2DP	1 台
10	XT	端子排	JX—2—10—15	2 只
11	W	导线	BVR—2.5 mm^2 和 BVR－1.5 mm^2	若干
12	M	三相异步电动机	Y100L—4，4 kW	3 台

3. 程序设计

传送带控制系统的顺序功能图如图 2－7－6 所示；梯形图如图 2－7－7 所示。

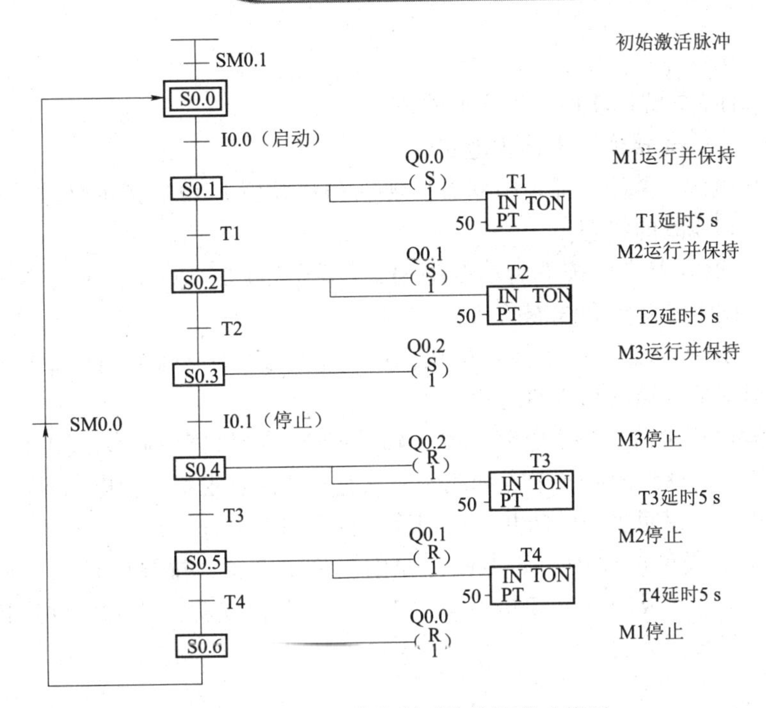

图 2－7－6　传送带控制系统的顺序功能图

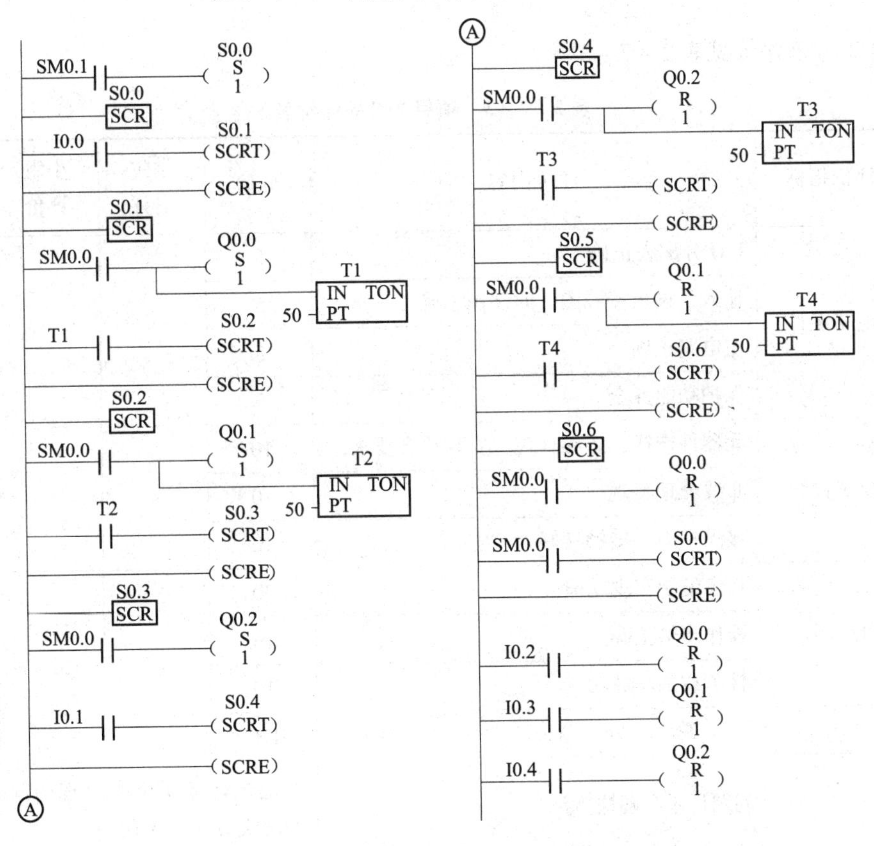

图 2－7－7　传送带控制系统的梯形图

4. 运行与调试

（1）应用 STEP 7 编程软件，将梯形图录入 PLC。

（2）按图 2－7－4 接线，不接主电路。

（3）PLC 接电源，并置于非运行状态，观察 PLC 面板上 LED 指示灯及计算机上显示的梯形图中各触点和线圈的状态。

（4）PLC 置 RUN 状态，按下启动按钮 SB2，观察 Q0.0、Q0.1、Q0.2 指示灯的状态和计算机中的梯形图中各触点和线圈的状态。

（5）PLC 置 RUN 状态，按下停止按钮 SB1，观察 Q0.0、Q0.1、Q0.2 指示灯的状态和计算机中的梯形图中各触点和线圈的状态。

（6）以上程序正常后，接主电路。按（4）、（5）步骤观察 Q0.0、Q0.1、Q0.2 指示灯的状态和计算机中的梯形图中各触点和线圈的状态。并注意观察三台电动机的三相电流、声音和转速，如正常，说明实训成功并结束训练，否则向下进行。

（7）查找软、硬件的原因。如为硬件原因，关闭电源，排除硬件故障后重新进行第（3）~（6）步，如还不成功，继续执行第（7）步，直到成功；如为软件原因，则修改程序，下载，试运行直到成功。

项目评价

项目 7 考核评价见表 2－7－3。

表 2－7－3　项目 7 考核评价表

序号	评价指标	评价内容	分值	学生自评	小组评价	教师评价
1	电路设计	I/O 分配表正确	5			
		输入、输出接线图、时序图正确	5			
		主电路正确	5			
		保护功能齐全	5			
2	安装接线	元器件选择、布局合理，安装符合要求	10			
		布线合理美观	10			
		接点牢固、接触良好	10			
3	PLC 调试	程序编制实现功能	30			
		操作步骤正确	10			
		接负载试车成功	10			
总　分			100			
问题记录和解决方法			记录任务实施中出现的问题和采取的解决方法（可附页）			

拓展训练

在现有基础上增加急停功能，进行项目设计与实施。

项目8　用PLC（S7—300）实现对电动机星形-三角形降压启动的控制

项目描述

本项目为用西门子S7—300系列可编程控制器进行电动机的星形-三角形降压启动控制。选择设备和元器件，配线并画出其电气线路图和PLC的梯形图。通过PLC的接线、程序编写和输入实现对电动机星形-三角形降压启动的控制。

项目分析

本项目要求了解三相笼形异步电动机降压启动的原因和目的；了解用S7—313—2DP PLC实现对电动机星形-三角形降压启动的控制中需要注意的问题；了解编程方法；了解电动机星形-三角形降压启动控制的工作过程；了解PLC的硬件设置及主要功能、使用方法和注意事项等。

知识链接

（1）三相笼形异步电动机降压启动的原因和目的（同本任务的项目4知识链接1）。

（2）用PLC实现对电动机星形-三角形降压启动的控制中需要注意的问题（同本任务的项目4知识链接2）。

（3）PLC的硬件设置及主要功能、使用方法和注意事项（同本任务的项目5知识链接）。

项目实施

1. 控制系统的要求分析

按下启动按钮SB2，电动机定子绕组被接成星形，延时5 s后电动机定子绕组被换接成三角形，电动机正常运行。按下停止按钮SB1，电动机停止运行。过载或缺相时，热继电器FR动作，电动机停止运行，实现保护。该控制系统的梯形图程序以自锁控制电路为基础，通过定时器实现星形-三角形转换。根据控制系统的要求可知，需要输入信号3个、输出信号3个，全部为开关量。

2. 电气线路的设计与元器件选择

（1）根据上述分析可得出输入、输出设备与PLC的I/O配置表，见表2-8-1。

表 2-8-1 输入、输出设备与 PLC 的 I/O 配置表

输入设备			输出设备		
符号	功能	PLC 输入继电器	符号	功能	PLC 输出继电器
SB2	启动按钮	I0.0	KM1	主电源接触器	Q0.0
SB1	停止按钮	I0.1	KM2	三角形接触器	Q0.1
FR	热继电器	I0.2	KM3	星形接触器	Q0.2

（2）电动机星形－三角形启动控制 PLC 的 I/O 接线图，如图 2-8-1 所示。

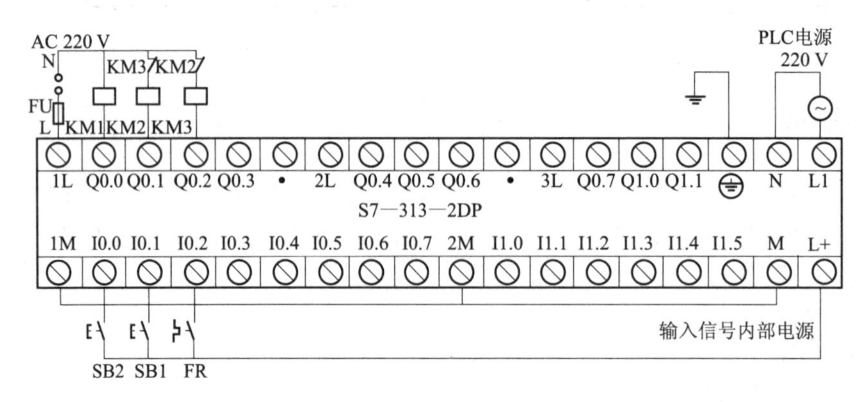

图 2-8-1 电动机星形－三角形启动控制 PLC 的 I/O 接线图

（3）电动机主电路如图 2-8-2 所示。

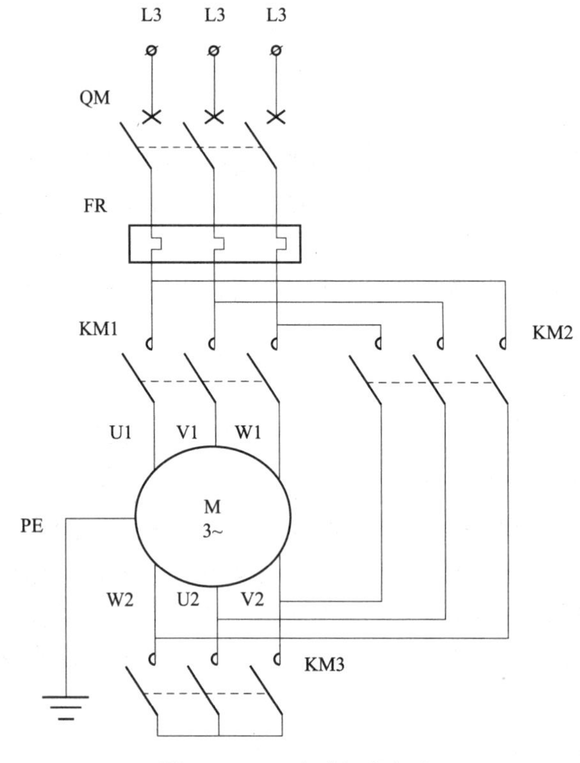

图 2-8-2 电动机主电路

（4）设备与元器件明细表。

设备与元器件明细见表 2-8-2。

表 2-8-2　设备与元器件明细表

序号	代号	名称	型号或规格	数量
1	QM	电动机专用断路器	GV3—M20，380 V，20 A	1 只
2	FR	热继电器	JR36—20/3D，7～11 A 连续可调	1 只
3	KM	交流接触器	CJ20—10　AC 220 V，10 A	3 只
4	SB2	启动按钮（绿）	LA—25	1 只
5	SB1	停止按钮（红）	LA—25	1 只
6	FU	熔断器	RT—32　2 A	1 只
7		计算机	IBM PC/AT486，16 MB 及以上配置	1 台
8		电缆	西门子通信电缆	1 根
9	PLC	可编程控制器	S7—313—2DP	1 台
10	XT	端子排	JX—2—10—15	2 只
11	W	导线	BVR—2.5 mm^2 和 BVR—1.5 mm^2	若干
12	M	三相异步电动机	Y100L—4，4 kW	1 台

3. 程序设计

根据上述分析，结合电气控制的原理图，可得出如图 2-8-3 所示梯形图。

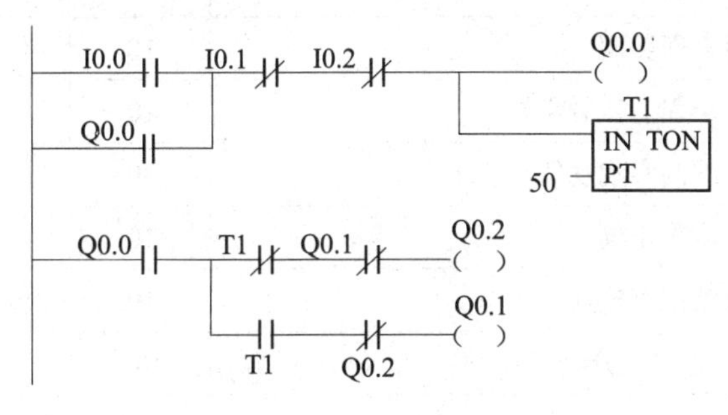

图 2-8-3　梯形图

4. 运行与调试

（1）应用 STEP 7 编程软件，将梯形图录入 PLC。

（2）按图 2-8-1 接线，不接主电路。

（3）PLC 接电源，并置于非运行状态，观察 PLC 面板上 LED 指示灯和计算机上显示的梯形图中各触点和线圈的状态。

（4）PLC 置 RUN 状态，按下启动按钮 SB2，观察 Q0.0、Q0.1、Q0.2 指示灯的状态和计算机中的梯形图中各触点和线圈的状态。

（5）PLC 置 RUN 状态，按下停止按钮 SB1，观察 Q0.0、Q0.1、Q0.2 指示灯的状态和计算机中的梯形图中各触点和线圈的状态。

（6）PLC 置 RUN 状态，按下启动按钮 SB2，然后短接热继电器的常开触点，观察 Q0.0、Q0.1、Q0.2 指示灯的状态和计算机中的梯形图中各触点和线圈的状态。

（7）以上程序正常后，接主电路。按第（4）～（6）步观察 Q0.0、Q0.1、Q0.2 指示灯的状态和计算机中的梯形图中各触点和线圈的状态。并注意观察电动机的三相电流、声音和转速，如正常，说明实训成功并结束训练，否则继续进行。

（8）查找软、硬件的原因。如为硬件原因，关闭电源，排除硬件故障后进行第（3）～（7）步，如还不成功，继续执行第（8）步，直到成功；如为软件原因，则修改程序，下载，试运行直到成功。

项目评价

项目 8 考核评价见表 2－8－3。

表 2－8－3　项目 8 考核评价表

序号	评价指标	评价内容	分值	学生自评	小组评价	教师评价
1	电路设计	I/O 分配表正确	5			
		输入、输出接线图、时序图正确	5			
		主电路正确	5			
		保护功能齐全	5			
2	安装接线	元器件选择、布局合理，安装符合要求	10			
		布线合理美观	10			
		接点牢固、接触良好	10			
3	PLC 调试	程序编制实现功能	30			
		操作步骤正确	10			
		接负载试车成功	10			
总　分			100			
问题记录和解决方法			记录任务实施中出现的问题和采取的解决方法（可附页）			

拓展训练

在现有基础上增加急停功能，进行项目设计与实施。

直流调速与控制系统的安装与调试

【教学目标】

(1) 了解自动控制系统的基本知识，学会用电子元器件组成调节器。

(2) 能进行有静差直流调速系统的构建与调试。

(3) 能进行无静差直流调速系统的组成与调试。

(4) 能进行可逆直流调速系统的原理与调试。

【任务描述】

在现代科学技术的许多领域中，自动控制技术得到了广泛的应用。所谓自动控制，是指在无人直接参与的情况下，利用控制装置操纵被控对象，使被控量等于给定值或按给定信号变化规律去变化的过程。自动控制系统是指能够对被控对象的工作状态进行自动控制的系统，其功能及组成是多种多样的，结构上也是有简有繁的。它可以是一个具体的工程系统，也可以是一个抽象的社会系统、生态系统和经济系统等。

按拖动电动机的类型来分，自动调速系统有直流调速系统和交流调速系统两大类。直流电动机具有良好的启动、制动性能，可在较广范围内平滑调速，所以，直流调速系统至今仍是自动调速系统的主要形式，它广泛地应用于金属切削机床、大型起重机、矿井卷扬机等诸多领域。

在直流调速系统中，有旋转变流机组供电的直流调速系统（F—D 系统）、磁放大器调速系统和晶闸管整流装置供电的直流调速系统（KZ—D 系统）。随着电子技术和晶闸管技术的发展，晶闸管直流调速系统在经济和技术性能方面都比前两个系统更具优越性，因此得到越来越广泛的应用，并已逐渐取代了机组和磁放大器调速系统。

绝大多数调速系统为闭环调速系统。按反馈量，可分为转速负反馈、电压负反馈、电流正反馈和电流负反馈等；按反馈回路数量，可分为单闭环系统和多闭环系统。

在工业机电自动控制系统中，自动控制理论是研究自动控制共同规律的技术科学，自动控制理论按其发展过程，可分为经典控制理论和现代控制理论两大部分。它的发展初期，是以反馈理论为基础的自动调节原理，到 20 世纪 50 年代末期，自动控制理论已经形成了比较完整的体系，通常把这个时期以前所应用的自动控制理论，称为经典控制理论。经典控制理论，以传递函数为基础，主要研究单输入、单输出的反馈控制系统，采用的主要研究方法有时域分析法、根轨迹和频率法。进入20世纪60年代以来，随着自动控制技术的发展，出现了新的控制理论——现代控制理论。现代控制理论，以状态空间法为基础，主要研究多变量、变参数、非线性、高精度及高效能等各种复杂控制系统。现代控制理论已成功地应用在航天、航空、航海及工业生产等许多方面。目前，现代控制理论正在大系统工程、人工智能控制等方面向纵深发展。经典控制理论和现代控制理论，两者相辅相成，各有其应用场合。

本任务需要通过4个项目来实现，分别为：使用电子元器件设计PID调节器；设计电压负反馈单闭环有静差调速系统；转速、电流双闭环不可逆直流调速系统的设计与调试（无静差）；设计一种具有自然环流的可逆直流调速系统。

项目1　使用电子元器件设计PID调节器

项目描述

调节器是直流调速系统的重要部分，不同的领域采用不同的方法设计PID调节器，本项目要求使用电子元器件设计PID调节器，分析调节器的结构与原理，进而设计出P调节器、PI调节器和PID调节器。

项目分析

通过分析可知，完成本项目需要了解自动控制系统的类型，掌握开环控制、闭环控制与复合控制方法，了解自动控制系统的基本组成等知识。

知识链接

1. 自动控制系统中常用的术语及控制系统类型

1）自动控制系统中常用的术语

（1）被控对象：被控对象是一个设备，由一些机械或电器零件组成，其功能是完成某些特定的动作，这些动作通常是系统最终输出的目标。

（2）系统：系统是由一些部件所组成的，用以能完成一定的任务。

（3）环节：环节是系统的一个组成部分，它由控制系统中的一个或多个部件组成，其任务是完成系统工作过程中的局部过程。

（4）扰动：扰动是一种对系统的输出量产生反作用的信号或因素。若扰动产生于系统内部，则称为内部扰动；若其来自于系统外部，则称为外部扰动。

（5）反馈控制：在有扰动的情况下，反馈控制有减小系统输出量与给定输入量之间偏差的作用，而这种控制作用正是基于这一偏差来实现的。反馈控制仅仅是针对无法预料的扰动而设计的，可以预料的或者已知的扰动，可以用补偿的方法来解决。

2）按系统的结构特点分类

（1）开环控制系统：这类系统的特点是系统的输出量对系统的控制作用没有直接影响。

在开环控制系统中，由于不存在输出对输入的反馈，因此对系统的输出量没有任何闭合回路。

(2) 闭环控制系统：这类系统的特点是输出量对系统的控制作用有直接影响。在闭环控制系统中，由于系统的输出量，经测量后反馈到输入端，故对系统的输出量形成了闭合回路。

(3) 复合控制系统：复合控制是开环控制与闭环控制相结合的一种控制方式。复合控制系统是兼有开环结构和闭环结构的控制系统。

3) 按输入量的特点分类

(1) 恒值控制系统：这类系统的输入量是恒值，要求系统的输出量也保持相应恒值。如电动机自动调速、恒温、恒压、恒流等自动控制系统均属此类系统。

(2) 随动系统：这类系统的输入量是随意变化着的，要求系统的输出量，能以一定的精确度跟随输入量的变化做相应的变化，因此也称之为自动跟踪系统。如机床的仿形控制、雷达的自动跟踪等自动控制系统均属随动系统。

(3) 程序控制系统：这类系统的特点是系统的控制作用按预先制定的规定（程序）变化，如按预先制定的程序控制加热炉炉温的温度控制系统。

4) 按系统输出量与输入量间的关系分类

(1) 线性控制系统：这类系统的输出量和输入量之间为线性关系。系统和各环节均可用线性微分方程来描述。线性系统的特点是可以运用叠加原理。

(2) 非线性控制系统：这类系统中具有非线性性质的环节，因此系统只能用非线性微分方程来描述。

此外，还可按其他分类方式，将自动控制系统分成连续系统和离散系统、确定系统和不确定系统、单输入单输出系统和多输入多输出系统、有静差系统和无静差系统等。

2. 开环控制、闭环控制与复合控制

1) 开环控制

开环控制系统其控制装置与被控对象之间，只有顺向作用而没有反向联系，系统既不需要对输出量进行测量，也不需要将它反馈到输入端与给定输入量进行比较，故系统的输入量就是系统的给定值。开环控制系统可用如图 3-1-1 所示的框图表示。

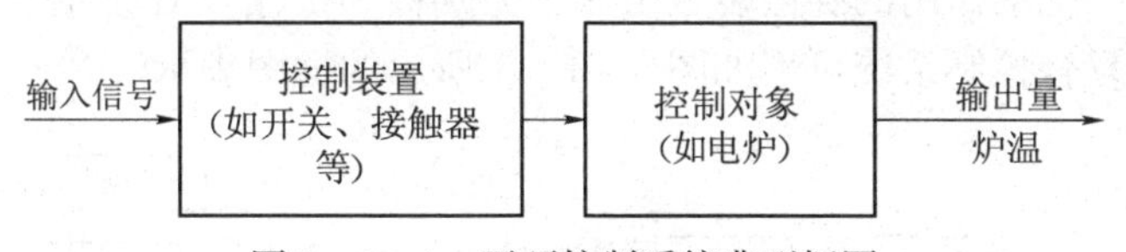

图 3-1-1　开环控制系统典型框图

开环控制系统中，对每一个给定的输入量，就有一个相应的固定输出量（期望值）。但是，当系统中出现扰动（如温度箱的箱门开关次数发生变化及电源电压产生波动等）时，这种输入与输出之间的一一对应关系将被破坏，系统的输出量（如温度箱的实际温度）将不再是其期望值，两者之间就有一定的误差。开环系统自身不能减小此误差，一旦此误差超出了允许范围，系统将不能满足实际控制要求。因此，开环控制系统不能实现自动调节。开环控制系统具有以下特点。

系统中无反馈环节，不需要反馈测量元器件，结构较简单，成本低；系统开环工作，稳定性好；系统不能实现自动调节，对干扰引起的误差不能自行修正，故控制精度不够高。因此，开环控制系统，适用于输入量与输出量之间关系固定且内部和外部扰动较小的场合。为保证一定的控制精度，开环控制系统必须采用高精度元器件。

2）闭环控制

闭环控制系统是反馈控制系统，其控制装置与被控对象之间既有顺向作用，又有反向联系，它将被控对象输出量送回到输入端，与给定输入量比较，而形成偏差信号，将偏差信号作用到控制器上，使系统的输出量趋向其期望值。闭环控制系统可用如图 3－1－2 所示的框图表示。

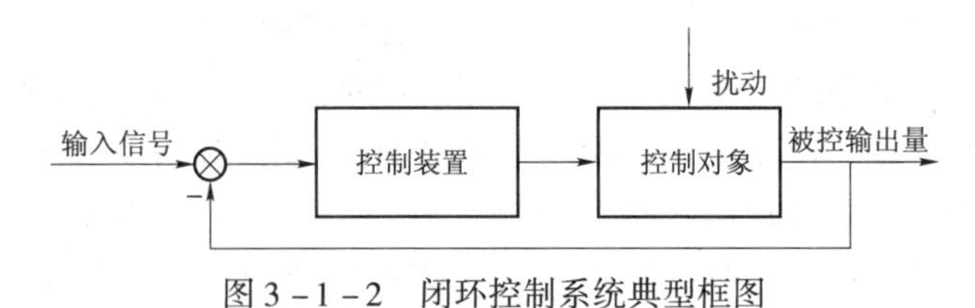

图 3－1－2　闭环控制系统典型框图

闭环控制系统与开环控制系统相比，具有如下优点。

（1）系统中具有负反馈环节，可自动对输出量进行调节补偿，对系统中参数变化所引起的扰动和系统外部的扰动，均有一定的抗干扰能力；系统采用负反馈，除了降低系统误差、提高控制精度外，还能加速系统的过渡过程，但系统的控制质量与反馈元器件的精度有关；系统闭环工作，有可能产生不稳定现象，因此存在稳定性问题。

（2）闭环控制系统在受到干扰后，利用负反馈的自动调节作用，能够有效抑制一切被包在负反馈环内、前向通道上的扰动对被控量的影响，而且能够紧紧跟随给定作用，使被控量按给定信号的变化而变化，从而实现复杂而准确的控制。因此，又常称闭环控制系统为自动调节系统，系统中的控制器也常被称为调节器。

3）复合控制

复合控制是开环控制和闭环控制相结合的一种控制方式。它是在闭环控制回路的基础上，附加一个信号或扰动作用的顺馈通路，以提高系统的控制精度。顺馈通路通常由对输入信号的补偿装置或对扰动作用的补偿装置组成，分别称为按输入信号补偿和按扰动作用补偿的复合控制系统。复合控制系统可用如图 3－1－3 所示的框图表示。

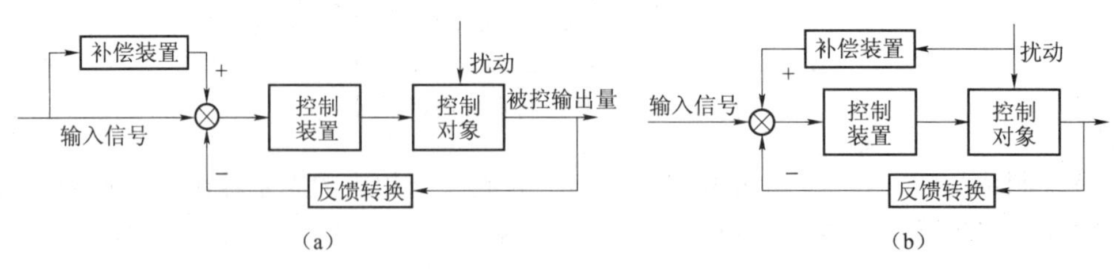

图 3－1－3　复合控制典型框图

（a）输入补偿；（b）扰动补偿

3. 自动控制系统的基本组成

一个自动控制系统由若干个环节组成，每个环节有其特定的功能。自动控制系统的组成和信号的传递常用框图来表示。即系统的各环节用矩形框表示，而环节间作用信号的传递情况用箭头表示，依次将各矩形框连接起来，形成控制系统的框图。对于具体系统，框图可以不尽相同。图 3-1-4 所示为一般闭环自动控制系统的框图。

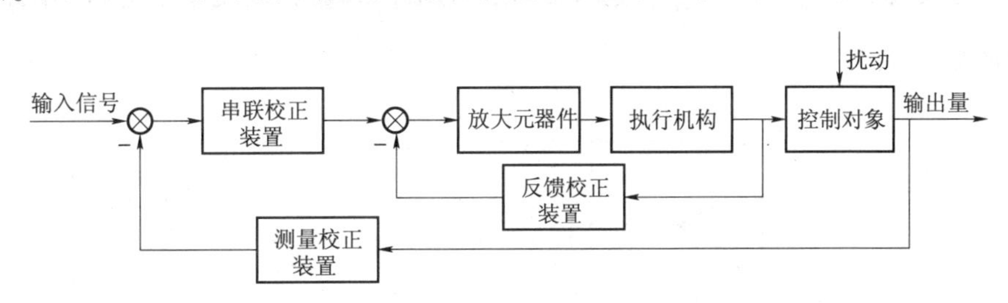

图 3-1-4　闭环自动控制系统的框图

一般说来，一个闭环控制系统均由以下基本元器件（或装置）组成。

1）测量元器件

对系统输出量进行测量，也称为敏感元器件。

2）比较元器件

对系统输出量和输入信号进行加、减运算，给出偏差（误差）信号，起信号的综合作用。

3）放大元器件

对微弱的偏差信号进行放大和变换，输出足够功率和要求的物理量。

4）执行机构

根据放大后的偏差信号，对被控对象执行控制任务，使被控制量与期望值趋于一致。

5）被控对象

自动控制系统需要进行控制的机器、设备或生产过程。被控对象内要求实现自动控制的物理量称为被控制量或输出量。

6）校正装置

参数或结构便于调整的元器件，用于改善系统性能。在图 3-1-4 中，信号由输入端，沿箭头方向，到达输出端的传输通路，称为前向通路；系统输出量通过测量校正装置反馈到输入端的传输通路，称为主反馈通路；前向通路与主反馈通路一起构成主回路（主环）。此外，某些自动控制系统，还有局部反馈通路以及它所组成的内回路（内环）。只有一个反馈通路的系统，称为单回路（单环）系统；而具有两个及以上反馈通路的系统，则称为多回路（多环）系统。

项目实施

1. 由电子元器件组成调节器的设计

由以上分析及相关电子元器件的特性分析可知，三极管和集成运算放大器都具有放大功能，用它们均可以实现比例调节，而电容器具有积分和微分特性，可以用于进行积分和微分调节。由于三极管放大区的特性具有更大的非线性度，本项目使用运算放大器进行 PID 调节器的设计。

1）比例调节器的设计

采用线性集成电路与三个电阻，组成如图 3－1－5 所示的电路，即为比例调节器基本电路。其输入的放大倍数为 $K_p=\frac{R_1}{R_0}$，选择不同的电阻，或通过改变一个电阻的阻值可以得到不同的放大倍数。

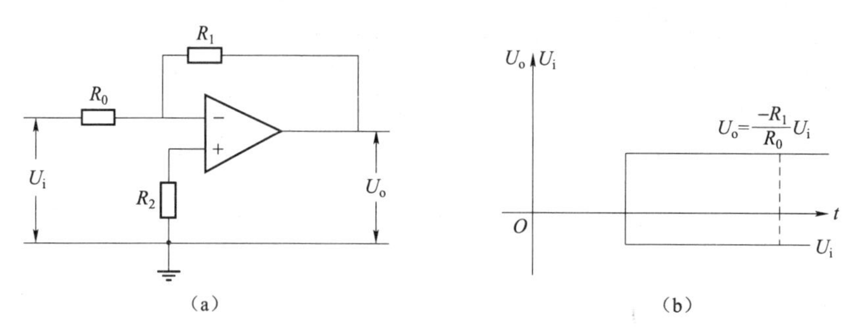

图 3－1－5　比例调节器

（a）比例调节器电路原理图；（b）阶跃输入时比例调节器的输出特性曲线

2）积分调节器

用线性集成电路很容易实现积分控制。如图 3－1－6 所示，U_i 和 U_o 的极性相反，其幅值之间的关系是：

$$|U_o|=\frac{1}{R_0C}\int|U_i|dt=\frac{1}{\tau}\int|U_i|dt \tag{3-1-1}$$

式中，$\tau=R_0C$，是积分时间常数。其输出特性曲线如图 3－1－6 所示。

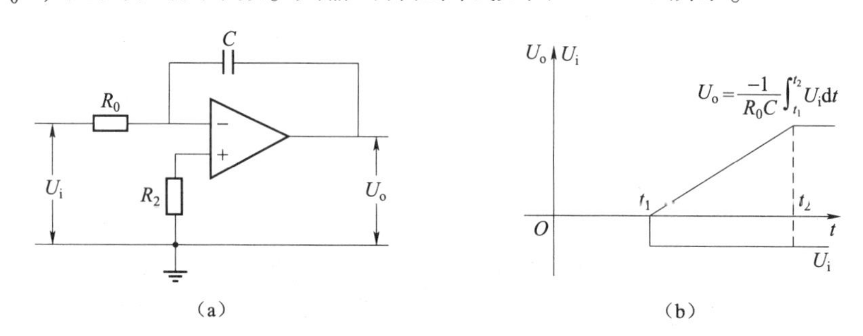

图 3－1－6　积分调节器

（a）积分调节器电路原理图；（b）阶跃输入时积分调节器的输出特性曲线

从特性曲线可以发现，其输出量波形不同于输入量的波形。而是取决于输入量对时间的积累过程，还和原先状态有关。积分调节器（I 调节器）还有一个特点，只有当 $U_i=0$ 时才能处于稳态，若 $U_i\neq0$，则积分过程仍将继续下去，如果调节器输出电压 U_o 的初始值为零，在阶跃输入时，$|U_o|=\frac{1}{\tau}|U_i|\cdot t_1$，即 U_o 随时间线性增长，直到饱和为止。这说明，当积分调节器接受任何一个突变的控制信号时，它的输出只能逐渐增长，反应迟缓，所以，在实际系

统中很少单独使用积分调节器。

3）比例积分调节器

比例积分调节器（PI 调节器）可以用线性集成电路构成，它的输出量由比例和积分两个部分组成，即：

$$|U_i| = i_1 R_1 + \frac{1}{C_1}\int i_1 \mathrm{d}t$$

$$i_0 = \frac{|U_i|}{R_0} = i_1$$

$$\begin{aligned} |U_o| &= \frac{R_1}{R_0}|U_i| + \frac{1}{R_0 C_1}\int |U_i|\mathrm{d}t \\ &= \frac{R_1}{R_0}|U_i| + \frac{R_1}{R_0}\frac{1}{R_1 C_1}\int |U_i|\mathrm{d}t \\ &= K_p|U_i| + \frac{K_p}{\tau_1}\int |U_i|\mathrm{d}t \end{aligned} \quad (3-1-2)$$

式中，$K_p = \frac{R_1}{R_0}$，为比例积分调节器的比例系数；$\tau_1 = R_1 C_1$，为比例积分调节器的时间系数。其组成和输出特性曲线如图 3-1-7 所示。

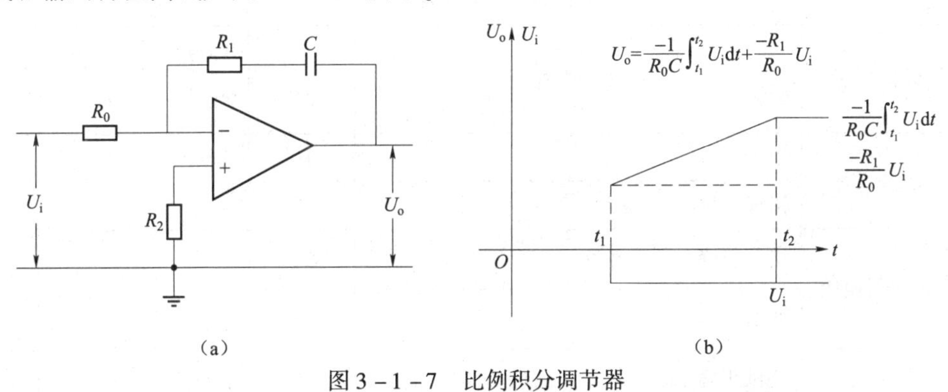

图 3-1-7　比例积分调节器

（a）比例积分调节器电路原理图；（b）阶跃输入时比例积分调节器的输出特性

由图 3-1-7（b）可见，比例积分调节器的输出特性曲线中，既有“立即响应”的比例部分 $K_p|U_i|$，又有能随时间对转入信号不断积累的积分部分 $\frac{K_p}{\tau}\int |U_i|\mathrm{d}t$，由于它含有积分，所以当 $U_i \neq 0$ 时，积分过程将不断地继续下去，输出量将持续变化。只有当 $U_i = 0$ 时，才能处于稳定状态。

由此可见，采用比例积分调节器的自动调速系统，既能获得较高的静态精度，又能具有较快的动态响应，因而得到了广泛的应用。

4）比例积分微分调节器（PID 调节器）

在比例积分调节器的基础上，在信号输入环节中并联一个微分电容，即可形成比例积分微分调节器（PID 调节器），在输入信号变化过程中，比例环节和微分环节同时起作用。使控制系统的输出具有好的动态响应性，提高抗扰性能，可在大的惯性系统中应用。其原理如图 3-1-8 所示。

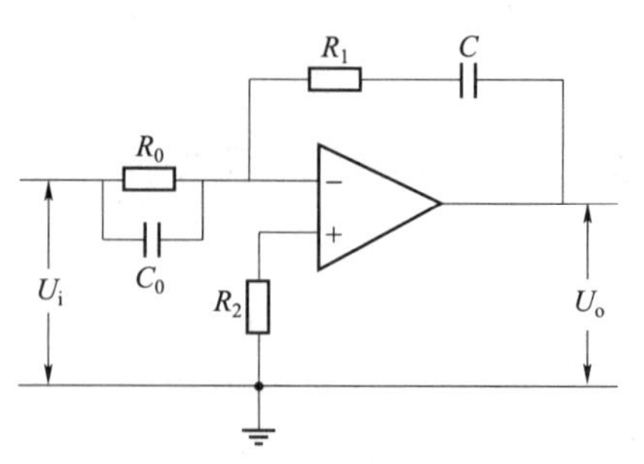

图 3-1-8　比例积分微分调节器电路原理图

2. 几种调节器的制作与性能测试

采用 LM324 作为放大器，接地电阻为 10 kΩ，R_1 采用 5 kΩ 电位器，R_0 为 2 kΩ 电阻，C_0 和 C_1 分别采用 0.1 μF 电容，使用 0~5 V 输入，用示波器观察波形的变化，并进行分析。

项目评价

项目 1 的考核评价见表 3-1-1。

表 3-1-1　项目 1 考核评价表

序号	评价指标	评价内容	分值	学生自评	小组评价	教师评价
1	硬件设计	正确	10			
		接线正确	10			
2	示波器使用	接线正确	20			
		调节正确	20			
3	调试	调试正确	30			
		分析完整	10			
总　分			100			
问题记录和解决方法			记录任务实施中出现的问题和采取的解决方法（可附页）			

拓展训练

使用一片 LM324 设计比例积分和比例积分微分两组调节器。

项目 2　设计电压负反馈单闭环有静差调速系统

项目描述

设计电压负反馈单闭环有静差调速系统，使其控制的设备在调速指标要求不高的场合，能进行一定的调速作用，以及采用电枢电压负反馈补偿电枢电压变化的影响，画出控制系统图。

项目分析

本项目的实施需要了解直流调速中静差率与机械特性等基本概念，熟悉 3 种调速措施，了解单闭环调速系统的构成，分析转速负反馈的单闭环直流调速系统各环节及其自动调节过程。在研究带电流截止环节的转速负反馈调速系统的基础上，进行本项目的调速系统设计。

知识链接

1. 基本概念

根据以前所学的知识，可知直流电动机的转速表达式为

$$n=\frac{U-IR}{C_e\Phi} \tag{3-2-1}$$

式中，n——电动机转速，r/min；

U——电枢电压，V；

I——电枢电流，A；

R——电枢回路总电阻，Ω；

Φ——励磁磁通，Wb；

C_e——电势系数。

由式（3-2-1）可知，如果使 n 改变，可以采用 3 种方法进行调速，即改变电枢电压；改变电枢回路电阻；改变励磁磁通。

一般设备的调速都有稳态性能指标要求。

1）调速范围

生产机械要求电动机提供的最高转速和最低转速之比叫作调速范围，用字母 D 表示，即：

$$D=\frac{n_{max}}{n_{min}} \tag{3-2-2}$$

其中，n_{max} 和 n_{min} 一般都指电动机额定负载时的转速，对于少数负载很轻的机械，也可用实际负载时的最高和最低转速来代替，例如精密机床。

2）静差率

当系统在某一转速下运行时，负载由理想空载增加到额定值时所对应的转速降 Δn_N，与

理想空载转速 n_0 之比，称作静差率 s，用百分数表示为

$$s=\frac{\Delta n_{\mathrm{N}}}{n_0}\times 100\% \tag{3-2-3}$$

式中，$\Delta n_{\mathrm{N}}=n_0-n_{\mathrm{N}}$。

（1）了解静差率与机械特性硬度的区别。对于同样硬度的特性，理想空载转速越低时，静差率越大，转速的相对稳定度也就越差。

一般变压调速系统在不同转速下的机械特性是互相平行的，对于同一负载运行在不同的机械特性上时，静差率是不一样的，如图 3-2-1 所示。

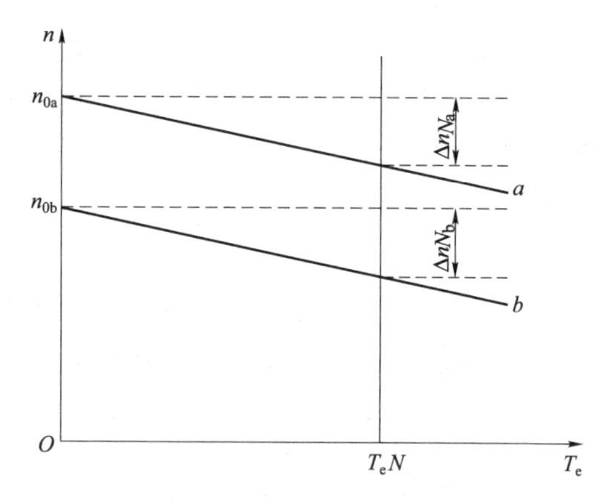

图 3-2-1　不同转速下的静差率

例如，在 1 000 r/min 时降落 10 r/min，只占 1%；在 100 r/min 时同样降落 10 r/min，就占 10%；如果在只有 10 r/min 时，再降落 10 r/min，就占 100%，这时电动机已经停止转动，转速全部降落完了。因此，调速范围和静差率这两项指标并不是彼此孤立的，必须同时提才有意义。调速系统的静差率指标应以最低速时所能达到的数值为准。

（2）调速系统中调速范围 D、静差率 s 和额定速降 Δn_{N} 之间的关系。

设电动机额定转速 n_{N} 为最高转速，转速降为 Δn_{N}，则据前述分析，该系统的静差率应该是最低速时的静差率，即

$$s=\frac{\Delta n_{\mathrm{N}}}{n_{0\min}}=\frac{\Delta n_{\mathrm{N}}}{n_{\min}+\Delta n_{\mathrm{N}}} \tag{3-2-4}$$

于是，最低转速为

$$n_{\min}=\frac{\Delta n_{\mathrm{N}}}{s}-\Delta n_{\mathrm{N}}=\frac{(1-s)\Delta n_{\mathrm{N}}}{s}$$

而调速范围为

$$D=\frac{n_{\max}}{n_{\min}}=\frac{n_{\mathrm{N}}}{n_{\min}} \tag{3-2-5}$$

由上式可见，如果对静差率要求越严，即要求 s 值越小，则系统能够允许的调速范围也越小。因此，一个调速系统的调速范围，是指在最低速时还能满足所需静差率的转速可调范围。若晶闸管-电动机调速系统是开环调速系统，则调节控制电压就可以改变电动机的转速。如果负载的生产工艺对运行时的静差率要求不高，这样的开环调速系统都能实现一定范围内的无级调速。但是，许多需要调速的生产机械常常对静差率有一定的要求。在有些情况下，开环调速系统往往不能满足要求。对于要求广范围无级调速的系统来说，以调节电枢电压的方式为最好。

2. 单闭环调速系统构成

图 3-2-2 所示为采用转速负反馈的单闭环直流调速系统。

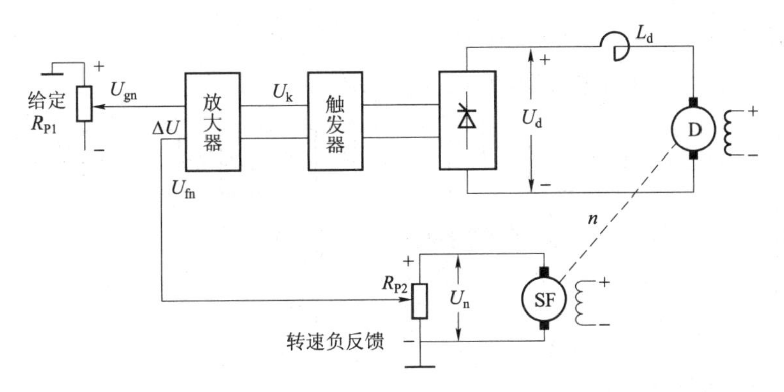

图 3－2－2　采用转速负反馈的单闭环直流调速系统

现对组成系统的各环节的工作和特点做进一步的说明。

1）直流电动机

$$n=\frac{U_d-I_dR_d}{C_e\Phi}=\frac{U_d}{C_e\Phi}-\frac{I_dR_d}{C_e\Phi}=n_0-\Delta n \qquad (3-2-6)$$

式中，n_0——理想空载转速，r/min；

Δn——转速降落，r/min。

由式（3－2－6）可知，I_d 越大（亦即负载越大），则 Δn 越大。

2）晶闸管整流电路

晶闸管整流电路具有效率高、体积小、反应快、耗能低、控制性能好等显著优点，但使用不当也会出现故障，甚至损坏元器件。

$$U_d=K_s\cdot U_k \qquad (3-2-7)$$

3）放大电路

$$U_k=K_p\cdot\Delta U \qquad (3-2-8)$$

式中，

$$\Delta U=U_{gn}-U_{fn}$$

其中，U_{gn}——给定电压；

U_{fn}——测速负反馈信号。

4）转速检测环节

转速的测试方式很多，有测速发电机、电磁感应传感器及光电传感器等，一般采用测速发电机，有：

$$U_{fn}=\alpha n \qquad (3-2-9)$$

以上各式中，K_p 是放大器的电压放大倍数；K_s 是晶闸管装置的电压放大倍数，即整流输出的理想空载电压与触发器控制电压之比；α 是测速发电机的反馈系数。上面 4 个关系式消去中间量，整理后，即得转速负反馈单闭环调速系统的静特性方程式：

$$n=\frac{K_pK_sV_{gd}-I_dR_d}{C_e\Phi\left(1+K_pK_s\dfrac{\alpha}{C_e\Phi}\right)}=\frac{K_pK_sV_{gd}}{C_e\Phi(1+K)}-\frac{R_d}{C_e\Phi(1+K)}I_d \qquad (3-2-10)$$

它和开环系统的机械特性相似，表示闭环系统电动机转速与负载电流的静态关系，为调速系统的静特性。

3. 系统的框图

图 3－2－2 所示系统的框图如图 3－2－3 所示。

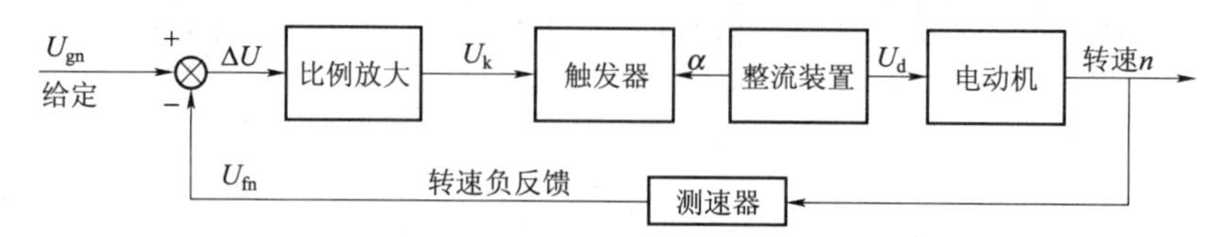

图 3－2－3 直流调速系统框图

4. 系统的自动调节过程

当电动机转速由于某种原因（例如负载转矩 T_{fz}增加）而下降时，这时系统将同时存在着两个调节过程：一个是电动机自动调节过程；另一个是由于反馈环节作用而使控制回路产生相应的自动调节过程，如图 3－2－4 所示。

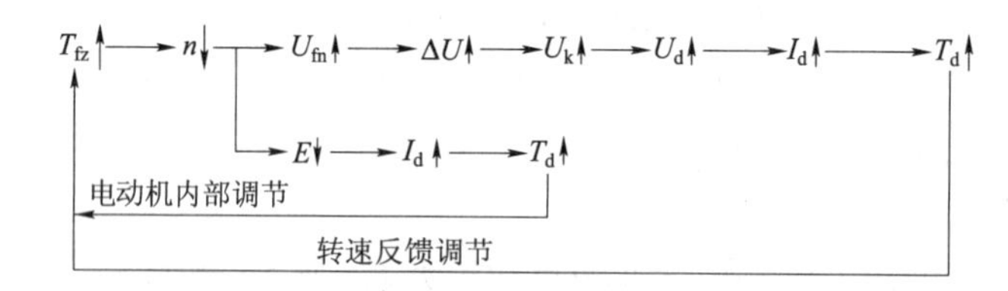

图 3－2－4 转速负反馈调速系统的自动调节过程

由图 3－2－4 知，电动机内部自动调节过程主要通过反电动势下降，$E=U_d-I_dR_d$，导致电流 I_d 上升，而转速下降；转速负反馈主要通过反馈电压 U_{fn}下降，使 ΔU 增加，从而使整流装置电压 U_d 增加，导致电流 I_d 上升，使转速趋向给定值。

5. 闭环系统静特性和开环系统机械特性的比较及调速系统的基本特性

1）闭环系统静特性和开环系统机械特性的比较

闭环调速系统的静特性表示闭环系统电动机转速与负载电流的稳态关系，它在形式上与开环系统机械特性相似，但本质上却有很大不同，故定名“静特性”。

根据前述调速系统各环节的静态关系可以画出静态结构图，如图 3－2－5 所示，运用结构图运算的方法可以推出静特性方程式。

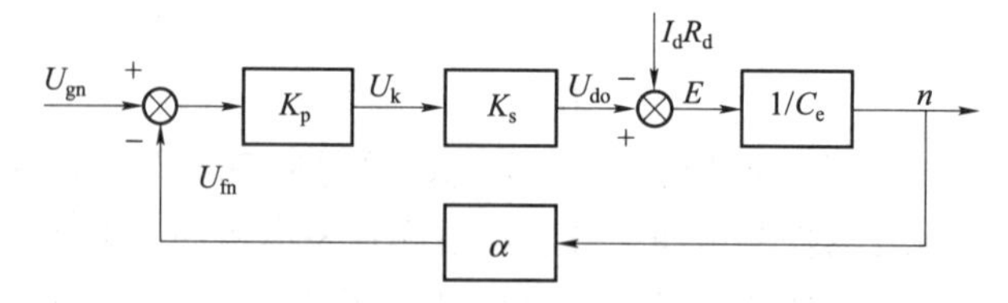

图 3－2－5 转速负反馈闭环调速系统的静态结构图

开环时有

$$n=\frac{U_{do}-I_dR_d}{C_e\Phi}=\frac{K_pK_sV_g}{C_e\Phi}-\frac{R_d}{C_e\Phi}I_d=n_{0k}-\Delta n_k \tag{3-2-11}$$

闭环静特性为

$$n=\frac{K_pK_sU_{gn}}{C_e\Phi(1+K)}-\frac{R_d}{C_e\Phi(1+K)}I_d=n_{0b}-\Delta n_b \qquad (3-2-12)$$

因此，当 U_{gn}一定时，加入转速负反馈使转速大大降低，n_{0b}只为 n_{0K}的 $1/(1+K)$倍，这是因为负反馈电压 U_{fn}把给定电压 U_{gn}抵消了一部分，使加在放大器端的电压大大降低，电动机的输出转速自然就低了。如果想维持系统的运行速度不变，就要使给定电压 U_{gn}提高为开环的（$1+K$）倍。当负载相同时，开环与闭环两系统的速度降落 Δn_k 与 Δn_b 的关系为

$$\Delta n_b=\frac{1}{(1+K)}\cdot\Delta n_k$$

说明闭环系统静特性的硬度大大提高了。

图 3-2-6 所示为闭环系统静特性和开环机械特性的关系。

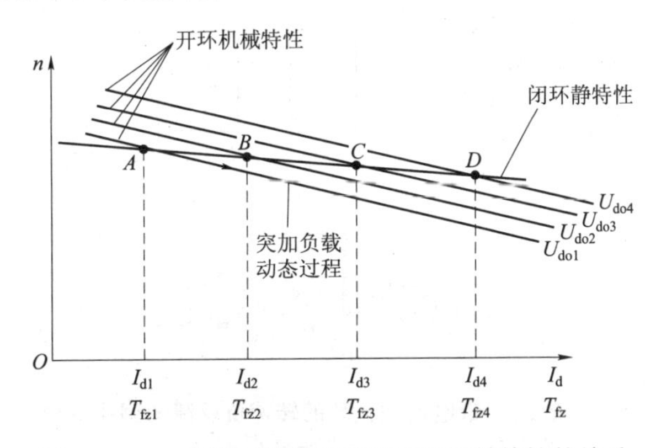

图 3-2-6 闭环系统静特性和开环机械特性的关系

2）单闭环有静差调速系统的基本特征

（1）具有比例放大器的闭环控制系统必有静差。在图 3-2-6 中，如果 K_p 的值在某一范围内时，系统是稳定的，系统给定 U_{gn}阶跃输入时所引起的稳态误差为

$$\Delta U=U_{gn}\frac{1}{1+K} \qquad (3-2-13)$$

而扰动阶跃输入时引起的稳态误差 ΔU_d 为

$$\Delta U_d=(-I_dR_d)\frac{-K_\alpha}{1+K}=I_dR_d\frac{K_\alpha}{1+K} \qquad (3-2-14)$$

可见，随着 K_p 增大，K 增大，稳态误差逐渐减小，只有当 $K_p\to\infty$ 时，才能使 ΔU、ΔU_d 为零，而这是不可能的。因此，这样的调速系统称为转速负反馈有稳态误差（有静差）调速系统。如果稳态误差为零，则 $\Delta U=0$，因而 U_{do}为零，电动机不可能运转。

（2）闭环系统对包围在负反馈环内的一切主通道上的扰动都有较强抑制作用。给定电压不变时，引起被控制量转速变化的因素为扰动作用。负载是调速系统的主扰动，除此之外，还有引起转速变化的许多因素，如电动机的励磁变化、由温度变化而引起的电枢回路电阻的变化、整流装置交流电源电压的波动、放大器放大倍数变化等。所有这些变化都会影响转速变化，但系统通过反馈能抑制它们对稳态转速的影响。

6. 调速系统的限流保护——电流截止负反馈

直流电动机在启动时，会产生很大的冲击电流，这对换向很不利，而采用晶闸管时，更

可能烧坏，因而应考虑限流问题。在采用转速负反馈的单闭环系统中，虽然能提高静特性的硬度，但却没有解决启动电流大的问题。当系统突然加压时，由于机电惯性，转速不能突变，因而反馈电压为零，这样加在放大器输入端的偏差电压 ΔU 等于 U_{gn}，经过放大器对电动机来说就相当于满电压启动，启动电流很大。

要解决这一问题，可在原有的系统中加入一限制电流的环节，即增加如图 3-2-7 所示的电流截止负反馈环节，系统的其余部分与前述转速负反馈相同。电流负反馈信号 I_dR_c 经过二极管与比较电压 U_{bj} 相比较后送到放大器的入口。当 $I_dR_c \leqslant U_{bj}$ 时，由于二极管的单向导电性，使电流负反馈环节被截止，电流负反馈不起作用；当 $I_dR_c > U_{bj}$ 时，二极管导通，电流负反馈信号电压将加到放大器的输入端，此时偏差电压 $\Delta U = -U_{gn} + U_{fn} + U_{fi}$，当电流继续增加时，$U_{fi}$ 使 $|\Delta U|$ 降低，U_k 降低，从而限制电流 I_d 增加得过大。

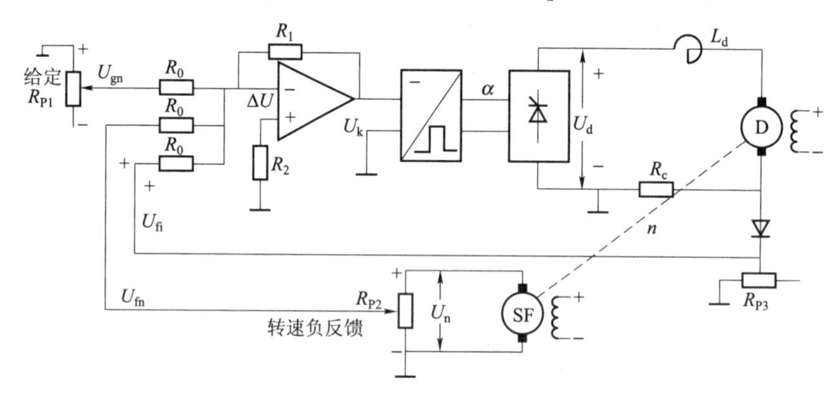

图 3-2-7　带电流截止环的转速负反馈的调速系统

带电流截止环节的转速负反馈调速系统的静态结构，如图 3-2-8 所示。电流负反馈回路的非线性部分用它的输入-输出特性在矩形框中表示出来，它表明，当输入信号 $I_dR_c - U_{bj}$ 为正值时，输出和输入相等；当 $I_dR_c - U_{bj}$ 为负值时，输出为零。

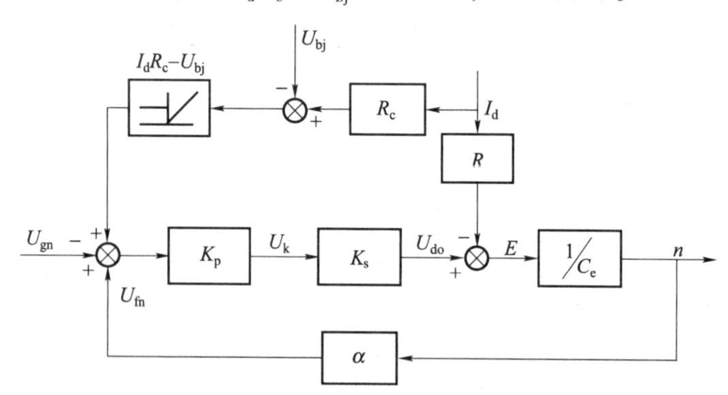

图 3-2-8　带转速负反馈和电流负反馈调速系统的静态结构

由结构图可得下列关系式：

当 $I_d \leqslant I_{dj}$ 时，$n = \dfrac{K_pK_sU_{gd}}{C_e\Phi(1+K)} - \dfrac{R}{C_e\Phi(1+K)}I_d$　　(3-2-15)

当 $I_d > I_{dj}$ 时，$n = \dfrac{K_pK_sU_{gd}}{C_e\Phi(1+K)} - \dfrac{K_pK_s}{C_e\Phi(1+K)}(R_cI_d - U_{bj}) - \dfrac{R}{C_e\Phi(1+K)}I_d$　　(3-2-16)

上式中，调节器采用反向放大器时，U_{gd}取绝对值，$I_{dj}=\frac{U_{bj}}{R_c}$称为截止电流。

由以上两个表达式可以发现，式（3－2－15）其实就是转速负反馈的转速表达式，式（3－2－16）多了一项为电流负反馈起作用。

对应的静特性曲线如图3－2－9所示。曲线a段主要是转速负反馈起作用，特性较硬；在b段主要是电流截止负反馈起作用，使特性下垂（很软）。这样的特性有时称为“挖土机特性”。机械特性很陡下垂，还意味着，堵转时（或启动时），电流不是很大。这是因为在堵转时，虽然转速$n=0$，但由于电流截止负反馈的作用，使U_d大大下降，从而使I_d不致过大。

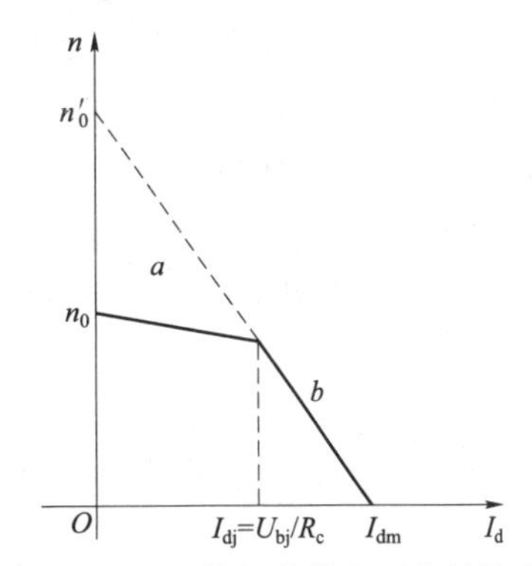

图3－2－9　带电流截止环节的转速负反馈调速系统的静特性曲线

应用电流截止负反馈环节后，虽然限制了最大电流，但在主回路中，还必须接入快速熔断器，以防止短路，在要求较高的场合，还要增设过电流继电器，以防止在截止环节出故障时将晶闸管烧坏。

项目实施

1. 电压负反馈单闭环有静差调速系统的设计

对转速负反馈调速系统，由于采用被控量直接反馈的方法，其闭环调节作用的效果比较好，但这需要一台测速发电机，不仅增加了投资，增添了维护量，而且测速发电机的安装要求高，有些场合不便于安装测速发电机。

在恒定励磁的条件下，转速与电动机的反电动势有很好的对应关系。因此，转速负反馈实际上就是电动机反电动势负反馈，而电动机反电动势与电动机端电压之间只差一个数值很小的电枢电阻电压，因此，本项目研究在调速指标要求不高的场合，采用电枢电压负反馈。

电压负反馈调速系统原理如图3－2－10所示，在电动机电枢两端并联一电位器，通过电位器分压所得的负反馈电压U_{fv}反馈至调节器输入端与给定电压相比较，以调节调节器输出电压，从而控制晶闸管整流电压以达到自动调节电动机电枢电压的目的。

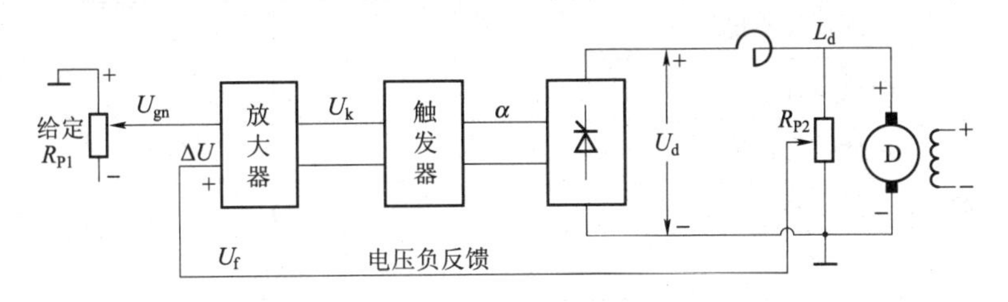

图3－2－10　电压负反馈调速系统原理图

2. 系统的改进设计

在被控指标要求稍高的场合，要求具有较高的控制精度，可在此基础上进行改进设计，增加电流正反馈部分，以补偿电枢电阻压降的影响，即采用电压负反馈电流正反馈（扰动量的补偿控制）的改进型控制系统。具体做法为：在电枢回路中串联一个电流取样电阻（R_n），增加电路转换为反馈电压的取样电路。

当负载增加而使电流增加时，整流装置和电枢的总内阻上的压降将增加，转速将降低，这表明电流 I_d 的上升在一定程度上反映了电压和转速的降低。如图 3－2－11 所示，使 U_d 能相应地增加，从而减少转速降落，提高系统的静特性硬度。其实，电流正反馈不能算是反馈控制，而是补偿控制，由于电流大小反映了负载扰动，所以称为扰动量的补偿控制。

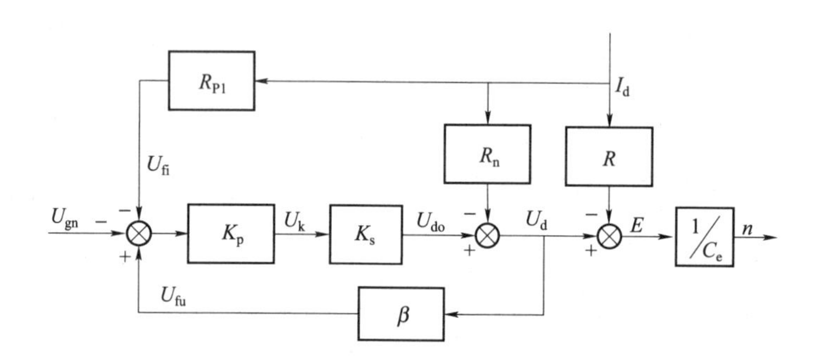

图 3－2－11　附加电流正反馈的电压负反馈调速系统静态结构

但正反馈环节容易引起振荡，一般很少单独采用，通常与电压负反馈一起使用，起辅助的补偿作用。对电压负反馈及电流正反馈的调速系统，为了限制启动电流和进行过载保护，还须接入电流截止负反馈。

项目评价

项目 2 考核评价见表 3－2－1。

表 3－2－1　项目 2 考核评价表

序号	评价指标	评价内容	分值	学生自评	小组评价	教师评价
1	方案分析	有针对性解决问题	10			
2	系统设计	框图设计正确	30			
		改进设计	20			
		选择挂件正确	20			
3	回答问题	分析完整	20			
总　分			100			
问题记录和解决方法			记录任务实施中出现的问题和采取的解决方法（可附页）			

拓展训练

对训练设备进行功能验证。

项目3　转速、电流双闭环不可逆直流调速系统的设计与调试（无静差）

项目描述

许多生产机械，由于加工和运行的要求，使电动机经常处于启动、制动、反转的过渡过程中，因此启动和制动过程的时间在很大程度上决定了生产机械的生产效率。为缩短这一部分时间，仅采用比例积分调节器的转速负反馈单闭环调速系统，其性能还不很令人满意。本项目要求设计一种转速、电流双闭环不可逆直流调速系统，采用速度调节器和电流调节器进行综合调节，以获得良好的静、动态性能（两个调节器均采用比例积分调节器），结合训练设备进行接线与调试，要求：进行各控制单元调试；测定电流反馈系数β、转速反馈系数；测定开环机械特性及高、低转速时系统闭环静态特性 $n=f(I_d)$；测定闭环控制特性 $n=f(U_g)$；观察、记录系统动态波形。

项目分析

本项目需要了解闭环不可逆直流调速系统的原理、组成及各主要单元部件的原理，掌握双闭环不可逆直流调速系统的调试步骤、方法及参数的整定等方面的知识，进而研究调节器参数对系统动态性能的影响及其操作训练方法。

知识链接

1. 系统无静差的实现

若要完全消除静差，其反馈量和给定量完全相等，则调节器必须为积分调节器或比例积分调节器。但是积分调节器的调节作用太缓慢，其输出电压为阶跃变化时，输出却从零逐渐线性增长，反应迟缓，所以在实际应用中很少采用。通常采用比例积分调节器来实现无静差调速。

图3-3-1所示为一应用比例积分调节器的无静差直流调速系统。此系统具有转速负反馈和电流截止负反馈环节。此系统既然没有静差，所以主要研究它的动态特性。

1）比例积分调节器的传递函数

$$W_{PI(S)}=K_p\frac{\tau_1 S+1}{\tau_1 S} \tag{3-3-1}$$

有时为了避免过大的零点漂移，有意把放大倍数降低一些，形成近似的比例积分调节器，调节器的传递函数变为

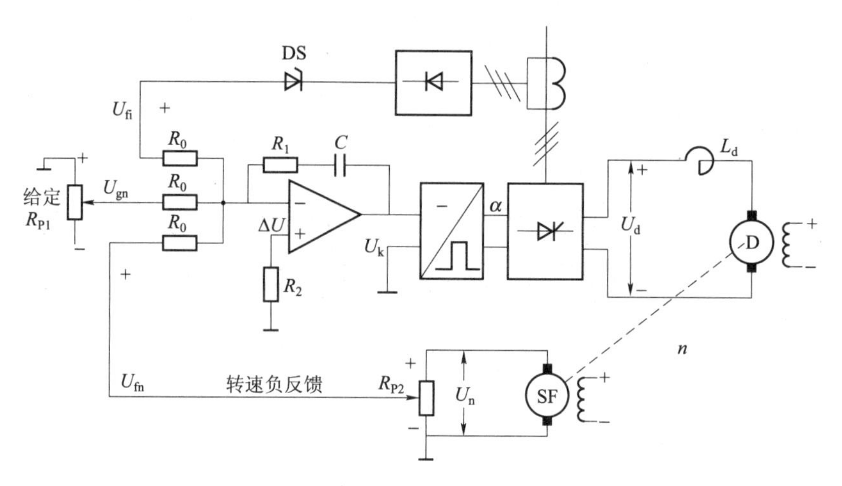

图 3－3－1 采用比例积分调节器的无静差调速系统原理图

$$W'_{PI(S)}=K_p\,\frac{\tau_1 S+1}{\beta\tau_1 S} \qquad (3-3-2)$$

2）比例积分调节器的动态校正作用

比例积分调节器的传递函数表明，它不仅能使系统在静态上无静差，而且还能提高动态的稳定性，很好地解决了闭环系统静、动态的矛盾。

比例积分调节器之所以能解决静、动态的矛盾，在静态时，电容 C 相当于开路，则放大倍数很大，使静态误差减小到几乎为零。在动态中，当 U_{Sr} 变化很快时，C_1 相当于短路，放大倍数大大减小，因而能使系统稳定。由于放大倍数的自动变化，所以能兼顾静态准确性和动态稳定性的要求。

3）动态速降（升）

无静差调速系统只是在静态上无差，动态上还是有差的。如果负载突然增大，电动机轴上转矩失去平衡，转速总要下降，其调节作用为：$n\downarrow\rightarrow\Delta U=(U_{gn}-U_{fn})>0\rightarrow U_k\uparrow\rightarrow U_d\uparrow\rightarrow n\uparrow$，在动态过程中最大的转速降落 ΔU_{max} 叫作动态速降。

2. 转速、电流双闭环调速系统

采用比例积分调节器的转速负反馈的单闭环调速系统，既保证了系统的稳定性，又能做到转速无静态调速，很好地解决了系统动、静态之间的矛盾。并采用电流截止反馈环节，限制了启（制）动时的最大电流。这对一般要求不太高的调速系统，基本上已能满足要求，但是，电流截止负反馈只能限制最大电流，加上电动机反电势随着转速的上升而增加，使电流到达最大值后便迅速降下来。这样，电动机转矩亦迅速减小，使启动的时间较长。

许多生产机械，如龙门刨床、轧钢机等经常处于正反转状态，为了提高生产效率和加工质量，要求尽量缩短过渡过程的时间。

这样，就造成了启动过程的矛盾：一方面，为了快速启动，需要较大的启动转矩或启动电流；另一方面，电动机的瞬时最大转矩或最大电流一般为额定值的 15～20 倍，而过大的启动转矩或启动电流是不允许的。因此，一个比较理想的方法是，在整个启动过程中，把转矩或电流限制在最大值，这样就可以利用电动机的过载能力，以达到过渡过程较短的目的。经过研究与实践，出现了双闭环调速系统。

1）双闭环调速系统的组成

双闭环调速系统的原理如图3－3－2所示。它有两个比例积分调节器：一个用来调节电枢电流，称为电流调节器，用LT表示。由电流负反馈环节组成的闭环称为电流环。另一个用来调节转速，称为速度调节器，用ST表示。由速度负反馈环节组成的闭环称为速度环。两个调节器的输出都是带限幅的。电流调节器常采用二极管反馈限幅电路，而速度调节器常采用三极管反馈限幅电路。速度调节器ST的输出限幅电压是U_{sim}，它决定了电流调节器给定电压的最大值；电流调节器LT的输出限幅电压是U_{lim}，它限制了晶闸管整流装置输出电压的最大值。由ST和LT组成两个闭环，由于速度环包围电流环，因此，电流环称为内环（又称副环），速度环则为外环（又称主环）。在自动调节的过程中，这两个闭环各自起着不同的作用，下面将分别分析这两个闭环的作用。

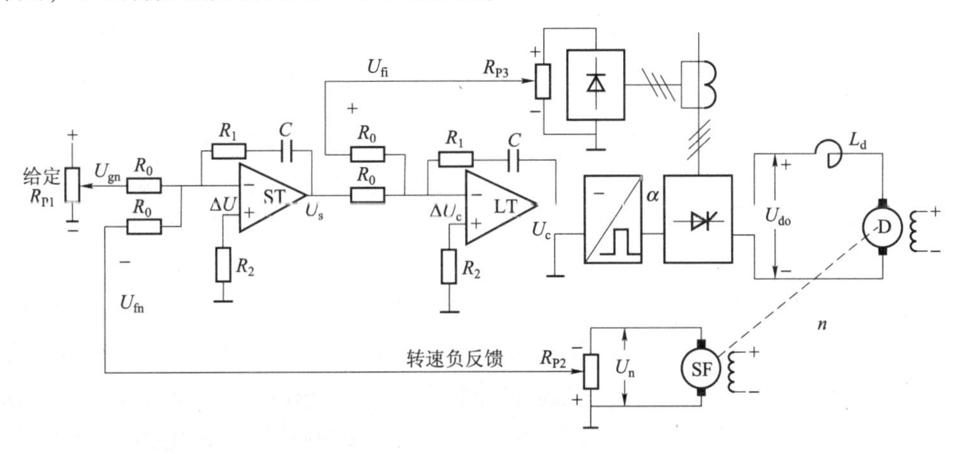

图3－3－2　双闭环调速系统原理图

2）ST和LT两个调节器的作用

（1）电流调节器LT的作用。电流环为由电流负反馈组成的闭环，它的主要作用是稳定电流。

由于LT为比例积分调节器，所以，稳态时$\Delta U_i = U_s - \beta I_d = 0$。由此式可见，在稳态时，$I_d = \frac{U_s}{\beta}$。此式的含义是：当$U_s$一定的情况下，由于电流调节器的调节作用，整流装置的电流将保持在$\frac{U_s}{\beta}$的数值上。

①自动限制最大电流。由于ST有输出限幅，限幅值为U_{sim}，这样电流的最大值便为$I_{dm} = \frac{U_{sim}}{\beta}$，当$I_d > I_{dm}$时，电流环将使电流降下来。由上式可见，整定电流反馈系数β或调节ST限幅值U_{sim}，即可整定I_{dm}的数值。一般整定$I_{dm} = (2 \sim 2.5) I_e$（额定电流）。

②能有效抑制电压波动的影响。当电网电压波动而引起电流波动时，通过电流调节器LT的调节作用，使电流很快恢复原值。在双闭环调速系统中，电网电压波动时，几乎看不出来。

（2）速度调节器ST的作用。速度环是由速度负反馈组成的闭环，它的主要作用是保持转速稳定，并最后消除转速静差。

由于 ST 也是比例积分调节器，因此，稳态时 $\Delta U_n = U_{gn} - \alpha n = 0$。由此式可见，在稳态时，$n = \frac{U_{gn}}{\alpha}$。此式的含义是：当 U_{gn}一定的情况下，由于速度调节器的调节作用，转速 n 将稳定在 $n = \frac{U_{gn}}{\alpha}$的数值上。

转速环要求电流迅速响应转速 n 的变化，而电流环则要求维持电流不变。这种性能会不利于电流、转速变化的响应，有使静特性变软的趋势。但由于转速环是外环，电流环的作用只相当于转速环内部的一种扰动而已，不起主导作用。只要转速环的开环放大倍数足够大，最后仍然能靠 ST 的积分作用消除转速偏差。

3）双闭环系统静特性

当 $I_d < I_{dm}$时，根据 $\alpha = \frac{U_{sim}}{I_{dm}}$，可知 $U_s < U_{sim}$，速度调节器输出电压未达到限幅值，再根据式 $U_s = \alpha n$，而由 U_s 决定了转速 n，如图 3－3－3 直线 $n_0 - A$ 段所示，也就是说，当给定信号 U_{gn}一定的情况下，靠速度调节器维持电动机转速恒定，使之不受负载扰动的影响，其调节过程为 $T_c \uparrow \rightarrow \Delta n \uparrow \rightarrow n \downarrow \rightarrow U_{fn} \downarrow \rightarrow (U_{gn} - U_{fn}) > 0$。这样速度调节器进行比例积分运算，使 U_s 负值增加，电流调节器进行比例积分运算，使 $U_c \uparrow \rightarrow U_{do} \uparrow \rightarrow n \uparrow$。因此，电动机正常工作时，即 $I_d < I_{dm}$，随着负载转矩 T_L 的增加，转速维持不变。

当 $I_d = I_{dm}$时，可知 $U_s = U_{sim}$，速度调节器输出电压达到限幅值，此时有 $n \downarrow \rightarrow U_{fn} \downarrow \rightarrow \Delta U > 0$，但由于 U_s 已达到负限幅值，故转速变化对速度调节器不发生影响，转速外环呈开环状态。系统变成一个电流无静差调速系统。靠电流环节限流作用，使 $I_d = I_{dm}$，其限流调节器过程为：$I_d > I_{dm}$，$U_{fi} - U_s > 0$，此时电流调节器输入正信号，因而有 $U_c \downarrow$，$U_{do} \downarrow$，$I_d \downarrow$。最后直至 $n = 0$，如图 3－3－3 中曲线 AB 段。

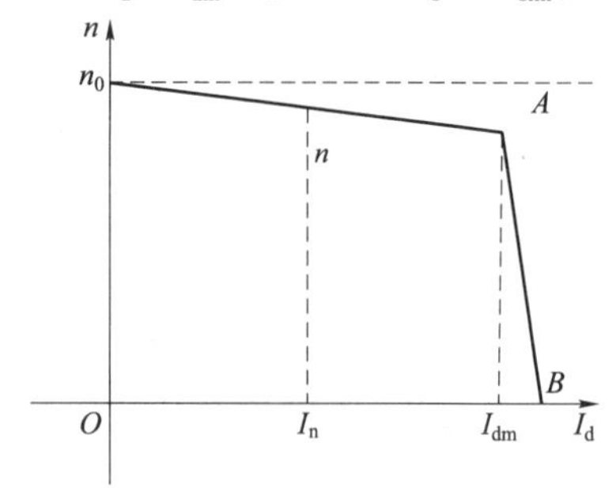

图 3－3－3 双闭环系统的机械特性曲线

双闭环调速系统的静特性在负载电流小于 I_{dm}时表现为转速无静差，当负载电流达到 I_{dm}后，表现为电流无静差。这样的静特性显然比带电流截止负反馈的单闭环系统静特性要强得多。不过，运算放大器的开环放大倍数实际上并非无穷大，因而静特性的两段实际上都略有很小的静差度。

4）双闭环系统启动

当突加给定电压 U_{gn}时，系统便进入启动过程，启动过程中各物理量的动态过程如图 3－3－4 所示。启动过程中，电流是一个关键的物理量，根据启动过程中电流变化的特点，可以将给定电压的启动过程分为 3 个阶段。

（1）电流从零增至截止值（电流上升阶段Ⅰ）。启动之初，由于电动机的机电惯性，转速及转速负反馈电压 U_{fn}均为零，因而速度调节的输入电压 ΔU 即为给定电压 U_{gn}，加上速度调节器的比例系数通常较大，因而其输出电压 U_{si}几乎瞬时达到负限幅值。在速度调节器输出限幅电压的作用下，电流调节器由于其比例系数较大（一般不大于 1），其输出控制电压 U_k 上升，因而晶闸管整流电压、电枢电流都很快升高，直到电流升到设计时所选定的最大值 I_{dm}为止。这时电流负反馈电压与其给定电压平衡。

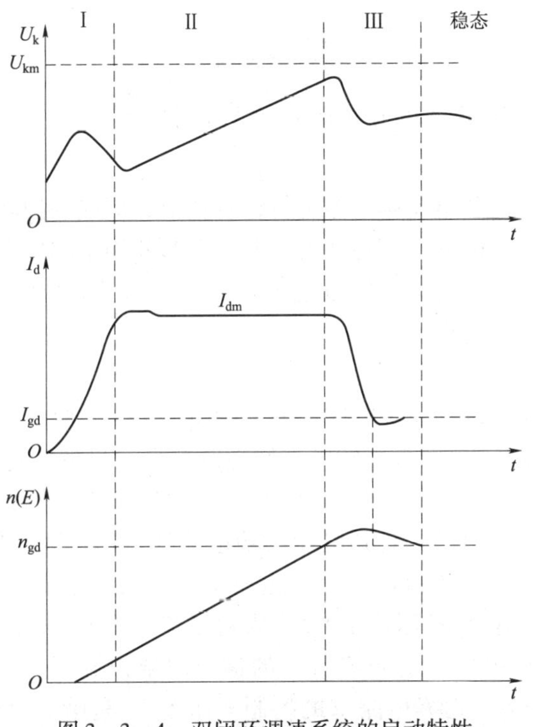

图 3-3-4　双闭环调速系统的启动特性

(2) 恒流升速阶段（Ⅱ）。这是双闭环系统启动过程的主要阶段。在这段时间内，速度调节器仍处于限幅状态。通过电流调节器的调节，使 I_d 一直维持在近似 I_{dm} 值，因而使电动机在此阶段以恒定的加速度线性上升，这样获得了启动时间最短的理想启动过程。所以转速和反电动势都按线性规律上升。反电动势对电流调节系统的作用好像是一个线性渐增的扰动量，因而电流必须发挥调节作用，使 LT 输出电压 U_k 基本上也按线性增长，才能克服反电势的扰动，保持电流恒定。因而，在整个启动过程中，电流调节器是不应该饱和的。

(3) 转速调节阶段（Ⅲ）。转速调节器在这个阶段才起作用。开始时，转速已经上升到给定值，转速调节器的给定电压和反馈电压相平衡，输入偏差为零，但其输出却由于积分作用还维持在限幅值，所以，电动机仍在最大电流下加速，使转速超调。超调后，速度调节器 ST 的输入端出现负的偏差电压，使其退出饱和，其输出电压也就是电流调节器 LT 的给定电压立即从限幅值降下来，主电路 I_d 也因而下降。但由于 $I_d > I_L$ 时，转速继续上升，当 $I_d = I_L$ 时，转速达到最大值；当 $I_d < I_L$ 时，转速开始下降。有时可能产生衰减振荡。由于转速调节在外环，速度调节器 ST 处于主导电路，而电流调节器 LT 起着跟随作用。

从以上分析可以看出，双闭环有很多优点，如良好的静特性、动态响应快、抗干扰能力强等，因而它在冶金、机械、印刷等许多部门得到了广泛的应用。

项目实施

1. 转速、电流双闭环不可逆直流调速系统的设计

1）系统设计方案

本项目采用速度调节器和电流调节器进行综合调节，形成一种转速、电流双闭环不可逆直流调速系统，为获得良好的静、动态性能，两个调节器均采用比例积分调节器。由于调整系统的主要参量为转速，故将转速环作为主环放在外面，电流环作为副环放在里面，这样可以抑制电网电压扰动对转速的影响。

2）系统线路及原理

根据上述方案设计出系统的原理组成框图，如图 3－3－5 所示，系统工作时，要先给电动机加励磁，改变给定电压 U_g 的大小即可方便地改变电动机的转速。其工作过程为：启动时，加入给定电压 U_g，“速度调节器”和“电流调节器”即以饱和限幅值输出，使电动机以限定的最大启动电流加速启动，直到电动机转速达到给定转速（即 $U_g = U_{fn}$），并在出现超调后，“速度调节器”和“电流调节器”退出饱和，最后稳定在略低于给定转速值下运行。“速度调节器”和“电流调节器”均设有限幅环节，“速度调节器”的输出值作为“电流调节器”的给定值，利用“速度调节器”的输出限幅作用可达到限制启动电流的目的。“电流调节器”的输出作为“触发电路”的控制电压 U_{ct}，利用“电流调节器”的输出限幅可达到限制 α 的目的。其中“调节器 1”作为“速度调节器”使用，“调节器 2”作为“电流调节器”使用。

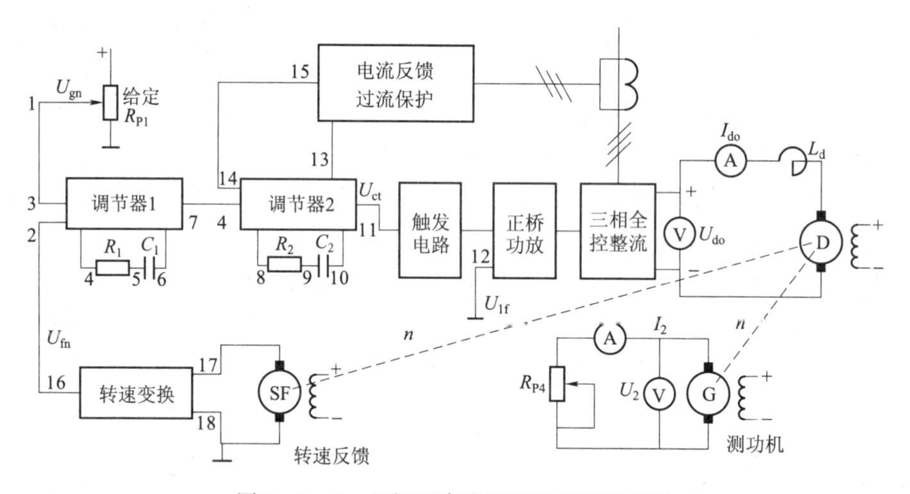

图 3－3－5　双闭环直流调速系统原理框图

2. 训练所需设备及工具

主要设备有：含“三相电源输出”等几个模块的电源控制屏、晶闸管主电路，含“触发电路”“正反桥功放”等几个模块的三相晶闸管触发电路；含“给定”“调节器 1”“调节器 2”“转速变换”“电流反馈与过流保护”等几个模块的电动机调速控制训练装置；可调电阻、电容箱、电动机、光码盘测速系统、数显转速表、示波器及简单的电工工具等。

3. 接线与调试

1）双闭环调速系统调试原则

（1）先单元、后系统，即先将单元的参数调好，然后才能组成系统。

（2）先开环、后闭环，即先使系统运行在开环状态，然后在确定电流和转速均为负反馈后，才可组成闭环系统。

（3）先内环、后外环，即先调试电流内环，然后再调试转速外环。

（4）先调整稳态精度，后调整动态指标。

2）“触发电路”调试

（1）打开总电源开关，操作“电源控制屏”上的“三相电网电压指示”开关，观察输入的三相电网电压是否平衡。

（2）将“电源控制屏”上的“调速电源选择开关”拨至“直流调速”侧。

（3）将“三相同步信号输出”端和“三相同步信号输入”端相连，再打开电源开关，拨动“触发脉冲指示”旋钮开关，使“窄”的发光管亮。

（4）观察A、B、C三相的锯齿波，并调节A、B、C三相观测孔左侧的锯齿波斜率调节电位器，使三相锯齿波斜率尽可能一致。

（5）将“给定”输出 U_g（1或3）直接与移相控制电压 U_{ct}（11）相接，将给定开关 S_2 调到接地位置（即 $U_{ct}=0$），调节偏移电压电位器，用双踪示波器观察A相同步电压信号和“双脉冲观察孔” VT_1 的输出波形，使 $\alpha=150°$（注意此处的 α 表示三相晶闸管电路中的移相角，它的0°是从自然换流点开始计算，而单相晶闸管电路的0°移相角表示从同步信号过零点开始计算，两者存在相位差，前者比后者滞后30°）。

（6）适当增加给定电压 U_g 的正电压输出，观测“脉冲观察孔”的波形，此时应观测到单窄脉冲和双窄脉冲。

（7）将“触发脉冲输出”和“触发脉冲输入”相连，使得触发脉冲加到正反桥功放的输入端。

（8）将 U_{lf} 端接地，将“正桥触发脉冲输出”端和“正桥触发脉冲输入”端相连，并将“正桥触发脉冲”的6个开关拨至“通”，观察正桥 VT_1 ~ VT_6 晶闸管门极和阴极之间的触发脉冲是否正常。

3）控制单元调试

（1）移相控制电压 U_{ct} 调节范围的确定。直接将给定电压 U_g 接入移相控制电压 U_{ct} 的输入端，“三相全控整流”输出接电阻负载 R，用示波器观察 U_d 的波形。当给定电压 U_g 由零调大时，U_d 将随给定电压的增大而增大，当 U_g 超过某一数值时，此时 U_d 接近为输出最高电压值 U'_d，一般可确定“三相全控整流”输出允许范围的最大值为 $U_{dmax}=0.9U'_d$，调节 U_g 使得“三相全控整流”输出等于 U_{dmax}，此时将对应的 U'_g 的电压值记录下来，$U_{ctmax}=U'_g$，即 U_g 的允许调节范围为 $0 \sim U_{ctmax}$。如果将输出限幅定为 U_{ctmax}，则“三相全控整流”输出范围就被限定，不会工作到极限值状态，保证6个晶闸管可靠工作。记录 U'_g 的值，将结果填入表3－3－1中。

表 3-3-1 设定三相全控整流输出范围

U'_{d}	
$U_{dmax}=0.9U'_{d}$	
$U_{ctmax}=U'_{g}$	

将给定值退到零，再按“停止”按钮。

(2) 调节器的调零。将“调节器1”所有输入端接地，再将可调电阻（120 kΩ）接到“调节器1”的“4”和“5”两端，用导线将“5”和“6”短接，使“调节器1”成为P（比例）调节器。用万用表的毫伏挡测量调节器1的“7”端的输出，调节面板上的调零电位器 R_{P3}，使其电压尽可能接近于零。将“调节器2”所有输入端接地，再将可调电阻（13 kΩ）接到“调节器2”的“8”和“9”两端，用导线将“9”和“10”短接，使“调节器2”成为P（比例）调节器。用万用表的毫伏挡测量调节器2的“11”端，调节面板上的调零电位器 R_{P3}，使其输出电压尽可能接近于零。

(3) 调节器正、负限幅值的调整。把“调节器1”的“5”和“6”端短接线去掉，将可调电容（0.47 μF）接入“5”和“6”两端，使调节器成为PI（比例积分）调节器，将“调节器1”所有输入端的接地线去掉，将给定输出端接到调节器1的“3”端，当加 +5 V 的正给定电压时，调整负限幅电位器 R_{P2}，使其输出电压为 -6 V，当调节器输入端加 -5 V 的负给定电压时，调整正限幅电位器 R_{P1}，使其输出电压尽可能接近于零。将“调节器2”的“9”和“10”端短接线去掉，将0.47 μF大小的可调电容接入“9”和“10”两端，使调节器成为PI（比例积分）调节器，将“调节器2”的所有输入端的接地线去掉，将给定输出端接到调节器2的“4”端。当加 +5 V 的正给定电压时，调整负限幅电位器 R_{P2}，使其输出电压尽可能接近于零；当调节器输入端加 -5 V 的负给定电压时，调整正限幅电位器 R_{P1}，使“调节器1”的输出正限幅为 U_{ctmax}。

(4) 电流反馈系数整定。直接将“给定”电压 U_{g} 接入移相控制电压 U_{ct} 的输入端，整流桥输出接电阻负载 R，负载电阻放在最大值，输出给定调到零。按下启动按钮，从零增加给定，使输出电压升高，当 $U_{d}=220$ V 时，减小负载的阻值，调节“电流反馈与过流保护”上的电流反馈电位器 R_{P1}，使得负载电流 $I_{d}-1.3$ A 时，“2”端 I_{f} 的电流反馈电压 $U_{fi}=6$ V，这时的电流反馈系数 $\beta=U_{fi}/I_{d}=4.615$ V/A。

(5) 转速反馈系数整定。直接将“给定”电压 U_{g} 接移相控制电压 U_{ct} 的输入端，“三相全控整流”电路接直流电动机负载，L_{d} 选用200 mH的，将输出给定值调到零。按下启动按钮，接通励磁电源，从零逐渐增加给定值，使电动机提速到 $n=1\ 500$ r/min 时，调节“转速变换”上转速反馈电位器 R_{P1}，使得在该转速时反馈电压 $U_{fn}=-6$ V，这时的转速反馈系数 $\alpha=U_{fn}/n=0.004$ V/(r·min^{-1})。

4) 开环外特性测定

(1) 控制电压 U_{ct} 由给定输出 U_{g} 直接接入，“三相全控整流”电路接电动机，L_{d} 选用200 mH的，直流发电机接负载电阻 R，负载电阻放在最大值，将输出给定值调到零。

(2) 按下启动按钮，先接通励磁电源，然后从零开始逐渐增加给定电压 U_{g}，使电动机启动升速，转速到达1 200 r/min。

(3) 增大负载（即减小负载电阻的阻值），使得电动机电流 $I_d = I_{ed}$，可测出该系统的开环外特性 $n = f(I_d)$，将结果记录于表3-3-2中。

表3-3-2　开环外特性的测定记录表

$n/(r \cdot min^{-1})$							
I_d/A							

将给定值退到零，断开励磁电源，按下停止按钮。

5）开环系统静特性测试

(1) 按图3-3-5接线，将“调节器1”和“调节器2”都接成P（比例）调节器后，接入系统，形成双闭环不可逆系统，给定电压 U_g 输出为正给定值，转速反馈电压为负值，直流发电机接负载电阻 R，L_d 选用200 mH的，负载电阻调到最大值，给定的输出值调到零。按下启动按钮，接通励磁电源，增加给定值，观察系统能否正常运行，确认整个系统的接线正确无误后，将“调节器1”和“调节器2”均恢复成PI（比例积分）调节器，构成测试系统。

(2) 机械特性 $n = f(I_d)$ 的测定。

①发电机先空载，从零开始逐渐调大给定电压 U_g，使电动机转速接近 n = 1 200 r/min，然后接入发电机负载电阻 R，逐渐改变负载电阻，直至 $I_d = I_{ed}$，即可测出系统静态特性曲线 $n = f(I_d)$，将结果记录于表3-3-3中。

表3-3-3　开环系统静特性测试记录表（给定电压上升）

$n/(r \cdot min^{-1})$							
I_d/A							

②降低 U_g，再测试 n =800 r/min时的静态特性曲线，将结果记录于表3-3-4中。

表3-3-4　开环系统静特性测试记录表（给定电压下降）

$n/(r \cdot min^{-1})$							
I_d/A							

③闭环控制系统 $n = f(U_g)$ 的测定，调节 U_g 及 R，使 $I_d = I_{ed}$，n = 1 200 r/min，逐渐降低 U_g，将 U_g 和 n 记录于表3-3-5中，即可测出闭环控制特性 $n = f(U_g)$。

表3-3-5　闭环控制系统静特性

$n/(r \cdot min^{-1})$							
U_g/V							

6）系统动态特性的观察

用示波器观察动态波形。在不同的系统参数下（“调节器1”的增益和积分电容、“调节器2”的增益和积分电容、“转速变换”的滤波电容），用示波器观察、记录下列动态波形。

（1）突然加上给定电压 U_g，观察电动机启动时的电枢电流 I_d（“电流反馈与过流保护”的“2”端）波形和转速 n（“转速变换”的“3”端）的波形。

（2）突然加上额定负载（$20\%I_{ed} \Rightarrow 100\%I_{ed}$）时，观察电动机电枢电流波形和转速波形。

（3）突然降下负载（$100\%I_{ed} \Rightarrow 20\%I_{ed}$）时，观察电动机的电枢电流波形和转速波形。

4. 测试报告要求

（1）根据实验数据，画出闭环控制特性曲线 $n=f(U_g)$。

（2）根据实验数据，画出两种转速时的闭环机械特性 $n=f(U_d)$。

（3）根据实验数据，画出系统开环机械特性 $n=f(I_d)$，计算静差率，并与闭环机械特性进行比较。

项目评价

项目 3 的考核评价见表 3－3－6。

表 3－3－6　项目 3 考核评价表

序号	评价指标	评价内容	分值	学生自评	小组评价	教师评价
1	硬件设计	正确	10			
		接线正确	10			
2	仪器使用	接线正确	20			
		调节正确	20			
3	调试	分步调试正确	30			
		分析完整，系统能正常运行	10			
总　　分			100			
问题记录和解决方法				记录任务实施中出现的问题和采取的解决方法（可附页）		

拓展训练

说明双闭环直流调速系统中使用的调节器均为比例积分调节器的原因。研究双闭环直流调速系统中哪些参数的变化会引起电动机转速的改变，哪些参数的变化会引起电动机最大电流的变化。分析系统动态波形，讨论系统参数的变化对系统动、静态性能的影响。

项目 4　设计一种具有自然环流的可逆直流调速系统

项目描述

有许多生产机械要求电动机能正、反转运行，项目实施需要了解电力拖动系统具有四象限运行的特性，即需要可逆的调速系统。本项目要求设计一种具有自然环流的可逆直流调速系统，画出控制系统框图。

项目分析

本项目的实施要求设计者了解实现可逆运行的方法，加快制动（或减速）过程，并将存储在电动机轴上的机械能快速释放，最理想的结果是将机械能转化成电能回馈到电网。认识可逆电路中的环流，了解环流的控制方法，了解逻辑控制无环流系统的组成。

知识链接

1. 可逆调速系统的电路结构及回馈制动

1）可逆调速系统的可逆电路

有许多生产机械要求电动机能正、反转运行，这就要求电力拖动系统具有四象限运行的特性，即需要可逆的调速系统。要实现电动机旋转方向的改变，就必须改变电动机电磁转矩的方向。

由直流电动机的转矩公式 $T_e = C_T\Phi I_d$ 可知，改变电磁转矩 T_e 的方向有以下两种方案。

（1）电枢可逆，即在保持励磁磁通 Φ 恒定的前提下，改变电动机电枢电流 I_d 的方向，实际上就是改变电动机电枢电压 U_d 的极性。

（2）励磁可逆，即在保持电枢电压 U_d 极性恒定的前提下，改变励磁磁通 Φ 方向，即改变励磁电流 I_f 的方向。因此，可逆调速系统的可逆电路有两种方式——电枢反接可逆电路和励磁反接可逆电路。

2）电枢反接可逆电路

（1）接触器开关切换的可逆电路。工作原理：晶闸管整流装置的输出电压 U_d 的极性始终不变，通过接触器 KMF 和 KMR 切换改变电枢电压极性，实现电动机正反转控制。因此，仅需一组晶闸管装置，简单、经济。但有触点切换，动作噪声较大，开关寿命短；须自由停车后才能反向，动作时间长。可应用于不经常正反转的生产机械。

（2）晶闸管开关切换的可逆线路。为了改进接触器开关切换可逆电路的缺点，采用无触点的晶闸管代替接触器触点，如图 3－4－1 所示。该电路适用于频繁正反转的中、小功率的可逆系统。

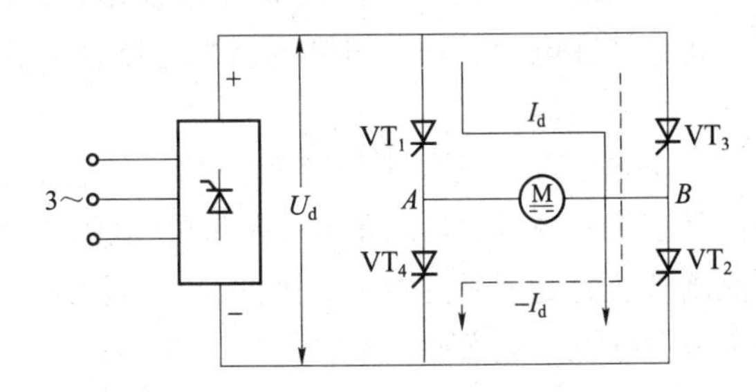

图 3－4－1　晶闸管开关切换的可逆电路

（3）两组晶闸管装置反并联可逆电路。在频繁正、反转的可逆运转的系统中，常采用两组晶闸管可控整流装置反并联的可逆电路，如图 3－4－2 所示。

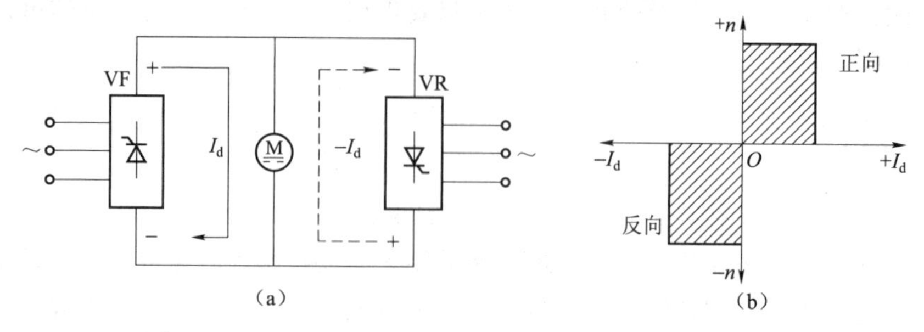

图 3－4－2　两组晶闸管装置供电的可逆电路和运行范围

(a) 可逆电路；(b) 运行范围

3）励磁反接可逆电路

采用励磁反接方案如图 3－4－3 所示。供电装置功率小，但由于励磁功率仅占电动机额定功率的 1%～5%，所需晶闸管装置的容量小、投资少、效益高。同时，励磁反向的速度较慢，改变转向时间长。因此，为加快换向过程，常采用“强迫励磁”；另外，电动机在反向过程中，电动机可能出现“弱磁升速”现象。避免措施：在磁通减弱时保证电枢电流为零。励磁反接的方案只适用于对快速性要求不高，正、反转不太频繁的大容量可逆系统，如电力机车等。

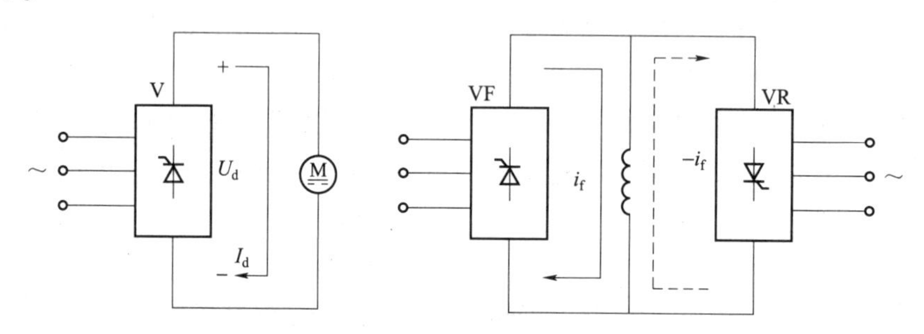

图 3－4－3　两组晶闸管反并联励磁反接可逆电路

4）V－M 系统的回馈制动

生产机械运行时机械惯性使制动过程延长，影响生产效率。为了加快制动（或减速）过程，将存储在电动机轴上的机械能快速释放，最理想的结果是将机械能转化成电能回馈到电网。

（1）晶闸管装置的整流和逆变状态。在电流连续的条件下，晶闸管装置的平均理想空载输出状态为：当触发延迟角 $\alpha<90°$时，晶闸管装置处于整流状态；当触发延迟角 $\alpha<90°$时，晶闸管装置处于逆变状态。因此，在整流状态中，U_{do}为正值；在逆变状态中，U_{do}为负值。为方便起见，定义逆变角 β，$\beta=180°-\alpha$，则逆变电压公式可改写为

$$U_{do}=-U_{domax}\cos\beta \tag{3-4-1}$$

（2）单组晶闸管装置的有源逆变。单组晶闸管装置供电的 V－M 可逆系统只适用于拖动起重机类型的负载（位能性负载）。

整流工作状态：当电动机提升重物时，$\alpha<90°$，$U_{do}>E$，电动机拖动重物提升，此时电网向电动机提供能量。如图 3－4－4 所示。

逆变工作状态：当电动机放下重物时，$\alpha<90°$，$U_{do}<E$，重物拖动电动机反转，此时电动机向电网回馈能量，如图3-4-5所示。

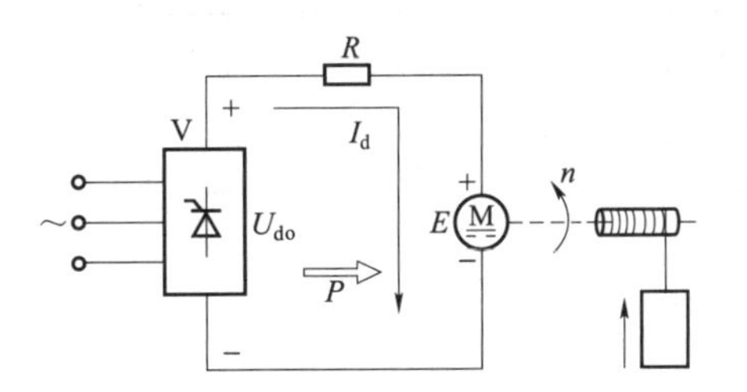

图3-4-4　单组晶闸管装置的整流工作状态

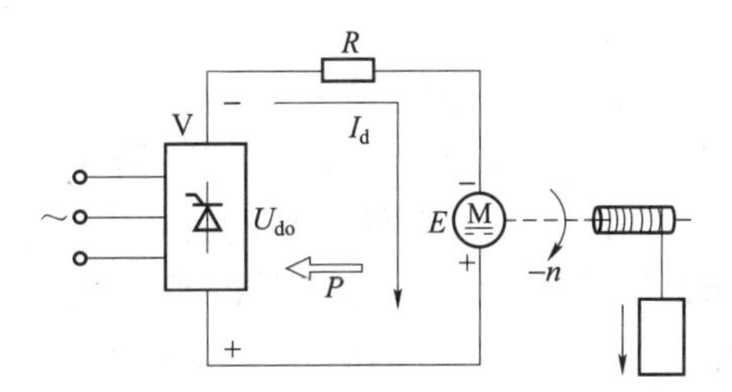

图3-4-5　单组晶闸管装置的逆变工作状态

(3) 两组晶闸管装置反并联的整流和逆变。

①正组晶闸管装置VF整流。VF处于整流状态时，$\alpha_f<90°$，$U_{dof}>E$，电动机正转，从电路输入能量做电动运行，如图3-4-6所示。

②反组晶闸管装置VR逆变。当电动机需要回馈制动时，要回馈电能必须产生反向电流。可以利用控制电路切换到VR，并使它工作在逆变状态，如图3-4-7所示。

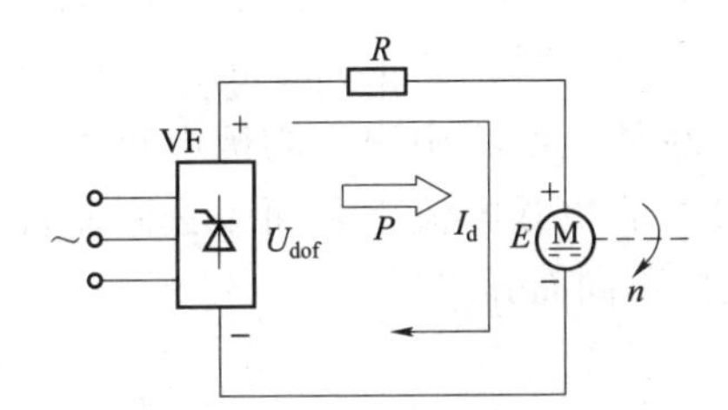

图3-4-6　正组整流电动运行

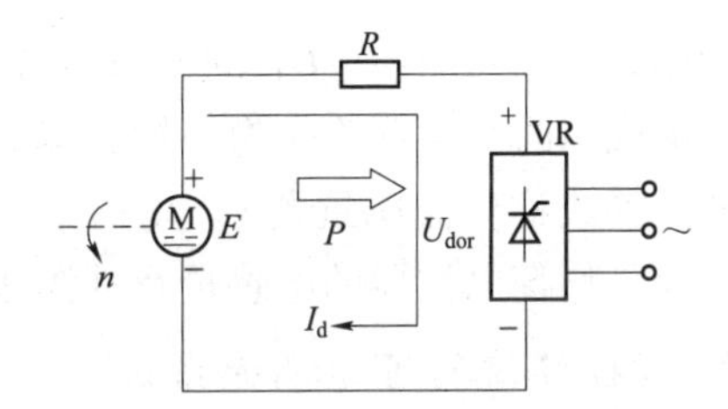

图3-4-7　反组逆变回馈制动

VR处于逆变状态时，$\alpha_f<90°$，$E>|U_{dof}|$，相对反组，电动机处于反转发电状态，电动机输出电能实现回馈制动。

(4) V-M系统的四象限运行。在可逆调速系统中，正转运行时可利用反组晶闸管实现回馈制动；反转运行时同样可以利用正组晶闸管实现回馈制动。这样，采用两组晶闸管装置的反并联，就可实现电动机的四象限运行。需要快速回馈制动时，常常也采用两组反并联的晶闸管装置，由正组提供电动运行所需的整流供电，反组只提供逆变制动。

5) 可逆电路中的环流

可逆系统中的两组晶闸管切换工作时要求严格控制，流经两组晶闸管的短路电流（环流）必须得到控制或消除，提高系统工作的可靠性，否则，会造成电源短路事故。

(1) 环流的定义及其分类。环流是指不流过电动机或其他负载，而直接在两组晶闸管之间流通的短路电流。如图3-4-8中的电流I_c，环流可分为静态环流和动态环流两类。

静态环流：当可逆线路在一定的触发延迟角下稳定工作时，所出现的环流叫作静态环流。静态环流又可分为直流平均环流和瞬时脉动环流。

直流平均环流：如图3-4-8所示，如果让VF和VR都处于整流状态，势必造成电源短路，此短路电流就是直流平均环流。

动态环流：当晶闸管触发相位突然改变时，系统从原稳态过渡到新稳态过程中出现的环流。系统稳定运行时不存在，只要选择合适的均衡电抗器，就可将其影响降低到最小。

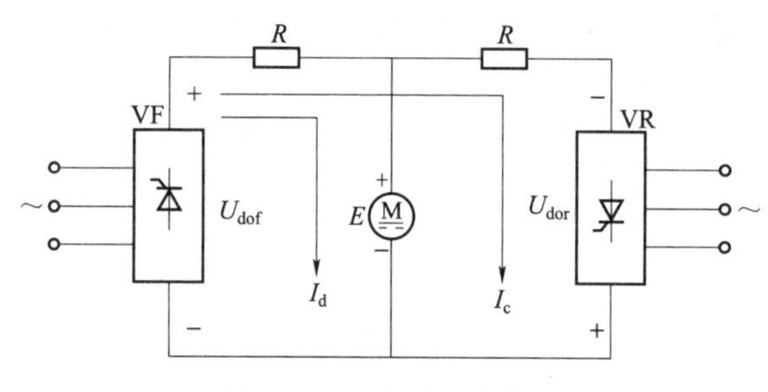

图 3-4-8　环流示意图

环流一般对系统是无益的，它徒然加重晶闸管和变压器的负担，消耗功率，环流太大时会导致晶闸管损坏，影响系统安全工作，应该予以抑制或消除。但事物均具有两面性，如让适量环流作为流过晶闸管的基本负载电流，能使电动机在空载或轻载时缩短晶闸管装置供电的电流断续区，提高系统的动态性能，因此又可以加以利用。

（2）直流平均环流的消除措施。直流平均环流的存在必须进行控制或消除。为防止直流平均环流的产生，至少要保证 VF 整流输出电压 U_{dof}与 VR 待逆变输出电压 $-U_{dof}$幅值相等，因此有 $U_{dof}=-U_{dof}$，由于 $U_{dof}=U_{domax}\cos\alpha_f$ 及 $U_{dof}=U_{domax}\cos\alpha_f$，所以 $\alpha_f+\alpha_r=180°$。即 $\alpha_f=\beta_r$。因此，控制方式称为 $\alpha=\beta$ 工作制配合控制，消除直流平均环流的条件是$\alpha_f\geqslant\beta_r$。

（3）瞬时脉动环流的抑制措施。由于晶闸管装置输出电压的瞬时值总是脉动的，VF 输出 U_{dof}的波形与 VR 输出 U_{dof}的波形并不相同，当 $U_{dof}>U_{dor}$时，产生一个正向瞬时电压差 ΔU_{do}，形成瞬时脉动环流。为了抑制瞬时脉动环流，在环流回路中串入均衡电抗器（叫作均衡电抗器或称环流电抗器）。均衡电抗器会因流过直流负载电流饱和而失去限制环流作用。因此，均衡电抗器的电感量及其接法因可逆电路的不同而异。

2. 可控环流的可逆调速系统

根据负载大小来控制环流的大小、有无的系统称为可控环流的可逆调速系统。即在轻载时存在适量的直流平均环流（一般为（5% ~10%）I_N），采用控制方式，以保证电流连续；当负载增大时，控制环流减小至零，形成 $\alpha>\beta$ 控制方式。

可控环流的可逆调速系统原理如图 3-4-9 所示，主电路通常采用交叉连接的可逆电路。

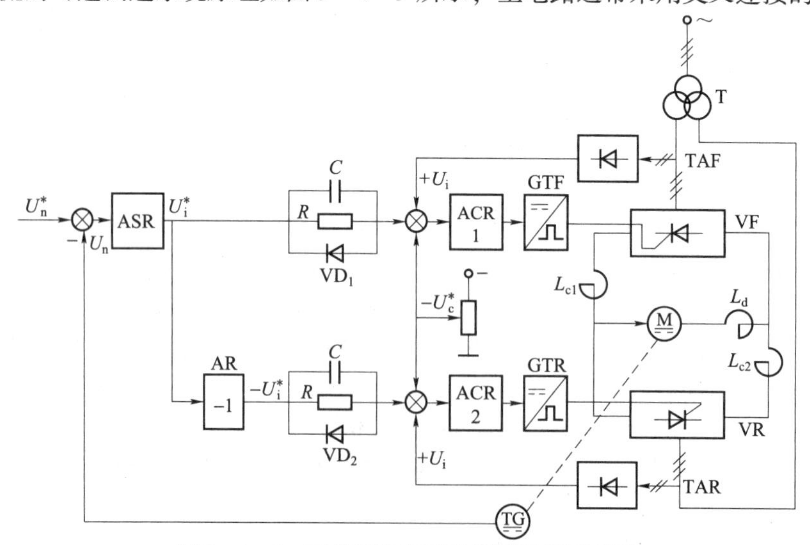

图 3-4-9　可控环流的可逆调速系统原理图

3. 逻辑无环流可逆调速系统

1）逻辑控制无环流系统的组成

大容量的可逆系统如允许环流存在，即使把其控制在允许值之内，晶闸管增加的额外负担也非常大。从生产机械工作的可靠性要求出发，特别是对大容量的可逆系统，是不允许环流存在的。即要求任何时刻只有一组晶闸管工作，另外一组处于封锁状态。

逻辑控制无环流可逆系统的基本思想是：当一组晶闸管工作时，用逻辑电路封锁另一组晶闸管的触发脉冲，使它完全处于阻断状态，确保两组晶闸管不同时工作，从根本上切断环流的通路。如图 3－4－10 所示。

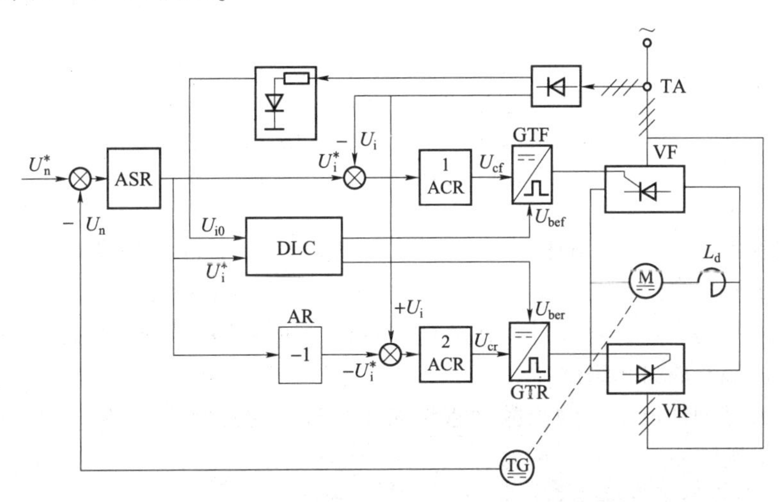

图 3－4－10　逻辑控制的无环流可逆调速系统原理图

在正组晶闸管 VF 工作时封锁反组脉冲，在反组晶闸管 VR 工作时封锁正组脉冲。通常采用电平信号来执行两种封锁与开放的作用，“0”表示封锁，“1”表示开放，二者不能同时为“1”。无环流逻辑控制器进行逻辑切换的充分必要条件有两个，即转矩极性鉴别和零电流检测。

转矩极性鉴别是指电流给定信号 U_i^* 的极性恰好反映了系统转矩的极性，只是 U_i^* 的极性与系统转矩的极性恰恰相反，所以 U_i^* 可用作逻辑切换的指令。

零电流检测如图 3－4－11 所示，只有在实际电流降到零后，才允许给 DLC 发出指令，封锁正组，开放反组，所以应有一个零电流检测信号 U_{i0}。具备了逻辑切换的充要条件后，无环流逻辑控制器还须经过两段延时，即封锁延时和开放延时后，才允许发出切换指令，以确保系统工作的可靠性。

封锁延时（t_{db1}）是指从发出切换指令到真正封锁掉原工作组脉冲之间应该留出来的等待时间。确保电枢电流等于“0”，设封锁延时。对于三相桥式电路，t_{db1} 取 2 ~ 3 ms，如图 3－4－11（b）所示。

开放延时（t_{dt}）是指从封锁原工作组脉冲到开放另一组脉冲之间的等待时间。防止电源短路事故的发生。对于三相桥式电路，t_{dt} 取 5 ~ 7 ms。

对无环流逻辑控制器（DLC）的基本要求如下。

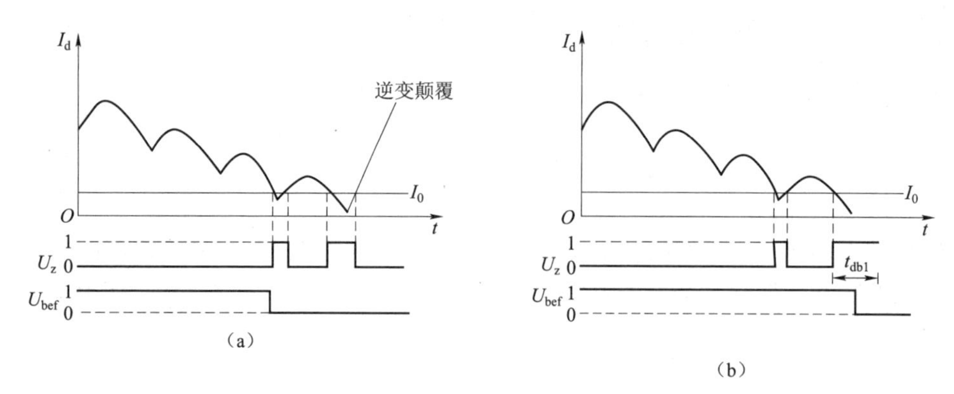

图 3-4-11　零电流检测和封锁延时的作用

(a) 无封锁延时，造成逆变失败；(b) 设置封锁延时，保证安全

I_0—零电流检测器最小动作电流；U_z—零电流检测器输出信号；

U_{bef}—封锁正组脉冲信号；t_{db1}—封锁延时时间

(1) 由电流给定信号 U_i^* 的极性和零电流检测信号 U_{i0} 共同发出逻辑切换指令。当 U_i^* 改变极性，且零电流检测器发出“零电流信号”时，才允许封锁工作组，开放另一组。

(2) 发出切换指令后，须经过封锁延时时间 t_{db1} 才能封锁原导通组脉冲；再经过开放延时时间 t_{dt} 后，才能开放另一组脉冲。

(3) 无论在任何情况下，两组晶闸管绝对不允许同时加触发脉冲，一组工作时，必须封锁另一组的触发脉冲。

2) 无环流逻辑控制器的实现

DLC 的组成：DLC 由电平检测、逻辑判断、延时电路和连锁保护电路 4 个基本环节组成，其结构如图 3-4-12 所示。

图 3-4-12　DLC 的结构框图

(1) 电平检测器原理。电平检测器原理如图 3-4-13 所示。

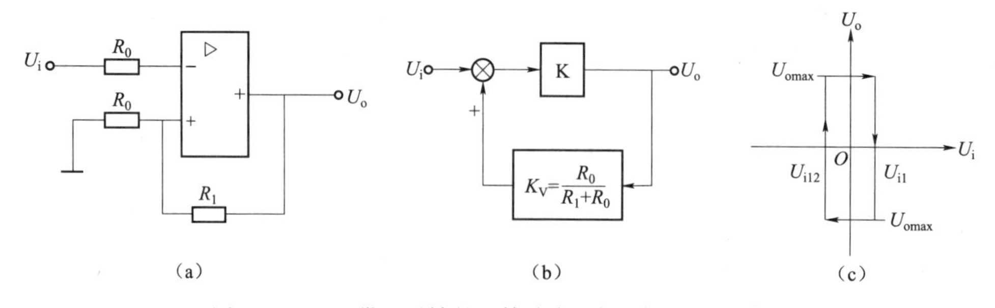

图 3-4-13　带正反馈的运算放大器构成的电平检测器

(a) 原理图；(b) 结构图；(c) 继电器特性

电平检测器相当于一个模/数转换器，将转矩极性鉴别信号 U_i^* 或零电流检测信号 U_{i0} 由模拟量转换成电平量 1，0。

（2）转矩极性鉴别器（DPT）。转矩极性鉴别器的原理图和输入、输出特性如图 3－4－14 所示。

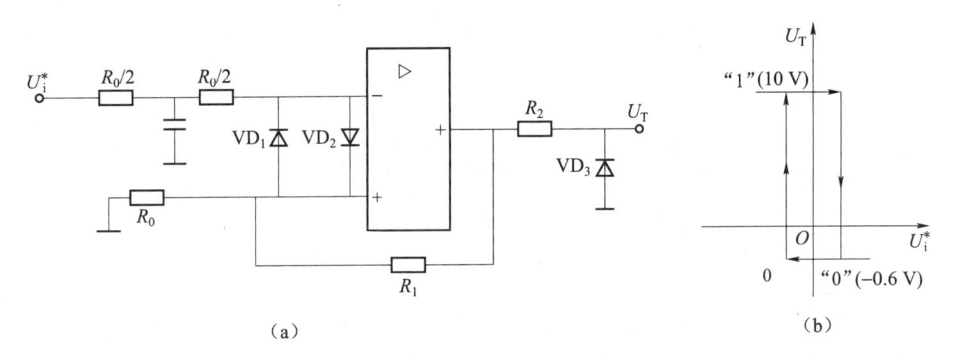

图 3－4－14　转矩极性鉴别器（DPT）的原理图和输入、输出特性曲线

（a）原理图；（b）输入、输出特性曲线

（3）零电流检测器（DPZ）。零电流检测器的原理图和输入、输出特性曲线如图 3－4－15 所示。图中输入端加负偏移电路，使回环特性右移。

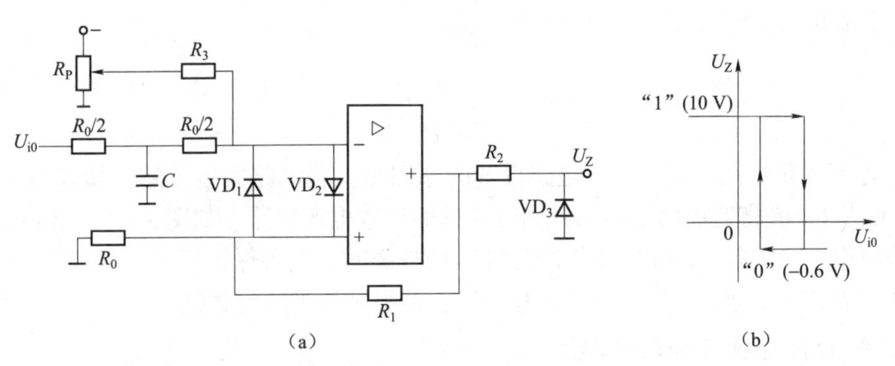

图 3－4－15　零电流检测器（DPZ）的原理图和输入、输出特性曲线

（a）原理图；（b）输入、输出特性曲线

（4）逻辑判断电路。逻辑判断的任务是根据两个电平检测器的输出信号 U_T 和 U_Z 经运算后，正确发出切换信号 U_F 和 U_R。

①输入信号。

转矩极性鉴别：正转　$T_e=+$，即 $U_i^*=-$ 时，$U_T=1$。

　　　　　　　反转　$T_e=-$，即 $U_i^*=+$ 时，$U_T=0$。

零电流检测：有电流时，$U_Z=0$；电流为零时，$U_Z=1$。

②输出信号。

封锁正组脉冲，$U_F=0$；开放正组脉冲，$U_F=1$；

封锁反组脉冲，$U_R=0$；开放反组脉冲，$U_R=1$。

可以采用具有高抗干扰能力的 HTL 单与非门组成逻辑判断电路，如图 3－4－16 所示。

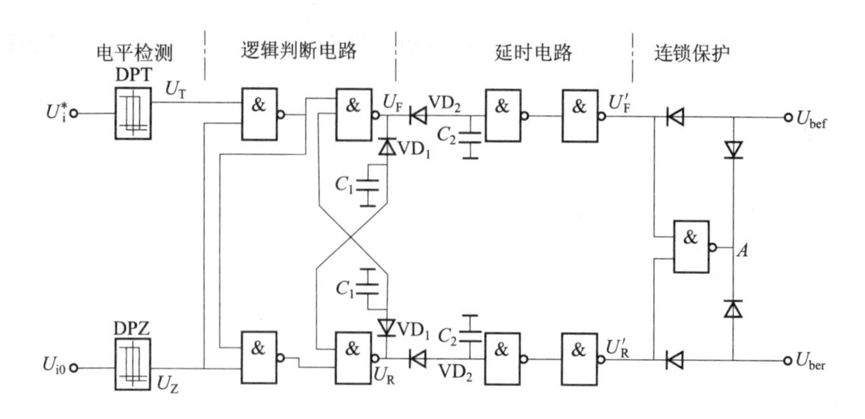

图 3－4－16　无环流逻辑控制器 DLC 原理图

（5）延时电路。在逻辑判断电路发出切换指令 U_F 和 U_R 后，须经过封锁延时 t_{dbl} 和开放延时 t_{dt} 才能执行切换命令。阻容延时电路的充电时间为

$$t = RC\ln\frac{U}{U - U_c} \tag{3-4-2}$$

式中，U——电源电压，HTL 与非门为 $U = 15$ V；

U_c——电容端电压（与非门的开门电平，约 8.5 V）。

根据所需延时时间可计算出相应的电容值：

$$C = \frac{t}{R\ln\dfrac{U}{U - U_c}} \tag{3-4-3}$$

（6）连锁保护电路。连锁保护电路设置的原因是：若电路发生故障，如果两个输出 U_F' 和 U_R' 同时为 1，必将造成两组晶闸管同时开放而导致电源短路。如图 3－4－16 所示。

保护原理：当出现 U_F' 和 U_R' 同时为“1”的故障时，连锁保护环节中的与非门输出 A 点电位立即变为“0”，使 U_{bef} 和 U_{ber} 都变为“0”，两组脉冲被同时封锁。

4. 系统的性能特点和改进措施

1）系统的性能特点

可省去环流电抗器，没有附加的环流损耗，从而可节省变压器和晶闸管装置的附加设备容量；与有环流系统相比，因换流失败而造成的事故率大大降低。但由于延时造成电流换向死区，影响了系统过渡过程的快速性和平滑性。

2）改进措施

（1）具有“推 β”信号的逻辑无环流系统。普通的逻辑无环流系统在电流换向后，电动机直接进入反接制动，反向冲击电流较大。为避免换向后产生的电流冲击，可利用逻辑切换的机会，人为地在投入组的电流调节器输入端暂时加上一个与 U_i 极性相同的信号 U_β，从而把投入组的逆变角推到 β_{min}，使它组制动阶段一开始就进入它组逆变阶段，避开反接制动，减小冲击电流。U_β 信号由 DLC 发出，称为“推 β”信号。由“推 β”信号实现的逻辑无环流系统称为具有“推 β”信号的逻辑无环流系统。

（2）“有切换准备”的逻辑无环流系统。加入“推 β”信号后，冲击电流虽然降低了，却加大了电流换向死区。若要减小电流换向死区，可采用“有切换准备”的逻辑无环流

系统。

基本思想：让待逆变组的β角在切换前不是等在β_{min}处，而是使β角与原整流组的α角基本相等。当待逆变组投入时，其逆变电压的大小和电动机反电动势基本相等，很快就能进行回馈制动。因此，这种系统的电流换向死区就只剩下封锁与开放的延时时间了，大约在 10 ms。

5. 数字化逻辑无环流可逆调速系统

1）数字控制原理

数字逻辑无环流可逆系统原理如图 3－4－17 所示。

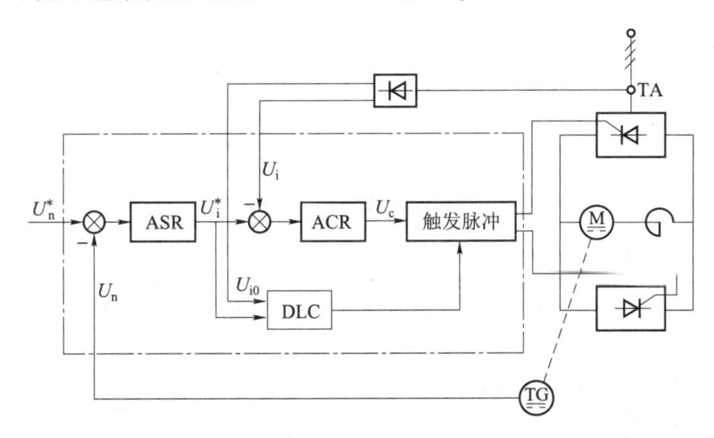

图 3－4－17　数字逻辑无环流可逆系统原理框图

（1）数字触发器。根据主电路对触发脉冲的要求，使阻容移相后的三相交流电压经零检测器变成互差 120°、宽 180°的方波，作为检测到的电源状态，以此状态作为脉冲分配的依据。每个周期产生 6 个中断信号，在每次中断服务程序中完成脉冲的形成、分配和移相控制。

将触发脉冲的移相范围送入定时器，定时器的选择有两种方案：单片机内部定时和片外扩展定时器。其中片外扩展定时器由于软件编程方便，是工程应用中常选择的方案。

定时器输出一个时钟周期的选通脉冲，经脉冲展宽、光电隔离、脉冲放大及驱动电路后触发主电路的晶闸管。

（2）数字比例积分调节器。模拟比例积分调节器由一个比例调节器（放大系数K'_p）和一个积分调节器（K'_I/s）相加构成，可以很容易地推出数字比例积分调节器的差分方程为

$$Y_n = K_1\Delta U_n + K_2\sum_{i=0}^{n}\Delta U_i \tag{3-4-4}$$

式中，$K_1 = K'_p - K_2$，$K_2 = T'_{KI}$　$K_1 = K'_p - K_2$，$K_2 = TK'_1$；

Y_n——第 n 次的采样输出；

ΔU_n——第 n 次采样时的输入偏差。

（3）数字无环流逻辑控制。数字无环流逻辑控制是根据数字速度调节器的输出值的正或负来选择工作组的，并根据主电路的电流是否为“零”进行相应的切换，并对工作组的工作状态进行记忆。在 MCU 中设置了两个存储单元 A_1 和 A_2，分别用来记忆 VF 和 VR 的工作状态。A_1 和 A_2 中存放 0 时，表示相应的那组晶闸管应封锁，存放 1 时，表示相应的那组

晶闸管应开放。

2）控制软件设计中采样周期的选择

采样周期对于最终能够达到的性能指标具有很大的影响。从采样系统的角度出发，采样周期越短越好；从反馈值准确的观点看，采样周期长点较好。工程应用中采样周期通过经验确定。

闭环系统的时间常数也是一个重要因素。采样周期过长，会丢失许多信息，容易使闭环系统产生振荡。实际应用中采用多种采样周期控制，即在快速状态时采用短采样周期控制，在较慢速状态时采用长采样周期。

项目实施

1. 系统设计方案

由上述分析，本项目可采用 $\alpha=\beta$ 工作制配合控制，以消除直流平均环流，但这样一定存在瞬时脉动环流，称为自然环流可逆调速系统。

2. 原理设计与组成

根据方案，设计出自然环流可逆系统的组成原理，如图 3－4－18 所示。

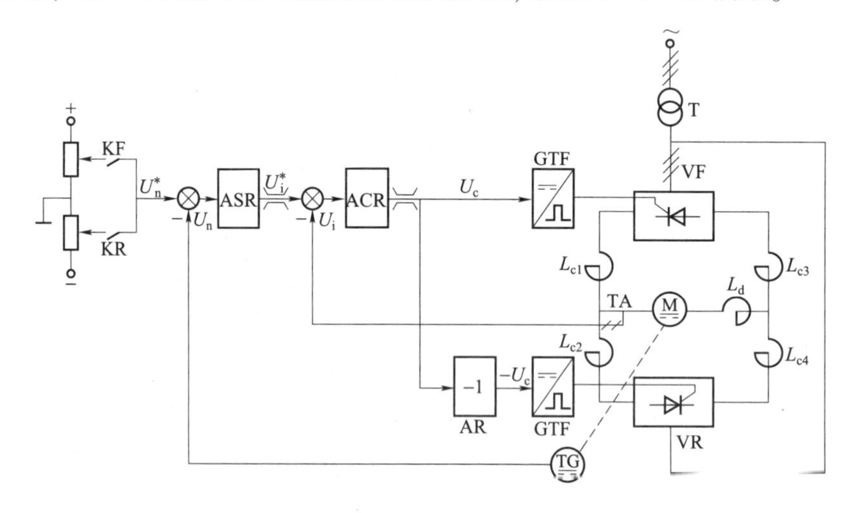

图 3－4－18　$\alpha=\beta$ 工作制配合控制自然环流可逆系统原理图

主电路：为两组三相桥式晶闸管装置反并联的电路，设置 4 个环流电抗器 $L_{c1} \sim L_{c4}$，1 个平波电抗器 L_d。

控制电路：采用典型的转速－电流双闭环系统。ASR 设置双向输出限幅以限制正、反向最大动态电流；ACR 设置双向输出限幅，以限制最小控制角 α_{min} 与最小逆变角 β_{min}，而且 $\alpha_{min}=\beta_{min}$。在 GTR 之前加反相器 AR，是为了实现 $\alpha_f=\alpha_r$ 的工作制配合控制。

给定电压 U_n^* 的极性由继电器 KF 和 KR 来决定，其中只能有一个接通，以实现正、反向系统的运行。电流检测采用能反映电流极性的霍尔电流变换器 TA。

3. 工作状态分析

1）$\alpha=\beta$ 工作制配合控制系统的触发移相特性曲线

$\alpha=\beta$ 工作制配合控制系统的触发移相特性曲线如图 3－4－19 所示。

2）$\alpha=\beta$ 工作制配合控制的工作状态

（1）待逆变状态：指逆变组除环流外并未流过负载电流，即没有电能回馈电网，确切地说，它只是处于等待逆变的状态，表示该组晶闸管装置是在逆变角控制下等待工作的。

（2）逆变状态：只有在制动时，当电动机反电动势 $E>|U_{dor}|=|U_{dof}|$时，逆变组就投入逆变工作，使电动机产生回馈制动，将电能通过逆变组回馈电网。

（3）待整流状态：当逆变组工作时，另一组也是在等待整流，可称为处于“待整流状态”。

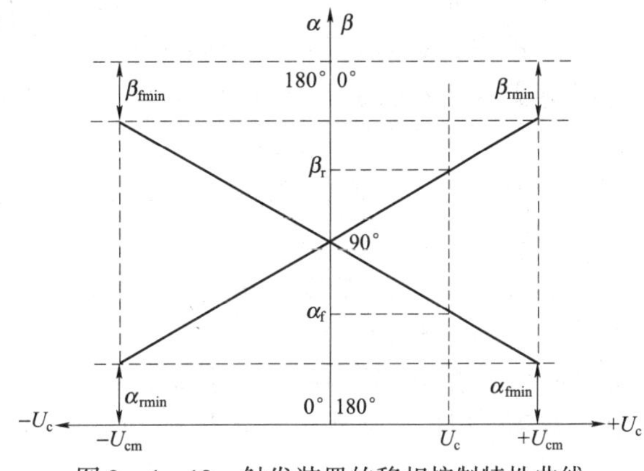

图 3－4－19　触发装置的移相控制特性曲线

结论：在 $\alpha=\beta$ 工作制配合控制下，负载电流可以迅速从正向到反向（或从反向到正向）平滑过渡，在任何时候，实际上只有一组晶闸管装置在工作，另一组则处于等待工作的状态。

3）有环流可逆调速系统的正向制动过程

以正向制动过程进行讨论，整个制动过程按电流方向的不同分成两个主要阶段，如图 3－4－20 所示。

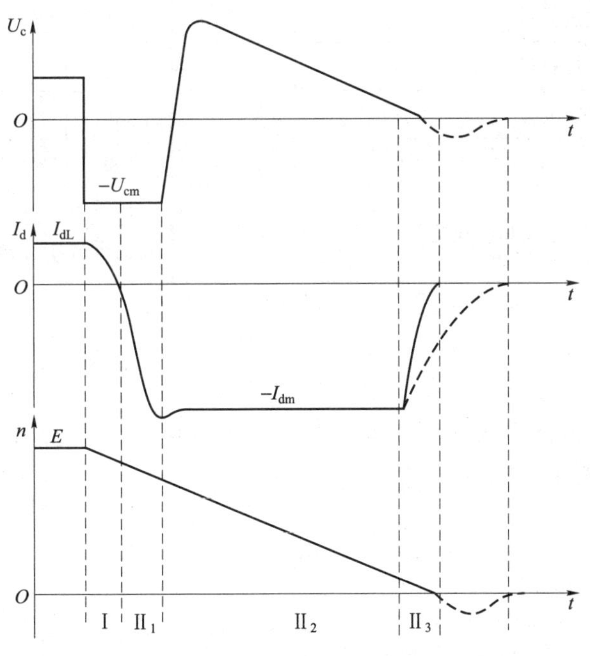

图 3－4－20　正向制动过渡过程曲线

（1）本组逆变阶段（Ⅰ）。本组逆变阶段主要表现为电流降落。电流 I_d 由正向负载电流 I_{dL} 下降到零，其方向未变，仍通过 VF 流通，这时正组处于逆变状态。

（2）它组制动阶段（Ⅱ）。它组制动阶段主要表现为转速降落。电流 I_d 方向变反，由零变到反向最大制动电流 $-I_{dm}$，$-I_{dm}$ 维持一段时间后再衰减到零。在这个阶段里电流通过 VR，在允许的最大制动电流 $-I_{dm}$ 下转速迅速降低。

它组制动阶段又分为三个子阶段（II_1，II_2 和 II_3）。

（1）它组建流子阶段（II_1）。

（2）它组逆变回馈制动子阶段（II_2）。

（3）反向减流子阶段（II_3）。

它组逆变回馈制动子阶段（II_2）是正向制动过程的主要阶段，此时电动机的转速在最大反向加速度下衰减到零。

如果制动后紧接着反向启动，系统在 $-I_d=-I_{dm}$ 条件下反向启动，就没有任何间断或死区，这是有环流可逆调速系统的突出优点，对要求快速正、反转的系统特别合适。

项目评价

项目 4 的考核评价见表 3－4－1。

表 3－4－1　项目 4 考核评价表

序号	评价指标	评价内容	分值	学生自评	小组评价	教师评价
1	方案分析	有针对性解决问题	10			
2	系统设计	框图设计正确	30			
		改进设计	20			
		选择挂件正确	20			
3	回答问题	分析完整	20			
总　分			100			
问题记录和解决方法			记录任务实施中出现的问题和采取的解决方法（可附页）			

拓展训练

在训练设备上进行接线与调试，证明系统存在如下缺点：需要添置环流电抗器，晶闸管等元器件都要负担负载电流加上环流。

任务四

交流调速系统的设计与调试

【教学目标】

(1) 了解调压调速原理与基本性能。

(2) 掌握交流串级调速系统的设计方法。

(3) 了解变频器的调速原理与特性曲线，能应用 PLC 与变频器控制电动机的正、反转。

(4) 通过地源热泵空调设备中变频恒压供水系统的设计，掌握变频调速系统的应用方法。

【任务描述】

随着电力电子器件和控制技术的快速发展，其在交流调速系统中的应用越来越广泛，技术也越成熟。交流调速系统的性能越来越优异，已成为电力拖动控制系统的主要发展方向。在应用中，主要在以下 4 个方面的应用得以快速发展。

(1) 以节能为目的，改恒速为调速的交流调速系统。

(2) 高性能交流调速系统。

(3) 较大容量、高转速的交流调速系统。

(4) 取代热机、液压、气动控制的交流调速系统。

交流异步电动机的转速计算公式：

$$n = \frac{60f_1}{p}(1 - s) \qquad (4-0-1)$$

从转速关系式可知，交流异步电动机调速的方案有三种：

(1) 改变转差率 s 的调速方式。

(2) 改变定子供电频率 f_1 的调速方式。

(3) 改变极对数 p 的调速方式。

按电动机中转差功率 P_s 的处理方式，调速系统分为：

(1) 转差功率消耗型调速系统。

(2) 转差功率回馈型调速系统。

(3) 转差功率不变型调速系统。

根据调速方案可实现的交流异步电动机调速的方法有6种，即电磁转差离合器调速；绕线转子异步电动机转子串电阻调速；变极对数调速；调压调速；绕线转子异步电动机串级调速；变频调速等。前3种调速方法在相关课程中已进行了分析与介绍，本任务为交流调速系统的设计与调试，主要包含6个具体项目，即双闭环三相异步电动机调压调速系统的设计；双闭环三相异步电动机串级调速系统的设计；应用PLC与变频器控制电动机的定速正、反转；地源热泵空调设备中变频恒压供水系统的设计；应用PLC与变频器控制电动机进行定时多段转速运行；应用触摸屏、PLC、变频器控制电动机进行防共振点正反转运行。

项目1　双闭环三相异步电动机调压调速系统的设计

项目描述

设计一个双闭环三相异步电动机调压调速系统，使其具有较大的调速范围，其转速具有较高的稳定性。

项目分析

本项目需要了解并熟悉双闭环三相异步电动机调压调速系统的原理及组成；了解转子串电阻的绕线式异步电动机在调节定子电压调速时的机械特性；在双闭环三相异步电动机调压调速系统中采用速度和电流两个反馈控制环。主电路由三相晶闸管交流调压器及三相绕线式异步电动机组成。控制部分由速度调节器、电流调节器、转速变换、触发电路、正桥功放等组成。速度环的作用基本上与直流调速系统相同，而电流环的作用则有所不同。系统在稳定运行时，电流环对抗电网扰动仍有较大的作用，但在启动过程中电流环仅起限制最大电流的作用。因此，还须了解系统的静态特性和动态特性方法，理解交流调压系统中电流环和转速环的作用。

知识链接

1. 交流调压调速系统

交流调压调速方法有多种，常见的有自耦变压器TU调压、串饱和电抗器LT调压和双向晶闸管交流调压器VVC调压等。异步电动机变压调速原理如图4-1-1所示。

自耦变压器调压和串饱和电抗器调压的共同缺点是设备庞大笨重、动态性能差，所以正逐步被晶闸管交流调压器取代。

晶闸管交流调压器调压电路的基本原理为：通过控制晶闸管的导通角，调节电动机的定子电压。在图4-1-1中，VVC是晶闸管交流调压器。

交流调压调速系统是一种能耗型的系统，转差功率几乎全消耗在转子电路中，低速运行时电动机发热严重，效率较低。

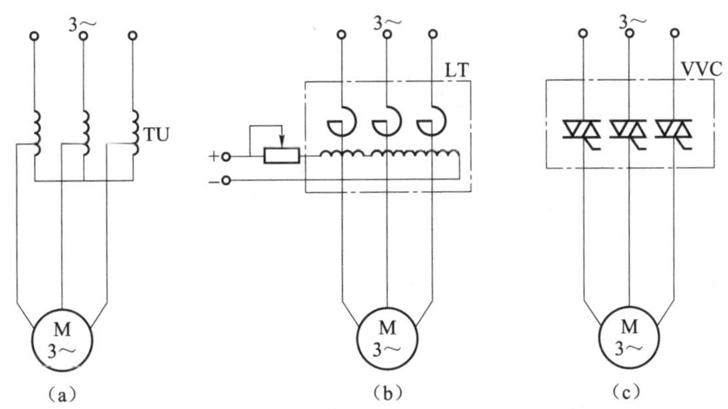

图 4－1－1　异步电动机变压调速原理图

（a）自耦变压器 TU 调压；（b）串饱和电抗器 LT 调压；（c）双向晶闸管交流调压器 VVC 调压

2. 晶闸管交流调压器

负载性质对晶闸管交流调压电路的工作有很大影响，调压电路的移相范围、触发脉冲的形式与负载的功率因数角相关联。控制角 α 与功率因数角 φ 之间的关系，决定着晶闸管交流调压电路能否起到调压的能力。

1）晶闸管单相调压电路

晶闸管单相调压电路是在恒定交流电源与负载电路之间接入晶闸管交流调压器。其原理如图 4－1－2 所示。

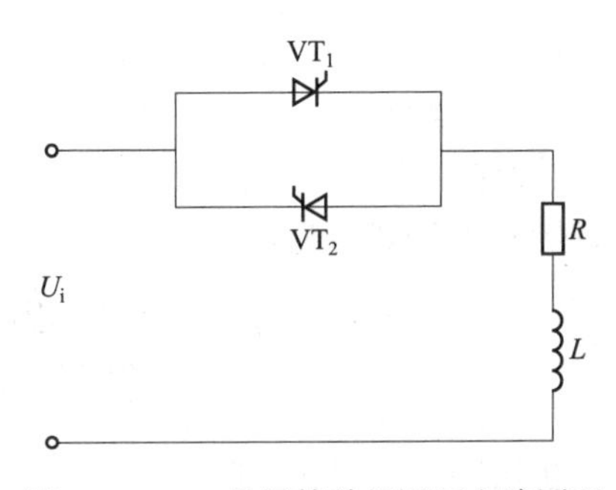

图 4－1－2　晶闸管单相调压电路原理

2）晶闸管交流调压器控制方式

（1）通断控制（周波控制）。该方法中，晶闸管的控制角为 0°。通断控制采用“零”触发控制方式，几乎不产生谐波污染。通常应用在电加热设备中。通断控制方式的负载电压波形如图 4－1－3 所示。

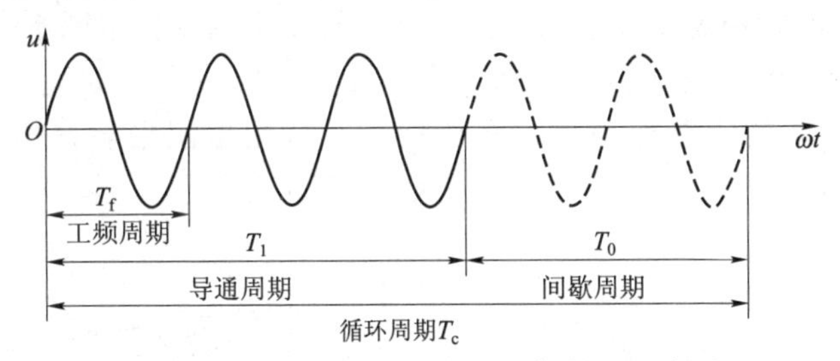

图 4－1－3　通断控制方式的负载电压波形

（2）相位控制。通过控制晶闸管的触发延迟角 α，得到不同的负载电压波形，如图 4－1－4所示，从而起到调节电压的作用。相位控制输出电压较为准确，调速精度较高，快速性好，低速时转速脉动较小，但这种控制方式，会产生成分复杂的谐波，对电网造成谐波污染。常用于中小功率、调速精度与稳定性要求较高的场合。

3. 交流调压调速电路的机械特性

根据电机学原理，在下述假定前提条件下：

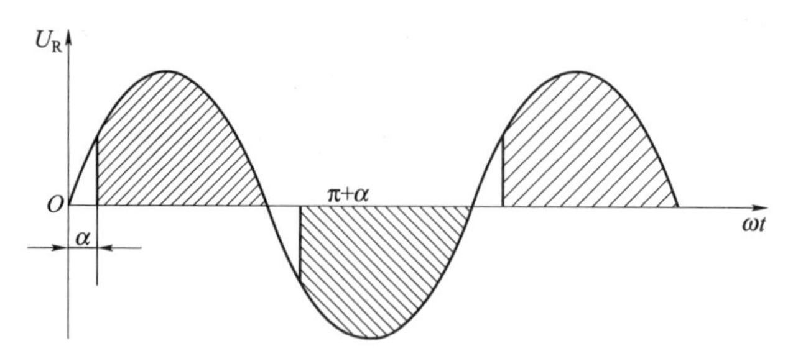

图 4-1-4　相位控制方式的负载电压波形

（1）忽略空间和时间谐波。

（2）忽略磁饱和。

（3）忽略铁损。

异步电动机的稳态等效电路如图 4-1-5 所示。

图 4-1-5 中各参量的定义如下。

R_1、R_2 为定子每相电阻和折合到定子侧的转子每相电阻。

L_{11}、L_{12} 为定子每相漏感和折合到定子侧的转子每相漏感。

L_m 为定子每相绕组产生气隙主磁通的等效电感，即励磁电感。

U_1、ω_1 为电动机定子相电压和供电角频率。

s 为转差率。

令电磁功率 $P_m=3I_2'^2R_2'/s$，同步机械角速度 $\Omega_1=\omega_1/p$，则异步电动机的电磁转矩（机械特性）方程式可简化为

$$T_e=\frac{P_m 3p}{\Omega_1\omega_1}I_2'^2\frac{R_2'}{s}=\frac{3pU_1^2R_2'/s}{\omega_1\left[\left(R_1+\frac{R_2'}{s}\right)^2+\omega_1^2(L_{11}+L_{12})^2\right]} \tag{4-1-1}$$

机械特性方程式表明，当转速和转差率一定时，电磁转矩与电压的平方成正比。这样就得到不同电压下的机械特性如图 4-1-6 所示。由图可见，带恒转矩负载 T_L 时，普通的笼形异步电动机变电压时的稳定工作点为 A、B、C，转差率的变化范围不会超过 $s=0\sim s_m$，调速范围很小。如果带风机类负载运行，则工作点在 D、E、F，调速范围可以大一些。为了能在恒转矩负载下扩大变压调速范围，常选用转子绕组电阻值较高的高转子电阻电动机（交流力矩电动机）。

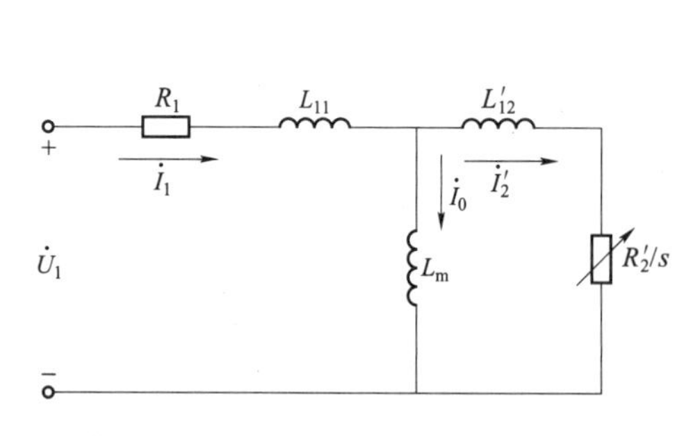

图 4-1-5　异步电动机的稳态等效电路

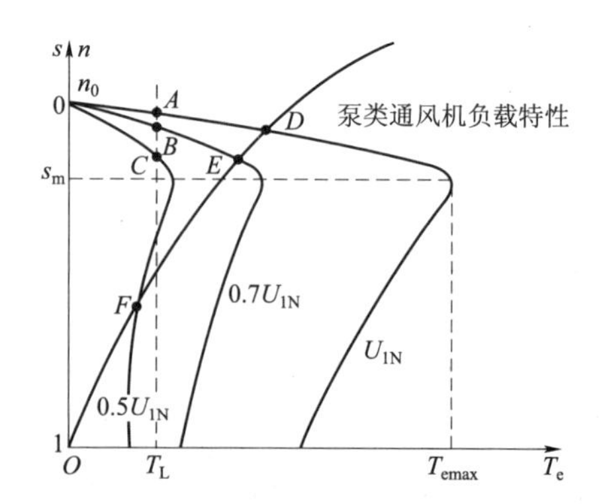

图 4-1-6　异步电动机在不同电压下的机械特性曲线

由此可知，调压调速方式适用于风机和水泵类负载。恒转矩负载则不适合长期在低速下工作，为了避免电动机过热受损，同时扩大调速范围，常采用变极调速和调压调速相结合的方法。

4. 交流异步电动机的软启动与降压节能分析

电动机启动电流过大，一方面给电动机带来很大的机械冲击，另一方面会影响其他设备的安全运行。因此，要求电动机启动时有足够大且能平稳提升的启动转矩和较小的启动功耗，即为软启动方式。软启动就是按照预先设定的控制模式对电动机进行减压启动的过程。

（1）软启动方式。交流异步电动机软启动的方式有如下几种。

①传统的减压启动方式。

②晶闸管减压软启动器。

③变频软启动方式。

减压启动的目的是为了减小启动电流，从而减小启动过程中的功率损耗，但是由于降低电压的同时也降低了电动机的启动转矩，因此对于需要重载启动的电动机不能采用减压启动方式，而应采用变频软启动方式。

（2）晶闸管减压软启动方式主要有限流软启动、电压斜坡启动、转矩控制启动、加突跳转矩控制启动和电压控制启动等。

①限流软启动。在电动机启动过程中限制启动电流不超过某一设定值（I_m），主要用于轻载启动。优点为启动电流小，可按需要调整，对电网电压影响小。但启动转矩不能保持最大，启动时间相对较长。

②电压斜坡启动。输出电压按预先设定的斜坡线性上升，主要用于重载启动。特点为启动电流相对较大，启动转矩小，且转矩特性呈抛物线形上升，对启动不利，启动时间长，对电动机不利。

③转矩控制启动。按电动机的启动转矩线性上升的规律控制输出电压，主要用于重载启动。优点为启动平滑、柔性好，对拖动系统有利，同时减少对电网的冲击。但启动时间较长。

④加突跳转矩控制启动。这种方式要求在启动瞬间加突跳转矩，克服拖动系统的静转矩，然后转矩平滑上升。优点为可缩短启动时间。但加突跳转矩会给电网带来冲击，干扰其他负载。

⑤电压控制启动。在保证启动压降的前提下使电动机获得最大的启动转矩，尽可能地缩短启动时间，是理想的轻载软启动方式。

5. 交流异步电动机的调压调速节能分析

1）交流异步电动机调压节能的一般情况

电动机的损耗是指输入的电功率与输出机械功率之差。功率较小的交流异步电动机的各类损耗占总损耗的比例见表 4-1-1。由表可见电动机主要损耗是铜损和铁损，共占总损耗的 86%。

表 4-1-1 三相异步电动机各类损耗占总损耗的百分比 %

定子铜损	转子铜损	铁损	杂散损耗	机械损耗
40	16	30	12	2

由相关计算可知，电动机定子端电压与负载平方根成正比。只要使电动机定子端电压随负载增加而增加，或随负载减小而减小，就可保证电动机损耗最小，使电动机始终处于最佳工作状态，使耗电量最少，从而提高其效率。但满载时，降低电压会使电动机过热。因此，应将电动机正常运行时的电压变化范围规定在额定电压的 95% ~110% 范围内。

2）交流电动机调压调速在风机水泵类负载下的节能

在风机水泵类负载下，由于其功率与转速呈二次方或三次方率的关系，而在大多数情况下，负载均在较低的工况下，通常的操作是控制压力，保持恒流量，这样，部分拖动功率就被浪费了。这时，通过对电动机进行调压调速，从而使负载达到恒压变流量的目的，节省拖动功率。

因此，电动机运行的经济性与电动机负载率、运行电压是否合理匹配有极大关系。交流异步电动机轻载降压节能，所节约的只是电动机自身的功率损耗，其数量是有限的，而应用在风机水泵类负载中进行调速，则节省的是拖动功率。

项目实施

1. 调速方案的制定与系统原理图的设计

异步电动机采用调压调速时，由于同步转速不变和机械特性较硬，因此对普通异步电动机来说其调速范围很有限，无实用价值，而对力矩电动机或线绕式异步电动机，在转子中串入适当电阻后使机械特性变软其调速范围有所扩大，但在负载或电网电压波动情况下，其转速波动较大，因此可采用双闭环调速系统解决方案。

结合较为通用的模块化电力电子实训设备，设计出双闭环三相异步电动机调压调速系统结构如图 4-1-7 所示。其主电路由三相晶闸管交流调压器及三相绕线式异步电动机组成。控制部分由速度调节器、电流调节器、转速变换、负载电流变换、触发电路、正桥功放等组成。

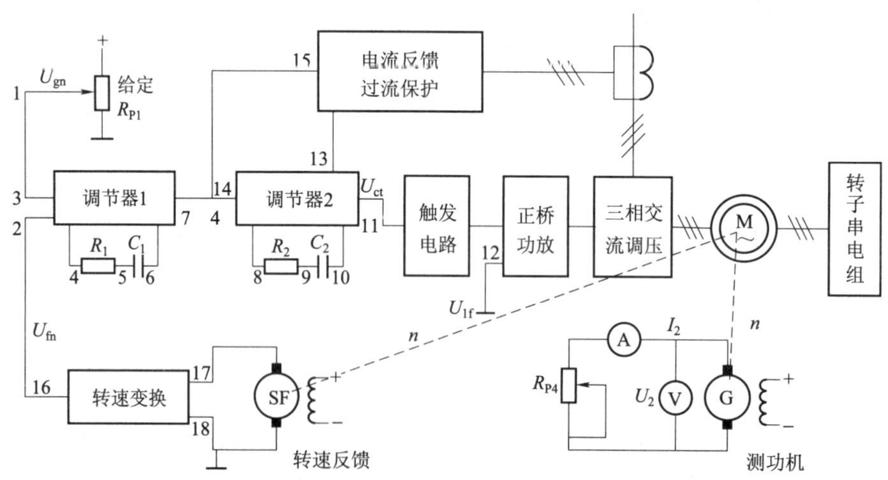

图 4-1-7 双闭环三相异步电动机调压调速系统原理图

整个调速系统采用速度和电流两个反馈控制环。这里速度环的作用基本上与直流调速系统相同，而电流环的作用则有所不同。系统在稳定运行时，电流环对电网扰动有较大的适应能力，但在启动过程中电流环仅起限制最大电流的作用，不会出现最佳启动的恒流特性，也不可能是恒转矩启动。

异步电动机调压调速系统结构简单，采用双闭环系统时静差率较小，且比较容易实现正、反转，反接和能耗制动。但在恒转矩负载下不能长时间低速运行，因为低速运行时转差功率 $P_s = SP_M$ 全部消耗在转子电阻中，使转子过热。在本设计中，“调节器 1”作为“速度调节器”使用，“调节器 2”作为“电流调节器”使用，使用不锈钢电动机导轨、涡流测功机及光码盘测速系统和电动机特性测试及控制系统两者来完成电动机加载。

2. 训练所需设施

电源控制屏包含三相电源输出等模块；晶闸管主电路；三相晶闸管触发电路，包含“触发电路”和“正反桥功放”等模块；电动机调速控制训练模组，包含给定、调节器 1、调节器 2、转速变换和电流反馈与过流保护等模块；可调电阻和电容箱；电动机导轨、光码盘测速系统及数显转速表；直流发电机；三相线绕式异步电动机；线绕式异步电动机转子专用箱；三相可调电阻；慢扫描示波器和万用表等。

3. 接线与性能测试内容

（1）按照图 4－1－7 进行接线。

（2）测定三相绕线式异步电动机转子串电阻时的机械特性。

（3）测定双闭环交流调压调速系统的静态特性。

（4）测定双闭环交流调压调速系统的动态特性。

4. 实施方法与步骤

1）调试触发电路

（1）打开总电源开关，操作电源控制屏上的三相电网电压指示开关，观察输入的三相电网电压是否平衡。

（2）打开电源控制屏上的交流调速电源开关。

（3）用 10 芯的扁平电缆，将三相同步信号输出端和三相同步信号输入端相连，打开电源开关，拨动触发脉冲指示旋钮开关，使“窄”的发光管亮。

（4）观察 A、B、C 三相的锯齿波，并调节 A、B、C 三相锯齿波斜率调节电位器，使三相锯齿波形的斜率尽可能一致。

（5）将给定输出 U_g 直接与移相控制电压 U_{ct} 相接，将给定开关 S_2 拨到接地位置（即 $U_{ct}=0$），调节偏移电压电位器，用双踪示波器观察 A 相同步电压信号和双脉冲观察孔 VT_1 的输出波形，使 $\alpha=180°$。

（6）适当增加给定 U_g 的正电压输出，观测脉冲观察孔的波形，此时应观测到单窄脉冲和双窄脉冲。

（7）用 8 芯的扁平电缆，将触发脉冲输出和触发脉冲输入相连，使得触发脉冲加到正、反桥功放的输入端。

（8）将 U_{1f} 端接地，用 20 芯的扁平电缆，将正桥触发脉冲输出端和正桥触发脉冲输入端相连，并将正桥触发脉冲的 6 个开关拨至“通”，观察正桥 $VT_1 \sim VT_6$ 晶闸管门极和阴极之间的触发脉冲是否正常。

2）控制单元调试

（1）调节器的调零。将“调节器1”所有输入端接地，再将120 kΩ的可调电阻接到调节器1的4和5两端，用导线将5和6端短接，使调节器1成为比例调节器。调节面板上的调零电位器R_{P3}，用万用表的毫伏挡测量调节器7端的输出，使输出电压尽可能接近于零。将调节器2所有输入端接地，再将13 kΩ的可调电阻接到调节器2的8和9两端，用导线将9和10端短接，使调节器2成为比例调节器。调节面板上的调零电位器R_{P3}，用万用表的毫伏挡测量调节器2的11端，使输出电压尽可能接近于零。

（2）调节器正、负限幅值的调整。直接将给定电压U_g接入移相控制电压U_{ct}的输入端，三相交流调压输出的任意两路接一电阻负载，放在阻值最大位置，用示波器观察输出的电压波形。当给定电压U_g由零调大时，输出电压U随给定电压的增大而增大，当U_g超过某一数值U'_g时，U的波形接近正弦波时，一般可确定移相控制电压的最大允许值$U_{ctmax}=U'_g$，即U_g的允许调节范围为$0\sim U_{ctmax}$。记录U'_g于表4－1－2中。将调节器1的5和6端短接线去掉，将0.47 μF的可调电容接入5和6两端，使调节器成为比例积分调节器，将调节器1的输入端接地线去掉，将给定输出端接到转速调节器的3端，当加一定的正给定时，调整负限幅电位器R_{P2}，使输出电压为－6 V；当调节器输入端加负给定时，调整正限幅电位器R_{P1}，使输出电压尽可能接近于零。把调节器2的9和10端短接线去掉，将可调电容0.47 μF接入9和10两端，使调节器成为比例积分调节器，将调节器2的输入端接地线去掉，将给定输出端接到调节器2的4端，当加正给定时，调整负限幅电位器R_{P2}，使输出电压尽可能接近于零；当调节器输入端加负给定时，调整正限幅电位器R_{P1}，使输出正限幅为U_{ctmax}。

表4－1－2　记录U'_g的值

U'_g				
$U_{ctmax}=U'_g$				

（3）电流反馈的整定。直接将给定电压U_g接入移相控制电压U_{ct}的输入端，三相交流调压输出接三相线绕式异步电动机，测量三相线绕式异步电动机单相的电流值和电流反馈电压，调节电流反馈与过流保护上的电流反馈电位器R_{P1}，使电流$I_e=1$ A时的电流反馈电压为$U_{fi}=6$ V。

（4）转速反馈的整定。直接将给定电压U_g接入移相控制电压U_{ct}的输入端，输出接三相线绕式异步电动机，测量电动机的转速值和转速反馈电压值，调节转速变换电位器R_{P1}，使$n=1\ 300$ r/min时的转速反馈电压为$U_{fn}=-6$ V。

3）机械特性$n=f(T)$的测定

（1）将“给定”电压输出直接接至移相控制电压U_{ct}，电动机转子回路接转子电阻专用箱，直流发电机接负载电阻R，并将给定的输出调到零。

（2）直流发电机先轻载，调节给定电压U_g，使电动机的端电压为U_e。转矩可按式（4－1－1）计算，式中，T 为三相线绕式异步电动机电磁转矩，I_G 为直流发电机电流，U_G 为直流发电机电压，R_a 为直流发电机电枢电阻，P_0 为机组空载损耗。

（3）调节 U_g，降低电动机端电压，在 $2/3U_e$ 时重复上述训练，以取得一组机械特性。将机械特性 $n=f(T)$ 的测量结果填入表4－1－3和表4－1－4中。

表4－1－3　在输出电压为 U_e 时

$n/(\mathrm{r\cdot min^{-1}})$							
$U_2=U_G/\mathrm{V}$							
$I_2=I_G/\mathrm{A}$							
$T/(\mathrm{N\cdot m})$							

表4－1－4　在输出电压为 $2/3U_e$ 时

$n/(\mathrm{r\cdot min^{-1}})$							
$U_2=U_G/\mathrm{V}$							
$I_2=I_G/\mathrm{A}$							
$T/(\mathrm{N\cdot m})$							

4）系统调试

（1）确定调节器1和调节器2的限幅值和电流、转速反馈的极性。

（2）将系统接成双闭环调压调速系统，电动机转子回路仍每相串3 Ω左右的电阻，逐渐增大给定电压 U_g，观察电动机运行是否正常。

（3）调节调节器1和调节器2的外接电阻和电容值（改变放大倍数和积分时间），用双踪慢扫描示波器观察突加给定时的系统动态波形，确定较佳的调节器参数。

5）系统闭环特性的测定

（1）调节 U_g 使转速为 $n=1\ 200$ r/min，从轻载按一定间隔调到额定负载，测出闭环静态特性 $n=f(T)$，将结果填入表4－1－5中。

表4－1－5　转速为1 200 r/min时

$n/(\mathrm{r\cdot min^{-1}})$	1 200						
$U_2=U_G/\mathrm{V}$							
$I_2=I_G/\mathrm{A}$							
$T/(\mathrm{N\cdot m})$							

（2）测出 $n=800$ r/min时的系统闭环静态特性 $n=f(T)$，T 可由式（4－1－1）计算，将结果填入表4－1－6中。

表 4-1-6　转速为 800 r/min 时

$n/\ (\mathrm{r \cdot min^{-1}})$	800						
$U_2=U_G/\mathrm{V}$							
$I_2=I_G/\mathrm{A}$							
$T/\ (\mathrm{N \cdot m})$							

6）系统动态特性的观察

用慢扫描示波器观察。

（1）突加给定启动电动机时的转速 n（转速变换的 3 端）、电流 I（电流反馈与过流保护的 2 端）及调节器 1 和 7 端输出的动态波形。

（2）电动机稳定运行，突加、突减负载（$20\%I_e \sim 100\%I_e$）时的 n 和 I 的动态波形。

5. 注意事项

（1）在做低速训练时，训练时间不宜过长，以免电阻器过热引起串接电阻数值的变化。

（2）转子每相串接电阻为 3 Ω 左右，可根据需要进行调节，以便系统有较好的性能。

（3）计算转矩 T 时用到的机组空载损耗 P_o 为 5 W 左右。

6. 问题思考

（1）在本项目中，三相绕线式异步电动机转子回路串接电阻的目的是什么？不串电阻能否正常运行？

（2）为什么交流调压调速系统不宜用于长期处于低速运行的生产机械和大功率设备上？

项目评价

项目 1 的考核评价见表 4-1-7。

表 4-1-7　项目 1 考核评价表

序号	评价指标	评价内容	分值	学生自评	小组评价	教师评价
1	硬件设计	原理图正确	10			
		电气接线正确	20			
2	调试	调试方法正确	10			
		调试步骤正确	20			
		功能符合要求	20			
3	安全规范与提问	符合安全操作规范	10			
		回答问题	10			
总　分			100			
问题记录和解决方法			记录任务实施中出现的问题和采取的解决方法（可附页）			

拓展训练

(1) 根据训练数据，画出开环时电动机的机械特性 $n=f(T)$。

(2) 根据训练数据，画出闭环系统静态特性 $n=f(T)$，并与开环特性进行比较。

(3) 根据记录下的动态波形分析系统的动态过程。

项目 2　双闭环三相异步电动机串级调速系统的设计

项目描述

设计一个双闭环控制的串级调速系统，使其基本工作过程为：启动初期，速度调节器处于饱和输出状态，系统相当于转速开环。随着启动过程的进行，电流调节器的输出增大，使逆变器的逆变角 β 增大，逆变电压 U_i 减少，产生直流电流 I_d，使电动机有电磁转矩而加速启动。在电动机转速未到达给定值前，调速系统始终维持动态电流 I_d 为恒定，使加速过程中逆变电压与转子整流器输出电压的变化速率相同。直到电动机的转速超调，速度调节器退出饱和，转速环才投入工作，以保证最终获得与给定转速相同的转速。

项目分析

本项目要求熟悉双闭环三相异步电动机串级调速系统的组成及工作原理；掌握串级调速系统的调试步骤及方法；了解串级调速系统的静态与动态特性等知识。设计出原理图和通用控制模块的框图，并进行实际操作。

知识链接

1. 串级调速原理及其基本类型

在对绕线转子异步电动机实施转子串电阻调速时，其转差功率消耗在电阻上，并使其发热，随着调速范围的增大，效率将进一步降低；在深调速时机械特性变软，降低了静态调速精度；调速是有级的，无法实现调速的平滑性等。为了克服上述不足，可采用串级调速方法：即绕线转子异步电动机在转子侧串入附加电动势，改变转差功率以实现转速的调节。串级调速既可向电动机转子输送转差功率并转换成机械能从转轴上输出，又可把转差功率通过逆变器回馈到交流电网。

1) 串级调速的原理

从电机学可知，异步电动机运行时其转子相电动势为

$$E_2 = sE_{20} \tag{4-2-1}$$

式中，s——异步电动机的转差率；

E_{20}——绕线转子异步电动机相电动势，或称转子开路电动势、转子额定相电压，V。

式 (4-2-1) 说明，绕线转子异步电动机工作时，$E_2 \propto s$。

当绕线转子异步电动机正常工作在固有机械特性时，转子相电流为

$$I_2 = \frac{sE_{20}}{\sqrt{R_2^2 + (sX_{20})^2}} \tag{4-2-2}$$

式中，R_2——转子绕组每相电阻，Ω；

X_{20}——$s=1$ 时转子绕组每相漏抗。

若在转子回路中串入一个可以控制的、频率与 E_{20} 相同的交流附加电动势 E_{add}，并且相位既可同相又可反相，则转子相电流为

$$I_2 = \frac{sE_{20} \pm E_{add}}{\sqrt{R_2^2 + (sX_{20})^2}} \tag{4-2-3}$$

设绕线转子异步电动机拖动恒转矩负载，当加入同相位的附加电动势 E_{add}后，由于负载转矩恒定，s 必然减小，则可使电动机转速升高。此时式（4－2－2）与式（4－2－3）相等，则有：

$$\frac{sE_{20} \pm E_{add}}{\sqrt{R_2^2 + (sX_{20})^2}} = I_2 = \frac{sE_{20}}{\sqrt{R_2^2 + (sX_{20})^2}} \tag{4-2-4}$$

同理，若串入反相位附加电动势 E_{add}，可使电动机转速降低。因此，在绕线转子异步电动机转子侧串入一可控的附加电动势，就可实现电动机的调速。

2）串级调速的 5 种工况

从功率传送的角度看，用控制异步电动机转子中转差功率的大小与流向来实现对电动机转速的调节。忽略机械损耗和杂散损耗，异步电动机的功率关系为

$$P_m = sP_m + (1-s)P_m \tag{4-2-5}$$

式中，P_m——从电动机定子传入转子（或由转子传出给定子）的电磁功率，W；

$sP_m = P_s$——转差功率，W；

$(1-s)P_m$——电动机轴上输出或输入的功率，W。

由于转子侧串入附加电动势的极性和大小不同，s 和 P_m 必然出现可正可负的情况，因此有 5 种工作状况。各种工况及其功率传递关系如图 4－2－1 所示。

（1）电动机在低同步转速下做电动运行。若在转子侧每相串入反相附加电动势，电动机减速，所以 $s<s_n$（$0<s<1$），由于电动机在低于同步转速下工作，故称为低同步转速下做电动运行。电动机的功率传递的路径如图 4－2－1（a）中的箭头指向。对照式（4－2－4）可知，从定子侧输入功率，轴上输出机械功率，而转差功率在扣除了转子损耗后从转子侧回馈电网。

（2）电动机在反转时做倒拉制动运行。设电动机拖动位能性恒转矩负载，当在电动机转子侧接入较大数值的反相附加电动势时，就能使电动机反转进入倒拉制动运行状态，$s>1$。如图 4－2－1（b）中箭头表示电动机拖动位能性负载时的功率传递的路径。由于 $s>1$，表明由电网输入电动机定子的功率和由负载输入电动机轴的功率两部分合成转差功率，并从转子侧馈送给电网。

（3）电动机在超同步转速下做回馈制动。进入这种运行状态的必要条件是有位能性机械外力作用在电动机轴上，并使电动机能在超过其同步转速 n_0 的情况下运行（例如，电力机车下坡时，电动机处于发电回馈制动状态）。图 4－2－1（c）中箭头表示电动机超同步转

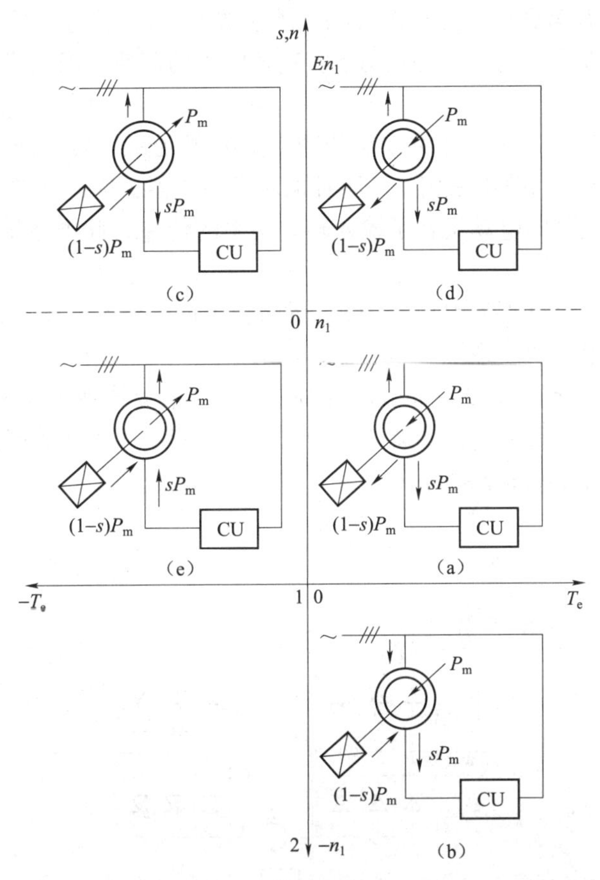

图 4－2－1　异步电动机在转子附加电动势时的工况及功率传递关系

速回馈制动状态时的功率传递的路径。此时电动机处于发电制动状态，电动机释放的功率由负载通过电动机轴输入，经过机电能量变换分别从电动机定子侧与转子侧回馈到电网。

（4）电动机在超同步转速下做电动运行。设电动机原在固有特性的 $0<s<1$ 之间做电动运行，若在转子侧加入 $+E_{add}$，电动机加速后在超同步转下稳定电动运行，$s<0$，此时，电动机转轴上输出的功率比额定功率还要高。图 4－2－1（d）中箭头表示电动机超同步转速电动状态时的功率传递的路径。此时电动机轴上的输出功率是由定子侧与转子侧两部分输入功率合成的，电动机处于定、转子双输入状态，即“双馈”状态，这一特殊工况可使电动机的输出功率超过额定功率。

（5）电动机在低于同步转速下做回馈制动运行。设电动机原在固有特性的 $0<s<1$ 之间做电动运行，且拖动反抗性负载。若在转子侧加入 $-E_{add}$，必须满足 $|-E_{add}|>sE_{20}$，I_2 将变为负值，电动机进入发电回馈制动状态（$0<s<1$），图 4－2－1（e）中箭头表示电动机的功率传递的路径。此时转子从电网获取转差功率，回馈电网的功率一部分由负载的机械功率转换得到，不足的部分由转子提供。

3）串级调速系统类型

根据功率变换单元实现功率传递的方向不同，串级调速系统分为超同步串级调速系统和低同步串级调速系统。

(1) 超同步串级调速系统。此类系统的功率变换单元采用变频器，它能全部实现5种工况的运行，特别是因为在电动运行状态下实现超同步的调速，因此称这种调速系统为超同步串级调速系统。

(2) 低同步串级调速系统。此类系统的功率变换单元采用转子回路中串入直流附加电势 E_{add}。由于电动机转子回路中采用了不可控的转子整流器，因此转差功率只能单方向回馈到电网，而无法实现电网向电动机转子输入转差功率的传递。此类系统只能实现上述 (1)、(2)、(3) 三种工况的运行。

根据功率变换单元提供直流附加电势 E_{add} 的装置不同，低同步串级调速系统又分为电气串级调速系统和机械串级调速系统。

①电气串级调速系统（又称 Scherbius 系统）。电气串级调速系统原理如图4-2-2所示，通过改变逆变角 β 实现电动机的调速。增大 β 值可使电动机在较高的转速下运行，减小 β 值可使电动机在较低的转速下运行。

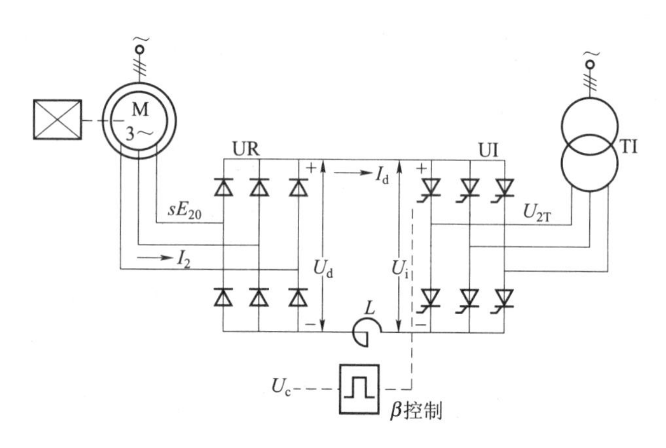

图4-2-2 电气串级调速系统原理图

UR—转子整流器；UI—可控逆变器；TI—逆变变压器

②机械串级调速系统（又称 Kramer 系统）。机械串级调速系统原理如图4-2-3所示，拖动异步电动机与直流电动机同轴连接，共同作为负载的拖动电动机。通过改变直流电动机的励磁电流 I_f 就可调节交流电动机的转速。增大 I_f，则 E 相应增大，使直流回路电流 I_d 减小，电动机则减速，直到新的平衡状态，在较大的转差率下稳定运行。同理，减小 I_f，则 E 相应减小，使直流回路电流 I_d 增大，电动机则升速，可使电动机在较高转速下运行。该调速系统属于恒功率调速系统。

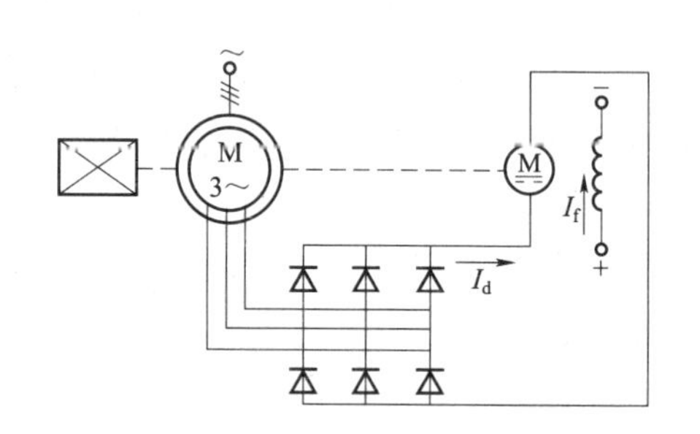

图4-2-3 机械串级调速系统原理图

2. 串级调速系统的效率

效率是衡量调速系统优劣的重要指标之一，通过能量关系分析，可得串级调速系统的功率走向流图，如图4-2-4所示。

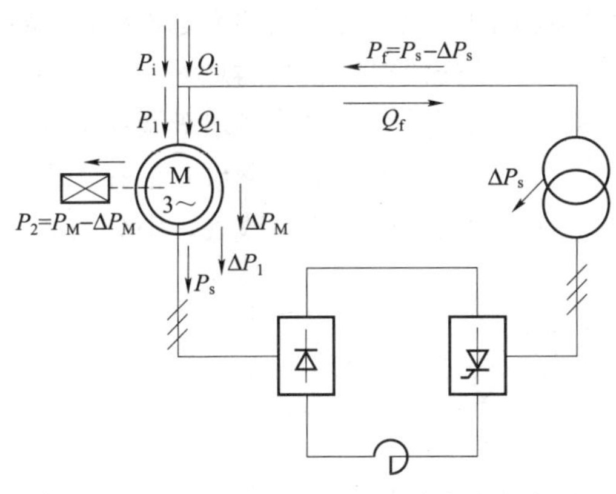

图 4-2-4　串级调速系统的功率走向流图

其中，P_1——输入异步电动机定子的有功功率，W；

ΔP_1——定子损耗（定子铜耗与铁耗），W；

P_m——旋转磁场传送到电动机转子上的电磁功率，W；

$P_M=(1-s)P_m$——机械功率，W；

$P_s=sP_m$——转差功率，W；

ΔP_M——机械损耗，W。

整个系统从电网吸收的有功功率 $P_i=P_1-P_f$。

从电动机转轴上的输出功率 $P_2=P_M-\Delta P_M$。

串级调速系统的总效率 η 是指电动机轴上的输出功率 P_2 与从系统电网输入的有功功率 P_i 之比，为

$$\begin{aligned}\eta &= \frac{P_2}{P_i}\times 100\% = \frac{P_M-\Delta P_M}{P_1-P_f}\times 100\%\\ &=\frac{P_M-\Delta P_M}{P_M+\Delta P_1+\Delta P_s}\times 100\%\\ &=\frac{P_m(1-s)-\Delta P_M}{P_m(1-s)+\Delta P_1+\Delta P_s}\times 100\%\\ &\approx\frac{P_m(1-s)}{P_m(1-s)+\Delta P_s}\times 100\%\end{aligned}$$

上式中，ΔP_M 和 ΔP_1 相对 P_m 比较小，串级调速系统的总效率也就较高，并且随着电动机转速的降低，η 减少并不多。表 4-2-1 为电气串级调速与转子串电阻调速的效率比较，从表中可以看出，调速范围大时，串级调速比转子回路串电阻调速有更高的效率。

表 4-2-1　电气串级调速与转子串电阻调速的效率　　%

	调速方式	负载特性	效度			
			100	80	60	40
总效率	转子串电阻	恒转矩	95	76	56	37
		风机型	95	78	63	48
	电气串级	恒转矩	92	90	88	82
		风机型	92	90	82	75

3. 串级调速系统的功率因数

串级调速系统的功率因数与系统所采用的异步电动机、转子整流器和可控逆变器三大部分有关。异步电动机本身的功率因数会随负载的减轻而下降，而转子整流器的换相重叠角和强迫延迟导通等作用都会通过电动机从电网吸收换相无功功率，所以，在串级调速时电动机的功率因数要比正常接线时降低 10% 以上。另外，逆变器的相控作用使其电流与电压不同

相，也要消耗无功功率，在串级调速系统中，从交流电网吸收的总有功功率是电动机吸收的有功功率与逆变器回馈至电网的有功功率之差。然而，从交流电网吸收的总无功功率却是电动机和逆变器所吸收的无功功率之和。因此，低速时功率因数会更降低。串级调速系统在高速运行时的功率因数只有0.6~0.65，比正常接线下的电动机功率因素少0.1左右。这也是串级调速的主要缺点。可采取如下措施对串级调速系统的功率因数进行改善。串级调速系统总功率因数为：

$$\cos\varphi = \frac{P_i}{S} = \frac{P_1 - P_f}{\sqrt{(P_1 - P_f)^2 + (Q_1 + Q_f)^2}}$$

式中，S——系统总视在功率；

Q_1——电功机从电网吸收的无功功率；

Q_f——逆变变压器从电网吸收的无功功率。

（1）采用移相电力电容器补偿无功功率，电容器的接线方式有如下几种。

①接在进线电网侧。

②接在逆变变压器的一次侧。

③接在逆变变压器的二次侧。

（2）采用强迫换流式逆变器产生超前无功功率。

（3）采用斩波控制的功率变换单元。

4. 串级调速系统的机械特性

在串级调速系统中由于电动机定子电源的频率不变，同步转速也不变，但它的理想空载转速却是可以调节的。串级调速系统工作时，异步电动机转子绕组虽不串接电阻，但由于在转子回路中接入了两套整流装置、平波电抗器、逆变变压器等，再加上线路电阻，实际上相当于在转子回路中接入了一定数值的等效电阻和电抗。在任何转速下都影响电动机的性能，即使电动机在最高转速下运行时也一样。因此，串级调速系统转速不可能达到额定值。在串级调速时，异步电动机能产生的最大电磁转矩仅为固有最大转矩的0.826。

5. 串级调速装置的电压和容量

串级调速装置是指整个串级调速系统中除异步电动机以外，为实现串级调速而附加的所有功率部件。串级调速装置的容量主要是指转子整流器、逆变器和逆变变压器的容量，选择依据是电流与电压的定额。定额电流大于异步电动机转子额定电流 I_{2N} 和负载电流中的大者；定额电压根据调速范围 D 取大于异步电动机转子额定电压 E_{20} 的最大值。

项目实施

1. 双闭环控制的串级调速系统的设计

根据上述分析与研究，异步电动机串级调速系统是较为理想的节能调速系统，采用电阻调速时转子损耗为 $P_s = sP_m$，这说明了随着 s 的增大，效率 η 降低，如果能把转差功率 P_s 的一部分回馈电网就可提高电动机调速时的效率，串级调速系统采用了在转子回路中附加电势的方法，通常使用的方法是将转子三相电动势经二极管三相桥式不控整流得到一个直流电压，由晶闸管有源逆变电路来改变转子的反电动势，从而方便地实现无级调速，并将多余的能量回馈至电网，这是一种比较经济的调速方法。本项目设计的一种双闭环控制的串级调速系统的基本工作过程是：启动初期，速度调节器处于饱和输出状态，系统相当于转速开环。随着启动过程的进行，电流调节器的输出增大，使逆变器的逆变角 β 增大，逆变电压 U_i 减少，产生直流电流 I_d，使电动机有电磁转矩而加速启动。在电动机转速未达到给定值前，调速系统始终维持动态电流 I_d 为恒定，使加速过程中逆变电压与转子整流器输出电压的变化速率相同。直到电动机的转速超调，速度调节器退出饱和，转速环才投入工作，以保证最终获得与给定转速相同的转速。其原理如图 4-2-5 所示。

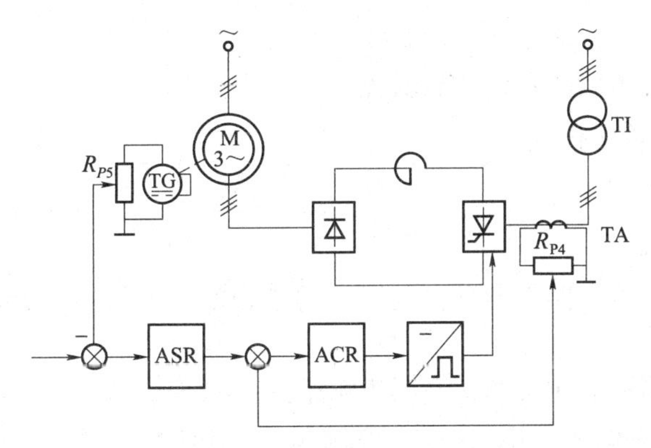

图 4-2-5　双闭环控制的串级调速系统原理图

2. 双闭环三相异步电动机串级调速系统框图的设计

由原理图知，本系统为晶闸管亚同步双闭环串级调速系统，控制系统由速度调节器、电流调节器、触发电路、正桥功放及转速变换等组成。其系统原理框图如图 4-2-6 所示。其中调节器 1 作为速度调节器使用，调节器 2 作为电流调节器使用。

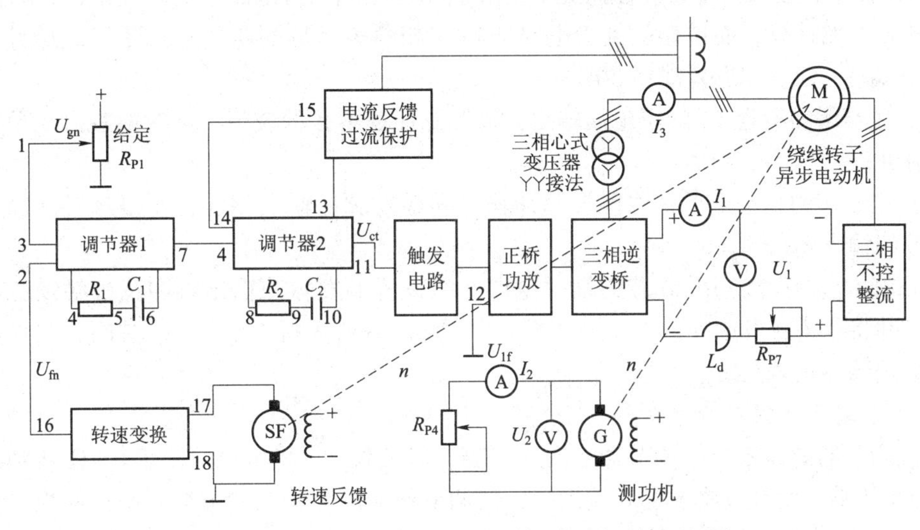

图 4-2-6　线绕式异步电动机串级调速系统原理图

3. 训练所需设施

主要模块及元器件有：包含三相电源输出等模块的电源控制屏；晶闸管主电路；三相晶

闸管触发电路（包含触发电路和正、反桥功放等模块）；电动机调速控制训练（包含给定、调节器1、调节器2、转速变换、电流反馈与过流保护等模块），可调电阻、电容箱；变压器训练（包含三相不控整流和心式变压器等模块）；电动机导轨、光码盘测速系统及数显转速表；直流发电机；三相线绕式异步电动机；三相可调电阻和慢扫描示波器与万用表等。

4. 接线与性能测试内容

（1）按要求进行接线。

（2）控制单元及系统调试。

（3）测定开环串级调速系统的静态特性。

（4）测定双闭环串级调速系统的静态特性。

（5）测定双闭环串级调速系统的动态特性。

5. 实施方法与步骤

1）“触发电路”调试

（1）打开总电源开关，操作电源控制屏上的三相电网电压指示开关，观察输入的三相电网电压是否平衡。

（2）打开电源控制屏上交流调速电源选择开关。

（3）用10芯的扁平电缆，将三相同步信号输出端和三相同步信号输入端相连，打开电源开关，拨动触发脉冲指示旋钮开关，使“窄”的发光管亮。

（4）观察A、B、C三相的锯齿波，并调节A、B、C三相锯齿波斜率调节电位器（在各观测孔左侧），使三相锯齿波斜率尽可能一致。

（5）将给定输出电压 U_g 直接与移相控制电压 U_{ct} 相接，将给定开关 S_2 拨到接地位置（即 $U_{ct}=0$），调节偏移电压电位器，用双踪示波器观察A相同步电压信号和双脉冲观察孔 VT_1 的输出波形，使 $\alpha=150°$（注意此处的 α 表示三相晶闸管电路中的移相角，它的0°是从自然换流点开始计算，而单相晶闸管电路的0°移相角表示从同步信号过零点开始计算，两者存在相位差，前者比后者滞后30°）。

（6）适当增加给定 U_g 的正电压输出，观测脉冲观察孔的波形，此时应观测到单窄脉冲和双窄脉冲。

（7）用8芯的扁平电缆，将触发脉冲输出和触发脉冲输入相连，使得触发脉冲加到正反桥功放的输入端。

（8）将 U_{1f}端接地，用20芯的扁平电缆，将正桥触发脉冲输出端和正桥触发脉冲输入端相连，并将正桥触发脉冲的6个开关拨至“通”，观察正桥 VT_1 ~ VT_6 晶闸管门极和阴极之间的触发脉冲是否正常。

2）控制单元调试

（1）调节器的调零。将调节器1的所有输入端接地，再将可调电阻120 kΩ接到调节器1的4和5两端，用导线将5和6端短接，使调节器1成为比例调节器。调节面板上的调零电位器 R_{P3}，用万用表的毫伏挡测量调节器1的7端的输出，使输出电压尽可能接近于零。将调节器2的所有输入端接地，再将13 kΩ的可调电阻接到调节器2的8和9两端，用导线将9和10端短接，使调节器2成为比例调节器。调节面板上的调零电位器 R_{P3}，用万用表的毫伏挡测量调节器的11端，使输出电压尽可能接近于零。

（2）调节器 1 的整定。把调节器 1 的 5 和 6 端上的短接线去掉，将 0.47 μF 的可调电容接入 5 和 6 两端，使调节器成为比例积分调节器，将调节器 1 的输入端接地线去掉，将给定输出端接到调节器 1 的 3 端。当加上一定的正给定电压时，调整负限幅电位器 R_{P2}，使输出电压为 −6 V；当调节器输入端加负给定电压时，调整正限幅电位器 R_{P1}，使输出电压尽可能接近于零。

（3）调节器 2 的整定。把调节器 2 的 9 和 10 端上的短接线继续短接，使调节器成为比例调节器，将调节器 2 的输入端接地线去掉，将给定输出端接到调节器 2 的 4 端。当加正给定电压时，调整负限幅电位器 R_{P2}，使输出电压尽可能接近于零；把调节器 2 的输出端与移相控制电压 U_{ct}端相连，当调节器输入端加负给定电压时，调整正限幅电位器 R_{P1}，使脉冲停在逆变桥两端的电压为零的位置。去掉 9 和 10 两端的短接线，将 0.47 μF 的可调电容接入 9 和 10 两端，使调节器成为比例积分调节器。

（4）电流反馈的整定。直接将给定电压 U_g 接入移相控制电压 U_{ct}的输入端，三相交流调压输出接三相线绕式异步电动机，测量三相线绕式异步电动机单相的电流值和电流反馈电压，调节电流反馈与过流保护上的电流反馈电位器 R_{P1}，使电流 $I_e = 1$ A 时的电流反馈电压为 $U_{fi} = 6$ V。

（5）转速反馈的整定直接将给定电压 U_g 接入移相控制电压 U_{ct}的输入端，输出接三相线绕式异步电动机，测量电动机的转速值和转速反馈电压值，调节转速变换电位器 R_{P1}，使 $n = 1\ 200$ r/min 时的转速反馈电压为 $U_{fn} = -6$ V。

3）开环静态特性的测定

（1）将系统接成开环串级调速系统，直流回路电抗器 L_d 接 200 mH，利用三相不控整流桥将三相线绕式异步电动机转子三相电动势进行整流，逆变变压器采用三相心式变压器，星形 - 星形接法，其中高压端 A、B、C 接电源控制屏的主电路电源输出，中压端 A_m、B_m、C_m 接晶闸管的三相逆变输出。R（将 D42 三相可调电阻的两个电阻接成串联形式）和 R_m（将 D42 三相可调电阻的两个电阻接成并联形式）调到电阻阻值最大时才能开始试验。

（2）测定开环系统的静态特性 $n = f(T)$，T 可按交流调压调速系统的同样方法来计算。在调节过程中，要时刻保证逆变桥两端的电压大于零。将测定结果填入表 4 - 2 - 2 中。

表 4 - 2 - 2　开环系统的静态特性 $n = f(T)$

n/（r·min^{-1}）							
$U_2 = U_G$/V							
$I_2 = I_G$/A							
T/（N·m）							

4）系统调试

（1）确定调节器 1 和调节器 2 的转速以及电流反馈的极性。

（2）将系统接成双闭环串级调速系统，逐渐增加给定电压 U_g，观察电动机运行是否正常，β 应在 30° ~ 90°移相，当一切正常后，逐步把限流电阻 R_m减小到零，以提升转速。

（3）调节调节器 1 和调节器 2 外接的电阻和电容值（改变放大倍数和积分时间），用慢扫描示波器观察突加给定时的动态波形，确定较佳的调节器参数。

5）双闭环串级调速系统静态特性的测定

将双闭环串级调速系统静态特性的测定结果分别填入表 4－2－3 和表 4－2－4 中。

表 4－2－3　测定 n 为 1 200 r/min 时的系统静态特性 $n=f(T)$

$n/(\mathrm{r\cdot min^{-1}})$	1 200						
$U_2=U_G/\mathrm{V}$							
$I_2=I_G/\mathrm{A}$							
$T/(\mathrm{N\cdot m})$							

表 4－2－4　n 为 800 r/min 时的系统静态特性 $n=f(T)$

$n/(\mathrm{r\cdot min^{-1}})$	800						
$U_2=U_G/\mathrm{V}$							
$I_2=I_G/\mathrm{A}$							
$T/(\mathrm{N\cdot m})$							

6）系统动态特性的测定

用双踪慢扫描示波器观察并用记忆示波器记录。

（1）突加给定电压启动电动机时，转速 n（转速变换的 3 端）和电动机定子电流 I（电流反馈与过流保护的 2 端）的动态波形。

（2）电动机稳定运行时，突加、突减负载（$20\%I_e \sim 100\%I_e$）时 n 和 I 的动态波形。

6. 注意事项

（1）在训练过程中应确保 $\beta<90°$，不得超过此范围。

（2）逆变变压器为三相心式变压器，其二次侧三相电压应对称。

（3）应保证有源逆变桥与不控整流桥之间直流电压极性的正确性，严防顺串短路。

项目评价

项目 2 的考核评价见表 4－2－5。

表 4－2－5　项目 2 考核评价表

序号	评价指标	评价内容	分值	学生自评	小组评价	教师评价
1	硬件设计	原理图正确	10			
		电气接线正确	20			
2	调试	调试方法正确	10			
		调试步骤正确	20			
		功能符合要求	20			
3	安全规范与提问	符合安全操作规范	10			
		回答问题	10			
总　分			100			
问题记录和解决方法			记录任务实施中出现的问题和采取的解决方法（可附页）			

拓展训练

（1）如果逆变装置的控制角 $\beta > 90°$ 或 $\beta < 30°$，检查主电路会出现什么现象？并分析为什么要对逆变角 β 的调节范围作一定的要求。

（2）设计一个开环串级调速系统，进行机械特性测试，并与电动机本身的固有特性相比较。

（3）根据动态波形，分析系统的动态过程。

项目 3　应用 PLC 与变频器控制电动机的定速正、反转

项目描述

设计一种可通过 PLC 控制变频器，以设定频率运行的正－停－反控制的电气控制原理，设计出 PLC 梯形图程序，并能进行模拟运行。

项目分析

需要掌握变频器基本功能参数的设置方法和变频器内、外部控制电动机运行的方法，理解各相关指令的含义，了解变频器控制参数的设置与调整、参数清零指令的使用。根据控制要求，列出 PLC 控制 I/O 口（输入/输出）元器件地址分配表，设计梯形图及总的电气控制原理图、PLC 控制 I/O 口（输入/输出）接线图。能正确将所编程序输入 PLC，进行变频器的安装与接线，按照被控设备的动作进行模拟调试等。

知识链接

1. 变频调速的原理与发展方向

变频技术简单地说就是把直流电逆变成不同频率的交流电，或是把交流电变成直流电再逆变成不同频率的交流电，或是把直流电变成交流电再把交流电变成直流电。变频技术的类型与应用领域如下。

（1）交－直变频技术（整流技术），即通过二极管整流、二极管续流或晶闸管、功率晶体管可控整流实现交－直（0 Hz）功率转换。这种转换多属于工频整流。

（2）直－直变频技术（斩波技术），即通过改变电力电子器件的通断时间，脉冲宽度不变，改变脉冲频率（定宽变频）；或脉冲频率不变，改变脉冲的宽度（定频调宽），从而达到调节直流平均电压的目的。

（3）直－交变频技术，利用电子放大器件将直流电变成不同频率的交流电甚至电磁波，称为振荡技术；利用功率开关将直流电变成不同频率的交流电，称为逆变技术。如果输出的交流电频率、相位、幅值与输入的交流电相同，称为有源变频技术；否则称为无源变频技术。

（4）交－交变频技术（移相技术），它通过控制电力电子器件的导通与关断时间，实现

交流无触点开关、调压、调光、调速等目的。

（5）交－直－交变频技术，先将交流电变成直流电，再将直流电变成变频、幅值可变的交流电。

变频技术随着微电子技术、电力电子技术、计算机技术、控制理论等的不断发展而发展，其功能越来越强，从起初的整流、交直流可调电源等已发展至高压直流输电、不同频率电网系统的连接、静止无功功率补偿和谐波吸收、超导电抗器的电力储存等，其应用范围也越来越广。在运输业、石油行业、家用电器、军事等领域得到了广泛的应用。如超导磁悬浮列车、高速铁路、电动汽车、机器人；采油的调速、超声波驱油、变频空调、变频洗衣机、变频电冰箱；军事通信、导航、雷达、宇宙设备的小型化电源等。

纵观变频技术的发展，其中主要是以电力电子器件的发展为基础的。第一代以晶闸管为代表的电力电子器件出现于20世纪50年代。它主要是电流控制型开关器件，实现小电流控制大功率的变换，但其开关频率低，只能导通而不能自关断。第二代电力电子器件以电力晶体管（GTR）和门极可关断（GTO）晶闸管为代表。是一种电流型自关断的电力电子器件，可方便地实现变频、逆变和斩波，其开关频率为1～5 kHz。第三代电力电子器件以双极性绝缘栅晶体管（IGBT）和电力场效应晶体管（MOSFET）为代表。它是一种电压（场控）型自关断的电力电子器件，能在任意时刻用基极（栅极、门极）信号控制导通和关断。其开关频率达到了20 kHz，甚至200 kHz以上，为电气设备的高频化、高效化、小型化创造了条件。目前所发展的第四代电力电子器件，主要有智能化功率集成电路（PIC）的智能功率模块（IPM）和集成门极换流晶闸管（IGCT）。它们实现了开关频率的高速化、低导通电压的高性能化及功率集成电路的大规模化，包括了逻辑控制、功率、保护、传感及测量等电路功能。

变频技术应用最广的是变频器。以异步电动机等设备为负载，采用交－直－交变频技术供电的通用变频器发展更快，其发展趋势具有如下特点。

（1）数控化。采用新型计算机控制，例如日本富士公司的大于或等于30 kW变频器，采用两个16位CPU，一个用于转矩计算，另一个用于数据处理，实现了转矩限定、转差补偿控制、瞬时停电的平稳恢复、自动加/减速控制及故障自诊断等。对于小于或等于22 kW变频器，采用一个32位数字信号处理器（DSP），提高了计算、检测和响应的速度，扩充和加强了其处理功能。

（2）高频化。为适应纺织和精密机械等更多领域的高速需求，变频器的频率已由过去的0～50 Hz，0～120 Hz，发展到0～400 Hz，目前已提高到600～1 000 Hz，甚至3 kHz以上。

（3）数显化。由过去的指示灯、发光二极管、LED数码管，发展到目前的液晶显示（LCD），显示行数有1～4行等。

（4）高集成化。提高集成技术及采用表面贴片技术，以便装置的容量体积比得到进一步提高。

（5）强化适应性。允许的环境温度扩展为－10～＋50 ℃（50 ℃时须卸下顶盖板）。允许的相对湿度也由过去的80%提高到90%以上。有些户外场合，特别是军事部门，都提出了全天候要求。

总之，变频技术的发展趋势是朝着高度集成化、采用表面安装技术、转矩控制高性能化、保护功能健全、操作简便化、驱动低噪声化、高可靠性、低成本和小型化的方向发展。

2. PWM 控制的基本原理

在采样控制理论中有一个重要的结论，即冲量相等而形状不同的窄脉冲加在具有惯性的环节上，其效果基本相同。冲量为窄脉冲的面积。效果基本相同，是指该环节的输出响应波形基本相同。如把各输出波形用傅里叶变换分析，则它们的低频段特性非常接近，仅在高频段略有差异。脉冲越窄，输出的差异越小。这一结论是 PWM 控制的重要理论基础。通过调节脉冲宽度和各脉冲间的“占空比”来得到一系列等幅而不等宽的脉冲代替正弦半波。

将正弦半波波形分成 N 等份，就可把正弦半波看成由 N 个彼此相连的脉冲所组成的波形。这些脉冲宽度相等，都等于 π/N，但幅值不等，且脉冲顶部不是水平直线，各脉冲的幅值按正弦规律变化。如果把该脉冲序列用间隔等于 π/N 的等幅而不等宽的矩形脉冲序列代替，使矩形脉冲的中点和相应正弦等分的中点重合，并且使矩形脉冲和相应正弦部分面积（冲量）相等，则所得到的脉冲序列即为 PWM 波形。可见，各脉冲的宽度按正弦规律变化时，PWM 波形和正弦半波的基波等效。对于正弦波的负半周，也可以用同样的方法得到 PWM 波形。像这种脉冲的宽度按正弦规律变化而和正弦波等效的 PWM 波形，也称为 SPWM 波形。

根据上述原理，在给出了正弦波频率、幅值和半个周期内的脉冲数后，PWM 波形各脉冲的宽度和间隔就可以准确计算出来。按照计算结果控制电路中各开关器件的通断，就可以得到所需要的 PWM 波形。但是，这种计算是很烦琐的，正弦波的频率、幅值等变化时，结果都要变化。较为实用的方法是采用调制的方法，即将所希望的波形作为调制信号，把接受调制的信号作为载波，通过对载波的调制得到所期望的 PWM 波形。因为等腰三角波上下宽度与高度呈线性关系且左右对称，当它与任何一个平缓变化的调制信号波相交时，如果在交点时刻控制电路中开关器件的通断，就可以得到宽度正比于信号波幅值的脉冲，这正好符合 PWM 控制的要求。因此，一般采用等腰三角波作为载波，当调制信号波为正弦波时，所得到的就是 SPWM 波形。

在半个周期内三角波载波只在一个方向变化，所得到的 PWM 波形也只在一个方向变化的控制方式称为单极性 PWM 控制方式。

在半个周期内三角波载波在正负极两个方向变化，所得到的 PWM 波形也只在两个极性方向变化的控制方式称为双极性 PWM 控制方式。

在双极性 PWM 控制方式中，同一相上下两个臂的驱动信号都互补。但实际上为了防止上下两个臂直通而造成短路，在给一个臂施加关断信号后，再延迟一段时间，才给另一个臂施加导通信号。延迟时间的长短主要由功率开关器件的关断时间决定。这个延迟时间将影响输出的 PWM 波形，使其偏离正弦波。

在 PWM 逆变电路中，载波频率与调制信号频率之比 $N=f_c/f_r$ 称为载波比，根据载波和信号波是否同步及载波比的变化情况，PWM 逆变电路可以有异步调制和同步调制两种控制方式。

1）异步调制

载波信号和调制信号不保持同步关系的调制方式称为异步方式。在异步调制方式中，调制信号频率 f_r 变化时，通常保持载波频率 f_c 固定不变，因而载波比 N 是变化的。这样，在调制信号的半个周期内，输出脉冲的个数不固定，脉冲相位也不固定，正负半周期的脉冲不对称，同时，半周期内前后 1/4 周期的脉冲也不对称。

当调制信号频率较低时，载波比 N 较大，半周期内的脉冲数较多，正、负半周期脉冲不对称和半周期内前后 1/4 周期脉冲不对称的影响都较小，输出波形接近正弦波。当调制信号频率增高时，载波比 N 减小，半周期内的脉冲数减少，输出脉冲的不对称性影响就变大，还会出现脉冲的跳动。同时，输出波形和正弦波之间的差异也变大，电路输出特性变坏。对于三相 PWM 型逆变电路来说，三相输出的对称性也变差。因此，在采用异步调制方式时，希望尽量提高载波频率，以使在调制信号频率较高时仍能保持较大的载波比，改善输出特性。

2）同步调制

载波比 N 等于常数，并在变频时使载波信号和调制信号保持同步的调制方式称为同步调制。在基本同步调制方式中，调制信号频率变化时载波比 N 不变。调制信号半个周期内输出的脉冲数是固定的，脉冲相位也是固定的。在三相 PWM 逆变电路中，通常共用一个三角波载波信号，且取载波比 N 为 3 的整数倍，以使三相输出波形严格对称，同时，为了使一相的波形正、负半周镜像对称，N 应取为奇数。

在逆变电路输出频率很低时，因为在半周期内输出脉冲的数目是固定的，所以由 PWM 产生的 f_c 附近的谐波频率也相应降低。这种频率较低的谐波通常不易滤除，如果负载为电动机，就会产生较大的转矩脉动和噪声，给电动机的正常工作带来不利影响。

同步调制方式比异步调制方式复杂一些，但使用微型计算机控制时还是容易实现的。也有的电路在低频输出时采用异步调制方式，而在高频输出时切换到同步调制方式，这种方式可把两者的优点结合起来。把逆变电路的输出频率范围划分成若干个频段，每个频段内都保持载波比 N 为恒定，不同频段的载波比不同，这种方法称为分段同步调制。在输出频率的高频段采用较低的载波比，以使载波频率不致过高。在功率开关器件所允许的频率范围内，在输出频率的低频段采用较高的载波比，以使载波频率不致过低而对负载产生不利的影响。各频段的载波比应该都取 3 的整数倍且为奇数。

3. 通用变频器的控制过程

以 PWM 方式，通过功率器件产生的高频脉冲供给负载，得到基波频率可变的负载电源频率的设备即为变频器。一般情况下，要求变频器在工作过程中，既可变频，同时也可以改变供电电压，为此，主要有三种解决方案。即不控整流 + 直流斩波 + 逆变；可控整流 + 逆变；不控整流 + PWM 逆变。在后一种方案中已形成了通用变频器系列，其中，不控整流与 PWM 逆变电路之间加电容即成为交 - 直 - 交电压型通用变频器，加电感即成为交 - 直 - 交电流型通用变频器。其中，交 - 直 - 交电压型通用变频器由主电路和控制电路组成，如图 4 - 3 - 1 所示，上方为主电路，三相交流电经 R、S、T 接入，经不可控整流得到直流电，经 C_1、C_2 滤波整流稳压后给逆变电路，在驱动电路的控制下产生既可调幅又可变频的 SPWM 信号，通过 U、V、W 供给电动机等用电设备。在直流电路中预留电抗器和制动电阻接线端子以备控制精度要求较高的场合使用。提供通断控制信号的电路称为控制电路。其主要任务是完成对逆变器开关器件的开关控制和提供各种保护功能。控制方式有模拟控制和数字控制两种。目前广泛采用的是以微处理器为核心的全数字控制技术，从而使硬件电路更为简单。并能依靠软件完成各种控制功能，充分发挥微处理器计算能力强和软件控制灵活性高的特点。控制电路主要由运算电路、信号检测电路、驱动电路、保护电路等部分组成。

主要控制过程为：在给定输入信号、设定信号确定后，运算电路将给定速度、转矩等指令信号与检测电路的电流、电压信号进行比较运算，决定变频器的输出频率和电压。将变频器和电动机的工作状态反馈至微处理器，并由微处理器按事先确定的算法进行处理，为各部分电路提供所需的控制或保护信号。控制信号经驱动电路为变频器中逆变电路的换流器件提供驱动信

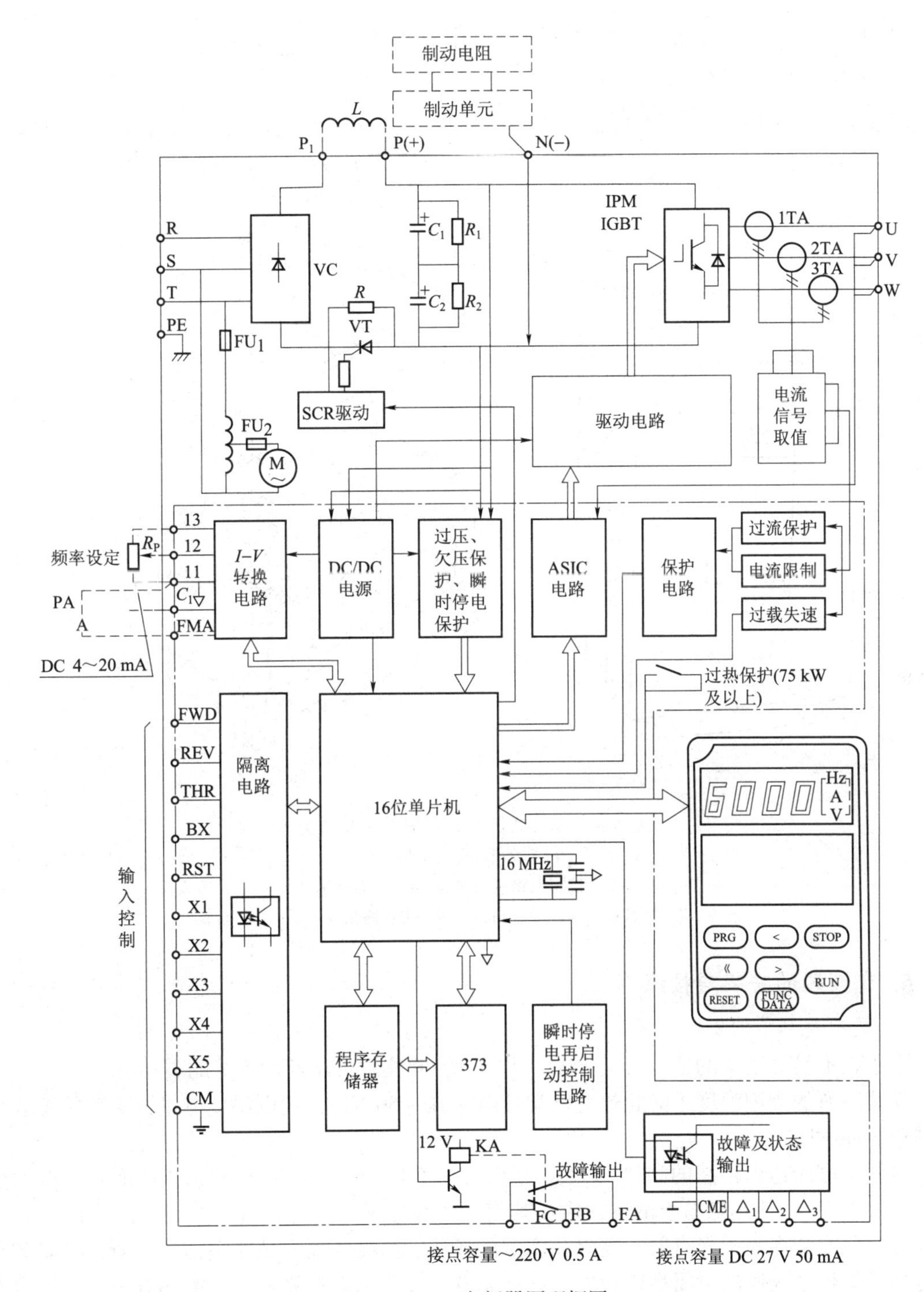

图 4－3－1　变频器原理框图

号。当逆变电路的换流器件为晶体管时，称为基极驱动电路；当逆变电路的换流器件为 SCR、IGBT 或 GTO 时，称为门极驱动电路。由保护电路及检测电路得到的各种信号进行运算处理，判断变频器本身或系统是否出现异常，当检测到出现异常时，执行处理器中的相应程序进行各种必要的处理。例如，使变频器停止工作或抑制电压、电流值等。

4. 通用变频器的结构

目前生产中应用的是通用变频器，根据功率的大小，从外形看有书本型结构（0.75 ~ 37 kW）和装柜型结构（45 ~ 1 500 kW）两种。如图 4 - 3 - 2 所示为通用变频器的外形和结构。

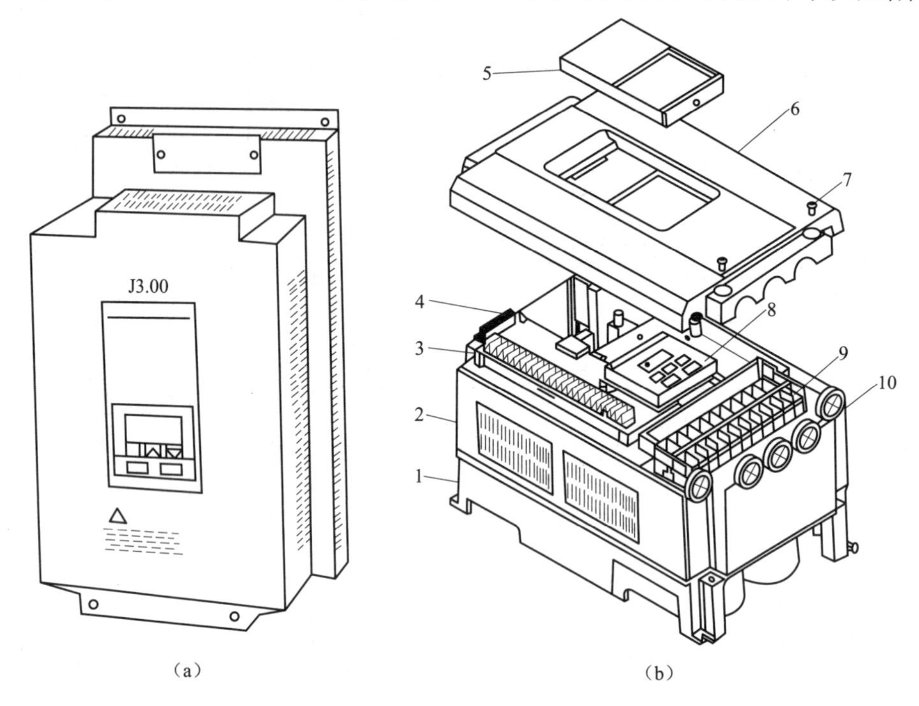

图 4 - 3 - 2 通用变频器的外形和结构

(a) 外形；(b) 结构

1—底座；2—外壳；3—控制电路接线端子；4—充电指示灯；5—防护盖板；6—前盖；7—螺钉；8—数字操作面板；9—主电路接线端子；10—接线孔

5. 变频器的安装与接线

1) 通用变频器的安装环境要求

安置在不易受震动的地方（5.9 m/s^2 以下），并注意台车及冲床等的震动。

安装场所的周围温度不能超过允许温度（-10 ~ 50 ℃），周围温度测量方法为距安装箱的周边 5 cm 处。

变频器可能达到很高的温度（最多可到 150 ℃）。须安装在不可燃的表面上（例如金属），同时，为了使热量易于散发，应在其周围留有足够的空间。如图 4 - 3 - 3 所示。

应避免安装在太阳光直射、高温和多湿的场所；将变频器安装在清洁的场所，或安装在可阻挡任何悬浮物质的封闭型屏板内。并注意变频器安装在控制柜内的散热方法。当两台或两台以上变频器以及通风扇安装在一个控制柜内时，应注意安装的正确位置，以确保变频器周围温度在允许值以内。如安装位置不正确，会使变频器周围温度上升，降低通风效果。安装方法如图 4 - 3 - 4 所示，变频器要用螺钉垂直且牢固地安装在安装板上。

2) 接线注意事项

电源一定不能接到变频器输出端上（U、V、W），否则将损坏变频器；接线后，必须将

变频器周围的空隙

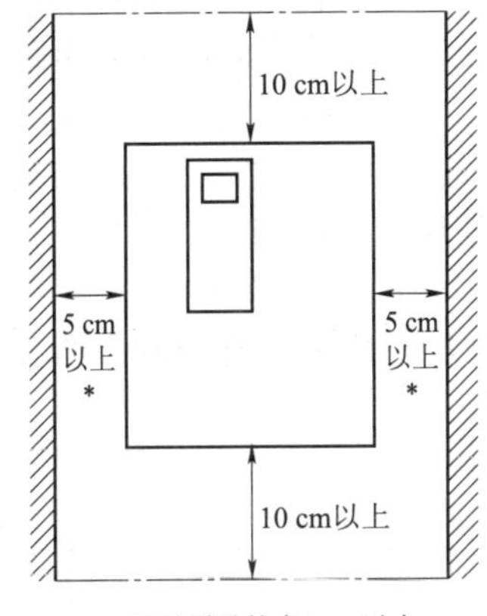

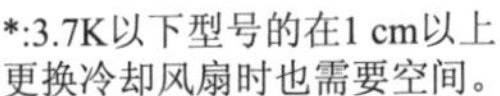

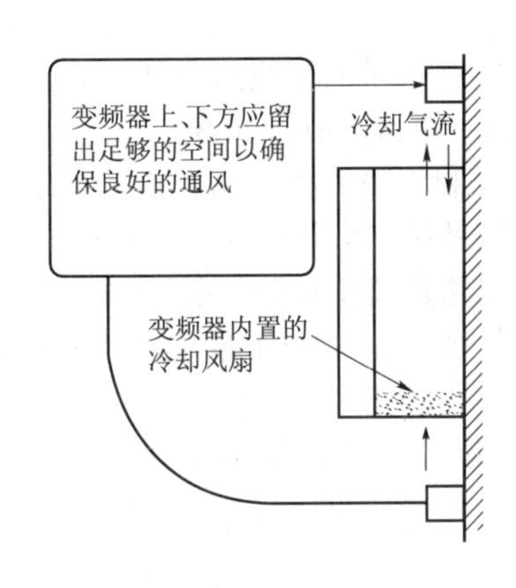

图 4－3－3　变频器的安装空间

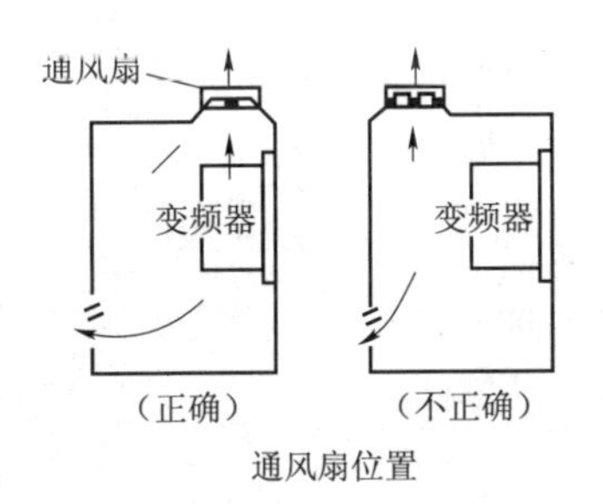

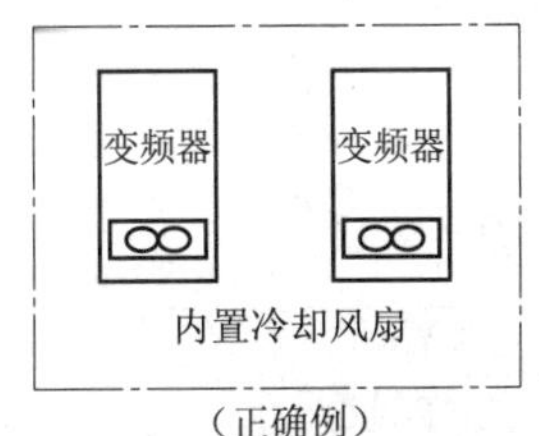

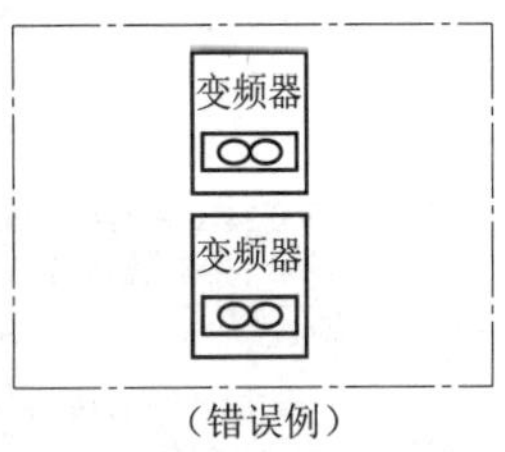

通风扇位置　　　　包括多台时

图 4－3－4　变频器安装位置参考

零碎线头清除干净，零碎线头可能造成异常、失灵和故障，必须始终保持变频器清洁。在控制台上打孔时，请注意不要使碎片粉末等进入变频器中。

选择电线型号时，应使电线上的电压下降在2%以内，变频器和电动机间的接线距离较长时，特别是低频率输出情况下，会由于主电路电缆的电压下降而导致电动机的转矩下降；布线距离最长为500 m，尤其长距离布线，由于布线寄生电容所产生的冲击电流会引起过电流保护误动作，输出侧连接的设备可能运行异常或发生故障。因此，最长布线距离必须查阅有关资料。

不要安装电力电容器、浪涌抑制器和无线电噪声滤波器在变频器输出侧。否则，将导致变频器故障或电容和浪涌抑制器的损坏；运行完后的拆线，请在电源指示灯灭后，并且断开电源 10 min 以后，用万用表等确认电压消失以后进行。因为断电后一段时间内，电容上仍然有危险的高压电。

接地注意事项如下。

（1）由于在变频器内有漏电流，为了防止触电，变频器和电动机必须接地。

（2）变频器接地用独立接地端子（不要用外壳，底盘等上的螺钉代替）。

（3）接地电缆尽量用粗的线径，接地点尽量靠近变频器，接地线越短越好。在变频器侧接地的电动机，用 4 芯电缆其中一根接地。

控制回路接线注意事项如下。

（1）端子 SD、SE 和 5 为 I/O 信号的公共端子，相互隔离，请不要将这些公共端子互相连接或接地。

（2）控制回路端子的接线应使用屏蔽线或双绞线，而且必须与主回路、强电回路（含200 V继电器程序回路）分开布线。

（3）由于控制回路的频率输入信号是微小电流，所以在接点输入的场合，为了防止接触不良，微小信号接点应使用两个并联的接点或使用双生接点。

（4）控制回路建议用0.75 mm^2的电缆接线。

如果使用1.25 mm^2或以上的电缆，在布线太多和布线不恰当时，前盖将盖不上，会导致操作面板或参数单元接触不良。

3）通用变频器各端子的名称与作用

通用变频器各端子的名称与作用如图4－3－5、表4－3－1、表4－3－2所示。

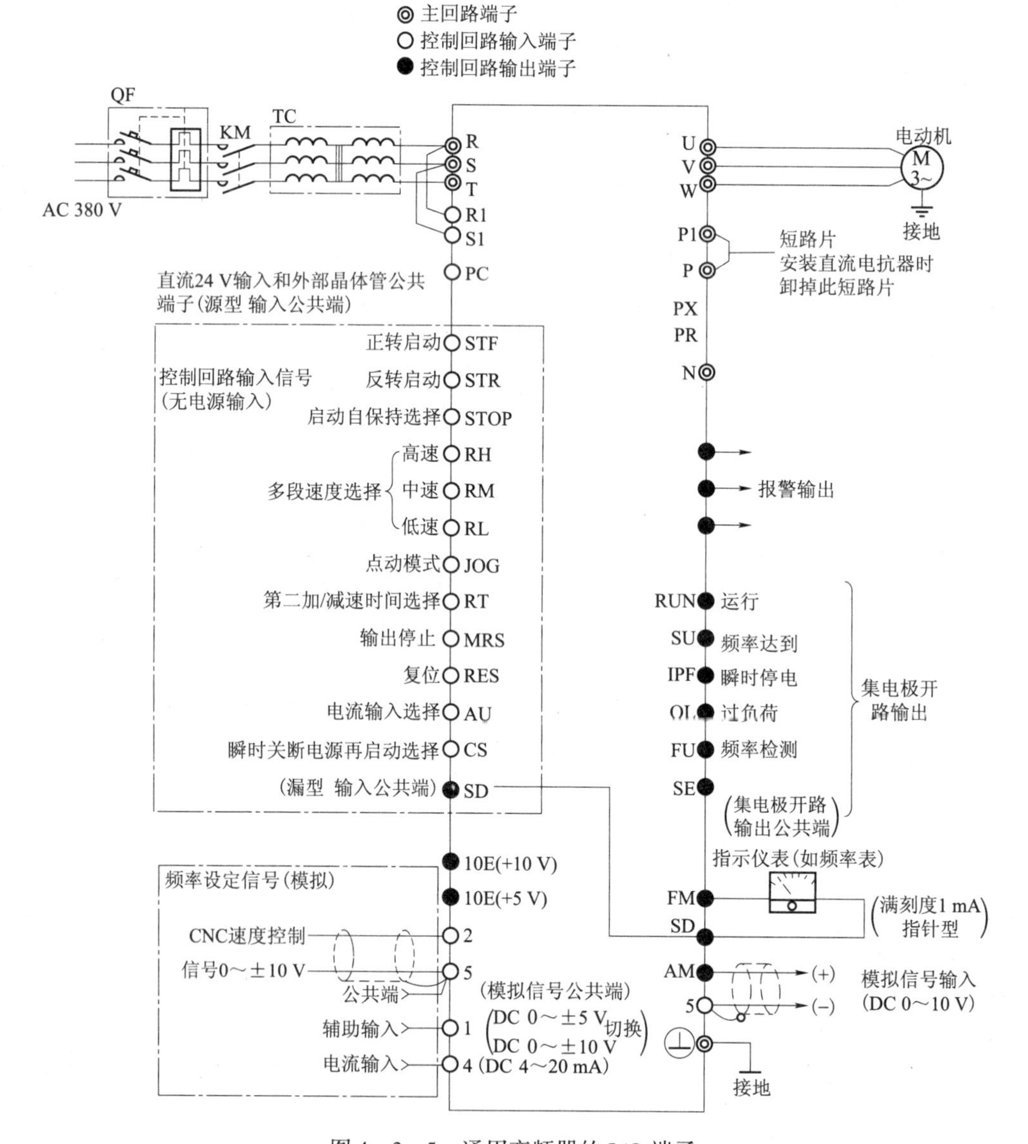

图4－3－5　通用变频器的I/O端子

表 4-3-1　与主电路相接端子的名称与作用

端子记号	端子名称	说　明
R, S, T	交流电源输入	连接工频电源
U, V, W	变频器输出	接三相笼形电动机
R1, S1	控制回路	电源与交流电源端子 R、S 连接。在保持异常显示和异常输出时，请拆下 R～R1 和 S～S1 之间的短路片，并提供外部电源到此端子
P, N	连接制动单元	连接选件 FR—BU 型制动单元或电源再生单元（FR—RC）或高功率因数转换器（FR—HC）
P, P1	连接改善功率因数 DC 电抗器	拆开端子 P～P1 间的短路片，连接选件改善功率因数用电抗器（FR—BEL）
PR, PX	厂家设定用端子	请不要接任何东西

表 4-3-2　控制端子的名称与作用

类型		端子记号	端子名称
输入信号	启动接点　功能设定	STF	正转启动
		STR	反转启动
		STOP	启动自保持选择
		RH, RM, RL	多段速度选择
		JOG	点动模式选择
		RT	第 2 加/减速时间选择
		MRS	输出停止
		RES	复位
		AU	电流输入选择
		CS	瞬停电再启动选择
		SD	公共输入端子（漏型）
		PC	直流 24 V 电源和外部晶体管公共端接点输入公共端（源型）
通信	RS—485	—	PU 接口

类型		端子记号	端子名称
模拟	频率设定	10E	频率设定用电源
		10	
		2	频率设定（电压）
		4	频率设定（电流）
		1	辅助频率设定
		5	频率设定公共端
输出信号	接点	A, B, C	异常输出
	集电极开路	RUN	变频器正在运行
		SU	频率到达
		OL	过负荷报警
		IPF	瞬时停电
		FU	频率检测
		SE	集电极开路输出公共端
	脉冲	FM	指示仪表用
	模拟	AM	模拟信号输出

4）变频器的抗干扰

变频器的抗干扰主要有外来干扰和变频器本身产生的干扰，对于外来干扰，变频器采用了高性能微处理器等集成电路，对外来电磁干扰较敏感，会因电磁干扰的影响而产生错误，对运转造成恶劣影响。外来干扰多通过变频器控制电缆侵入，所以铺设控制电缆时必须采取充分的抗干扰措施。

对于变频器本身产生的干扰，变频器的输入和输出电流的波形均不是标准正弦波，而是基波为正弦波的含有很多高次谐波的复合波形。高次谐波将以空中辐射及线路传播等方式把能量传播出去，对周围的电子设备、通信和无线电设备的工作形成干扰。因此在装设变频器时，应采取多种抗干扰措施，削弱干扰信号的强度。例如，对于通过辐射传播的无线电干扰信号，可采用屏蔽、装设抗干扰滤波器等措施来削弱干扰信号。

5）变频器电路测量仪表类型的选择

在变频器的调试及运行过程中，有时需要测量它的某些输入和输出量。由于通常使用的交流仪表都是以测量工频正弦波形为目的而设计制造的，而变频器电路中的许多量并非标准工频正弦波。因此，测量变频器电路时如果仪表类型选择不当，测量结果会有较大的误差，甚至根本无法进行测量。测量变频器电路的电压、电流和功率时可根据下列要求，选择适用的仪表。

（1）输入电压。因为是工频正弦电压，故各类仪表均可使用。

（2）输出电压。一般用整流式仪表。如选用电磁式仪表，则读数偏低。但绝对不能用数字电压表。

（3）输入和输出电流。一般选用电磁式仪表。也可选用磁电式仪表，但其反应迟钝，不适用于负载变动的场合。

（4）输入和输出功率。均可用电动式仪表。

6. 通用变频器的调试与使用

通用变频调速系统的调试工作，应遵循“先空载、继轻载、后重载”的规律进行调试。

1）通用变频器的调试

主要有通电前的检查和变频器的功能预置，变频器安装。接线完成后，通电前应进行下列检查，主要内容如下。

（1）外观、构造检查。包括检查变频器的型号是否有误、安装环境有无问题、装置有无脱落或破损、电缆截面和种类是否合适、电气连接有无松动、接线有无错误、接地是否可靠等。

（2）绝缘电阻的检查。测量变频器主电路绝缘电阻时，必须将所有输入端（R、S、T）和输出端（U、V、W）都连接起来后，再用500 V兆欧表测量绝缘电阻，其值应在10 MΩ以上（注意：不能用兆欧表测量变频器）。而控制电路的绝缘电阻应用万用表的高阻挡测量，不能用兆欧表或其他有高电压的仪表测量。

（3）电源电压检查。检查主电路电源电压是否在容许电源电压值以内。

变频器的功能预置是在变频器和具体的生产机械配用时，根据该机械的特性与要求，预先进行一系列的功能设定（如基本频率、最高频率、升降速时间及采用远程控制等），这称为预置设定，简称预置。

功能预置的方法主要有手动设定和程序设定两种，手动设定也叫模拟设定，通过电位器和多极开关设定；程序设定也叫数字设定，通过编程的方式进行设定。多数变频器的功能预置采用程序设定，通过变频器配置的键盘实现。不同变频器的键盘配置及键名差异很大，归纳起来主要有以下几种。

（1）模式转换键。用来更改工作模式，主要有显示模式、运行模式及程序设定模式等。常用的符号有MOD和PRG等。

(2) 增减键。用于改变数据。常用的符号有△或∧或↑、▽或∨或↓。有的变频器还配置了横向移位键（>或>>），以加速数据的更改。

(3) 读出、写入键。在程序设定模式下，用于读出和写入数据码。对于这两种功能，有的变频器由同一键来完成，有的则用不同的键来完成。常见的符号有SET、READ、WRT、DATA、ENTER等。

(4) 运行操作键。在键盘运行模式下，用来进行“运行”和“停止”等操作。主要有RUN（运行）、FWD（正转）、REV（反转）、STOP（停止）、JOG（点动）等。

(5) 复位键。用于故障跳闸后，使变频器恢复正常状态。键的符号是RESET（或简写为RST）。

(6) 数字键。有的变频器配置了“0～9”和小数点“.”等数字键，在设定数字码时，可直接输入所需的数据。

变频器的程序设定就是通过编写程序的方法对变频器进行功能预置。如设定启动时间和停止时间等。

现代变频器可设定的功能有数十种甚至上百种，为了区分这些功能，各变频器生产厂家都以一定的方式对各种功能进行了编码，这种表示各种功能的代码，称为功能码。不同变频器生产厂家对功能码的编制方法不尽相同。

各种功能所需设定的数据或代码称为数据码。变频器程序设定的一般步骤如下。

(1) 按模式转换键（MODE或PRG），使变频器处于程序设定状态。

(2) 按数字键或数字增减键（△、▽），找出须预置的功能码。

(3) 按读出键或设定键（READ或SET），读出该功能中原有的数据码。

(4) 如须修改，则按数字键或数字增减键来修改数据码。

(5) 按写入键或设定键（WRT或SET），将修改后的数据码写入存储器中。

(6) 判断预置是否结束，如未结束，则转入第(2)步继续预置其他功能；如已结束，则按模式转换键，使变频器进入运行状态。

变频器预置完成后，可先在输出端不接电动机的情况下，就几个较易观察的项目如升速和降速时间、点动频率等检查变频器的执行情况是否与预置相符合，并检查三相输出电压是否平衡。

以上工作完成后，可对电动机进行的空载试验，即在变频器的输出端接上电动机，并将电动机与负载脱开，进行通电试验以观察变频器配上电动机后的工作情况，并校准电动机的旋转方向。可按以下步骤进行试验。

(1) 先将频率设置于0位，接通电源后，稍微增大工作频率，观察电动机的起转情况以及旋转方向是否正确。

(2) 将频率上升至额定频率，让电动机运转一段时间，观察变频器的运行情况。如一切正常，再选若干个常用的工作频率，也使电动机运行一段时间，观察系统运行有无异常。

(3) 将给定频率信号突降至0（或按“停止”按钮），观察电动机的制动情况。

空载试验完成后，即可进行调速系统的负载试验，将电动机的输出轴与负载连接起来进行试验，主要有起转试验、启动试验和停机试验等。

①起转试验。使工作频率从0 Hz开始缓慢增加，观察拖动系统能否起转，在多大频率下起转。如起转较困难，应设法加大启动转矩。

②启动试验。将给定信号调至最大，按下启动键，观察启动电流的变化以及整个拖动系统在升速过程中是否运行平稳。如因启动电流过大而跳闸，则应适当延长升速时间。

③停机试验。将运行频率调至最高工作频率，按停车键，观察系统停机过程中是否出现因过电压或过电流而跳闸。如有，则应适当延长降速时间。当输出频率为 0 Hz 时，观察系统是否有爬行现象。如有，应适当加强直流制动。此外，还应校验电动机的发热和过载能力等性能。

2）通用变频器的使用

通用变频器属于高科技产品，要求电气工作人员在使用过程中，对其进行检查以防止不必要的损坏。并对故障现象进行适当的处理。

（1）日常检查。变频器运行过程中，可以从设备外部用目视来检查运行状况有无异常，一般检查的内容如下。

①技术数据是否满足要求，电源电压是否在允许范围内。

②冷却系统是否运转正常。

③周围环境是否符合要求。

④触摸面板显示有无异常情况。

⑤有无异常声音、异常振动、异常气味等。

⑥有无过热的迹象。

（2）定期检查。为了防止出现因元器件老化和异常等造成的故障，变频器在使用过程中必须定期进行保养维护，更换老化的元器件。在定期检查时，先停止运行，切断电源，再打开机壳进行检查。但必须注意，即使切断了电源，主电路直流部分滤波电容器放电也需要时间，须待充电指示灯熄灭后，用万用表等测量，确认直流电压已降到安全电压（DC 25 V以下）后，再进行检查。

（3）事故处理。变频器在运行中出现跳闸，即视为事故。跳闸事故的原因通常有以下 4 种类型。

①电源故障。如电源瞬时断电或电压低落出现“欠电压”显示；瞬时过电压出现“过电压”显示，都会引起变频器跳闸停机。待电源恢复正常后即可重新启动。

②外部故障。如输入信号断路，输出线路开路、断相、短路、接地或绝缘电阻很低，电动机故障或过载等，变频器即显示“外部”故障而跳闸停机，经排除故障后，即可重新启动。

③内部故障。如内部风扇断路或过热，熔断器断路，元器件过热，存储器错误，CPU 故障等，可切入工频启动运行，不致影响生产。待内部故障排除后，即可恢复变频启动并运行。

④设置不当。当参数预置后，空载试验正常，加载后出现“过电流”跳闸，可能是启动转矩设置不够或加速时间不足；也有的运行一段时间后，转动惯量减小，导致减速时“过电压”跳闸，适当增大加速时间便可解决。

（4）冗余措施。在设计过程中，为了保证生产的正常进行，应采用冗余措施设计变频器主电路与控制电路，即双保险或多保险措施。

①变频/工频切换措施。该措施以备变频装置一旦出现故障，及时切换到工频常规运行，不至于影响生产。现通用型低压变频器普遍采取综合故障报警方式，即变频器内部故障与外

部故障报警信号不能区别给出。如采用自动切换模式，则因外部故障切断工频后，将导致外部故障进一步扩大。如因电动机绝缘电阻下降引起的故障报警输出，若自动切入工频后，就会烧毁电动机。所以应采用从显示屏上识别内外故障后进行手工切换方式。

②自动/手动切换措施。对于闭环控制系统，可设置这一措施，以备一旦微型计算机或PLC等出现故障，能及时离线实施手动模拟调速控制以维持生产。

（5）应急检修。不在保修期内的变频装置一旦发生内部故障，应根据故障显示的类别和数据进行下列检查。

①打开机箱后，首先观察内部是否有断线、虚焊、烧焦气味或变质变形的元器件，如有则应及时处理。

②用万用表检测电阻的阻值和二极管、开关管及模块通断电阻，判断是否有断开或击穿的元器件。如有，则按原标称值和耐压值更换，或用同类型的元器件代替。

③用双踪示波器检测各工作点波形，采用逐级排除法判断故障的位置和元器件。在检修中应注意以下问题：严防虚焊、虚连，或错焊、连焊，或者接错线。特别要注意检查是否误将电源线接到输出端；通电静态检查指示灯、数码管和显示屏是否正常，预置数据是否适当。有条件者，可用一小电动机进行模拟动态试验，带负载试验。

项目实施

1. 电气控制原理图的设计

根据项目要求，可选择性价比较高的FX系列PLC，采用Y0、Y1控制变频器正、反转，正、反停分别由X0、X1、X2进行控制信号的给定。选用三菱FR—F540J型变频器，配套7.5 kW电动机，使用接触器进行总控。一种可通过PLC控制变频器以设定频率运行的正－停－反控制的电气控制原理如图4－3－6所示，其中，具体运行频率采用手动设置的方式进行设置。

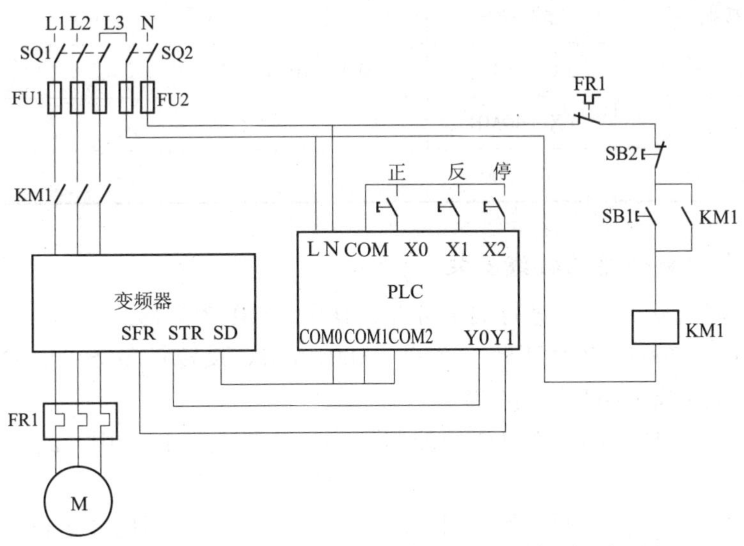

图4－3－6　PLC控制变频器运行的正、反转电气原理图

2. PLC 程序设计

根据控制要求，由前述所确定的 PLC 控制 I/O 口（输入/输出）元器件地址分配，设计的一种 PLC 梯形图参考程序，如图 4－3－7 所示。按照被控设备的动作要求利用按钮开关进行模拟调试，直到达到设计要求。

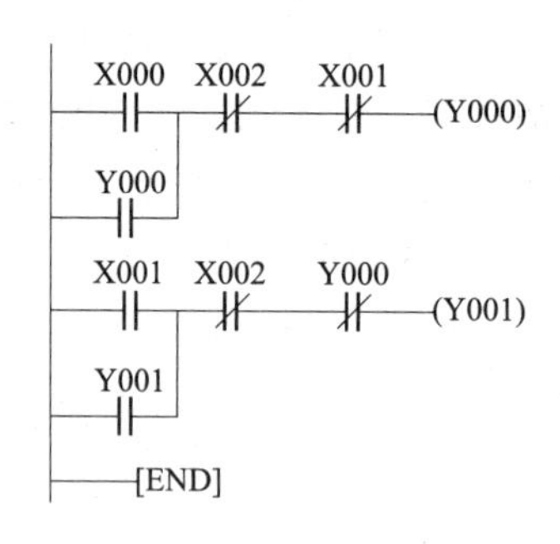

图 4－3－7　PLC 控制变频器驱动电动机正、反转梯形图

3. 电工工具、仪表及器材准备

（1）电工常用工具：如测电笔、电工钳、尖嘴钳、斜口钳、螺钉旋具（一字形与十字形）、电工刀和相序表等。

（2）仪表：万用表和兆欧表等。

（3）器材：控制板、导线、紧固件和号码管（或 E 型管）等。

（4）电气元器件见表 4－3－3。

表 4－3－3　元器件明细表

代号	名称	型号	规格	数量
M	三相异步电动机	Y—112M—4	4 kW，380 V，三角形接法，8.8 A，1 440 r/min	1
QS	组合开关	HZ10—25/3	三极，25 A	1
QS	组合开关	DZ47—60	一极，15 A　（C15 型）	1
KM	交流接触器	CJ20—20	20 A，线圈电压 380 V	1
FR	热继电器	JR16—20/3	三极，20 A、整定电流为 8.8 A	1
SB	按钮	LA4—3H	保护式，500 V，5 A，按钮数 3	5
XT	端子板	JX2—1015	500 V，10 A，15 节	1
PLC	PLC	FX—40MR		1
VF	变频器	FR—500		1

4. 正、反转控制线路的接线安装

（1）按前述的方法对 PLC 进行端子分配，其中，SB1 为外部总启动按钮，SB2 为外部总停止按钮，SB3—X000（PLC 正转）、SB4—X001（PLC 反转）、SB5—X002（PLC 停止），并按图 4－3－6 装接主电路与控制电路。

（2）根据控制要求，编制好 PLC 的控制程序，并下载到 PLC 中，或通过编程器直接写入。

（3）变频器的主要功能项目预置。检查后不接电动机进行通电试运行，并进行功能预置，完成后进行手动运行与调试。

主要参数预置范围与出厂设定见表 4－3－4。

表 4-3-4　主要参数预置范围

参数名	功　参	范　围	分辨率	出厂设定
P0	转矩提升	0～15%	0.1%	6%/4%/3%/2%
P1	上限频率	0～120 Hz	0.1 Hz	50 Hz
P2	下限频率	0～120 Hz	0.1 Hz	0 Hz
P3	基波频率	0～120 Hz	0.1 Hz	50 Hz
P4	多段高速	0～120 Hz	0.1 Hz	50 Hz
P5	多段中速	0～120 Hz	0.1 Hz	30 Hz
P6	多段低速	0～120 Hz	0.1 Hz	10 Hz
P7	加速时间	0～999 s	0.1 s	5 s/15 s
P8	减速时间	0～999 s	0.1 s	10 s/30 s
P9	过电流保护	0～100 A	0.1 A	额定输出电流

P30 为扩张功能，1 为有效，0 为无效。

P79 为操作模式选择，0～4，7，8，其中 0 为可内部操作和外部操作。3 为可用外部信号端子 SFR，STR 进行远程控制启停。运行时可用电位器或外部电流（或电压）进行频率设定。

P53 可为 0 和 1，其中 0 表示停止时设定频率，1 表示可在运行时动态设定频率。

P78 表示反转防止选择。

参数清零指令 CLR 可选择 0，1，10。

0 表示不清零，1 表示除 C1～C2 不清零，其余都清零，10 表示全部清零（出厂设置）。清零过程如下：PU - mode - P1 = 60，P2 = 5 - clr = 1 - set - mode - mode，此时，P1 = 50，P2 = 0即为出厂设置。

关联参数主要有：P38，P39，C2～C7，其含义与出厂设定如下。

- P38——频率设定电压增益频率，1～120 Hz，出厂为 50 Hz。
- P39——频率设定电流。
- C2——频率设定电压偏置频率，0～60 Hz，出厂为 0 Hz。
- C3——频率设定电压偏置，0～300% 出厂为 0%。
- C4——频率设定电压增益，0～300% 出厂为 96%。
- C5——频率设定电流偏置频率，0～60 Hz，出厂为 0 Hz。
- C6——频率设定电流偏置，0～300%，出厂为 20%。
- C7——频率设定电流增益，0～300%，出厂为 100%。

以上关联参数的具体设置值是根据外部控制信号的类型，传感器的偏差等因素，经计算后加以确定和设置。

（4）变频器的手动运行控制。线路的动作过程：合上电源开关 QS，正转控制、反转控制和停止的工作过程如下。

首先按下按钮 SB2→KM1 线圈得电→KM1 主触点闭合→变频器进线侧有电，变频器处于工作状态，进行功能预置，并设定所要的转速后，进行下述操作。

①不接电动机，正转控制：在 P30 =0 时，只须按 RUN 键即可完成电动机 M 启动连续正转工作，由于此时未接电动机，可进行升、降速时间的测试，并做进一步的调整。

②将电动机接入负载侧，按 RUN 键进行实际运行，进一步调整。

③反转控制：在停止状态下（正转时先按下按钮 STOP 键→电动机 M 快速停转），进入预置状态，使 P30 =1，P17 =1，按下 RUN 键后，电动机 M 启动连续反转。

④停止。无论在正转还是在反转状态下，按下 STOP 键，电动机 M 可在设定的时间内停转。

可见使用变频器控制的正、反转控制线路的优点是工作安全可靠，正、反转控制线路简单，并能实现电动机的无级变速。

（5）PLC 远程控制。远程控制过程如下（通电前的检查步骤如前述）：在上述步骤（4）的①至④的基础上，首先对变频器进行功能预置，将参数 P63 设置为：---（可反转启动），P78 =0（正、反转均可），P79 =3（可用 STR 和 SFR 进行控制）。这时使变频器的扩张功能有效（P30 =1），可通过 PLC 的程序控制变频器，使之以设定的频率进行正、反转启停运转的远程控制。按 SB3 按钮电动机正转，按 SB5 按钮电动机停止，再按 SB4 按钮电动机反转启动。

5. 正、反转控制线路的调试

（1）按元器件明细表将所需器材配齐并校验元器件质量。

（2）按任务 3 的实训要求进行板前布线和套编码套管。

（3）电路调试用万用表检查时，应选用电阻挡的适当挡位，并进行校零，以防错漏短路故障。

①检查主电路时，可以手动来代替受电线圈励磁吸合时的情况进行检查，如任务 3 所述。

②检查绝缘电阻，操作时，在原接线基础上，将变频器的输入和输出端子用一根导线相连，测量后及时恢复。

（4）进行控制板外部布线。

6. 注意事项

（1）电动机必须安放平稳，并将其金属外壳可靠接地。

（2）安全文明生产，做到以下几点要求。

①劳动保护用品穿戴整齐。

② 电工工具佩带齐全。

③遵守操作规程，讲文明礼貌。

④工具仪表使用正确，首次通电前要进行自查和互查，并在教师的指导下通电试验。

7. 改进设计

在现已形成的系统中，须增加正、反转切换，延时才能保证由一种转动状态切换到另一种转动状态时不产生过电压或过电流报警。如在正转时，要想转入反转运行状态，必须有一段延时时间，使正传输出频率降为零时，再进行反向启动。一种 PLC 的输出控制编程改进如图 4 -3 -8 所示。

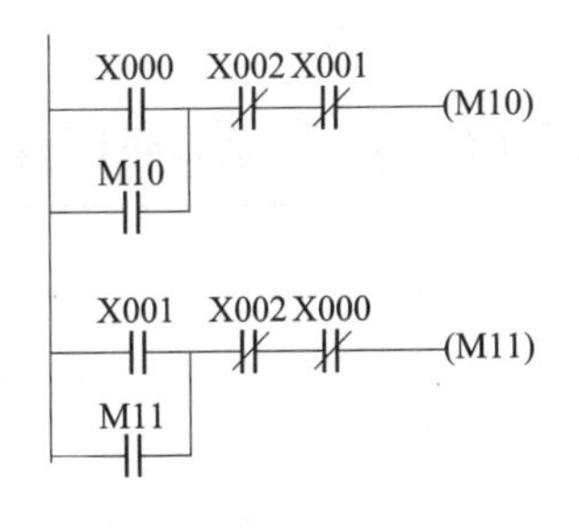

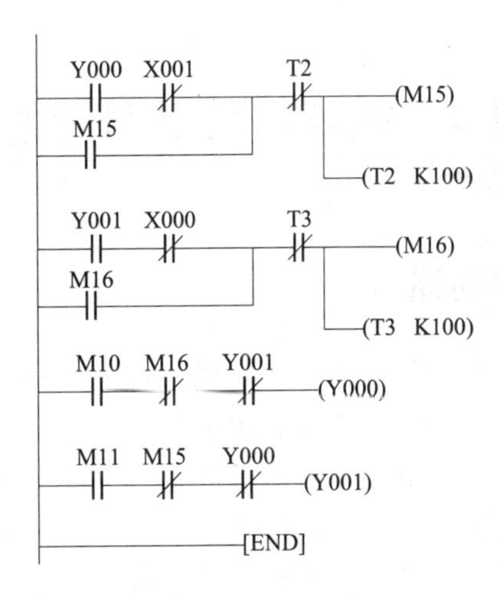

图 4－3－8　PLC 控制变频器驱动电动机正、反转（带状态转换延时控制）梯形图

项目评价

项目 3 考核评价见表 4－3－5。

表 4－3－5　项目 3 考核评价表

序号	评价指标	评价内容	分值	学生自评	小组评价	教师评价
1	硬件设计	PLC 输入、输出地址分配正确	10			
		电气接线正确	10			
2	控制程序设计	状态流程图绘制正确	20			
		控制程序编写正确	20			
		程序功能符合要求	20			
3	程序调试	程序检查、调试正确	10			
		程序标注明确、完整	10			
总　分			100			
问题记录和解决方法			记录任务实施中出现的问题和采取的解决方法（可附页）			

拓展训练

在现已形成的系统中，增加 PLC 的输出控制并编程，设置变频器的相关参数，使其具有正、反转各 3 段速运行的功能。

项目4　地源热泵空调设备中变频恒压供水系统的设计

项目描述

交流变频调速技术日益显现出优异的控制及调速性能。具有高效率、易维护等特点，已在恒压供水系统中有许多成功应用。有些场合不需要严格的比例积分微分（PID）调节就能达到控制要求，利用变频器自带的一些简单控制功能就可以实现，这样可最大限度地节约成本，提高设备的安全、可靠性。本项目要求研究并实施基于电接点压力表进行变频恒压供水控制的方法。给出所选用变频器在相应接入方法中的参数设置。

项目分析

本项目需要进行地源热泵的工作原理分析，研究系统中空调系统的结构与运行方式，设计出水温空调的供水管路系统，应用变频器实现对水温空调系统的恒压供水，研究并实施基于电接点压力表进行变频恒压供水控制的方法及其参数设置。

知识链接

1. 地源热泵相关知识

地源热泵是以地源能（土层、地下水、地表水、低温地热水或尾水）作为热泵夏季制冷的冷却源、冬季采暖供热的低温热源系统，热泵通过消耗少量高品位能源，把热量由低温级上升到高温级。从而达到采暖、制冷或供应热水的目的。它用来替代传统的用制冷机和锅炉进行空调、采暖和供热的模式，能有效改善城市大气环境，节约高品位能源。其中，水源热泵须从地下打出深度为 80 ~ 600 m 的深井，将温度为 13 ~ 30 ℃的井水取出，进行能量交换后，再将其回灌到相同水层的地层中。从而实现能量的循环利用。

在地源热泵系统中的关键技术有热泵机组集成技术、热泵系统网络化控制技术、回灌技术以及空调系统集成应用技术等。热泵控制系统是整个热泵的核心，它在控制热泵机组运行的同时，还要采集与之相关联的设备运行信息，以便进行实时控制，合理调配用户端的能量供应。目前国内常见的热泵控制系统，还是以 PLC 为核心的控制系统为主。基于单片机控制的系统也有，但是主要是数字量的开关输出控制。虽然热泵系统很节能，但是后续应用系统的控制存在缺陷，会降低节能效果。如清晨时分，很多出风口处于关闭状态，此时机组还是满负荷运行，显然是浪费能量。对于不同的运行环境，热泵各时段的使用量均有所不同，并且各环节的配合上也有所讲究，因此，根据各节点的运行状态，研究出不同使用状况下的机组最佳运行方法，对热泵机组及其控制对象进行智能化调控具有重要应用价值。

本项目从热泵机组用户的角度出发，在利用现场总线网络进行能量分配控制的框架下，应用变频调速技术实现对水温空调系统的恒压供水，设计出一种基于地源热泵技术的空调供水控制系统，从而在提高资源利用率的同时，减少高品位能源的消耗。

2. 地源热泵能量交换与空调系统管路研究

空调系统是热泵应用的核心之一，本设计中，空调系统与热水供应系统均依赖双储能系统所提供的换热介质工作，通过 CAN 总线网络实现对各系统的运行控制与状态监测。图 4－4－1所示为一种基于热泵机组的双储能缓冲装置，它也是一种热能和取暖或制冷同供的系统。通过双储能缓冲装置实现对地下水源供给系统的控制，夏季尽可能在储能装置中进行能量交换，从而能有效提高能源的利用率和热泵机组的利用率，并尽可能减少对地下水源的利用，减缓回灌井的老化。由图 4－4－1 知，两个水箱（储能装置）分别用来在夏天储存冷、热源，而在冬天储存热、热源，根据用户的使用需要通过智能化控制使装置有效工作，加大能源利用率，提高热泵机组的利用率，同时节约能源。

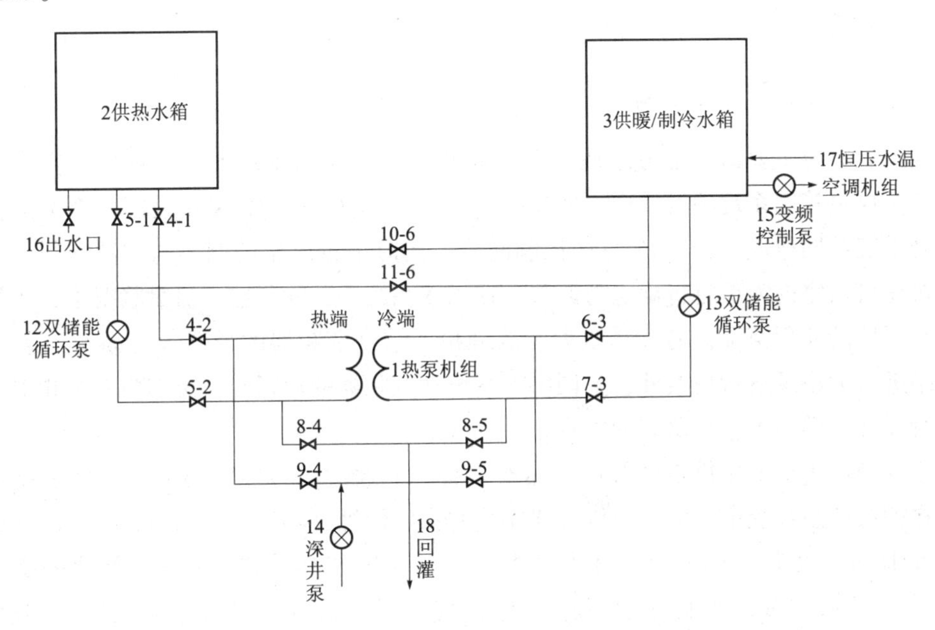

图 4－4－1　双储能缓冲装置

其工作原理为：在夏天需要同时供热水和制冷时，机组优先使用两水箱中的冷、热源，从而在制取热水的同时产生冷水，用冷水供给空调系统，实现一机两用，提高其运行的能效比，任何一方不足时，可通过智能控制方式从地下水中提取能量。

在冬天，同时供热水和供暖，此时，从地下水中提供热量分别进入两个储水箱中，两储水箱均作为供热装置。

根据用户端房间的多少配置空调器的数量，设该系统由 N 台空调器组成，这些空调器需由房间人员决定是否运行及运行时的风机转速，因此它们的运行要求各不相同，并且开停时间也不一致。这就使得该系统成为一个大变流量的恒压供水系统，在管路设计中，为了防止水锤对测试仪器产生的冲击，并对供水压力进行缓冲，本设计中采用一种储气式缓冲装置。在系统中设置一个溢流阀，增加一个工频运行小泵，这样，在需求量较小时，由小泵供水以避免变频大泵低频运行。如果用户很少时，通过溢流阀进行溢流以保证供水压力的恒定。其管路与相关装置如图 4－4－2 所示。

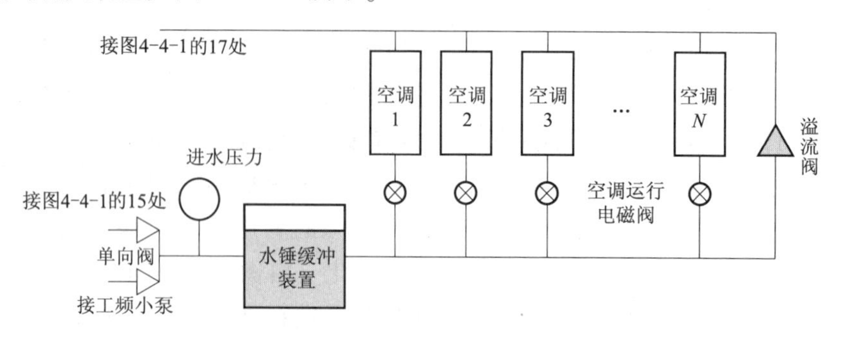

图 4－4－2　空调系统换热管路系统

项目实施

1. 空调控制系统分析与供水方案的确定

空调控制系统主要由两部分组成，即空调的风量自动调节系统和变频恒压供水控制系统。在空调风量控制系统的设计中，使每一个空调器作为一个 CAN 总线的一个节点，并与热泵控制系统共同组成一个 CAN 总线控制网络，实时进行风量的调节与控制，同时，房间换热风机还可由室内人员自行确定与调整。在供水系统中，除了在小流量状况下，主控制节点根据空调器的使用情况，通过对压力参数分析，结合变频器的最低运行频率，通过 CAN 总线网络进行大小泵运行切换外，空调供水系统在变频器的运行时，可作为一个相对独立的系统进行设计，即为本项目研究的内容。

使用变频器进行恒压供水的控制策略有多种，而通过压力传感器进行信号采集比较多见。如在多泵控制系统中，由压力传感器反馈的水压信号（4～20 mA 或 0～5 V）直接送入 PLC 的 A/D 口，设定给定压力值，PID 参数值，并通过 PLC 计算何时需切换泵的操作，完成系统控制，系统参数在实际运行中调整，使系统控制响应趋于完整。单泵运行时，用压力变送器将压力信号转换成模拟信号送入变频器进行恒压 PID 控制，但这几种方案的价格均较高，有时传感器在工作一段时间后易产生零漂，须重新标定等。根据水温空调系统的特点，只要将压力控制在一定的范围内即可满足功能要求，它对系统控制精度要求不高，因此，本项目采用电接点压力表对变频器进行控制，实现在一定压力范围内的恒压供水。

2. 基于电接点压力表控制的恒压供水变频控制系统的设计

根据以上分析，并结合所选用变频器的性能，在总体方案下可采用两种方法进行简单恒压供水控制。其一是通过变频器的扩展功能，实时调节频率设定值来升、降输出频率，进而调节水泵的转速，压力达到设定范围时，保持相应的输出频率，即在一定范围内保持运转频率，从而对水泵进行控制。其二是直接应用频率器的转速追踪再启动功能，让变频器在设定压力所对应的频率范围内追踪启动与停止运行过程循环交替，从而在一定输出频率范围内实现恒压供水。由于电接点压力表只有下限常闭和上限常开并有一公共端的两对接点，频率增减法中需要增加一个外部频率设定电位器，启停追踪法则须进行逻辑控制，还须增加中间继电器，两种做法的控制系统的原理分别如图 4－4－3 和图 4－4－4 所示。

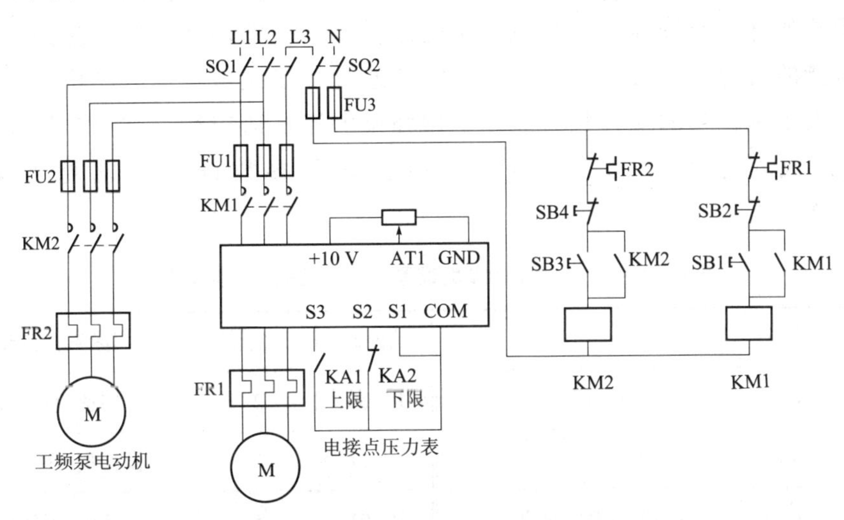

图 4－4－3　方法 1——频率增减法电气控制原理图

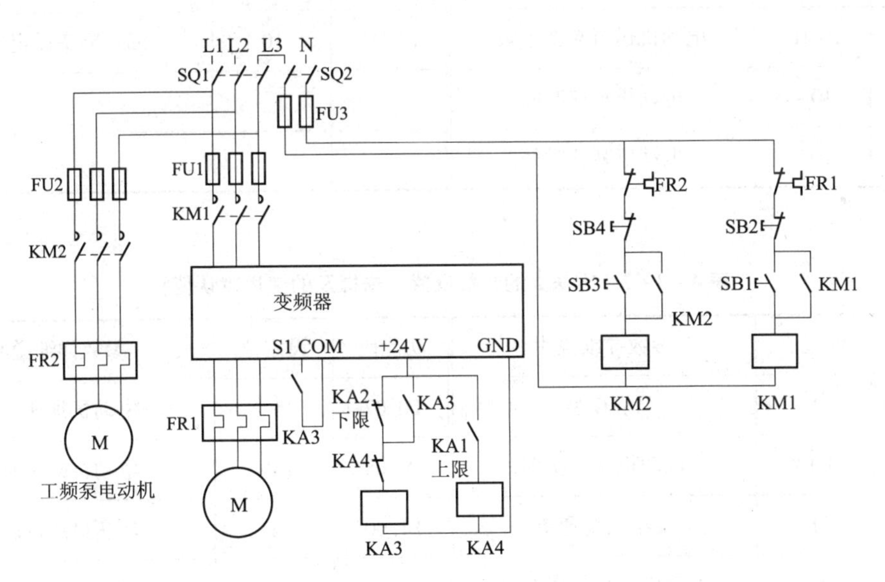

图 4－4－4　方法 2——启停追踪法电气控制原理图

3. 变频器的参数设置与信号接入

由企业根据用户的最大使用量确定供水量，进而确定水泵功率和变频器的功率，本书选用 invt—P9—011T4 型 11 kW 变频器。

将水泵出水总管的压力作为系统的控制目标，选用0～0.6 MPa量程的电接点压力表进行信号采集，并对变频器的工作状态进行控制。由于电接点压力表的基本结构是在压力表的基础上附加一套电接点装置，可通过实测压力指针带动动触头，与上、下限压力调节指针上的定触头组成了两对常开触点，这样可将压力设定在一定的范围内，当压力小于下限时，下限接点动作，当压力高于上限时，上限接点动作，用两种信号组合对变频器的升速与降速进行控制，可完成供水压力的闭环控制，达到基本稳定供水压力和节能的目的。方法1接入变频器时须通过外接模拟量输入电位器设定运行频率，这样可人工调整泵的最佳运行频率，增强泵的流量适应性。方法2只须接入接启停点即可完成对泵的控制。两种方法的变频器参数设置分别见表4－4－1和表4－4－2。

表4－4－1　方法1的参数设置（未提及的使用默认值）

功能码	设定值	参数详细说明	功能码	设定值	参数详细说明
P0.00	1	1：G型	P1.00	2	转速追踪再启动
P0.01	11 kW	变频器额定功率	P3.01	1	模拟量AI1设定有效
P0.03	1	端子指令通道	P5.01	1	S1：正转运行
P0.05	50 Hz	电动机运行频率上限	P5.02	9	S2：频率设定递增
P0.06	20 Hz	电动机运行频率下限	P5.03	10	S3：频率设定递减
P0.07	10 s	电动机加速时间			
P0.08	10 s	电动机减速时间			

表4－4－2　方法2的参数设置（未提及的使用默认值）

功能码	设定值	参数详细说明	功能码	设定值	参数详细说明
P0.00	1	1：G型	P0.07	15 s	电动机加速时间
P0.01	11 kW	电动机额定功率	P0.08	15 s	电动机减速时间
P0.03	1	端子指令通道	P1.00	2	转速追踪再启动
P0.05	50 Hz	电动机运行频率上限	P5.01	1	S1：正转运行
P0.06	20 Hz	电动机运行频率下限			

通过实际安装与运行，两种方法均可满足功能要求。其中方法1稳定性较好，如果用户数不发生大的变化，变频器工作在稳定的频率范围内，压力波动小；用户数变化时，也能及

时调整工作频率。采用方法 2 时，接线简单，但变频器一直工作在停车和追踪启动循环状态，压力在设定的范围内呈波动状态，电能损耗较方法 1 稍大。因此，本项目在正常产品中采用了方法 1 进行控制与调试。

4. 调试与运行

电气控制系统通电前检查合格后，设置一调试开关串接于 S1—COM 回路中，进行参数设置后不接电动机运行，正常后接电动机空载运行，并进行压力控制运行，全部完成后取消调试开关，进行正常工作运行。

项目评价

项目 4 的考核评价见表 4－4－3。

表 4－4－3　项目 4 考核评价表

序号	评价指标	评价内容	分值	学生自评	小组评价	教师评价
1	硬件设计	原理图正确	10			
		电气接线正确	20			
2	调试	调试方法正确	10			
		调试步骤正确	20			
		功能符合要求	20			
3	安全规范与提问	符合安全操作规范	10			
		回答问题	10			
总　分			100			
问题记录和解决方法			记录任务实施中出现的问题和采取的解决方法（可附页）			

拓展训练

设计一种采用压力变送器进行压力反馈的较精确控制的恒压供水系统。

项目 5　应用 PLC 与变频器控制电动机进行定时多段转速运行

项目描述

在加工某种零件时，要求工作台从原点开始，具有 3 种运动状态，即快进、工进、快退。采用定时的方式运行，快进 3 s，频率为 50 Hz；工进 5 s，频率为 25 Hz；快退频率为 30 Hz，由原点位置开关控制停止。完成一个循环，要求使用 PLC 通过变频器对电动机进行控制。试设计电气控制原理图，设计出 PLC 梯形图程序，并能进行模拟运行。

项目分析

根据项目要求，其工作现场工艺为输入信号通过 PLC 控制变频器，进而控制设备的进给电动机在不同的转速下运行。目前大多数变频器都提供了多段速制功能，可以通过几个开关的通、断组合来选择不同的运行频率，实现不同转速下运行的目的。因此，本项目需要掌握变频器基本功能参数的设置方法和变频器控制电动机运行的方法，理解各相关指令的含义，了解变频器控制参数的设置与调整、参数清零指令的使用。根据控制要求，列出 PLC 控制 I/O 口（输入/输出）元器件地址分配表，设计梯形图及总的电气控制原理图，PLC 控制 I/O 口（输入/输出）接线图。能正确地将所编程序输入 PLC，进行变频器的安装与接线，按照被控设备的动作进行模拟调试等。

知识链接

1. FX2N PLC 相关知识点

见任务 2 项目 1 到项目 4。

2. PWM 的相关知识点

PWM 控制的基本原理、通用变频器的控制过程、通用变频器的结构、变频器的安装与接线、通用变频器的调试与使用等相关知识见本任务项目 3 的“知识链接”。

3. MM440 变频器的外部端子及功能

1）MICROMASTER 440 通用型变频器

MICROMASTER 440 是用于控制三相交流电动机速度的变频器系列，有多种型号，额定功率范围为 120 W～200 kW（恒定转矩（CT）控制方式），或者可达 250 kW（可变转矩（VT）控制方式），供用户选用。该种变频器由微处理器控制，并采用绝缘栅双极型晶体管（IGBT）作为功率输出器件。因此，它们具有很高的运行可靠性和功能的多样性。其脉冲宽度调制的开关频率可选，因而降低了电动机运行的噪声。全面而完善的保护功能为变频器和电动机提供了良好的保护。

MICROMASTER 440 具有默认的工厂设置参数，它是一种给简单的电动机控制系统供电的理想变频驱动装置。由于 MICROMASTER 440 具有全面而完善的控制功能，在设置相关参数以后，它也可用于更高级的电动机控制系统。MICROMASTER 440 既可用于单独驱动系统，也可集成到自动化系统中。

2）面板使用

MICROMASTER 440 变频器在标准供货方式时装有状态显示板（SDP），参看如图 4－5－1 所示的状态显示板。对很多用户来说，利用 SDP 和制造厂的默认设置值，就可以使变频器成功地投入运行。如果工厂的默认设置值不适合用户的设备情况，可以利用基本操作板（BOP）或高级操作板（AOP）修改参数，使之相互匹配。也可以用 PC IBN 工具 Drive Monitor 或 STARTER 来调整工厂的设置值。在随变频器供货的 CDROM 中可以找到相关的软件。

SDP 状态显示板　　BOP 基本操作板　　AOP 高级操作板

图 4－5－1　状态显示板

3）MM440 端子接线

MM440 端子接线示意图如图 4－5－2 所示。

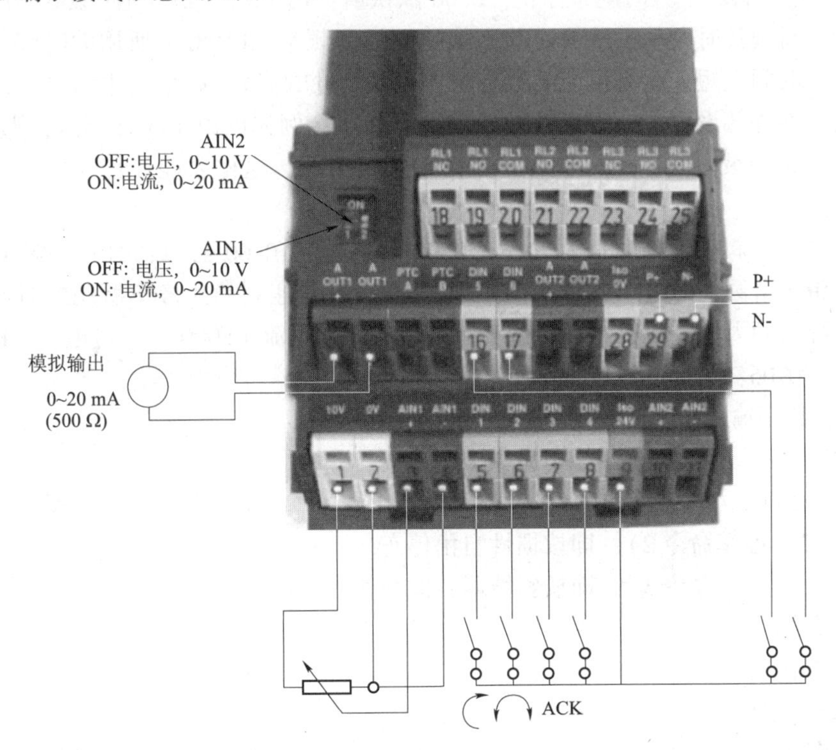

图 4－5－2　MM440 端子接线示意图

4. MICROMASTER 系统参数的简要介绍

变频器的参数只能用基本操作面板（BOP），高级操作面板（AOP）或者通过串行通信接口进行修改。用 BOP 可以修改和设定系统参数，使变频器具有期望的特性。例如，斜坡时间、最小和最大频率等。选择的参数号和设定的参数值在五位数字的 LCD（可选件）上显示。

r××××表示一个用于显示的只读参数，P××××是一个设定参数。

P0010 启动“快速调试”。如果 P0010 被访问以后没有设定为 0，变频器将不运行。如果 P3900 >0，这一功能是自动完成的。

P0004 的作用是过滤参数，据此可以按照功能去访问不同的参数。

1）访问级

变频器的参数有 3 个用户访问级，即标准访问级、扩展访问级和专家访问级。访问的等级由参数 P0003 来选择。对于大多数应用对象，只要访问标准级（P0003 = 1）和扩展级（P0003 =2）参数就足够了。注意：有些第 4 访问级的参数只是用于内部的系统设置，因此是不能修改的。第 4 访问级的参数只有得到授权的人员才能修改。

2）参数设置总体框架

MM440 参数设置总体框架如图 4 -5 -3 所示。

3）本项目应用中的主要参数功能及参数设置

P1082［3］：最高频率最小值。0.00 默认值：50.00 Hz，最大值：650.00 Hz，用以设定最高的电动机频率［Hz］。

P1120［3］：斜坡上升时间最小值。0.00 默认值：10.00 s，最大值：650.00 s，斜坡函数曲线不带平滑圆弧时电动机从静止状态加速到最高频率（P1082）所用的时间。但如果设定的斜坡上升时间太短，就有可能导致变频器跳闸（过电流）。如果使用的是外部频率设定值，并且已经在外部设置了斜坡函数曲线的上升斜率（例如已由 PLC 设定），那么，P1120 和 P1121 设定的斜坡时间应稍短于 PLC 设定的斜坡时间，这样才能使传动装置的特性得到最好的优化。

P1121［3］：斜坡下降时间最小值。0.00 默认值：10.00 s，最大值：650.00 s，斜坡函数曲线不带平滑圆弧时电动机从最高频率（P1082）减速到静止停车所用的时间。如果设定的斜坡下降时间太短，就有可能导致变频器跳闸（过电流（F0001）/过电压（F0002））。

P0701 ~ P0706：可能的设定值如下。

0 为禁止数字输入。

1 为 ON/OFF1（接通正转/停车命令 1）。

2 为 ON reverse /OFF1（接通反转/停车命令 1）。

3 为 OFF2（停车命令 2），即按惯性自由停车。

4 为 OFF3（停车命令 3），即按斜坡函数曲线快速降速。

9 为故障确认。

10 为正向点动。

11 为反向点动。

12 为反转。

13 为 MOP（电动电位计）升速（增加频率）。

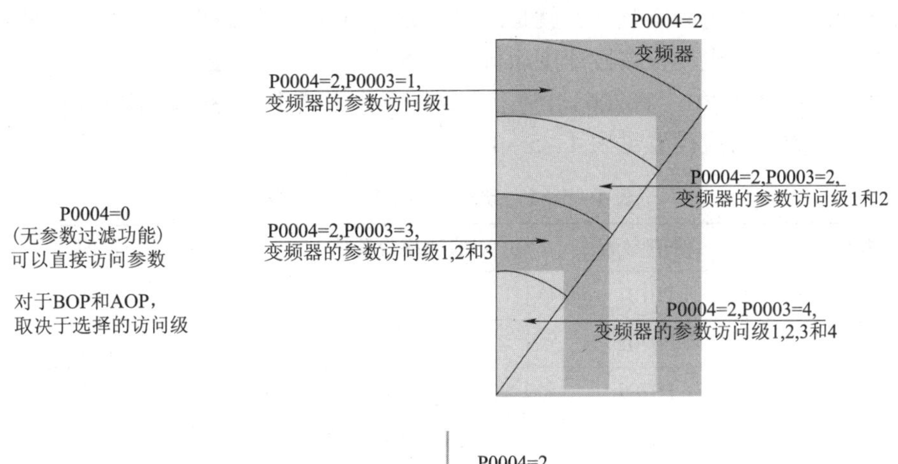

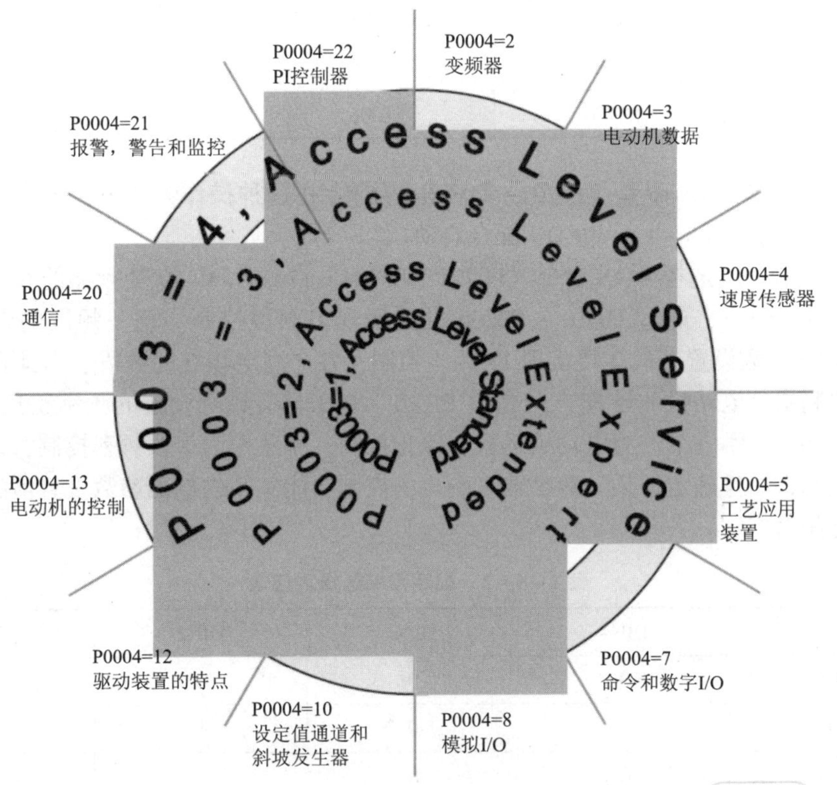

图 4－5－3　MM440 参数设置总体框架

14 为 MOP 降速（减少频率）。

15 为固定频率设定值（直接选择）。

16 为固定频率设定值（直接选择＋ON 命令）。

17 为固定频率设定值（二进制编码选择＋ON 命令）。

25 为直流注入制动。

29 为由外部信号触发跳闸。

33 为禁止附加频率设定值。

99 为使能 BICO 参数化。

多段速功能，也称为固定频率，就是设置参数 P1000 = 3 的条件下，用开关量端子选择固定频率的组合，实现电动机多段速度运行。可通过如下 3 种方法实现。

（1）直接选择（P0701 - P0706 = 15）。在这种操作方式下，一个数字输入选择一个固定频率，端子与参数的对应设置见表 4 - 5 - 1。

表 4 - 5 - 1　端子与参数对应设置表

<table>
<tr><th>端子编号</th><th>对应参数</th><th>对应频率设置值</th><th>说明</th></tr>
<tr><td>5</td><td>P0701</td><td>P1001</td><td rowspan="6">1. 频率给定源 P1000 必须设置为 3
2. 当多个选择同时激活时，选定的频率是它们的总和</td></tr>
<tr><td>6</td><td>P0702</td><td>P1002</td></tr>
<tr><td>7</td><td>P0703</td><td>P1003</td></tr>
<tr><td>8</td><td>P0704</td><td>P1004</td></tr>
<tr><td>16</td><td>P0705</td><td>P1005</td></tr>
<tr><td>17</td><td>P0706</td><td>P1006</td></tr>
</table>

（2）直接选择 + ON 命令（P0701 - P0706 = 16）。在这种操作方式下，数字量输入即选择固定频率（见表 4 - 5 - 1），由 ON 配合启动。

（3）二进制编码选择 + ON 命令（P0701 - P0704 = 17）。MM440 变频器的 6 个数字输入端口（DIN1 ~ DIN6），通过 P0701 ~ P0706 设置实现多频段控制。每一频段的频率分别由 P1001 ~ P1015 参数设置，最多可实现 15 频段控制，各个固定频率的数值选择见表 4 - 5 - 2。在多频段控制中，电动机的转速方向是由 P1001 ~ P1015 参数所设置的频率正负决定的。6 个数字输入端口，哪一个作为电动机运行、停止控制，哪些作为多段频率控制，是可以由用户任意确定的，一旦确定了某一数字输入端口的控制功能，其内部的参数设置值必须与端口的控制功能相对应。

表 4 - 5 - 2　固定频率选择对应表

频率设定	DIN4	DIN3	DIN2	DIN1
P1001	0	0	0	1
P1002	0	0	1	0
P1003	0	0	1	1
P1004	0	1	0	0
P1005	0	1	0	1
P1006	0	1	1	0
P1007	0	1	1	1
P1008	1	0	0	0
P1009	1	0	0	1
P1010	1	0	1	0
P1011	1	0	1	1

续表

频率设定	DIN4	DIN3	DIN2	DIN1
P1012	1	1	0	0
P1013	1	1	0	1
P1014	1	1	1	0
P1015	1	1	1	1

项目实施

1. 电气控制原理图的设计

1）运行阶段的时间划分

设本项目的最高频率为 50 Hz，上升与下降时间相同，选为 2 s，测按功能要求的动作时间为：第一段运行时间为 2 s + 3 s = 5 s；第二段运行时间为 1 s + 5 s = 6 s；第三段起运后，其运行时间使用位置传感器停止。运行曲线如图 4 – 5 – 4 所示。

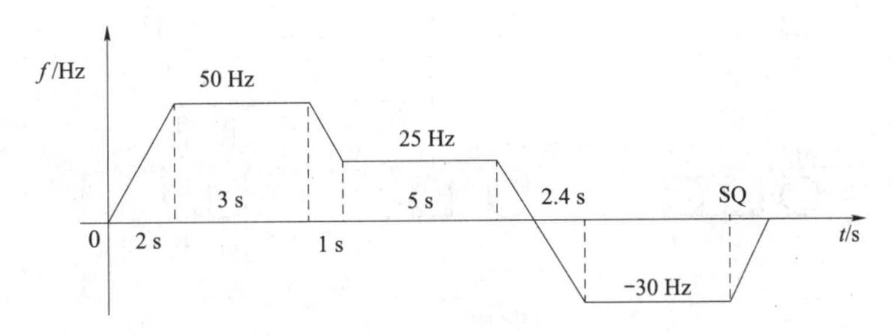

图 4 – 5 – 4　变频器运行曲线

2）输入、输出设备与 PLC 的 I/O 分配表

根据项目要求，可选择性价比较高的 FX 系列 PLC，采用 Y0、Y1、Y2 控制变频器的段速设置与启停端子，启、停及位置分别由 X0、X1、X2 信号给定。选用 MM440 型变频器，使用 0.75 kW 电动机，使用接触器进行总控。根据功能分析，确定并列出输入、输出设备与 PLC 的 I/O 分配表见表 4 – 5 – 3。

表 4 – 5 – 3　输入、输出设备与 PLC 的 I/O 地址分配表

输入设备			输出设备		
符号	功能	PLC 输入继电器	符号	功能	PLC 输出继电器
SB1	启动按钮	X0	变频 5 号端子	段地址 0	Y0
SB2	停止按钮	X1	变频 6 号端子	段地址 1	Y1
SQ1	位置开关	X2	变频 7 号端子	ON 端子	Y2

3）控制原理图设计

一种可通过 PLC 控制变频器以 3 段频率运行的电气原理如图 4－5－5 所示。其中，具体运行频率采用手动设置的方式进行设置。

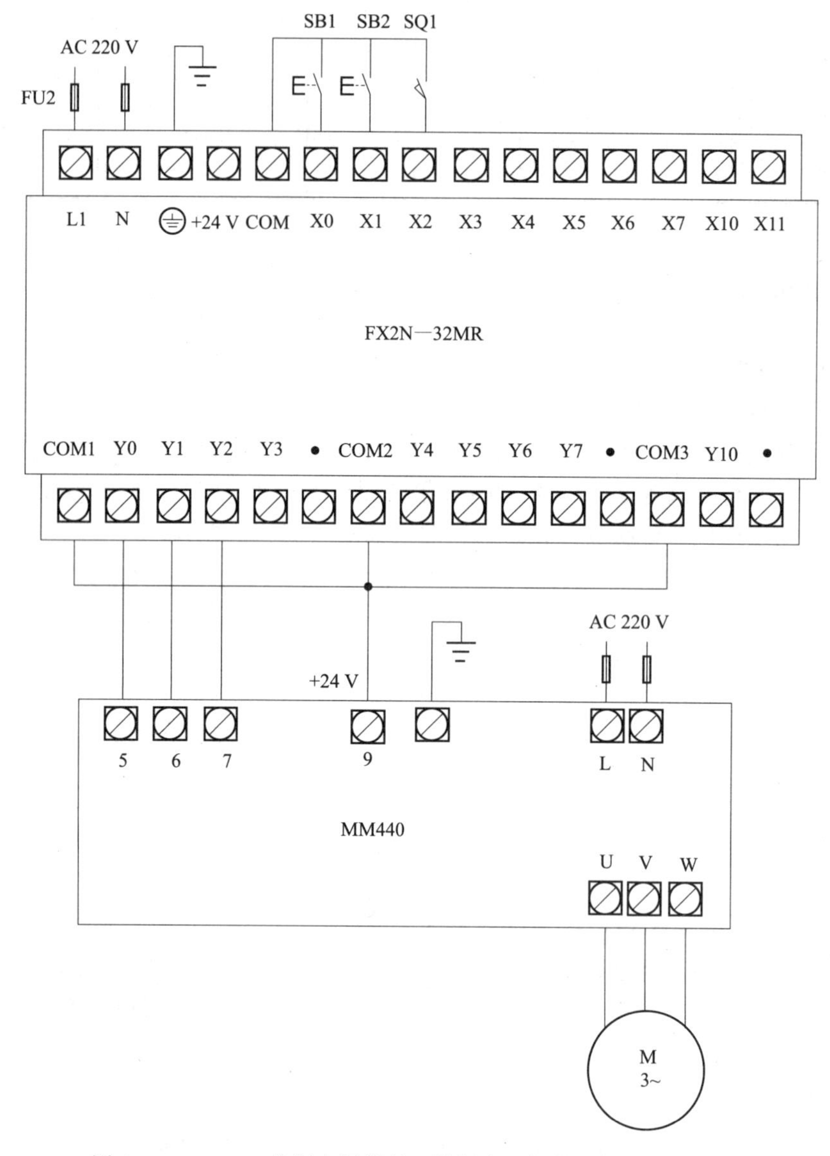

图 4－5－5　PLC 控制变频器以 3 段频率运行的电气原理接线图

2. PLC 程序设计

根据控制要求，由前述所确定的 PLC 控制 I/O（输入/输出）口元器件地址分配及时序图，设计的一种 PLC 梯形图参考程序如图 4－5－6 所示。按照被控设备的动作要求利用按钮开关进行模拟调试，直到达到设计要求。

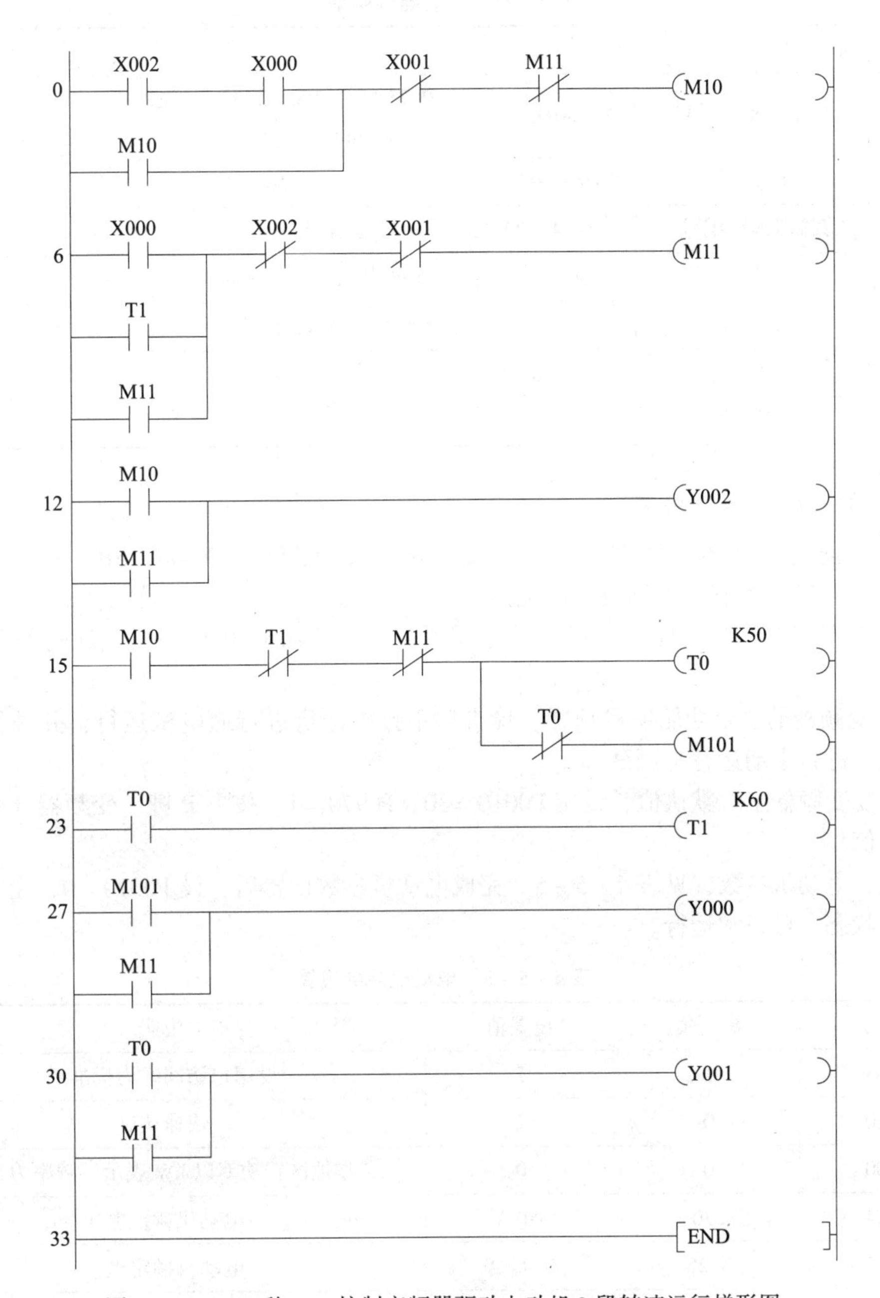

图 4－5－6　一种 PLC 控制变频器驱动电动机 3 段转速运行梯形图

3. 电工工具、仪表及器材准备

(1) 电工常用工具：测电笔、电工钳、尖嘴钳、斜口钳、螺钉旋具（一字形与十字形）、电工刀等。

(2) 仪表：万用表、兆欧表、相序表等。

(3) 器材：控制板、导线、紧固件、号码管（或 E 型管）等。

(4) 电气元器件：明细见表 4－5－4。

表 4-5-4　元器件明细表

代号	名称	型号	规格	数量
M	三相异步电动机	Y—80M2—4	0.75 kW，380 V，星形接法，2 A，1 440 r/min	1
QS	断路器	DZ47—16	一极，6 A（C16 型）	1
FU	圆筒形帽熔断器	RT14—20	10 A、2 A 熔丝	4
SB	按钮	LA4—3H	保护式，500 V，5 A 按钮	5
XT	端子板	JX2—1015	500 V，10 A，15 节	2
PLC	PLC	FX2N—32MR		1
VF	变频器	MM440		1

4. 控制线路的接线安装

（1）按前述原理图，对 PLC 进行端子分配。其中，SB1—X000、SB2—X001、SQ1—X002 按图 4-5-5 装接主电路与控制电路。

（2）根据控制要求，编制好 PLC 的控制程序，并下载到 PLC 中，或通过编程器直接写入。

（3）变频器的主要功能项目预置。检查后不接电动机进行通电试运行，并进行功能预置，完成后进行手动运行与调试。

①恢复变频器工厂默认值，设定 P0010=30，P0970=1。按下 P 键，变频器开始复位为工厂默认值。

②设置电动机参数，见表 4-5-5。完成电动机参数设置后，设 P0010=0，变频器当前处于准备状态，可正常运行。

表 4-5-5　电动机参数设置

参数号	出厂值	设置值	说明
P0003	1	1	设用户访问级为标准级
P0010	0	1	快速调试
P0100	0	0	工作地区：功率以 kW 表示，频率为 50 Hz
P0304	230	380 V	电动机额定电压
P0305	3.25	0.95 A	电动机额定电流
P0307	0.75	0.37 kW	电动机额定功率
P0308	0	0.8 W	电动机额定功率
P0310	50	50 Hz	电动机额定频率
P0311	0	2 800 r/min	电动机额定转速

③设置变频器 3 段固定频率控制参数，见表 4-5-6。

表 4-5-6　变频器 3 段固定频率控制参数设置

参数号	出厂值	设置值	说明
P0003	1	1	设用户访问级为标准级
P0004	0	7	命令和数字 I/O
P0700	2	2	命令源选择由端子排输入
P0003	1	2	设用户访问级为拓展级
P0004	0	7	命令和数字 I/O
P0701	1	17	选择固定频率与 Y0 对应
P0702	1	17	选择固定频率与 Y1 对应
P0703	1	1	ON 接通正转，OFF 停止
P0003	1	1	设用户访问级为标准级
P0004	2	10	设定值通道和斜坡函数发生器
P1000	2	3	选择固定频率设定值
P0003	1	2	设用户访问级为拓展级
P0004	0	10	设定值通道和斜坡函数发生器
P1001	0	50	选择固定频率 1（50 Hz）正向
P1002	5	25	选择固定频率 2（25 Hz）正向
P1003	10	-30	选择固定频率 3（30 Hz）反向

（4）PLC 控制变频器运行操作。当按下 SB1 按钮时，无论在何位置，数字输入端口 7 为 ON，允许电动机运行，如在原点，完成正常循环，如在其他位置，先以 -30 Hz 返回原点，再次按启动按钮进入正常循环。

①第 1 频段控制。当 SQ1 接通时，表明在原点，PLC 输出使变频器数字输入端口 5 为 ON，端口 6 为 OFF，变频器工作在由 P1001 参数所设定的频率为 50 Hz 的第 1 频段上。

②第 2 频段控制。第一段运行过 5 s 时，定时器 T0 动作，变频器数字输入端口 5 为 OFF，端口 6 为 ON，变频器工作在由 P1002 参数所设定的频率为 25 Hz 的第 2 频段上。

③第 3 频段控制。第二段运行过 6 s 时，变频器数字输入端口 5、6 均为 ON，变频器工作在由 P1003 参数所设定的频率为 30 Hz 的第 3 频段上。

④电动机停车。当回到原点，位置开关接通时，变频器数字输入端口 5、6、7 均为 OFF，电动机停止运行。在电动机正常运行的任何频段，按停止按钮，电动机都能停止运行。

注意：3 个频段的频率值可根据用户要求的 P1001、P1002 和 P1003 参数来修改。当电动机需要反向运行时，只要将对应频段的频率值设定为负值即可实现。

5. 控制线路的调试

（1）按元器件明细表将所需器材配齐并校验元器件质量。

（2）按项目 3 的实训要求进行板前布线和套编码套管。

（3）电路调试用万用表检查时，应选用电阻挡的适当挡位，并进行校零，以防错漏短路故障。

检查线路绝缘电阻时，在原接线基础上，将电源及变频器的输入、输出端子断开，然后将电源输入回路及变频器输出回路用一根导线相连，测量后及时恢复。注意，不能测量变频器绝缘电阻。

（4）进行控制板外部布线。

6. 注意事项

（1）电动机必须安放平稳，并将其金属外壳可靠接地。

（2）安全文明生产要求如下。

①劳动保护用品穿戴整齐。

②电工工具配带齐全。

③遵守操作规程，讲文明礼貌。

④工具仪表使用正确，首次通电前要进行自查和互查，并在教师的指导下通电试验。

项目评价

项目 5 的考核评价见表 4 –5 –7。

表 4 –5 –7　项目 5 考核评价表

序号	评价指标	评价内容	分值	学生自评	小组评价	教师评价
1	硬件设计	PLC 输入、输出地址分配正确	10			
		电气接线正确	10			
2	控制程序设计	状态流程图绘制正确	20			
		控制程序编写正确	20			
		程序功能符合要求	20			
3	程序调试	程序检查、调试正确	10			
		程序标注明确、完整	10			
总　　分			100			
问题记录和解决方法				记录任务实施中出现的问题和采取的解决方法（可附页）		

拓展训练

在现已形成的系统中，增加回到原点自动开始新的一轮循环并编程，1、2 段分别为 40 Hz、20 Hz，设置变频器的相关参数，使其具有正、反转各 3 段速运行的功能。

项目6　应用触摸屏、PLC、变频器控制电动机进行防共振点正反转运行

项目描述

某设备在启动过程中，由于设备自身具有20 Hz和30 Hz两处共振点，要求在启停时越过这两个共振点，并使用触摸屏配合PLC，对变频器和电动机进行控制。试设计电气控制原理图，设计PLC梯形图程序，并能进行模拟运行。

项目分析

根据项目要求，其工作现场工艺为输入信号通过触摸屏、PLC控制变频器，进而控制设备的主电动机在启动时越过共振点频率。目前大多数变频器都提供了避共振点的功能。因此，该项目需要掌握触摸屏组态相关知识、变频器基本功能参数的设置方法和变频器控制电动机运行的方法，理解各相关指令的含义，了解变频器控制参数的设置与调整、参数清零指令的使用。根据控制要求，列出PLC控制I/O口（输入、输出）元器件地址分配表，设计梯形图及总的电气控制原理图，以及PLC控制I/O口（输入、输出）接线图。能正确地将所编程序输入PLC，进行变频器的安装与接线，按照被控设备的动作进行模拟调试等。

知识链接

1. FX2N PLC相关知识点

FX2NPLC相关知识点见任务二的项目1到项目4。

2. PWM控制的相关知识点

PWM控制的基本原理、通用变频器的控制过程、通用变频器的结构、变频器的安装与接线、通用变频器的调试与使用等相关知识见本任务项目3“知识链接”。

3. MM440的简要介绍

MM440变频器的外部端子及功能、MICROMASTER系统参数的简要介绍见本任务的项目5的“知识链接”。

4. 本项目中使用的变频器主要参数

该变频器在升降过程中，最多可以设置4个跳转频率点，涉及的参数如下。

设定值通道和斜坡函数发生器（P0004 = 10）。

P1091 [3]：跳转频率1：0.00 Hz，默认值 = 最小值：0.00 Hz，最大值：650.00 Hz。

P1092 [3]：跳转频率2：0.00 Hz，默认值 = 最小值：0.00 Hz，最大值：650.00 Hz。

P1093 [3]：跳转频率3：0.00 Hz，默认值 = 最小值：0.00 Hz，最大值：650.00 Hz。

P1094 [3]：跳转频率4：0.00 Hz，默认值 = 最小值：0.00 Hz，最大值：650.00 Hz。

P1101［3］：跳转频率的频带宽度。最小值：0.00 Hz，默认值：2.00 Hz，最大值：10.00 Hz，即给出叠加在跳转频率上的频带宽度。

在设备的共振点附近的频率范围内，变频器不可能稳定运行，因此通过设置，使变频器运行时越过这一频率范围（在斜坡函数曲线上）。当参数确定跳转频率后，即可用于避开机械共振的影响，被抑制（跳越过去）的频带范围为设定值 ± P1101（跳转频率的频带宽度）。例如，如果 P1091 = 10 Hz，并且 P1101 = 2 Hz，则变频器在（10 ± 2）Hz（即 8 ~ 12 Hz）范围内不可能连续稳定运行，而是跳越过去。如图 4 - 6 - 1所示。

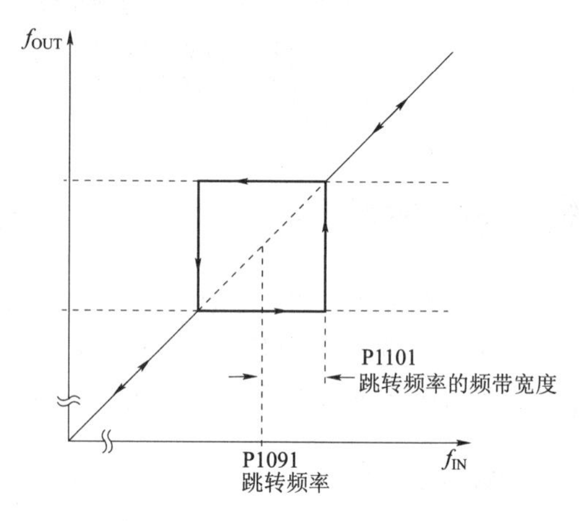

图 4 - 6 - 1　MM440 频率跳转过程示意图

5. 触摸屏组态相关知识

1）MCGS 嵌入版组态软件的体系结构

MCGS 嵌入式体系结构分为组态环境、模拟运行环境和运行环境三部分。

组态环境和模拟运行环境相当于一套完整的工具软件，可以在计算机上运行。用户可以根据实际需要删减其中内容。它帮助用户设计和构造自己的组态工程并进行功能测试。

运行环境则是一个独立的运行系统，它按照组态工程中用户指定的方式进行各种处理，完成用户组态设计的目标和功能。运行环境必须与组态工程一起作为一个整体，才能构成用户应用系统。组态完成后，将组态好的工程通过串口或以太网下载到如昆仑通态等下位机的运行环境中，组态工程就可以离开组态环境而独立在下位机上运行，从而实现控制系统的可视化，以及可靠、实时、确定和安全地运行。

由 MCGS 嵌入版生成的用户应用系统，由主控窗口、设备窗口、用户窗口、实时数据库和运行策略 5 个部分构成，如图 4 - 6 - 2 所示。

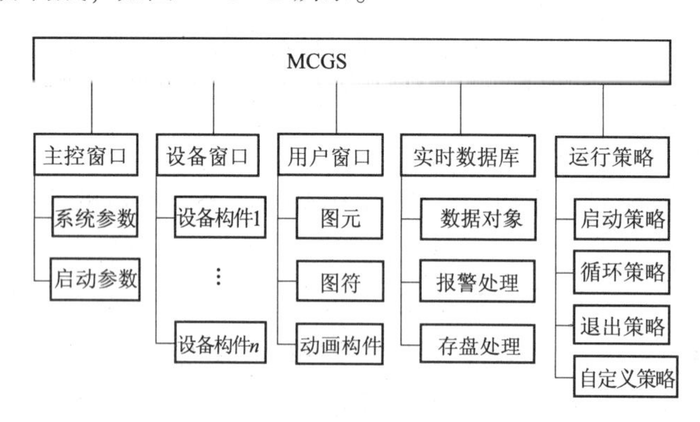

图 4 - 6 - 2　用户应用系统架构

窗口是屏幕中的一个空间，相当于一个“容器”，直接提供给用户使用。在窗口内，用户可以放置不同的构件、创建图形对象并调整画面的布局。组态配置不同的参数可以完成不同的功能。在 MCGS 嵌入版中，每个应用系统只能有一个主控窗口和一个设备窗口，但可以有多个用户窗口和多个运行策略，实时数据库中也可以有多个数据对象。MCGS 嵌入版用主控窗口、设备窗口和用户窗口来构成一个应用系统的人机交互图形界面，组态配置各种不同类型和功能的对象或构件，同时可以对实时数据进行可视化处理。

2）组态过程

首先必须在 MCGS 嵌入版的组态环境下进行系统的组态，完成后将系统放在 MCGS 嵌入版的运行环境下运行。构造一个用户应用系统的过程主要包括工程整体规划、工程建立、构造实时数据库、组态用户窗口、组态主控窗口、组态设备窗口、组态运行策略、组态结果检查、工程测试。

3）工程整体规划

对工程设计人员来说，首先要了解整个工程的系统构成和工艺流程，清楚监控对象的特征，明确主要的监控要求和技术要求等问题。拟定组建工程的总体规划和设想，包括系统应实现哪些功能，如何实现控制流程，用户窗口界面的样式，使用什么动画效果及如何在实时数据库中定义数据变量等环节。还要分析工程中设备的采集及输出通道与实时数据库中定义的变量的对应关系，分清哪些变量是要求与设备连接的、哪些变量是软件内部用来传递数据及用于实现动画显示的等。如整体规划，可在项目的组态过程中避免一些无谓的劳动，快速有效地完成工程项目。

4）工程建立

所谓工程，即组态生成的应用系统，创建一个新工程就是创建一个新的用户应用系统，打开工程就是打开一个已经存在的应用系统。

用鼠标双击 Windows 桌面上的“MCGSE 组态环境”图标，选择“开始”→“程序”→“MCGS 嵌入版组态软件”→“MCGSE 组态环境”命令或按 Ctrl + Alt + E 组合键。进入 MCGS 嵌入版组态环境后，单击工具条上的“新建”按钮，或执行“文件”菜单中的“新建工程”命令，系统自动创建一个名为“新建工程 N. MCE”的新工程（N 为数字，表示建立新工程的顺序）。由于尚未进行组态操作，新工程只是一个“空壳”，包含 5 个基本组成部分，如图 4－6－3 所示，要逐步在框架中配置不同的功能部件，构造完成特定任务的应用系统。

MCGS 嵌入版用“工作台”窗口来管理构成用户应用系统的 5 个部分，工作台上的 5 个选项卡为“主控窗口”“设备窗口”“用户窗口”“实时数据库”和“运行策略”，对应 5 个不同的窗口页面，每一个页面负责管理用户应用系统的一个部分，用鼠标单击不同的选项卡，可以选取不同的窗口页面，对应用系统的相应部分进行组态操作。

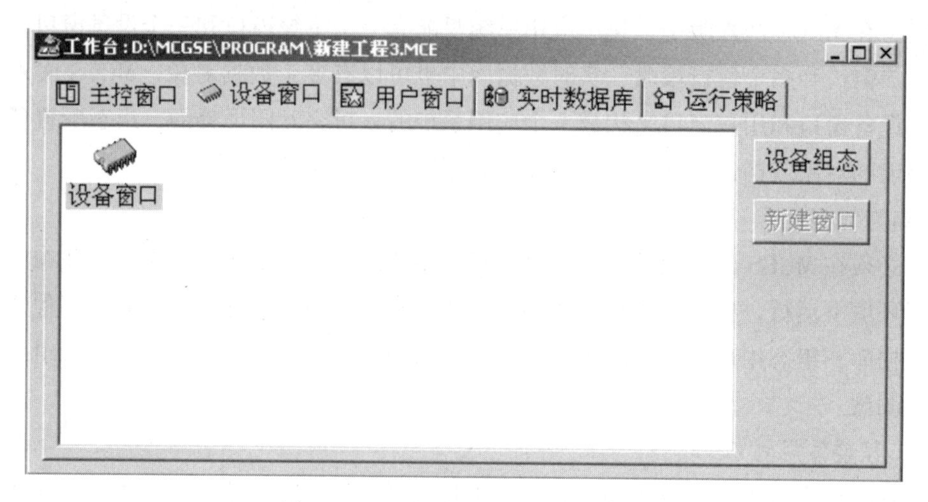

图4-6-3　新建工程的5个选项卡

在保存新建工程时，可以随意更换工程文件的名称。默认情况下，所有的工程文件都存放在MCGS嵌入版安装目录下的Work子目录中，用户也可以根据自身需要指定存放工程文件的目录。

5）构造实时数据库

实时数据库是MCGS嵌入版系统的核心，也是应用系统的数据处理中心，系统各部分均以实时数据库为数据公用区，进行数据交换、数据处理和实现数据的可视化处理。

（1）定义数据对象。数据对象是实时数据库的基本单元。当MCGS嵌入版生成应用系统时，将代表工程特征的所有物理量，作为系统参数加以定义，定义中不只包含了数值类型，还包括参数的属性及其操作方法。这种把数值、属性和方法定义成一体的数据就称为数据对象。构造实时数据库的过程，就是定义数据对象的过程。MCGS嵌入版中定义的数据对象的作用域是全局的，数据对象的各个属性在整个运行过程中都保持有效，系统中的其他部分都能对实时数据库中的数据对象进行操作处理。在实际组态过程中，可运用定义所需的数据对象。

（2）数据对象属性设置。MCGS嵌入版把数据对象的属性封装在对象内部，作为一个整体，由实时数据库统一管理。对象的属性包括基本属性、存盘属性和报警属性。基本属性则包含对象的名称、类型、初值、界限（最大最小）值、工程单位和对象内容注释等项内容。

①基本属性设置：单击“对象属性”按钮或双击对象名，显示“数据对象属性设置”对话框的“基本属性”窗口，用户按所列项目分别设置。数据对象有开关型、数值型、字符型、事件型、组对象5种类型，在实际应用中，数字量的输入、输出对应于开关型数据对象；模拟量的输入、输出对应于数值型数据对象；字符型数据对象是记录文字信息的字符串；事件型数据对象用来表示某种特定事件的产生及相应时刻，如报警事件、开关量状态跳变事件；组对象用来表示一组特定数据对象的集合，以便于系统对该组数据统一处理。

②存盘属性设置：MCGS嵌入版把数据的存盘处理作为一种属性或者一种操作方法，封装在数据内部，作为整体处理。运行过程中，实时数据库自动完成数据存盘工作，用户不必考虑这些数据如何存储及存储在什么地方。用户的存盘要求在存盘属性窗口页中设置，存盘方式只有一种，即定时存盘。组对象以定时的方式来保存相关的一组数据，而非组对象存盘

属性不可用。

③报警属性设置：在 MCGS 嵌入版中，报警被作为数据对象的属性，封装在数据对象内部，由实时数据库统一处理，用户只需按照报警属性窗口页中所列的项目正确设置即可，如数值量的报警界限值、开关量的报警状态等。运行时，由实时数据库自动判断有没有报警信息产生、什么时候产生、什么时候结束、什么时候应答，并通知系统的其他部分。也可以根据用户的需要，实时存储和打印这些报警信息。

6）组态用户窗口

MCGS 嵌入版以窗口为单位来组建应用系统的图形界面，创建用户窗口后，通过放置各种类型的图形对象，定义相应的属性，为用户提供漂亮、生动，具有多种风格和类型的动画画面。

（1）生成图形界面：基本操作步骤包括创建用户窗口、设置用户窗口属性、创建图形对象、编辑图形对象。

（2）新建的用户窗口：选择组态环境工作台中的用户窗口页，所有的用户窗口均位于该窗口页内。操作过程：单击“新建窗口”按钮，或执行菜单中的“插入”→“用户窗口”命令，即可创建一个新的用户窗口，以图标形式显示，如“窗口 0”。开始时，新建的用户窗口只是一个空窗口，用户可以根据需要设置窗口的属性和在窗口内放置图形对象。

（3）设置用户窗口属性：选择待定义的用户窗口图标，右击，在弹出的快捷菜单中选择属性，也可以单击工作台窗口中的“窗口属性”按钮，或者单击工具条中的“显示属性”按钮，或者按快捷键 Alt + Enter，弹出“用户窗口属性设置”对话框，按所列款项设置有关属性。

用户可以选择设置基本属性、扩充属性和脚本控制（启动脚本、循环脚本、退出脚本），包括窗口名称、窗口标题、窗口背景、窗口位置、窗口边界等项内容，其中窗口位置、窗口边界不可用。

（4）窗口的扩充属性：单击“扩充属性”选项卡，进入用户窗口的扩充属性页面，完成对窗口位置的精确定位等。显示滚动条设置无效。

（5）创建图形对象：MCGS 嵌入版提供了图元对象、图符对象和动画构件三类图形对象供用户选用，这些图形对象位于常用符号工具箱和动画工具箱内，用户从工具箱中选择所需要的图形对象，配置在用户窗口内，可以创建各种复杂的图形。

（6）编辑图形对象：图形对象创建完成后，要对图形对象进行各种编辑工作。

（7）定义动画连接：定义动画连接，实际上是将用户窗口内创建的图形对象与实时数据库中定义的数据对象建立对应连接关系，通过将图形对象在不同的数值区间内设置不同的状态属性（如颜色、大小、位置移动、可见度、闪烁效果等），用数据对象值的变化来驱动图形对象的状态改变，使系统在运行过程中，产生形象逼真的动画效果。因此，动画连接过程就归结为对图形对象的状态属性设置的过程。

（8）图元图符对象连接：在 MCGS 嵌入版中，每个图元、图符对象都可以实现 11 种动画连接方式。可以利用这些图元、图符对象来制作实际工程所需的图形对象，然后再建立起与数据对象的对应关系，定义图形对象的一种或多种动画连接方式，实现特定的动画功能。

（9）动画构件连接：在组态时，只要将能实现不同动画功能的图形即动画构件与实时数据库中数据对象对应，就能完成动画构件的连接。

7）组态主控窗口

主控窗口是用户应用系统的主窗口，也是应用系统的主框架，展现工程的总体外观。在此窗口中，可以设置基本属性、启动属性、内存属性、系统参数、存盘参数5种属性，通常情况下不必对此部分进行设置，保留默认值即可。

8）组态设备窗口

在设备窗口内，用户组态的基本操作是选择构件、设置属性、连接通道、调试设备。

9）组态运行策略

运行策略是指对监控系统运行流程进行控制的方法和条件，它能够对系统执行某项操作和实现某种功能进行有条件的约束。运行策略由多个复杂的功能模块组成，称为“策略块”，用来完成对系统运行流程的自由控制，使系统能按照设定的顺序和条件操作实时数据库，控制用户窗口的打开、关闭及控制设备构件的工作状态等一系列工作，从而实现对系统工作过程的精确控制及有序的调度管理。用户可以根据需要来创建和组态运行策略。

10）组态结果检查

在组态过程中，不可避免地会产生各种错误，错误的组态会导致各种无法预料的结果，要保证组态生成的应用系统能够正确运行，必须保证组态结果准确无误。MCGS嵌入版提供了多种措施来检查组态结果的正确性，应密切注意系统提示的错误信息，养成及时发现问题和解决问题的习惯。主要包括随时检查、存盘检查、统一检查等。为了提高应用系统的可靠性，尽量避免因组态错误而引起整个应用系统的失效，MCGS嵌入版对所有组态有错的地方，在运行时跳过，不进行处理。因此，如果对系统检查出来的错误不及时进行纠正处理，会使应用系统在运行中发生异常，很可能造成整个系统失效。

11）工程测试

新建工程在MCGS嵌入版组态环境中完成（或部分完成）组态配置后，应当转入MCGS嵌入版模拟运行环境，通过试运行，进行综合性测试检查。

单击工具条中的“进入运行环境”按钮，或按快捷键F5，或执行“文件”菜单中的“进入运行环境”命令，即可进入下载配置窗口，下载当前正在组态的工程，在模拟环境中对要实现的功能进行测试。

在组态过程中，可随时进入运行环境，完成一部分就可测试一部分，发现错误及时修改。主要从以下几个方面对新工程进行测试检查：外部设备、系统属性、动画动作、按钮动作、用户窗口、图形界面、运行策略等。

项目实施

1. 电气控制原理图的设计

1）运行阶段的时间划分

本项目为在启动过程中避开20 Hz和30 Hz两处共振点，即设置的跳转频率为1 Hz，上升与下降时间定为10 s，通过SB1、SB2、SB3控制正、反、停。

2）输入、输出设备与PLC的I/O分配表

根据项目要求，可选择性价比较高的FX系列PLC，采用Y0、Y1控制变频器的正、反转控制端子，正、反转分别由X0、X1信号给定。选用MM440型变频器，使用0.75 kW电动机，使用接触器进行总控。根据功能分析，确定并列出了输入、输出设备与PLC的I/O

地址分配表见表 4－6－1。

表 4－6－1　输入、输出设备与 PLC 的 I/O 地址分配表

输入设备			输出设备		
符号	功能	PLC 输入继电器	符号	功能	PLC 输出继电器
SB1	正转按钮	X0　M100	变频 5 号端子	正转	Y0
SB2	反转按钮	X1　M101	变频 6 号端子	反转	Y1
SB3	停止按钮	X2　M106			

3）控制原理图设计

一种可以通过 PLC 控制变频器以正、反转运行的电气原理如图 4－6－4 所示，其中，具体跳转频率采用手动设置的方式对变频器进行设置。

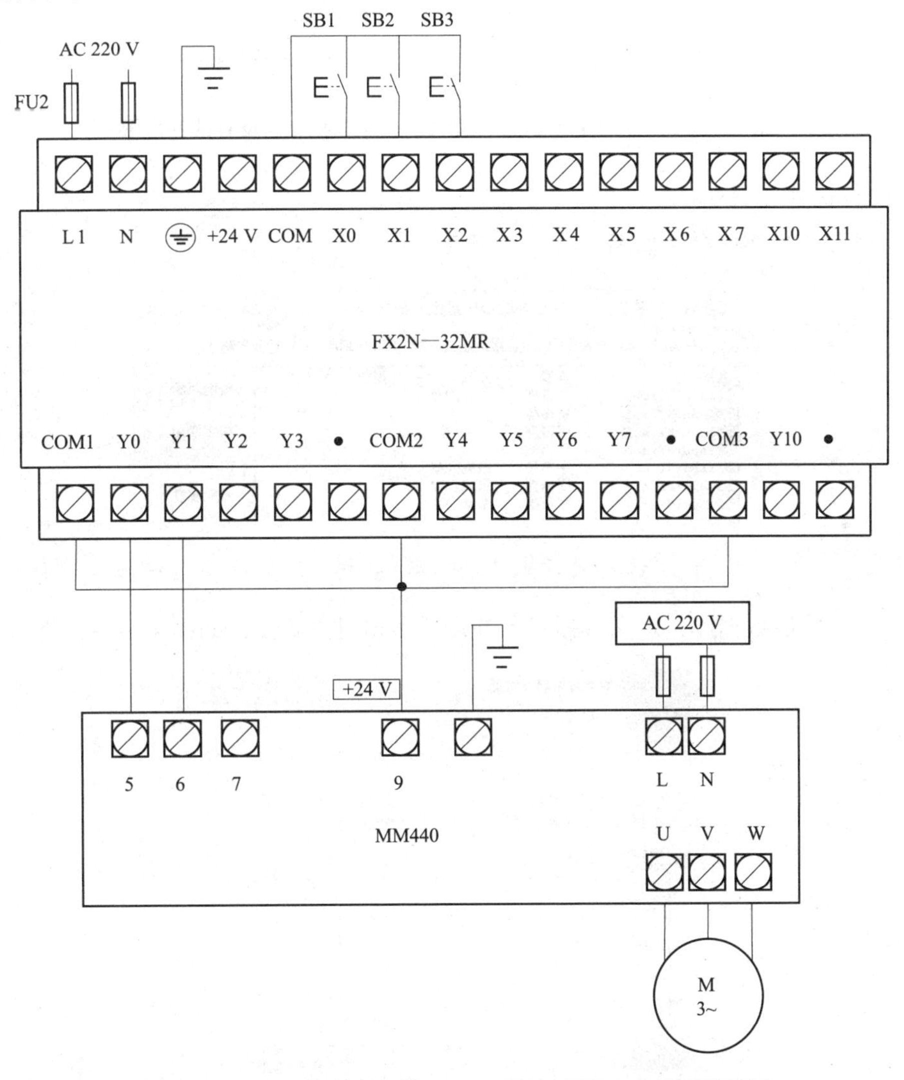

图 4－6－4　PLC 控制变频器以正、反转运行的电气原理接线图

2. PLC 程序设计

根据控制要求，由前述所确定的 PLC 控制 I/O（输入/输出）口元器件地址分配，设计的一种正、反控制的 PLC 梯形图参考程序如图 4－6－5 所示。按照被控设备的动作要求，利用按钮开关或设计的触摸键进行模拟调试，直至达到设计要求。

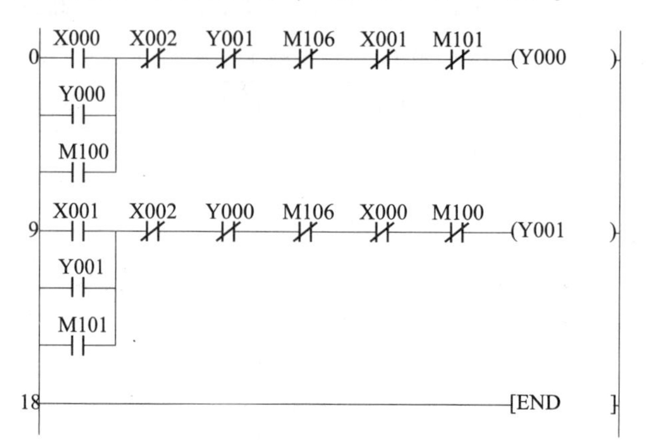

图 4－6－5　一种 PLC 控制变频器驱动电动机正、反转的梯形图

3. 组态软件设计

（1）建立工程并保存，如图 4－6－6 所示。

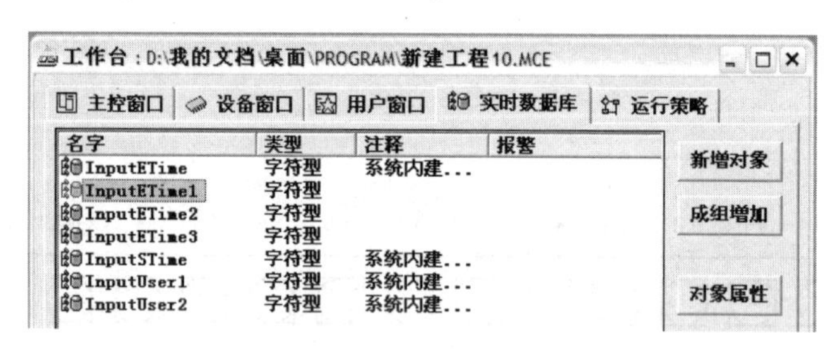

图 4－6－6　建立工程

（2）构造实时数据库，定义数据对象并设置数据对象属性，如图 4－6－7 所示。

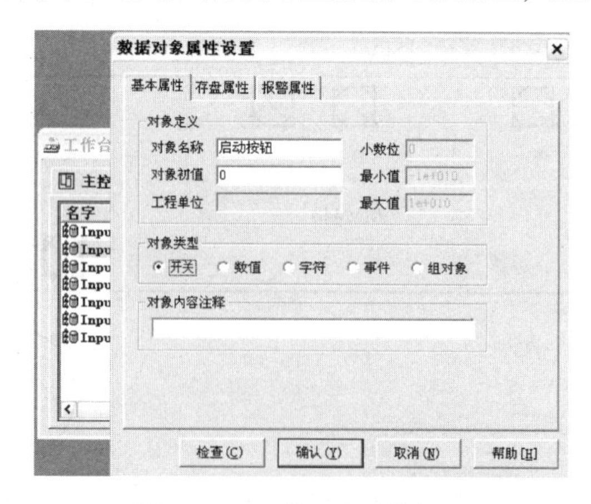

图 4－6－7　构造实时数据库

(3) 组态主控窗口保留默认值。

(4) 组态设备窗口。

①选择构件，如图 4－6－8 所示。

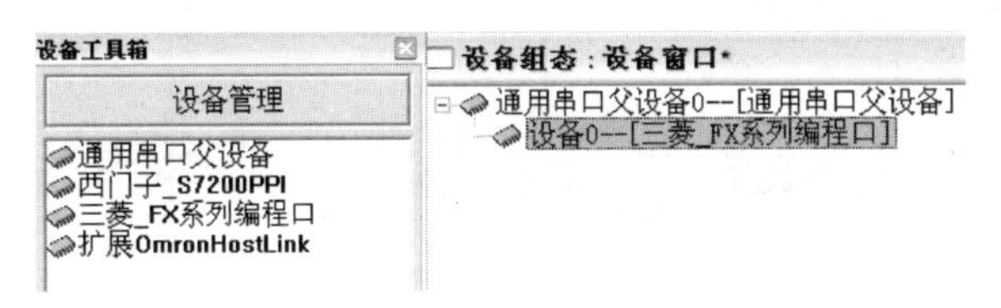

图 4－6－8　选择构件

②设置属性，如图 4－6－9 所示。

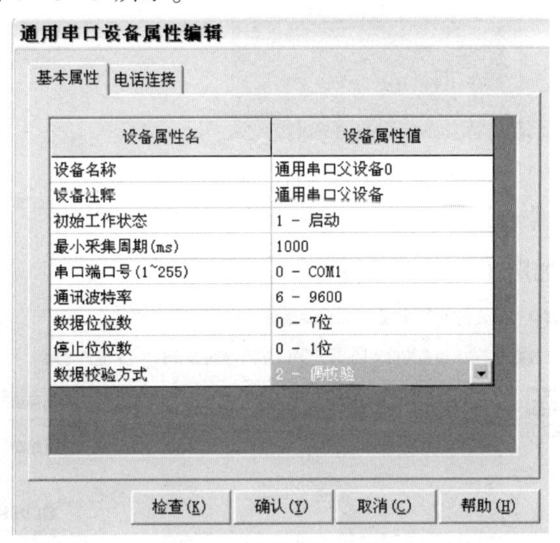

图 4－6－9　设置属性

③连接通道，如图 4－6－10 所示。

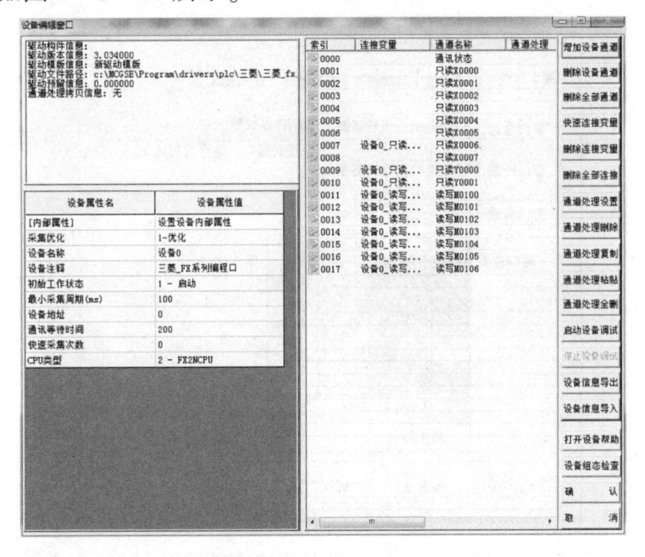

图 4－6－10　连接通道

④调试设备，如图 4－6－11 所示。

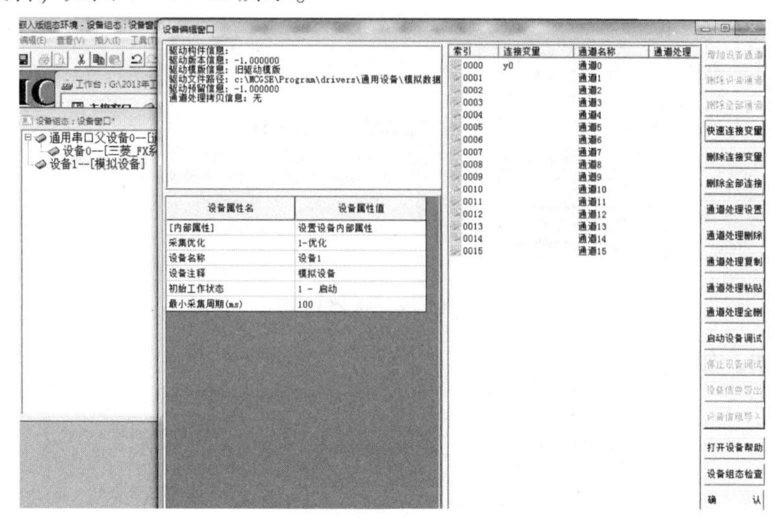

图 4－6－11　调试设备

（5）组态用户窗口。

①新建用户窗口，如图 4－6－12 所示。

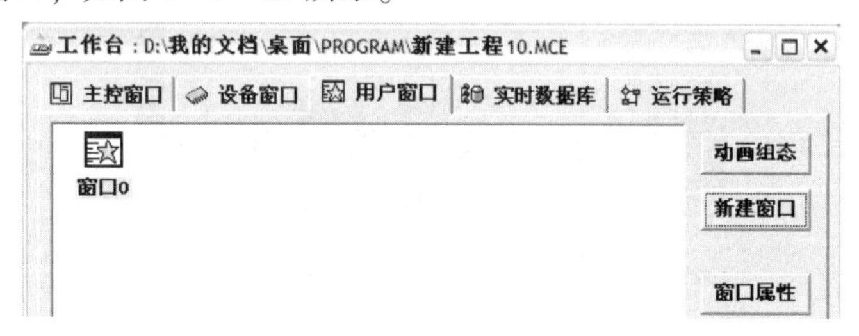

图 4－6－12　新建用户窗口

②设置用户窗口属性，如图 4－6－13 所示。

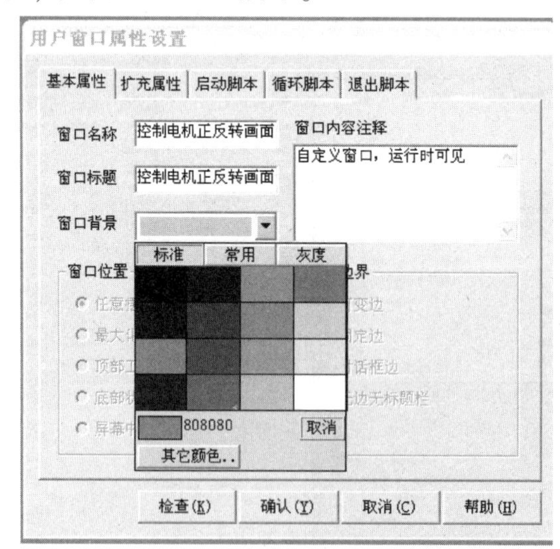

图 4－6－13　设置用户窗口属性

③创建图形对象，如图 4－6－14 所示。

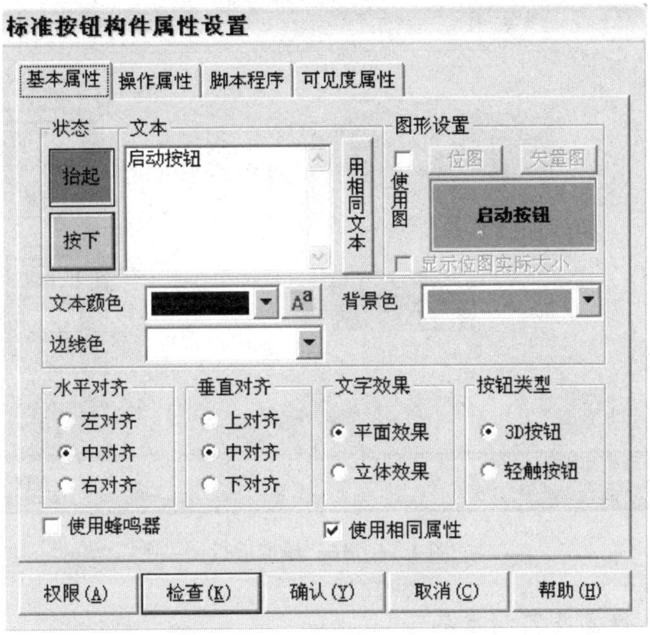

图 4－6－14　创建图形对象

④定义动画连接，如图 4－6－15 所示。

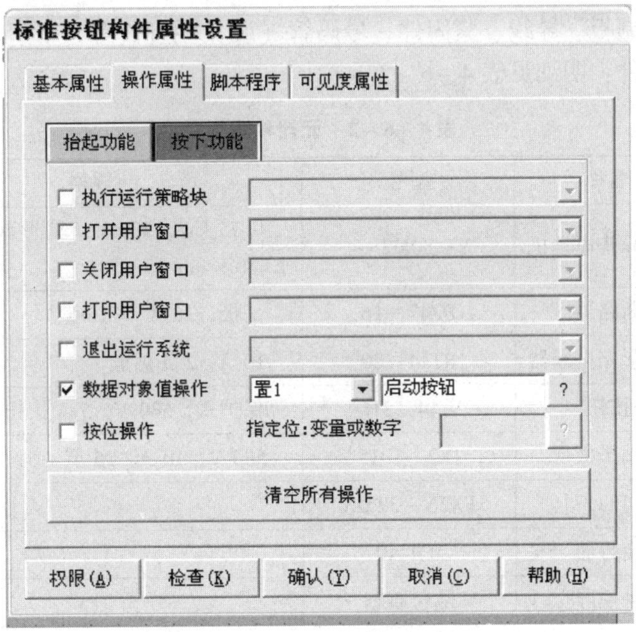

图 4－6－15　定义动画连接

（6）组态运行策略后，进行组态结果检查和工程测试。

（7）进行模拟运行后，下载到触摸屏中调试，直到成功。模拟运行如图 4－6－16 所示。

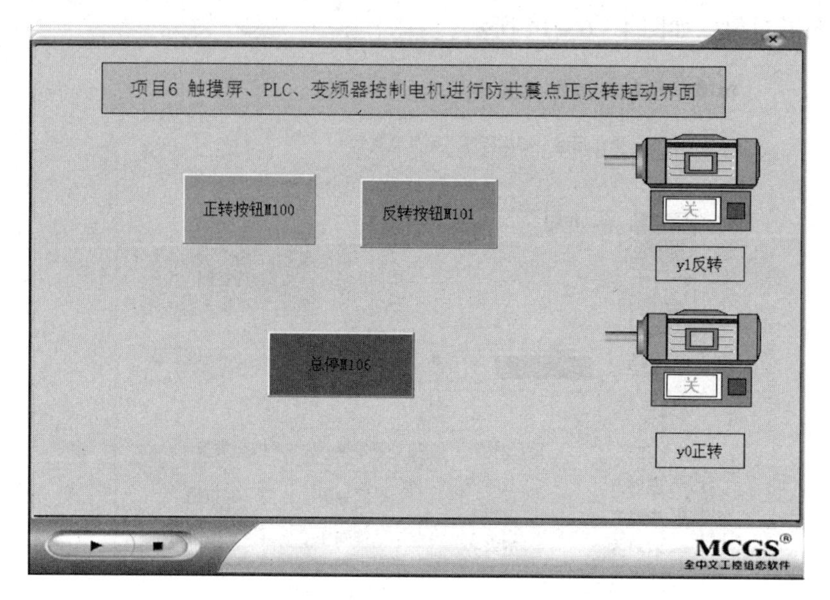

图 4－6－16 模拟运行

4. 电工工具、仪表及器材准备

（1）电工常用工具：测电笔、电工钳、尖嘴钳、斜口钳、螺钉旋具（一字形与十字形）、电工刀等。

（2）仪表：万用表、兆欧表、相序表等。

（3）器材：控制板、导线、紧固件、号码管（或 E 型管）等。

（4）电气元器件：明细见表 4－6－2。

表 4－6－2 元器件明细表

代号	名称	型号	规格	数量
M	三相异步电动机	Y—80M2—4	0.75 kW，380 V，星形接法，2 A，1 440 r/min	1
QS	断路器	DZ47—16	一极，16 A（C16 型）	1
FU	圆筒形帽熔断器	RT14—20	10 A、2 A 熔丝	4
SB	按钮	LA4—3H	保护式，500 V，5 A 按钮	3
XT	端子板	JX2—1015	500 V，10 A，15 节	2
PLC	PLC	FX2N—32MR		1
VF	变频器	MM440		1
	触摸屏	昆仑通态		1

5. 控制线路的接线安装

（1）按前述原理图对 PLC 进行端子分配，其中，SB1—X000、SB2—X001、SB3—X003 按图 4－6－4 装接主电路与控制电路，并连接好触摸屏。

(2) 根据控制要求，编制好 PLC 的控制程序，并下载到 PLC 中，或通过编程器直接写入。

(3) 预置变频器的主要功能项目。

(4) 将调试好的组态下载到触摸屏中。

检查后不接电动机进行通电试运行，并进行功能预置，完成后进行手动运行与调试。

①恢复变频器工厂默认值，设定 P0010 =30，P0970 =1。按下 P 按钮，变频器开始复位到工厂默认值。

②设置电动机参数，见表 4 -6 -3。电动机参数设置完成后，设 P0010 =0，变频器当前处于准备状态，可正常运行。

表 4 -6 -3　设置电动机参数

参数号	出厂值	设置值	说明
P0003	1	1	设用户访问级为标准级
P0010	0	1	快速调试
P0100	0	0	工作地区：功率以 kW 表示，频率为 50 Hz
P0304	230 V	380 V	电动机额定电压
P0305	3.25 A	0.95 A	电动机额定电流
P0307	0.75 kW	0.37 kW	电动机额定功率
P0308	0	0.8	电动机额定功率
P0310	50 Hz	50 Hz	电动机额定频率
P0311	0 r/min	2 800 r/min	电动机额定转速

③设置变频器跳转频率控制参数，见表 4 -6 -4。

表 4 -6 -4　变频器跳转频率控制参数设置

参数号	出厂值	设置值	说明
P0003	1	1	设用户访问级为标准级
P0004	0	7	命令和数字 I/O
P0700	2	2	命令源选择由端子排输入
P0003	1	2	设用户访问级为拓展级
P0004	0	7	命令和数字 I/O
P0701	1	1	接通正转 Y0 对应
P0702	1	2	接通反转 Y1 对应
P0003	1	1	设用户访问级为标准级
P0004	0	10	设定值通道和斜坡函数发生器
P1091	0	20 Hz	跳转频率 1

续表

参数号	出厂值	设置值	说明
P1092	0	30 Hz	跳转频率 2
P1101	2	1 Hz	跳转频率的频带宽度
P1120	10	10 s	斜坡上升时间
P1121	10	10 s	斜坡下降时间

（5）PLC 控制变频器运行操作。当按下 SB1 或屏上正转启动按钮时，数字输入端口 5 为 ON，允许电动机正转运行，按 SB3 或屏上的停止按钮则停止。

当按下 SB2 或屏上正转启动按钮时，数字输入端口 6 为 ON，允许电动机反转运行，按 SB3 或屏上的停止按钮则停止。

6. 控制线路的调试

（1）按元器件明细表将所需器材配齐并校验元器件质量。

（2）按项目 3 的实训要求进行板前布线和套编码套管。

（3）电路调试用万用表检查时，应选用电阻挡的适当挡位，并进行校零，以防错漏短路故障发生。

检查线路绝缘电阻，操作时，在原接线基础上将电源及变频器的输入、输出端子断开，然后将电源输入回路及变频器输出回路用一根导线相连，测量后及时恢复。注意，不能测量变频器绝缘电阻。

（4）进行控制板外部布线。

7. 注意事项

（1）电动机必须安放平稳，并将其金属外壳可靠接地。

（2）安全文明生产的要求如下。

①劳动保护用品穿戴整齐。

②电工工具配带齐全。

③遵守操作规程，讲文明礼貌。

④工具仪表使用正确，首次通电前要进行自查和互查，并在教师的指导下通电试验。

项目评价

项目 6 的考核评价见表 4 –6 –5。

表 4 –6 –5　项目 6 考核评价表

序号	评价指标	评价内容	分值	学生自评	小组评价	教师评价
1	硬件设计	PLC 输入、输出地址分配正确	10			
		电气接线正确	10			

续表

序号	评价指标	评价内容	分值	学生自评	小组评价	教师评价
2	控制程序设计	触摸屏画面绘制正确	20			
		控制程序编写正确	20			
		程序功能符合要求	20			
3	程序调试	程序检查、调试正确	10			
		程序标注明确、完整	10			
总　分			100			
问题记录和解决方法			记录任务实施中出现的问题和采取的解决方法（可附页）			

拓展训练

设计由触摸屏控制电动机变频能耗制动运行的电路，设计出人机界面。

任务五 三相变压器的检测

【教学目标】

通过本任务的训练，使学生掌握三相变压器三相绕组的连接法，掌握三相变压器的连接组、三相变压器绕组钟点组接、极性测试及三相变压器参数测试等知识，能够按照接法判断其具体的组接钟点或根据具体的钟点组接画出其接法，熟练掌握极性测试方法，能够按照测试的数据计算出三相变压器的主要参数，掌握三相变压器各绕组间的极性（同名端）测定方法，掌握三相变压器连接组的测试与验证方法。

【任务描述】

本任务根据实际工作中使用的要求进行具体项目的选择，包括三相变压器绕组的连接方法、钟点组接的种类、绕组极性测试和三相变压器参数测试方法、三相变压器参数计算方法等基本知识。

本任务主要包括三相变压器钟点组接与极性测试和三相变压器参数测试两个项目。

项目1 三相变压器钟点组接与极性测试

项目描述

用万用表测出三相变压器的一次、二次绕组，并将同一绕组的两端标上标号，测出各绕组的同名端。根据三相变压器一次、二次绕组的接线方法和绕组出线端标记及同名端，利用一次、二次绕组的电动势相量图，采用时钟表示法确定三相变压器的连接组号，从而确定三相变压器的连接组。

项目分析

通过对三相变压器钟点组接与极性测试方法及手段的分析，确定本项目采用状态转移的方法完成。在项目实施过程中，先根据项目实施的需要，判断出三相变压器绕组的同名端，依据一次、二次绕组的接线方法，画出电动势相量图，最后确定三相变压器的连接组。

知识链接

1. 三相变压器各绕组相间的极性（同名端）测定

绕组的同名端，即同极性端，同为高电位，绕组的同名端上用黑圆点表示。

1）高低压边绕组的极性测定

（1）先用万用表的 R 挡分出高低压边绕组。

（2）属同一绕组的两端标上标号（假设），如图 5－1－1 所示。

（3）判断 U(A) 相高低压边极性：将 X 与 x 短接；A 相加交流 100 V；测量 $U_{Aa}(U_{1U_1、2U_1})$，$U_{Ax}(U_{1U_1、1U_2})$ 及 $U_{ax}(U_{2U_1、2U_2})$；若 $U_{Aa}=|U_{AX}-U_{ax}|$，则假设标号对，否则标号不对，应把 a 和 x（$2U_1$，$2U_2$）对调。

（4）同理，用（3）的方法确定其他两相的高低压边极性。

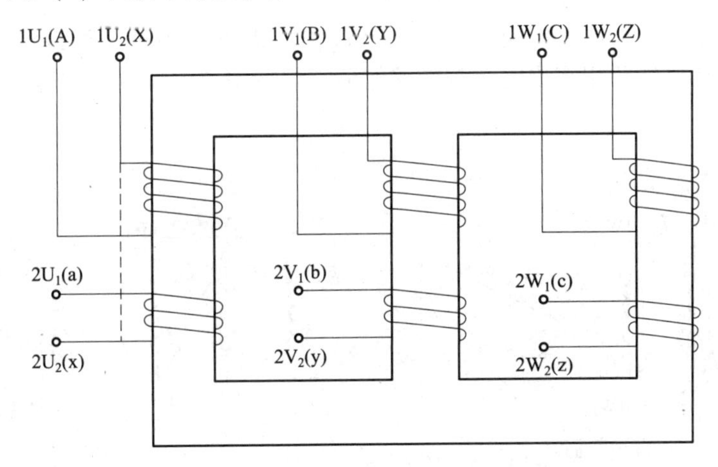

图 5－1－1　测定柱式铁心三相变压器的极性

2）高压边 U(A)、V(B)、W(C) 相同极性测定

（1）判断 U、W（A、C）相间极性。将 XZ 短接；B 相加交流 100 V；测量 $U_{AC}(U_{1U_1、1W_1})$、$U_{AX}(U_{1U_1、1U_2})$ 及 $U_{CZ}(U_{1W_1、1W_2})$；若 $U_{AC}=|U_{AX}-U_{CZ}|$，则标号对，否则标号错，只要将 U、W(A、C) 两相中任意一相首尾标号对调即可。例如，将 $1U_1$(A) 与 $1U_2$(X)对调，同时将 $2U_1$(a) 与 $2U_2$(x) 对调。

（2）同理，以 U(A) 相为基准，用上述方法可以确定（V、W），（B、C）相间极性。

2. 三相变压器钟点组接

1）三相绕组的连接法

三相变压器按其磁路系统的不同，可以分为两类：各相磁路彼此无关联的组式变压器和各相磁路彼此相关联的三相心式变压器。

将 3 个相同参数的单相变压器按一定的接线方式连接成三相，称为三相变压器组，也可以称为组式变压器。最常用的连接方法有两种：星形接法（Y）和三角形接法（△）。

在绕组的连接中，用 $1U_1(A)$、$1V_1(B)$、$1W_1(C)$ 表示高压绕组的首端，用 $1U_2(X)$、$1V_2(Y)$、$1W_2(Z)$ 表示尾端；用 $2U_1(a)$、$2V_1(b)$、$2W_1(c)$ 表示低压绕组的首端，用 $2U_2(x)$、$2V_2(y)$、$2W_2(z)$ 表示尾端。星形接法的中点用 N 表示。要求把中点引出时，用符号 Y_N 表示。

（1）星形接法。把三相绕组的三个尾端连在一起，而把三个首端引出，这种接法称为星形接法，如图 5－1－2 所示。

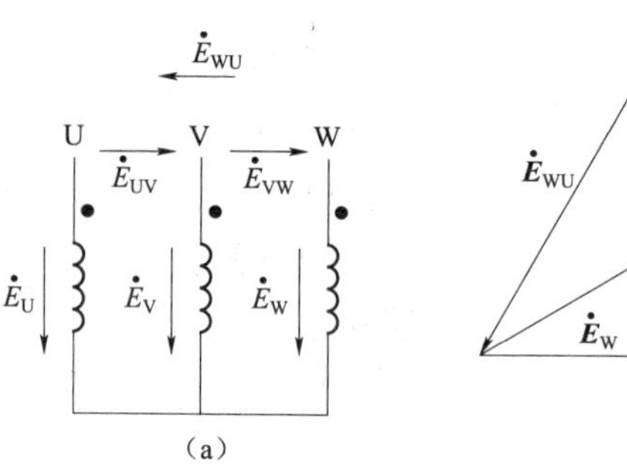

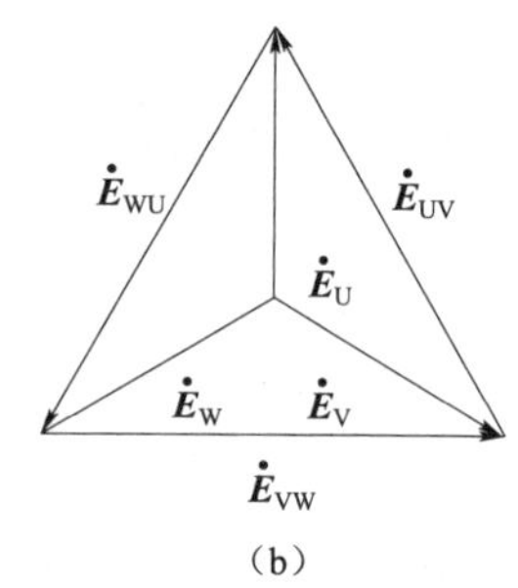

图 5－1－2　星形接法

（a）原理图；（b）相量图

（2）三角形接法。三角形接法是把一相绕组的尾端与另一相的首端连在一起，按顺序接成一个闭合回路，再以 3 个连接点引出端线，接三相电源。三角形接法又分正相序接法（即 $1U_1—1U_2→1V_1—1V_2→1W_1—1W_2→1U_1$）和反相序接法（即 $1U_1—1U_2→1W_1—1W_2→1V_1—1V_2→1U_1$）。无论采用哪一种接法，当电流从某一相电源流进，而从另外两相流出时，都能够保证它们在铁芯中产生的磁通方向是一致的。如图 5－1－3 所示。

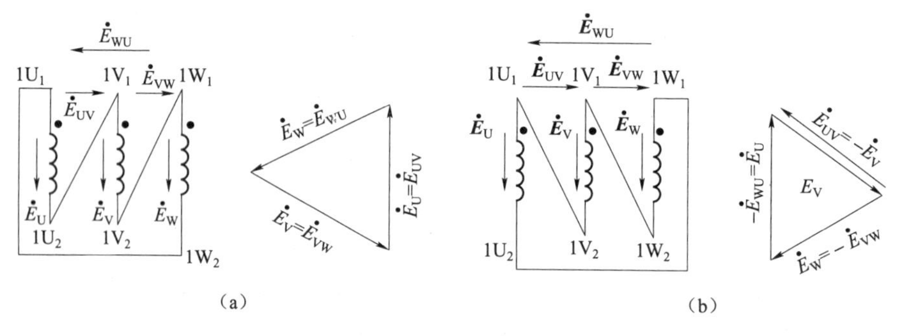

图 5－1－3　三角形接法

（a）正相序接法；（b）反相序接法

特别应该注意的是，在连接成三相绕组时，各绕组的极性必须一致，并且标志应正确，一旦接错，可能发生严重事故。

（3）星形接法。如三台单相变压器中有一台发生故障，或由于其他原因，仅有两台单相变压器连成三相运行时，可以改成如图 5－1－4 所示的星形/星形（Y/Y）连接，又称为开口三角形（△）接法。

由理论分析可知，此种接法，若在二次侧接上对称的三相负载，则其二次电流也是对称的。若考虑变压器内部漏抗产生的压降，由于漏抗不对称，使二次电压略显不对称，但影响比较小。必须指出，采用星形/星形（Y/Y）连接时，其容量只有原来的 86.6%。

2）三相变压器的连接组

（1）连接组类型。变压器一、二次侧都可以接成星形或三角形。用星形连接法时，中点可以有引出线，也可以没有引出线，因此，一、二次侧的接法可以采用下列几种不同的组

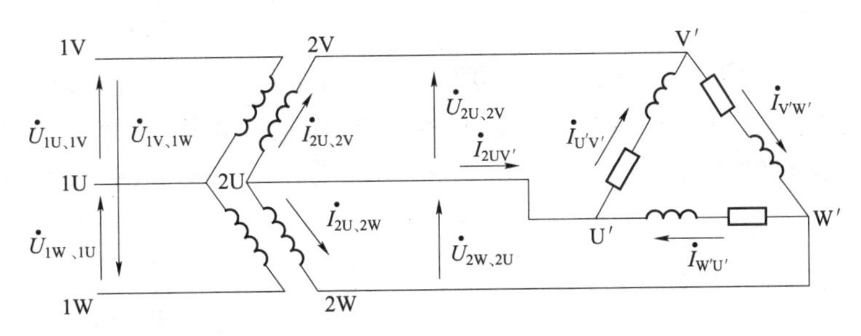

图 5－1－4　变压器Y/Y连接

合形式：Y/Y、Y/Y_N、Y/△、Y_N/△、△/Y、△/Y_N、△/△等。分子表示高压一次绕组的连接法，分母表示低压二次绕组的连接法。目前我国生产的电力变压器常采用的接法是Y/Y_N、Y/△、Y_N/△等几种。例如，Y_N/△连接组说明高压绕组，接成星形，并且中点有引出线，低压绕组接成三角形。对于高压绕组接成星形时最有利，因为它的相电压只有线电压的 $1/\sqrt{3}$，因而可以降低绕组的绝缘等级。低压绕组接成三角形，相电流只有线电流的 $1/\sqrt{3}$，可使绕组的截面积减小，便于绕制。而Y/Y_N连接法适用于照明与动力混合性质的负载。

（2）连接组钟点表示法。根据变压器一、二次侧线电势的相位关系，把变压器的绕组连接成各种不同组合，称为绕组的连接组。我国采用时钟表示法，即把高压边的线电势的相量作为时钟的长针，低压边的线电势的相量作为时钟的短针，把分钟（高压相量）指向 12 时，看短针（低压相量）指在时钟的哪个数字上，就作为连接组组别的标志。

（3）单相变压器连接组的钟点表示法。单相变压器只有 I/I－12 和 I/I－6 两种连接组。我国标准规定 I/I－12 为单相变压器的标准连接组，如图 5－1－5 所示。由图 5－1－5 可知，在单相变压器中，一、二次侧相电势的相位关系由一、二次绕组的同名端同时取为首端还是非同名端取为首端来决定。

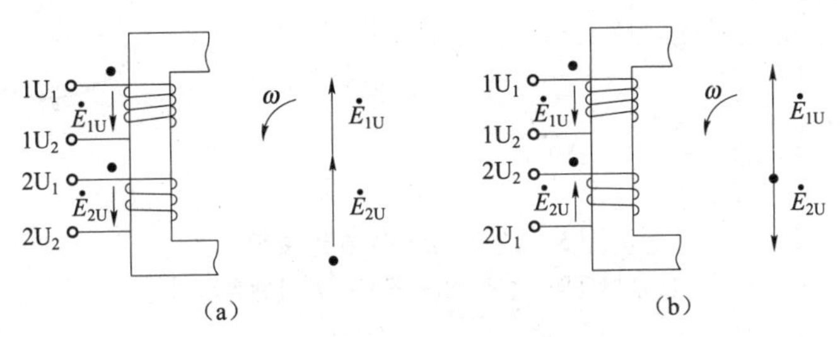

图 5－1－5　单相变压器首端的不同接法

单相变压器在自动控制系统中应用甚多。在晶闸管系统中，主回路与触发电路之间有严格的相位关系，但当标志模糊不清时，就需要测定极性，方法是将高、低压绕组出线端标记为 $1U_1-1U_2$ 与 $2U_1-2U_2$，将 $1U_2$ 与 $2U_2$ 连在一起，在 $1U_1-1U_2$ 上加适当交变电压，测量 $U_{1U_1、2U_2}$，$U_{1U_1、2U_2}$，$U_{2U_1、2U_2}$。若 $U_{1U_1、2U_1}=U_{1U_1、2U_2}-U_{2U_1、1U_2}$，则是 I/I－12 连接组，若 $U_{1U_1、2U_1}=U_{1U_1、1U_2}+U_{2U_1、2U_2}$，则是 I/I－6 连接组。

（4）三相变压器的连接组。三相变压器的连接不仅与端头标志及同名端有关，还与三相绕组连接有关，不同的连接方式，其一、二次侧对应的线电压之间有不同的相位移。

①Y/Y连接组。如图5-1-6所示，将一、二次绕组的同名端取为首端，故一、二次侧的相电势之间为同相位，线电势之间也是同相位，用时钟表示，高压边线电势$E_{1U、1V}$作为长针指向钟面上的12；低压边的线电势$E_{2U、2V}$也指向12，故连接组别用Y/Y-12表示。

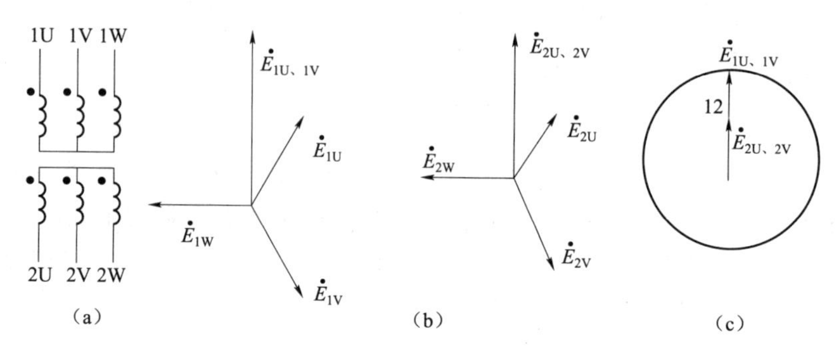

图5-1-6 Y/Y-12连接组

(a) 原理图；(b) 相量图；(c) 时钟表示图

若仍采用Y/Y连接，一次侧同名端为首端，二次侧非同名端为首端，如图5-1-7 (a)所示。可见同一相一、二次侧的相电势相反。所以一次侧线电势指向12点，而二次侧的线电势指向6点，称为Y/Y-6连接组。可见，同名端相反，相移180°，滞后6个钟点。

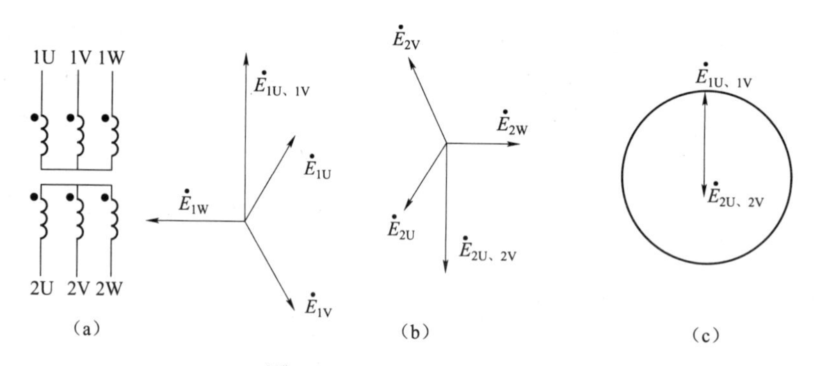

图5-1-7 Y/Y-6连接组

(a) 原理图；(b) 相量图；(c) 时钟表示图

若把一、二次绕组的同名端取为首端，把二次侧V相标定为U相、W相标定为V相、U相标定为W相，即一次侧的U相绕组实际上与二次侧的W相绕组的相电势同相，当$E_{1U、1V}$指向12点时，二次侧的$E_{2U、2V}$指向4点，所以该三相变压器为Y/Y-4连接组，如图5-1-8所示。可见，顺换一相序，相移120°，正好差4个钟点。

②Y/△连接组。一次侧是Y形接法，二次绕组接成△形，一、二次绕组都以同名端作为首端。二次绕组接成$2U_1 \to 2V_2$，$2V_1 \to 2W_2$，$2W_1 \to 2U_2$，连成三角形（反相序）。$2U_1$，$2V_1$，$2W_1$为出线端，此时E_{1U}和E_{2U}同相，但线电势$E_{2U、2V}$与$E_{1U、1V}$的相位相差330°，则长时针指向12时，短时针指向11点，称为Y/△-11连接组，如图5-1-9所示。可见，反相序连接成△形，原钟点减1（即12点-1点=11点）。

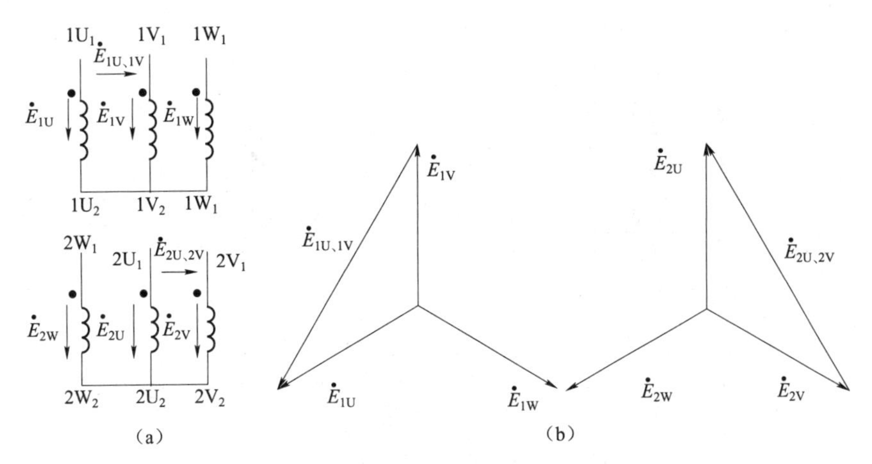

图 5－1－8　三相变压器Y/Y－4 连接组

（a）原理图；（b）相量图

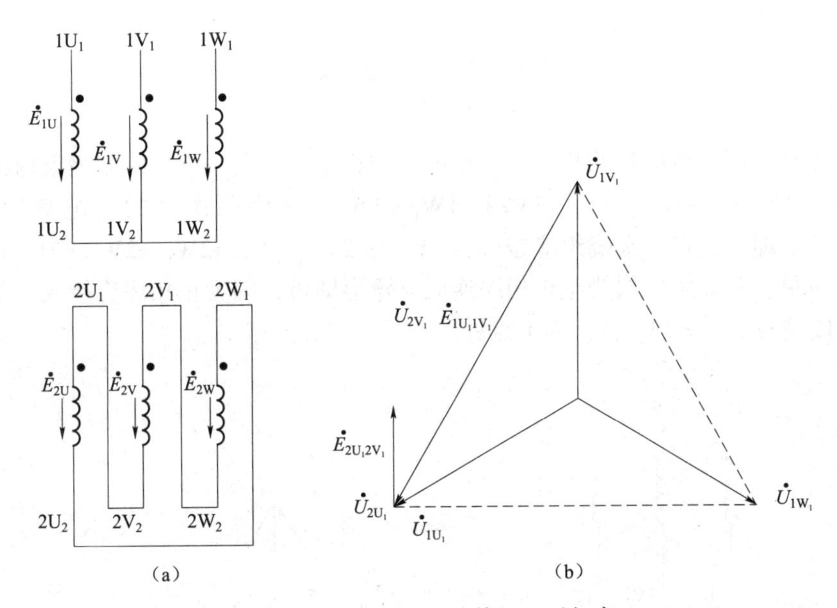

图 5－1－9　Y/△－11 连接组（反相序）

（a）原理图；（b）相量图

若二次绕组以异名端为首端，则$\dot{E}_{1U}$与$\dot{E}_{2U}$反相，如图 5－1－10 所示，它们的相量图 5－1－10（b）中，$E_{1U、1V}$与$E_{2U、2V}$相位相差 150°，为 5 点钟，称为Y/△－5 连接组。可见，原为Y/△－11，异名端减 6 点（11＋6＝17，即 5 点）变成Y/△－5。

这样不但应能根据变压器的接线图作出相量图，以判别其接线所表示的连接组别，而且应能根据给定的连接组别作出相量图，并将变压器连接成给定的连接组别。例如，三相变压器的一、二次绕组均以同名端为首端，要接成Y/△－1 连接组。首先将一次绕组接成星形（Y），并作出一次电势（相电势和线电势）的相量图；再根据所要求的连接组别Y/△－1，二次绕组的线电势与相应一次绕组的线电势相位差为 30°，以一次侧线电势三角形 $1U_1$、$1V_1$、$1W_1$为基准，顺时针旋转 30°，即得到二次侧线电势三角形 $2U_1$、$2V_1$、$2W_1$，因二次侧

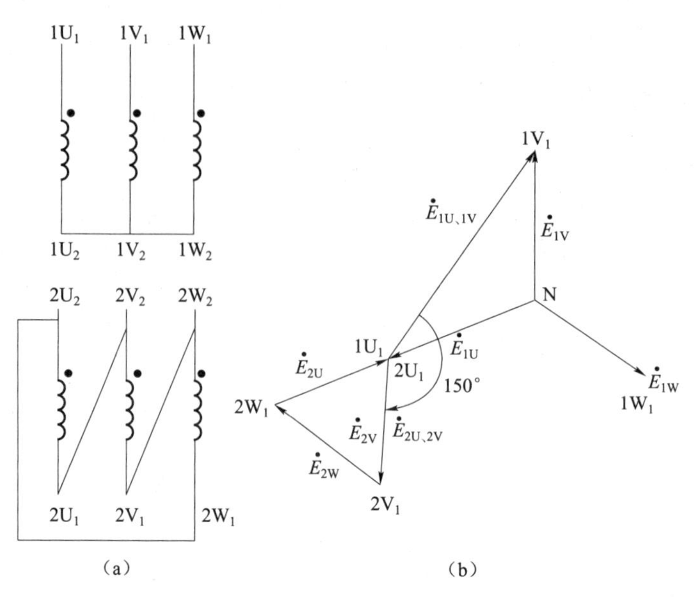

(a)　　　　(b)

图 5－1－10　Y/△－5 连接组

(a) 原理图; (b) 相量图

作为三角形接线，所以线电势的相量即为相电势的相量，由于一、二次侧绕组均将同名端取为首端，故对应 $1U_1$—$1U_2$、$1V_1$—$1V_2$ 和 $1W_1$—$1W_2$，可将二次侧的相电势标出，如图 5－1－11所示。即可确定二次绕组应按 $2U_1$—$2U_2$→$2V_1$—$2V_2$→$2W_1$—$2W_2$→$2U_1$ 正相序连接成三角形。可见，只要将二次绕组正相序连成三角形即可，因为正相序连接成三角形时，单钟点加 1（12 点 +1 点 =13 点），为 1 点钟。

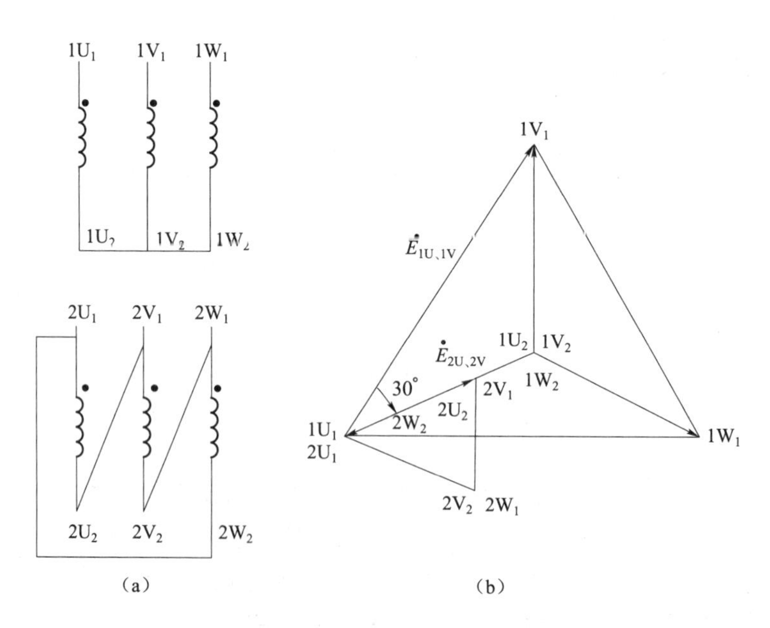

(a)　　　　(b)

图 5－1－11　Y/△－1 连接组（正相序）

(a) 原理图; (b) 相量图

综上所述，如果一次绕组的三相标志不变，仅将二次绕组的三相标志轮换，对于Y/Ẏ连接组，可得到6个偶数的不同组别，而对Y/△连接组可得到6个奇数的不同组别。

其实，要解决三相变压器钟点组接问题，只要掌握下列基本规律，就能迅速画出三相变压器各种钟点组接线图。

① 以Y/Y－12（和△/△－12）为标准钟，如图5－1－6所示。

② 改变同名端，加6点，为Y/Y－6，如图5－1－7所示。

③ 调换相序一次，加4点，为Y/Y－4，如图5－1－8所示。

④ 反相序连成△，减1点，为Y/△－11，如图5－1－9所示（初级△相反，反相序加1点）。

⑤ 二次侧正相序连成△，加1点，为Y/△－1，如图5－1－11所示（一次侧△相反，正相序减1点）。

⑥ Y/Y、△/△只能接成2、4、6、8、10、12点（偶数点）。

⑦ △/Y、Y/△只能接成1、3、5、7、9、11点（奇数点）。

这是因为三相为360°，每相为120°，同相为12点，反相为6点，超前30°为11点，滞后30°为1点，根据上述规律，灵活运用，即能迅速解决钟点组接问题。

例如，要接Y/△－5，只须在Y/△－11的基础上改变同名端即成，如图5－1－10所示。

又如△/Y－9，只须将一次绕组按正相序连成△形，为超前1点，二次绕组变同名端，加6点，调相序一次，加4点；迟后10点，正好9点。

再如△/△－10，只须将一、二次绕组都正相序连成△形，正好12点同相，二次绕组变同名端加6点，调相序加4点，共10个钟点。

3）三相变压器连接组的测试与验证

（1）用双踪示波器测量$U_{2U_1、2V_1}$波形滞后于$U_{1U_1、1V_1}$波形的相位角。线路如图5－1－12所示。将一探头接到$1V_1$、另一探头接到$2V_1$，接地线与$1U_1$或$2U_1$相连（$1U_1$与$2U_1$短接），合上开关SA，调压器电压由零逐渐调到100 V，观察示波器屏幕上$U_{1U_1、1V_1}$与$U_{2U_1、2V_1}$波形的相位，由此确定绕组的连接组别。

（2）用计算电压值法校验连接组别。首先将高压和低压两个相同的出线端连接起来，如将$1U_1$与$2U_1$连接起来，如图5－1－13所示，并在高压绕组上施加电压100 V，用电压表分别测量其他几个端点的电压。例如Y/△－11接线，如图5－1－13（a）所示。测量下列$U_{1V、2V}$、$U_{1W、2V}$、$U_{1V、2W}$，由于$1U_1$与$2U_1$重合，得到如图5－1－13（b）所示的相量图。

若一次绕组的线电压为$U_{1U_1、1V_1}$，二次侧的线电压为$U_{2U_1、2V_1}$，则变压比为

$$K=\frac{U_{1U_1、1V_1}}{U_{2U_1、2V_1}}$$

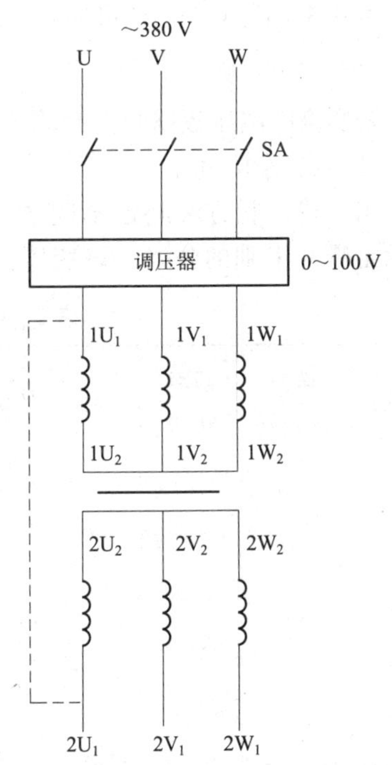

图5－1－12　用示波器测试连接组别

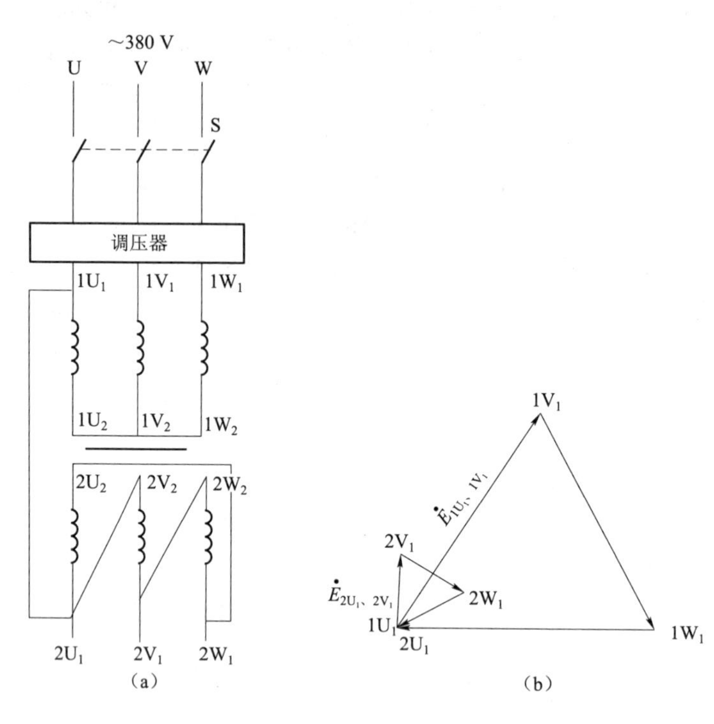

图 5－1－13　用计算电压值法校验连接组别

（a）接线图；（b）相量图

由图 5－1－13（b）可知，$U_{1W_1、2W_1} = U_{1U_1、2V_1} = U_{1V_1、2W_1} = U_2\sqrt{K^2-\sqrt{3}K+1}$

$$U_{1W_1、2V_1} = U_2\sqrt{K^2+1}$$

若实测的电压数据与上面的公式计算所得的数据相同，则表示绕组连接正确，可以断定为Y/△－11 连接组。

用上述试验方法测定不同数字的连接组别的电压，代入表 5－1－1 所给的公式，数据满足哪个组别的公式，该变压器就属于这个组别。

表 5－1－1　变压器连接组别的校核公式

钟时序	电压相位移	线圈接法	线电压相量图	公　　式
1	30°	Y/△ △/Y	$1V_1$ 30° $2V_1$ $2U_1$ $1U_1$ $1W_1$ $2W_1$	$U_{1V、2V} = U_{1W、2W} = \sqrt{K^2-\sqrt{3}K+1}$
				$U_{1V、1W} = \sqrt{K^2+1}$

续表

钟时序	电压相位移	线圈接法	线电压相量图	公　式
2	60°	Y/Y △/△	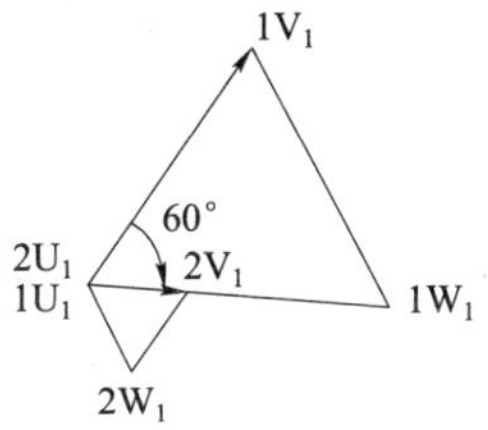	$U_{1V,2V}=U_{1W,2W}=\sqrt{K^2-K+1}$ $U_{1V,1W}=\sqrt{K^2+K+1}$
3	90°	Y/△ △/Y	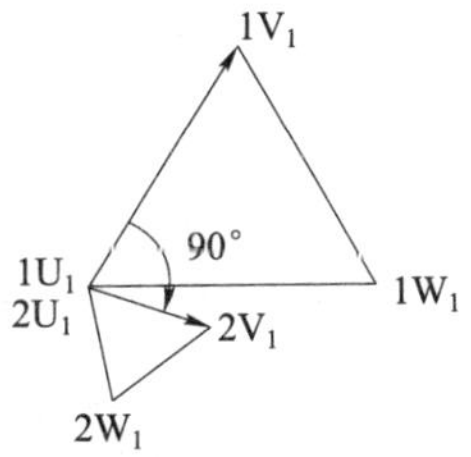	$U_{1V,2V}=U_{1W,2W}=\sqrt{K^2+1}$ $U_{1V,1W}=\sqrt{K^2+\sqrt{3}K+1}$
4	120°	Y/Y △/△	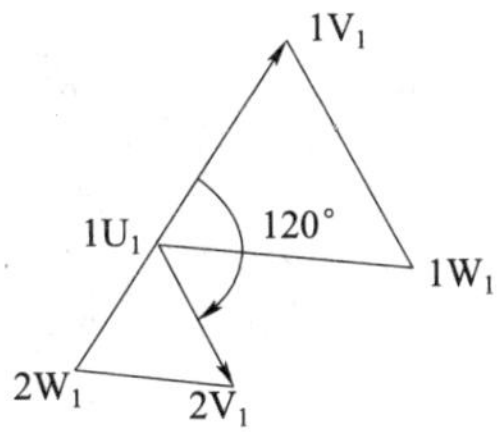	$U_{1V,2V}=U_{1W,2W}=\sqrt{K^2+K+1}$ $U_{1V,1W}=K+1$
5	150°	Y/△ △/Y	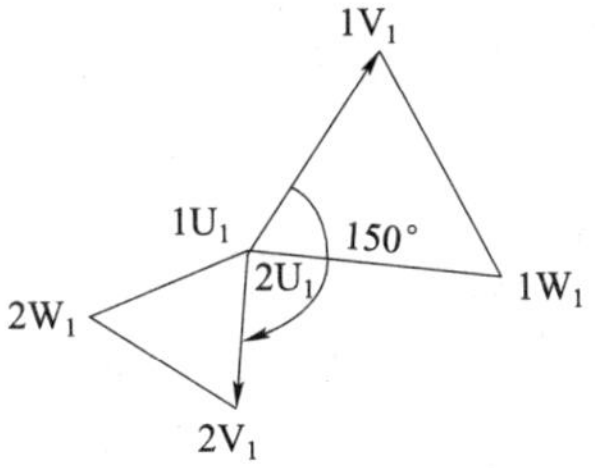	$U_{1V,2V}=U_{1W,2W}=\sqrt{K^2+\sqrt{3}K+1}$ $U_{1V,1W}=\sqrt{K^2+\sqrt{3}K+1}$
6	180°	Y/Y △/△	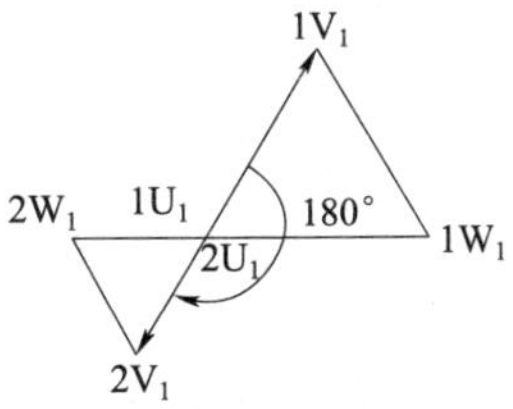	$U_{1V,2V}=U_{1W,2W}=K+1$ $U_{1V,1W}=\sqrt{K^2+K+1}$

续表

钟时序	电压相位移	线圈接法	线电压相量图	公　　式
7	210°	Y/△ △/Y	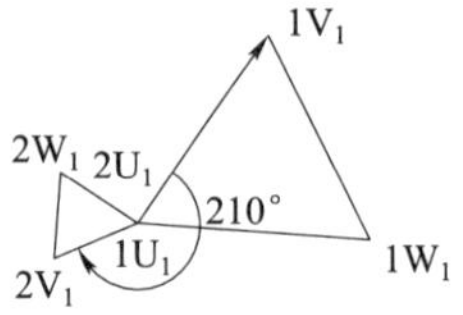	$U_{1V,2V}=U_{1W,2W}=\sqrt{K^2+\sqrt{3}K+1}$ $U_{1V,1W}=\sqrt{K^2+1}$
8	240°	Y/Y △/△	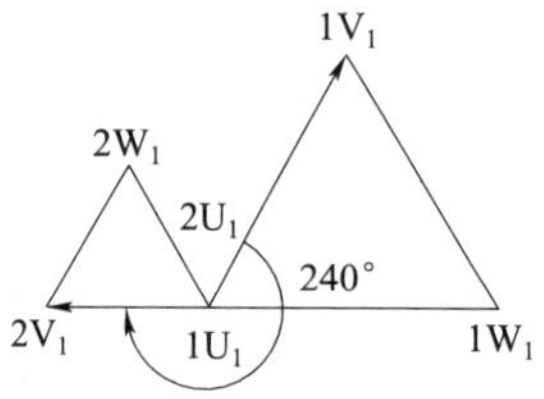	$U_{1V,2V}=U_{1W,2W}=\sqrt{K^2+K+1}$ $U_{1V,1W}=\sqrt{K^2-K+1}$
9	270°	Y/△ △/Y	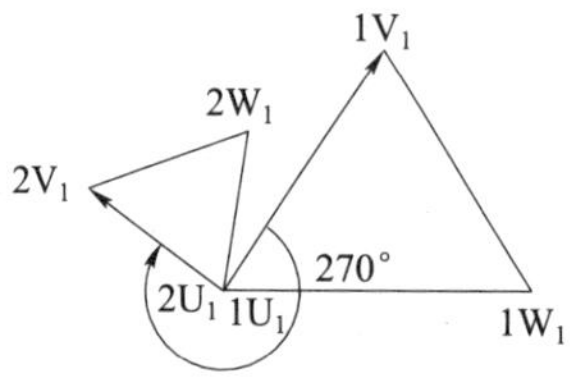	$U_{1V,2V}=U_{1W,2W}=\sqrt{K^2+1}$ $U_{1V,1W}=\sqrt{K^2-\sqrt{3}K+1}$
10	300°	Y/Y △/△	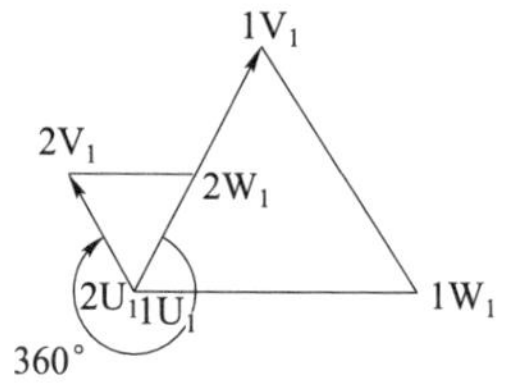	$U_{1V,2V}=U_{1W,2W}=\sqrt{K^2-K+1}$ $U_{1V,1W}=K-1$
11	330°	Y/△ △/Y	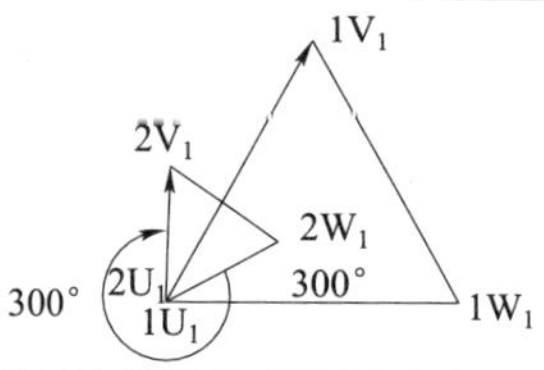	$U_{1V,2V}-U_{1W,2W}=\sqrt{K^2-\sqrt{3}K+1}$ $U_{1V,1W}=\sqrt{K^2-\sqrt{3}K+1}$
12	360°	Y/Y △/△	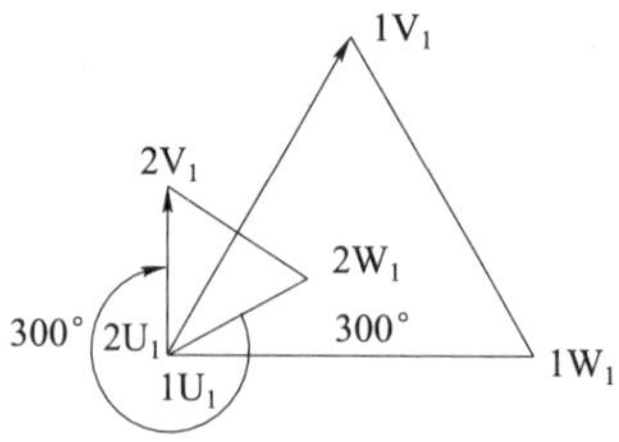	$U_{1V,2V}=U_{1W,2W}=K-1$ $U_{1V,1W}=\sqrt{K^2-K+1}$

注：$K=U_{1U_1,1V_1}/U_{2U_1,2V_1}$，设 $U_{2U_1,2V_1}=1$。否则，表中公式要乘以 $U_{2U_1,2V_1}$。

项目实施

1. 准备好待测量的三相变压器

2. 准备好用于测量的仪器仪表与设备

用于测量的仪器仪表与设备主要有三相对称交流电源、三相变压器、自耦变压器和万用表等。

3. 实施步骤

（1）高低压绕组判别：用万用表测出各绕组的电阻，电阻大的为高压绕组，电阻小的为低压绕组，并做好标志。

（2）同相绕组判别：在任意一个高压绕组两端加一交流安全电压，分别测量 3 个低压绕组两端的电压，电压高的一组与所加电压的高压绕组为同相绕组。

（3）中间相绕组判别：当高压绕组某一相加电压时，测得另两个高压绕组的电压相等，则该相即为中间相绕组。

（4）同相绕组同名端判别：将同相的高、低压绕组的一端连接起来，在高压侧加 12 V 交流电压，测量高、低压绕组的另两端电压及高压绕组两端电压。若一端连接起来的高、低压绕组的另两端的电压大于高压绕组两端电压，则高、低压绕组相连的端点为异名端；若一端连接起来的高、低压绕组的另两端的电压小于高压绕组两端电压，则高、低压绕组相连的端点为同名端。

（5）高压侧绕组同名端判别：将两个高压绕组的一端连接起来，给另一个高压绕组加 12 V 交流电压，测量连接的两个高压绕组两端的电压及未连两端的电压。若未连两端的电压为已连接的绕组两端电压之和，则相连的两端为同名端；若未连两端的电压为已连接的绕组两端电压之差的绝对值，则相连的两端为异名端。

（6）各相绕组同名端确定：由上述确定的高压绕组的同名端和同相绕组的同名端，可以确定各相绕组的同名端。

（7）画连接组别图。

（8）画相量图，确定三相变压器钟点组接。

（9）根据项目完成情况，完成项目评价表 5－1－2。

（10）根据各组项目评价表中所记录的问题进行讨论和分析，找出最优方案。

项目评价

项目 1 的考核评价见表 5－1－2。

表 5－1－2　项目 1 考核评价表

序号	评价指标	评价内容	分值	学生自评	小组评价	教师评价
1	基本技能	高低压绕组判别	10			
		同相绕组判别	10			
		中间相绕组判别	10			

续表

序号	评价指标	评价内容	分值	学生自评	小组评价	教师评价
1	基本技能	同相绕组同名端判别	15			
		高压侧绕组同名端判别	15			
		各相绕组同名端确定	10			
2	效果	画连接组别图	10			
		确定钟点组接	20			
总　分			100			
问题记录和解决方法				记录项目实施中出现的问题和采取的解决方法（可附页）		

项目 2　三相变压器参数测试

项目描述

在分析变压器的运行情况时，需要知道变压器一、二次侧绕组的漏阻抗及励磁阻抗，这些参数不会在变压器的铭牌上标明，也不在产品目录中给出，通常通过试验取得。通过对三相变压器的空载试验和短路试验，测定三相变压器的变比 K、空载电流 I_0 及空载损耗 P_0、短路阻抗及铜耗 P_k，就能计算出三相变压器的主要参数。

项目分析

通过对三相变压器的空载试验可以测定三相变压器的变比 K、空载电流 I_0 及铁损耗 P_{Fe}，计算出励磁阻抗 Z_m。通过对三相变压器的短路试验，可以测定三相变压器的短路阻抗及短路损耗，短路损耗即为变压器带额定负载时的铜损耗。

知识链接

1. 空载试验电路及方法

空载试验一般要考虑仪表及操作安全等因素，故在低压侧进行较好，如图 5－2－1 所示。

操作步骤如下：高压侧绕组处于开路状态，低压侧绕组施加规定频率的额定电压，测量并记录 U_1、U_{20}、I_0、P_0。

根据测量数据计算变比 K：

$$K \approx \frac{U_{20}}{U_1}$$

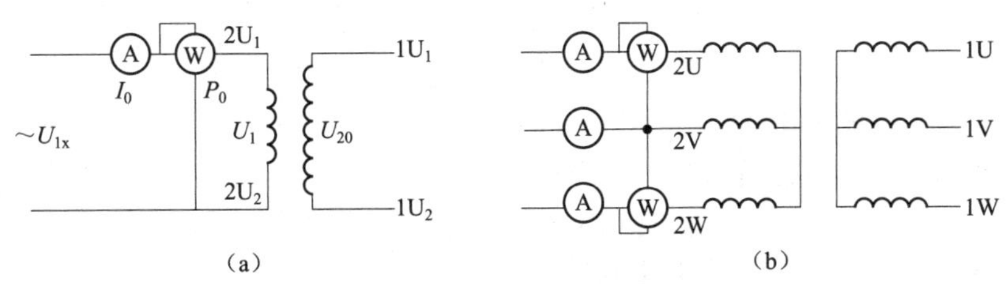

图 5－2－1　空载试验电路及方法

(a) 单相；(b) 三相

励磁阻抗为

$$Z_{m}=\frac{U_{1}}{I_{0}}-Z\approx\frac{U_{1}}{I_{0}}$$

励磁电阻为

$$R_{m}=\frac{P_{0}}{I_{0}^{2}}-R_{1}\approx\frac{P_{0}}{I_{0}^{2}}$$

励磁电抗为

$$X_{m}\approx\sqrt{Z_{m}^{2}-R_{m}^{2}}$$

换算到高压侧时，阻抗值乘以 K^{2}。

2. 短路试验线路及方法

按图 5－2－2 所示接线，短路试验一般在高压侧进行，将低压侧短接。

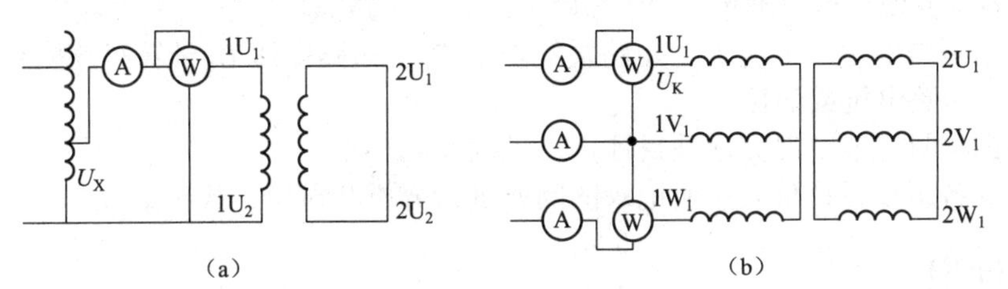

图 5－2－2　短路试验线路及方法

(a) 单相；(b) 三相

操作过程如下：自耦变压器由零开始逐渐升高电压，并注意观察电流表。电流表读数达到高压侧的额定电流时，停止升压，并记录短路电流的 I_{K}、短路损耗功率 P_{K} 和短路电压 U_{K}。根据测得数据计算各参数。

短路阻抗或漏抗为

$$Z_{K}=\frac{U_{K}}{I_{K}}$$

短路电阻为

$$r_{K}=\frac{p_{K}}{I_{K}^{2}}$$

短路电抗或漏抗为

$$X_{K}=\sqrt{Z_{K}^{2}-r_{K}^{2}}$$

按照技术标准规定，绕组的电阻值应换算到它的绝缘等级的参考温度时的值，A、B、E 级绝缘的参考温度为 75 ℃。所以，在试验时须记录测量时的绕组温度 θ。

换算公式为

$$R_T = R_\theta \frac{235 + T}{235 + \theta}$$

式中，θ——测量时绕组的温度,℃；

R_θ——温度为 θ 时绕组的电阻值，Ω；

R_T——温度为 T（T 为 75 ℃或 115 ℃）时绕组的电阻值，Ω；

T——参考温度，根据绕组的绝缘等级取 75 ℃或 115 ℃；

235——铜（或铝）的温度系数（铜为 235，铝取 245）。

项目实施

1. 准备待测量的三相变压器

2. 用于测量的仪表与设备

用于测量的仪表与设备主要有单相、三相对称交流电源，单相、三相变压器，自耦变压器，电流表和功率表等。

3. 实施步骤

根据要求连接空载参数测试电路。

（1）根据空载测试电路测量并记录 U_1、U_{20}、I_0、P_0。

（2）根据测得的 U_1、U_{20}、I_0、P_0 计算变比 K、励磁阻抗 Z_m、励磁电阻 R_m、励磁电抗 X_m。

（3）根据要求连接短路参数测试电路。

（4）根据短路测试电路测量并记录短路电流 I_K、短路损耗功率 P_K 和短路电压 U_K。

（5）根据测得的短路电流 I_K、短路损耗功率 P_K、短路电压 U_K 计算短路阻抗或漏抗 Z_K、短路电阻 r_K、短路电抗或漏抗 X_K。

（6）根据项目完成情况完成项目评价，见表 5－2－1。

（7）根据各组项目评价表中所记录的问题进行分析和讨论，找出最优方案。

项目评价

项目 2 的考核评价见表 5－2－1。

表 5－2－1　项目 2 的考核评价表

序号	评价指标	评价内容	分值	学生自评	小组评价	教师评价
1	空载试验	线路连接	20			
		参数测量	15			
		相关数据的计算	15			
2	短接试验	线路连接	20			
		参数测量	15			
		相关数据的计算	15			
总　分			100			
问题记录和解决方法			记录项目实施中出现的问题和采取的解决方法（可附页）			

任务六 学会典型生产机械电气控制线路分析与排故

【教学目标】

(1) 了解生产机械电气控制系统的原理分析方法与维修排故的一般步骤。

(2) 掌握普通车床电气控制线路分析与排故方法。

(3) 掌握 M1720 平面磨床电气控制线路分析与排故方法。

(4) 掌握 T68 型卧式镗床电气控制线路分析与排故方法。

(5) 掌握 X62W 型卧式万能铣床电气控制线路分析与排故方法。

(6) 掌握 Z3050 摇臂钻床电路分析与排故方法。

【任务描述】

本任务根据实际工作中使用的需求，选择了 5 种典型生产机械的控制系统作为训练项目。主要包括普通车床电气控制线路分析与排故、M1720 平面磨床电气控制线路分析与排故、T68 型卧式镗床电气控制线路分析与排故、X62W 型卧式万能铣床电气控制线路分析与排故、Z3050 摇臂钻床电路分析与排故 5 个部分。

通过具体的项目来学习和训练，使学生了解典型生产机械的工作原理，学会典型生产机械电气控制线路分析与排故方面的基本知识和技能，能够按照控制功能的要求进行控制系统的维修和调试。

项目 1　普通车床电气控制线路分析与排故

项目描述

现有一台 C650 车床需要进行电气保养，需要对电气控制系统进行分析，另有一台 CA6140 车床出现故障需要排除，排除后通电空载试运行至成功。

项目分析

本项目是对普通车床控制系统的基本操作，通过对控制功能分析，进而进行控制原理图的分析与模拟故障排除的操作训练，能够掌握普通车床的排故与调试的方法。因此，本项目实施需要了解车床的控制功能要求，能进行电气原理图的分析和故障点的查找与判断，了解调试步骤与方法。

知识链接

电气控制系统是机械设备的重要组成部分，了解电气控制系统对于学会机械设备的安装、调试、维护与使用是必不可少的。本章通过对车床、磨床、镗床、铣床和桥式起重机等设备电气控制系统的分析和研究，介绍阅读、分析生产机械电气控制线路的方法，加深对典型控制环节的理解和应用，为机床及其他生产机械电气控制的设计、安装、调试、运行等奠定基础。

1. 电气控制分析的内容

通过对各种技术资料的分析，掌握电气控制线路的工作原理、技术指标、使用方法、调试维护要求等。具体内容包括以下几个方面。

1）设备说明书

由机械（包括液压、气动）与电气两部分组成。在分析时，首先要阅读这两部分说明书，了解有关内容。

（1）设备的构造，主要技术指标，机械、液压、气动部分的传动方式与工作原理。

（2）电气传动方式，电动机及执行电器的数目、规格型号、安装位置、用途与控制要求等。

（3）设备的使用方法，各操作手柄、开关、旋钮、指示装置的布置及在控制线路中的作用。

（4）必须清楚地了解与机械、液压、气动部分直接关联的电器（如行程开关、电磁阀、电磁离合器、传感器等）的位置，工作状态及与机械、液压部分的关系，在控制中的作用等。

2）电气控制原理图

电气控制原理图由主电路、控制电路、辅助电路、保护、联锁环节及特殊控制电路等部分组成。它是控制线路分析的主要内容。

在分析电气原理图时，必须与阅读其他技术资料相结合。如各种电动机及执行元件的控制方式、位置及作用，各种与机械相关的位置开关、主令电器的状态等，只有通过阅读说明书才能了解。

在原理图分析中，还可以通过所选用的电器元件的技术参数分析出控制线路的主要参数和技术指标，估算各部分的电流、电压值，以便在调试或维修中合理地使用仪表。

3）电气设备的总装接线图

它是安装设备不可或缺的资料。阅读分析总装接线图，可以了解系统的组成分布状况，各部分的连接方式，主要电气部件的布置、安装要求，导线和穿线管的规格型号等。

4）电气元件布置图与接线图

它是制造、安装、调试和维护电气设备必需的技术资料。在调试、维修中，可以通过布置图和接线图方便地找到各种电气元件和测试点，进行必要的检测、调试和维修保养。

2. 电气原理图阅读分析的方法和步骤

在说明书中可以了解生产设备的构成、运动方式、相互关系及各电动机和执行电器的用途与控制要求，而电气原理图就是根据这些要求设计而成的。原理图阅读分析的基本原则是：化整为零、顺藤摸瓜、先主后辅、集零为整、安全保护、全面检查。

分析控制线路最常用的方法是查线读图法。即采用化整为零的原则以某一电动机或电器元件（如接触器或继电器线圈）为对象，从电源开始，自上而下，自左而右，逐一分析其接通断开关系（逻辑条件），并区分出主令信号、联锁条件、保护要求。根据图区坐标的标注及控制流程可以方便地分析出各控制条件与输出结果之间的因果关系。

1）分析主电路

无论是线路设计还是线路分析，都是先从主电路入手的。主电路是实现整机拖动要求的基础。从主电路的构成可分析出电动机或执行电器的类型、工作方式，启动、转向、调速、制动等控制要求与保护要求等内容。

2）分析控制线路

主电路各种控制要求是由控制电路来实现的。使用查线读图法，运用“化整为零”“顺藤摸瓜”的原则，将控制电路按功能划分为若干个局部控制线路，从电源和主令信号开始，经过逻辑判断，分析控制流程，以简便明了的方式表达出电路的工作过程。

3）分析联锁与保护环节

生产机械对安全性、可靠性有很高的要求，要实现这些要求，除了合理地选择拖动、控制方案外，在控制线路中还设置了一系列电气保护和必要的电气联锁。在电气控制原理图的分析过程中，电气联锁和电气保护环节也是一个重要内容，不能遗漏。

4）分析辅助电路

辅助电路包括执行元件的工作状态显示、电源显示、参数测定、照明和故障报警等。这部分电路具有相对独立性，起辅助作用但又不影响主要功能。辅助电路中很多部分均受控于电路中的控制元件。

5）分析特殊控制环节

在某些控制线路中，还设置了一些与主电路、控制电路关系不密切，并且相对独立的某些特殊环节，如产品计数装置、自动检测系统、晶闸管触发电路、自动调温装置等。此部分往往自成系统，其读图分析的方法可以参照上述分析过程，灵活运用电子技术、电力电子技术、自动控制原理、检测与转换等知识逐一分析。

6）总体检查

经过“化整为零”，逐步分析每一局部电路的工作原理及各部分之间的控制关系之后，还必须用“集零为整”的方法检查整个控制线路，观察是否存在遗漏。特别要从整体角度去进一步检查和理解各控制环节之间的联系，以正确理解原理图中每一个电气元器件的作用、工作过程及主要参数。

3. C650 卧式车床功能分析

车床是一种在机械加工中应用极为广泛的金属切削机床。根据其结构和用途不同，分成普通车床、立式车床、六角车床、仿形车床等。车床主要用于车削外圆、内孔、端面、螺纹定型表面和回转体的端面等，并可装上钻头、绞刀等刀具进行孔加工。以 C650 卧式车床为例，说明生产机械电气原理图的分析过程。

1. 主要结构与运动分析

C650 型普通车床是一种中型车床，加工工件回转直径最大可达 1 020 mm，长度可达 3 000 mm。其结构主要由床身、主轴、进给箱、溜板箱、刀架、丝杆、光杆、尾座等部分组成，如图 6－1－1 所示。

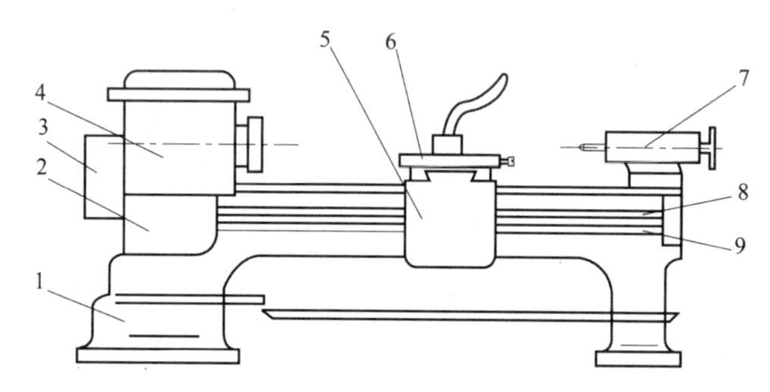

图 6－1－1　C650 卧式车床结构简图

1—床身；2—进给箱；3—挂轮箱；4—主轴箱；5—溜板箱；6—溜板及刀架；7—尾座；8—丝杆；9—光杆

车床的切削运动包括工件旋转的主运动和刀具的直线进给运动。根据工件的材料性质、车刀材料及刀形、工件直径、加工方式及冷却条件的不同，要求主轴有不同的切削速度。

车床的进给运动是刀架带动刀具的直线运动。溜板箱将丝杆或光杆的转动传递给刀架，变换溜板箱外的手柄位置，可控制车床刀架做纵向或横向进给。

车床的辅助运动为机床上除切削运动以外的其他一切必需的运动，如尾架的纵向移动、工件的夹紧与放松等。

2）电力拖动方式和控制要求

C650 型普通车床由三台三相笼型异步电动机拖动，即主轴电动机 M1、冷却泵电动机 M2 和刀架快速移动电动机 M3。

从车削工艺要求出发，对各电动机的控制要求如下：

（1）主轴电动机 M1（30 kW）用于完成主运动的驱动。采用直接启动、可逆连续工作方式；由于加工工件转动惯量大，停车时主轴电动机应采用基于速度原则控制的电气反接制动形式，实现快速停车；为便于对刀操作，主轴电动机 M1 设有点动控制。

（2）冷却泵电动机 M2 用于加工时提供冷却液，采用直接启动、单向运行、连续工作方式。

（3）刀架快速移动电动机 M3 采用单向点动、短时工作方式。

（4）要求有局部照明和必要的电气保护与联锁。

（5）采用电流表来检测电动机负载情况。

（6）控制回路由于电器元件很多，故通过控制变压器 TC 与三相电网进行电隔离，提高操作和维修时的安全性。

4. C650 卧式车床电气控制线路分析

1）主电路分析

图 6-1-2 中，QS1 为电源开关。FU1 为主轴电动机 M1 的短路保护用熔断器，FR1 为其过载保护用热继电器。*R* 为限流电阻，在主轴点动时，限制启动电流，在停车反接制动时，限制过大的反向制动电流。电流表 A 用来监视主电动机 M1 的绕组电流，由于实际机床中 M1 的功率很大，故 A 接入电流互感器 TA 回路。机床工作时，可调整切削用量，使电流表 A 的电流接近主轴电动机 M1 额定电流的对应值，以便提高生产效率和充分利用电动机的潜力。KM1、KM2 为正反转接触器，KM3 为短接电阻 *R* 的接触器，由它们的主触点控制主轴电动机 M1。KM4 为控制冷却泵电动机 M2 的接触器，FR2 为 M2 过载保护用热继电器。KM5 为控制刀架快速移动电动机 M3 的接触器，由于 M3 点动短时运行，故不设置热继电器。

2）控制电路分析

（1）主轴电动机点动调整控制。按下点动按钮 SB2 不松开时，接触器 KM1 线圈通电，KM1 主触点闭合，电网电压经限流电阻 *R* 接入主电动机 M1，实现 M1 串电阻降压启动。由于中间继电器 KA 未通电，虽然 KM1 的辅助常开触点（5-8）已闭合，但不能实现自锁，因此，当松开 SB2 后，KM1 线圈随即断电，进行反接制动（详见下述），主轴电动机 M1 停转。

（2）主轴电动机正反转控制。当按下正向启动按钮 SB3 时，KM3 通电，其主触点闭合，短接限流电阻 *R*，常开辅助触点 KM3（3-13）闭合，使得 KA 通电吸合，KA（3-8）闭合，使得 KM3 在 SB3 松开后实现自锁。同时，KA（5-4）闭合，故使得 KM1 通电，其主触点闭合，主电动机 M1 全压启动运行。此时，辅助常开触点 KM1（5-8）也闭合。当松开 SB3 后，由于常开触点 KA（3-8）、KA（5-4）保持闭合，KM1（5-8）闭合，从而形成自锁回路，确保 KM1 通电。此外，在 KM3 得电的同时，时间继电器 KT 通电吸合，其作用是使电流表避免启动电流的冲击（KT 延时应稍长于 M1 的启动时间）。图中 SB4 为反向启动按钮，反向启动过程与正向的类似，不再赘述。

（3）主轴电动机的反接制动。C650 车床采用基于速度原则反接制动方式，用速度继电器 KS 进行检测和控制。点动、正转、反转停车时均有反接制动。

主轴电动机 M1 处于正转运行状态，则 KS 的正向常开触点 KS（9-10）闭合，反向常开触点 KS（9-4）断开。当按下总停按钮 SB1 后，原来通电的 KM1、KM3、KT 和 KA 相继断电，它们的所有触点均被释放而复位。当 SB1 松开后，由于惯性，M1 转速仍很高，

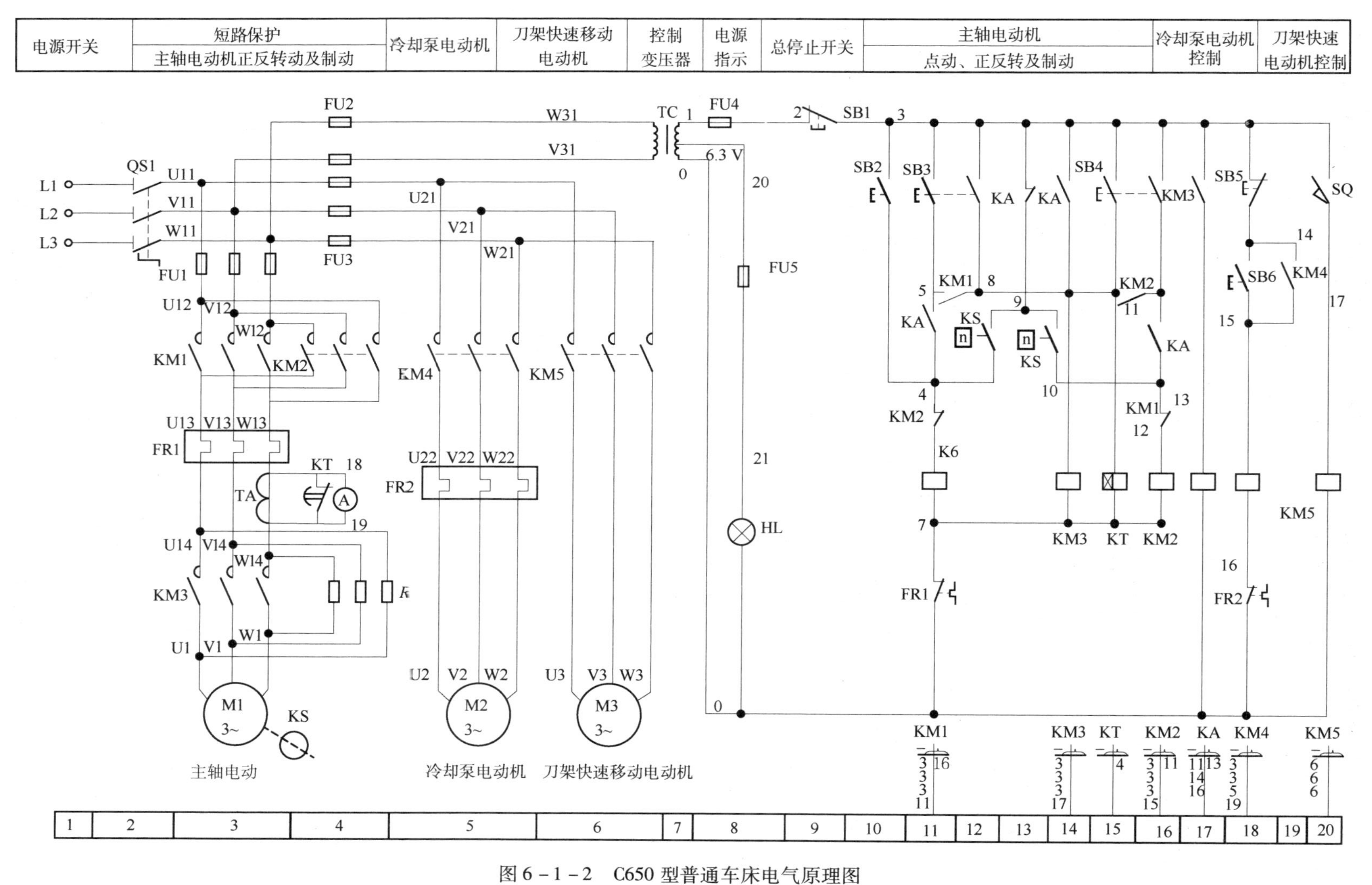

图 6-1-2　C650 型普通车床电气原理图

KS（9－10）处于闭合状态，所以反转接触器 KM2 立即通电吸合，电流通路是 1→2→3→9→10→12→KM2 线圈→7→0。此时，主电动机 M1 串电阻反接制动，正向转速快速下降，当速度降到很低（转速＜100 r/min）时，KS 的正向常开触点 KS（9－10）断开复位，从而切断 KM2 线圈的电流通路，至此，正向反接制动结束。

点动时反接制动过程和反向时反接制动过程不再赘述。

（4）刀架的快速移动和冷却泵控制。转动刀架手柄，限位开关 SQ 受压闭合，使得快速移动接触器 KM5 通电，快速移动电动机 M3 得电运行，而当刀架手柄复位时，M3 随即停转。

冷却泵电动机 M2 的启停按钮分别为 SB6 和 SB5。

3）辅助电路分析

虽然电流表 A 串接于电流互感器 TA 回路中，但主电动机 M1 启动时对它的冲击仍然很大，为此，在线路中设置了时间继电器 KT 进行保护。当主电动机正向或反向启动时，KT 通电，时间继电器开始延时，在此期间，电流表 A 由 KT 延时断开的常闭触点短接，因此不工作。延时时间到，电流表 A 接入并显示相应电流。

5. CA6140 机床电气控制线路分析

1）主电路分析

主电路中共有三台电动机：M1 为主轴电动机，带动主轴旋转和刀架做进给运动；M2 为冷却泵电动机；M3 为刀架快速移动电动机。三相交流电源通过转换开关 QS1 引入。主轴电动机 M1 由接触器 KM1 控制启动，热继电器 FR1 为主轴电动机 M1 的过载保护；冷却泵电动机 M2 由接触器 KM2 控制启动，热继电器 FR2 为它的过载保护；刀架快速移动电动机 M3 由接触器 KM3 控制启动。

2）控制电路分析

控制回路的电源由控制变压器 TC 副边输出 110 V 电压提供。

（1）主轴电动机的控制。按下启动按钮 SB1，接触器 KM1 的线圈获电动作，其主触点闭合，主轴电动机启动运行。同时，KM1 的自锁触点和另一副常开触点闭合。按下停止按钮 SB2，主轴电动机 M1 停车。

（2）冷却泵电动机控制。如果车削加工过程中工艺需要使用冷却液，合上开关 SA1，在主轴电动机 M1 运转情况下，接触器 KM2 线圈获电吸合，其主触点闭合，冷却泵电动机获电而运行。由电气原理图可知，只有当主轴电动机 M1 启动后，冷却泵电动机 M2 才有可能启动；当 M1 停止运行时，M2 也自动停止。

（3）刀架快速移动电动机的控制。刀架快速移动电动机 M3 的启动是由安装在进给操纵手柄顶端的按钮 SB3 来控制的，它与继电器 KM3 组成点动控制环节。将操纵手柄扳到所需的方向，压下按钮 SB3，继电器 KM3 获电吸合，M3 启动，刀架就向指定方向快速移动。

（4）照明、信号灯电路分析控制。变压器 TC 的副边输出 24 V 作为机床低压照明灯和信号灯的电源。EL 为机床的低压照明灯，由开关 SA 控制；HL 为电源的信号灯。它们分别采用 FU4 和 FU3 作短路保护。

项目实施

以亚龙 CA6140 普通车床考核模块为实施对象进行排故训练。

1. 工具、仪表及器材

（1）工具：螺丝刀、电工钳、剥线钳、尖嘴钳等。

（2）仪表：万用表 1 只。

（3）器材：所需器材见表 6－1－1。

表 6－1－1 技能训练所需器材

名称	型号规格	数量
三相漏电开关	DZ47－6010A	1 个
熔断器	RL1－15	2 个
3P 熔断器	RT18－32	2 个
主令开关	LS1－1	7 个
交流接触器	CJ20－10	3 个
热继电器	JR36－20	2 个
三相交流异步电动机		3 台
端子板、线槽、导线		各适量

2. CA6140 车床电路实训模块故障现象

（1）全部电动机均缺一相，所有控制回路失效。

（2）主轴电动机缺一相。

（3）主轴电动机缺另一相。

（4）M2、M3 电动机缺一相，控制回路失效。

（5）冷却泵电动机缺一相。

（6）冷却泵电动机缺另一相。

（7）刀架快速移动电动机缺一相。

（8）刀架快速移动电动机缺另一相。

（9）除照明灯外，其他控制均失效。

（10）控制回路失效。

（11）指示灯亮，其他控制均失效。

（12）主轴电动机不能启动。

（13）除刀架快移动控制外，其他控制失效。

（14）刀架快移电动机不启动，刀架快移动失效。

（15）机床控制均失效。

（16）主轴电动机启动，冷却泵控制失效，QS2 不起作用。

注：如加入故障点，其位置可参见图 6－1－3 带故障点标注的原理图。

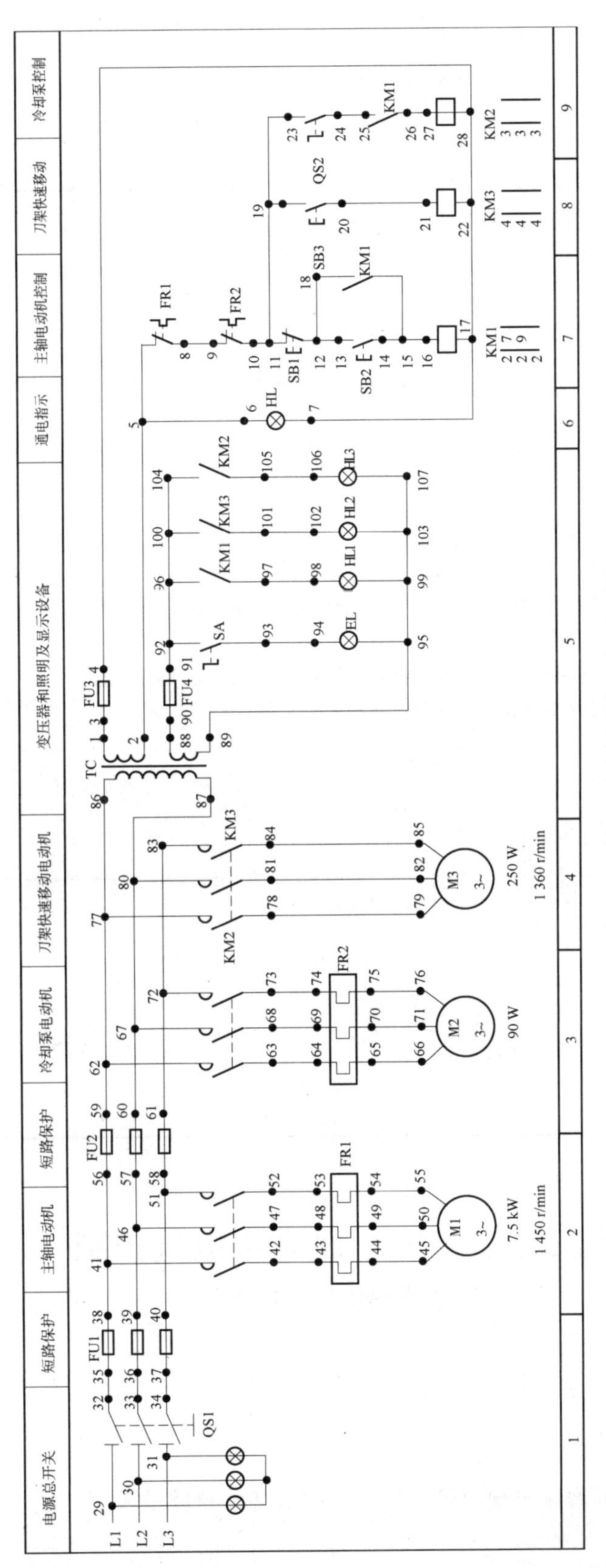

图 6－1－3　CA6140 型普通车床电气原理图

3. 填写维修工作票（表6－1－2）

表6－1－2 维修工作票

工作票编号NO：

发单日期：20　　年　月　日

工位号	
工作任务	CA6140车床电气线路故障检测与排除
工作时间	自　　年　月　日　时　分 至　　年　月　日　时　分
工作条件	登录学号：（即两位数的工位号，如01、11、21等） 登录密码：无 观察故障现象，排除故障后试机通电；检测及排故过程停电
工作许可人签名	
维修要求	1. 在工作许可人签名后方可进行检修； 2. 对电气线路进行检测，确定线路的故障点并排除、调试，填写下列表格； 3. 严格遵守电工操作安全规程； 4. 不得擅自改变原线路接线，不得更改电路和元件位置； 5. 完成检修后，能恢复该车床各项功能
故障现象描述	
故障检测和排除过程	
故障点描述	

项目2　M1720平面磨床电气控制线路分析与排故

项目描述

现有一台M1720平面磨床出现故障，需要排除故障。排除故障后，通电空载试运行至成功。

项目分析

本项目是对平面磨床控制系统的基本操作，通过对控制功能分析，进而进行控制原理图的分析与模拟故障排除的操作训练，能够掌握平面磨床的排故与调试的方法。因此，本项目实施需要了解平面磨床的控制功能要求，能进行电气原理图的分析与故障点的查找与判断，了解调试步骤与方法。

知识链接

1. M1720 平面磨床功能分析

磨床是以磨料磨具为工具进行切削加工的机床。可以用来加工内外圆柱面、圆锥面、平面和螺旋面。按用途和加工工艺的不同，可分为外圆磨、内圆磨、平面及端面磨、导轨磨、工具磨、多用磨及专用磨床等。

1）主要结构与运动分析

M1720 平面磨床的结构如图 6－2－1 所示，主要由床身、工作台、电磁吸盘、砂轮箱、滑座、立柱等部分组成。

在箱形床身中安装有液压传动装置，以使矩形工作台在床身导轨上通过压力油推动活塞杆做往复运动，工作台往复运动的换向则是通过换向撞块碰撞床身上的液压换向开关来实现的，工作台往复行程可通过调节撞块的位置来改变。电磁吸盘安装在工作台上，用于吸持工件。

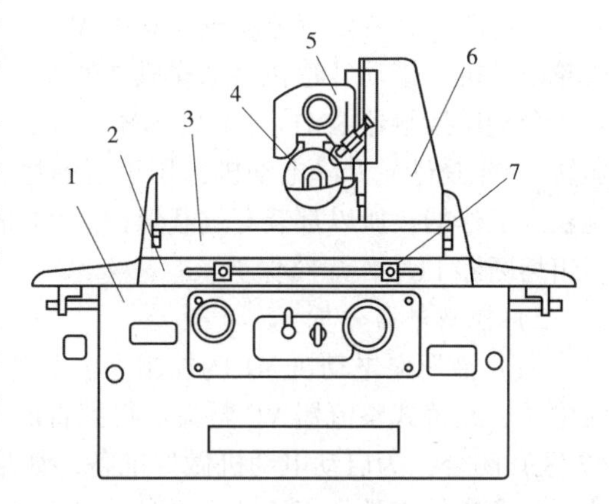

图 6－2－1　M1720 平面磨床结构图

1—床身；2—工作台；3—电磁吸盘；4—砂轮箱；5—滑座；6—立柱；7—撞块

磨床的主运动是砂轮的旋转运动。进给运动分垂直进给（滑座在立柱上的升降运动）、横向进给（砂轮箱在滑座上的水平移动）、纵向运动（工作台沿床身的往复运动）三种运动形式。工作时，砂轮做旋转运动并沿其轴向做定期的横向进给运动。工件固定在工作台上，工作台做直线往返运动。矩形工作台每完成一个纵向行程时，砂轮做横向进给运动，当加工整个平面后，砂轮做垂直方向的进给运动，以完成整个平面的加工。

2）电力拖动方式和控制要求

磨床的砂轮主轴一般并不需要较大的调速范围，所以采用笼型异步电动机拖动。为缩小体积、简化结构及提高机床精度，减少中间传动，采用装入式异步电动机直接拖动砂轮，因此电动机的转轴就是砂轮轴。

由于平面磨床是一种精密机床，为保证加工精度，采用液压传动，即由液压泵电动机经液压装置，以实现工作台的往复运动和砂轮横向的连续与断续进给。

为在磨削加工时对工件进行冷却，需采用冷却液冷却，由冷却泵电动机拖动。为提高生产率及加工精度，M1720 平面磨床采用砂轮电动机、液压泵电动机、冷却泵电动机和砂轮箱电动机多电动机拖动方案，以简化机械传动系统。

基于上述拖动特点，其控制要求如下：

（1）砂轮电动机、液压泵电动机和冷却泵电动机要求单向直接启动运行；砂轮箱升降电动机要求能实现可逆运行。

（2）冷却泵要求在砂轮电动机启动后才能启动。

（3）在使用电磁吸盘的正常工作状态下和不使用电磁吸盘的机床调整工作状态下，都能启动机床各电动机。但在使用电磁吸盘的工作状态时，必须保证电磁吸盘吸力足够大，且具有工件夹持、松开及去磁等控制环节，才能启动机床各电动机。

（4）具有完善的保护环节：各电路的短路保护、电动机的过载保护、零电压保护、电磁吸盘的欠电流保护、电磁吸盘断开时产生高电压而危及电路中其他电气设备的保护等。

（5）必要的照明与指示信号。

2. M7120 型平面磨床电气控制线路分析

M7120 型平面磨床的电气控制线路可分为主电路、控制电路、电磁吸盘控制电路及照明和指示灯电路四部分，如图 6－2－2 所示。

1）主电路分析

主电路中共有四台电动机，其中 M1 是液压泵电动机，实现工作台的往复运动；M2 是砂轮电动机，带动砂轮转动来完成磨削加工工件；M3 是冷却泵电动机。它们只要求单向旋转，分别用接触器 KM1、KM2、KM3 控制。冷却泵电动机 M3 在砂轮电动机 M2 运转后才能运转。M4 是砂轮升降电动机，用于磨削过程中调整砂轮和工件之间的位置。M1、M2、M3 是长期工作的，所以都装有过载保护。M4 是短期工作的，不设过载保护。四台电动机共用一组熔断器 FU1 作短路保护。

2）控制电路分析

（1）液压泵电动机 M1 的控制。合上总开关 QS1 后，整流变压器一个副边输出 130 V 交流电压，经桥式整流器 VC 整流后得到直流电压，使电压继电器 KA 获电动作，其常开触头（7 区）闭合，为启动电动机做好准备。如果 KA 不能可靠动作，各电动机均无法运行。因为平面磨床的工件靠直流电磁吸盘的吸力将工件吸牢在工作台上，只有具备可靠的直流电压后，才允许启动砂轮和液压系统，以保证运行安全。当 KA 吸合后，按下启动按钮 SB3，接触器 KM1 通电吸合并自锁，工作台电动机 M1 启动运转，HL2 灯亮。若按下停止按钮 SB2，接触器 KM1 线圈断电释放，电动机 M1 断电停转。

（2）砂轮电动机 M2 及冷却泵电动机 M3 的控制。按下启动按钮 SB5，接触器 KM2 线圈获电动作，砂轮电动机 M2 启动运转。由于冷却泵电动机 M3 与 M2 联动控制，所以 M3 与 M2 同时启动运转。按下停止按钮 SB4 时，接触器 KM3 线圈断电释放，M2 与 M3 同时断电停转。

两台电动机的热断电器 FR2 和 FR3 的常闭触头都串联在 KM2 中，只要有一台电动机过载，就使 KM2 失电。因冷却液循环使用，经常混有污垢杂质，很容易引起电动机 M3 过载，故用热继电器 FR3 进行过载保护。

（3）砂轮升降电动机 M4 的控制。砂轮升降电动机只在调整工件和砂轮之间位置时使用，所以用点动控制。当按下点动按钮 SB6 时，接触器 KM3 线圈获电吸合，电动机 M4 启

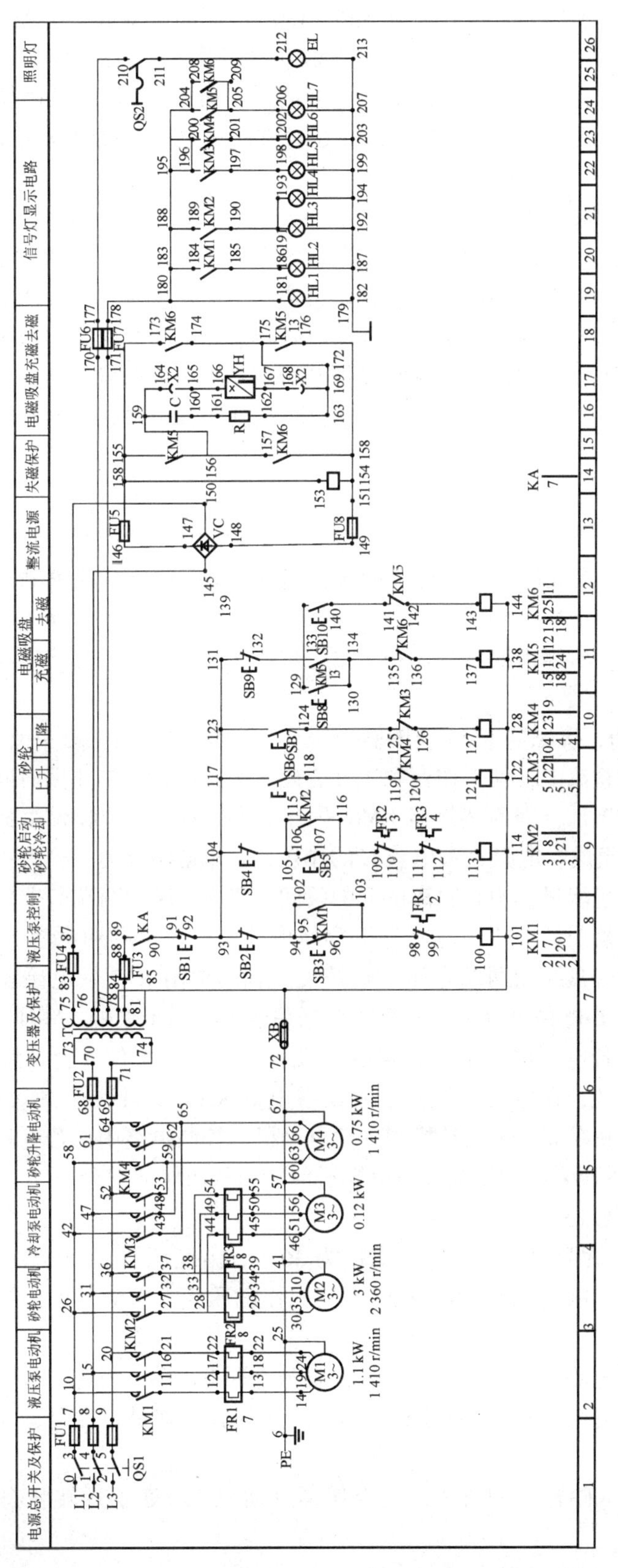

图6－2－2　M7120 平面磨床电气原理图

动正转，砂轮上升。到达所需位置时，松开 SB6，KM3 线圈断电释放，电动机 M4 停转，砂轮停止上升。按下点动按钮 SB7，接触器 KM4 线圈获电吸合，电动机 M4 启动反转，砂轮下降。到达所需位置时，松开 SB7，KM4 线圈断电释放，电动机 M4 停转，砂轮停止下降。为了防止电动机 M4 的正、反转线路同时接通，故在对方线路中串入接触器 KM4 和 KM3 的常闭触头进行联锁控制。

3）电磁吸盘控制电路分析

电磁吸盘是固定加工工件的一种夹具。利用通电导体在铁芯中产生的磁场吸牢铁磁材料工件，以便加工。它与机械夹具相比，具有夹紧迅速，不损伤工件，一次能吸牢若干个小工件，以及工件发热，可以自由伸缩等优点，因而电磁吸盘在平面磨床上用得十分广泛。电磁吸盘的控制电路包括整流装置、控制装置和保护装置三个部分。整流装置由变压器 TC 和单相桥式全波整流器 VC 组成，供给 120 V 直流电源。控制装置由按钮 SB8、SB9、SB10 和接触器 KM5、KM6 等组成。

（1）充磁过程：

按下充磁按钮 SB8，接触器 KM5 线圈获电吸合，KM5 主触头（15、18 区）闭合，电磁吸盘 YH 线圈获电，工作台充磁吸住工件。同时，其自锁触头闭合，联锁触头断开。

磨削加工完毕，在取下加工好的工件时，先按 SB9，切断电磁吸盘 YH 的直流电源。由于吸盘和工件都有剩磁，所以需要对吸盘和工件进行去磁。

（2）去磁过程：

按下点动按钮 SB10，接触器 KM6 线圈获电吸合，KM6 的两副主触头（15、18 区）闭合，电磁吸盘通入反相直流电，使工作台和工件去磁。去磁时，为防止因时间过长而使工作台反向磁化，再次吸住工件，因而接触器 KM6 采用点动控制。保护装置由放电电阻 R、电容 C 及零压继电器 KA 组成。电阻 R 和电容 C 的作用是：电磁吸盘是一个大电感，在充磁吸工件时，存储有大量磁场能量。当它脱离电源的瞬间，吸盘 YH 的两端产生较大的自感电动势，会使线圈和其他电器损坏，故用电阻和电容组成放电回路。利用电容 C 两端的电压不能突变的特点，使电磁吸盘线圈两端电压变化缓慢，利用电阻 R 消耗电磁能量，如果参数选配得当，此时 $R-L-C$ 电路可以组成一个衰减振荡电路，利于去磁。零压继电器 KA 的作用是：在加工过程中，若电源电压不足，则电磁吸盘将吸不牢工件，会导致工件被砂轮打出，造成严重事故，因此，在电路中设置了零压继电器 KA，将其线圈并联在直流电源上，其常开触头（7 区）串联在液压泵电动机和砂轮电动机的控制电路中，若电磁吸盘吸不牢工件，KA 就会释放，使液压泵电动机和砂轮电动机停转，从而保证安全。

4）照明和指示灯电路分析

图 6-2-2 中，EL 为照明灯，其工作电压为 36 V，由变压器 TC 供给。QS2 为照明开关。HL1、HL2、HL3、HL4 和 HL5 为指示灯，其工作电压为 6.3 V，也由变压器 TC 供给。5 个指示灯的作用是：

HL1 亮，表示控制电路的电源正常；不亮，表示电源有故障。

HL2 亮，表示工作台电动机 M1 处于运转状态，工作台正在进行往复运动；不亮，表示 M1 停转。

HL3、HL4 亮，表示砂轮电动机 M2 及冷却泵电动机 M3 处于运转状态；不亮，表示 M2、M3 停转。

HL5 亮，表示砂轮升降电动机 M4 处于上升工作状态；不亮，表示 M4 停转。

项目实施

以亚龙 M7120 平面磨床考核模块为实施对象进行排故训练。

1. 工具、仪表及器材

（1）工具：螺丝刀、电工钳、剥线钳、尖嘴钳等。

（2）仪表：万用表 1 只。

（3）器材：所需器材见表 6－2－1。

表 6－2－1　技能训练所需器材

代号	名称	型号规格	数量
QS	三相漏电开关	DZ47LE－32	1 个
FU1	1P 熔断器	RT14－20	6 个
FU2	2P 熔断器	RT8－30	1 个
FU3	3P 熔断器	RT18－30	1 个
SQ	十字开关	LS1－1	1 个
SQ1、SQ2、SQ3、SQ4	行程开关	LX19－001	4 个
KM1、KM2、KM3、KM4	交流接触器	CJ20－10	6 个
FR1、FR2	热继电器	JR36－20	3 个
	牵引电磁铁	MQ1－127V	1 个
TC	变压器	150 W/380 V/130 V/ 110 V/36 V/6.3 V	1 个
M	三相交流异步电动机		4 台
	端子板、线槽、导线		各适量

2. M1720 平面磨床电路实训模块故障现象

（1）液压泵电动机缺一相。

（2）砂轮电动机、冷却泵电动机均缺一相（同一相）。

（3）砂轮电动机缺一相。

（4）砂轮下降电动机缺一相。

（5）控制变压器缺一相，控制回路失效。

（6）控制回路失效。

（7）液压泵电动机不启动。

（8）KA 继电器不动作，液压泵、砂轮冷却、砂轮升降、电磁吸盘均不能启动。

（9）砂轮上升失效。

（10）电磁吸盘充磁和去磁失效。

（11）电磁吸盘不能充磁。
（12）电磁吸盘不能去磁。
（13）整流电路中无直流电，KA 继电器不动作。
（14）照明灯不亮。
（15）电磁吸盘充磁失效。
（16）电磁吸盘不能去磁。
注：如加入故障点，其位置可参见图 6－2－2 带故障点标注的原理图。

3. 填写维修工作票（表 6－2－2）

表 6－2－2　维修工作票

工作票编号 NO：
发单日期：20　　年　月　日

工位号	
工作任务	M7120 平面磨床电气线路故障检测与排除
工作时间	自　　年　月　日　时　分 至　　年　月　日　时　分
工作条件	登录学号：（即两位数的工位号，如 01、11、21 等） 登录密码：无 观察故障现象，排除故障后试机通电；检测及排故过程停电
工作许可人签名	
维修要求	1. 在工作许可人签名后方可进行检修； 2. 对电气线路进行检测，确定线路的故障点并排除、调试，填写下列表格； 3. 严格遵守电工操作安全规程； 4. 不得擅自改变原线路接线，不得更改电路和元件位置； 5. 完成检修后，能恢复该磨床各项功能
故障现象描述	
故障检测和排除过程	
故障点描述	

项目 3　T68 型卧式镗床电气控制线路分析与排故

项目描述

现有一台 T68 型卧式镗床出现故障，需要排除故障。排除故障后，通电空载试运行至成功。

项目分析

本项目是对 T68 型卧式镗床控制系统的基本操作，通过对控制功能分析，进而进行控制原理图的分析与模拟故障排除的操作训练，能够掌握 T68 型卧式镗床的排故与调试的方法。因此，实施本项目需要了解 T68 型卧式镗床的控制功能要求，能进行电气原理图的分析和故障点的查找与判断，了解调试步骤与方法。

知识链接

1. T68 型卧式镗床功能分析

镗床主要用于加工精确的孔和各孔间相互位置要求较高的零件，按用途和加工工艺的不同，镗床可分为卧式镗床、落地镗铣床、金刚镗床和坐标镗床等类型。T68 型卧式镗床是镗床中应用较广的一种，主要用于钻孔、镗孔、铰孔和加工端平面等，若安装一些特殊的夹具和附件，还可以车削螺纹。

1）主要结构与运动分析

T68 型卧式镗床的结构如图 6－3－1 所示，主要由床身、前立柱、镗头架、工作台、溜板、后立柱和尾架等部分组成。

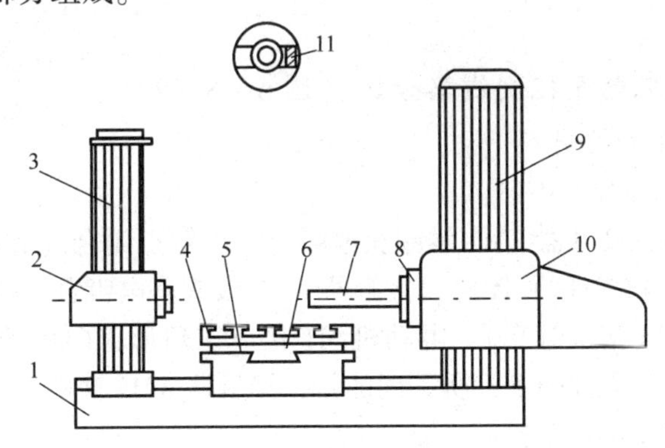

图 6－3－1　T68 型卧式镗床结构图

1—床身；2—尾架；3—后立柱；4—工作台；5—下溜板；6—上溜板；7—镗轴；8—花盘；9—前立柱；10—镗头架

床身是一个整体铸件，在它的一端固定有前立柱，前立柱的垂直导轨上装有镗头架，镗头架可沿着导轨垂直移动。镗头架集中地装有主轴、变速箱、进给箱与操纵机构等部件。切削刀具固定在镗轴前段的锥形孔里，或装在花盘的刀具溜板上，在工作过程中，镗轴一边旋转一边沿轴向做进给运动。花盘只能旋转，装在上面的刀具溜板可做垂直于主轴轴线方向的径向进给运动。镗轴和花盘轴通过单独的传动链传动，因此可以独立转动。

后立柱的尾架用来支承装夹在镗轴上的镗杆末端，它与镗头架同时升降，两者的轴线始终处于同一直线上。后立柱可沿床身水平导轨在镗轴的轴线方向调整位置。

安装工件的工作台安置在床身中部的导轨上，它由上溜板、下溜板及可转动的台面组成。工作台可做平行于和垂直于镗轴轴线方向的移动，并可转动。

由以上分析可知，T68 型卧式镗床的运动形式有以下三种：

（1）主运动。镗轴的旋转运动和花盘的旋转运动。

（2）进给运动。镗轴的轴向进给运动、花盘上刀具的径向进给运动、镗头的垂直进给运动、工作台的横向进给和纵向进给运动。

（3）辅助运动。工作台的旋转运动、后立柱的水平移动、尾架的垂直移动及各部分的快速移动。

主运动和各种常速进给运动由主轴电动机 M1 驱动，各部分的快速进给运动由快速进给电动机 M2 驱动。

2）电力拖动方式和控制要求

（1）因机床主轴调速范围较大，并且功率恒定，主轴与进给电动机 M1 采用△/YY双速电动机。低速时，1U1、1V1、1W1 接三相交流电源，1U2、1V2、1W2 悬空，定子绕组接成三角形，每相绕组中两个线圈串联，形成的磁极对数 $P=2$；高速时，1U1、1V1、1W1 短接，1U2、1V2、1W2 端接电源，电动机定子绕组连接成双星形（YY），每相绕组中的两个线圈并联，磁极对数 $P=1$。高、低速的切换由主轴孔盘变速机构内的行程开关 SQ1 控制。

（2）主电动机 M1 可以正、反转连续运行，也可以点动控制，点动时为低速。

（3）主电动机低速时采用直接启动方式。高速启动时由低速启动并经延时一段时间后再自动切换成高速运行，以减小启动电流。

（4）在主轴变速或进给变速时，主电动机采用点动运行方式，以保证变速齿轮进入良好的啮合状态。

2. T68 型卧式镗床电气控制线路分析（图 6-3-2）

1）主轴电动机 M1 的控制

（1）主轴电动机的正反转控制。

按下正转按钮 SB3，接触器 KM1 线圈获电吸合，主触点闭合（此时开关 SQ2 已闭合），KM1 的常开触点（8 区和 13 区）闭合，接触器 KM3 线圈获电吸合，接触器主触点闭合，制动电磁铁 YB 得电松开（指示灯亮），电动机 M1 接成三角形正向启动。反转时，只需按下反转启动按钮 SB2，动作原理同上，所不同的是，接触器 KM2 获电吸合。

（2）主轴电动机 M1 的点动控制。

按下正向点动按钮 SB4，接触器 KM1 线圈获电吸合，KM1 常开触点（8 区和 13 区）闭合，接触器 KM3 线圈获电吸合。而不同于正转的是，按钮 SB4 的常闭触点切断了接触器 KM1 的自锁，只能点动。这样 KM1 和 KM3 的主触点闭合便使电动机 M1 接成三角形点动。

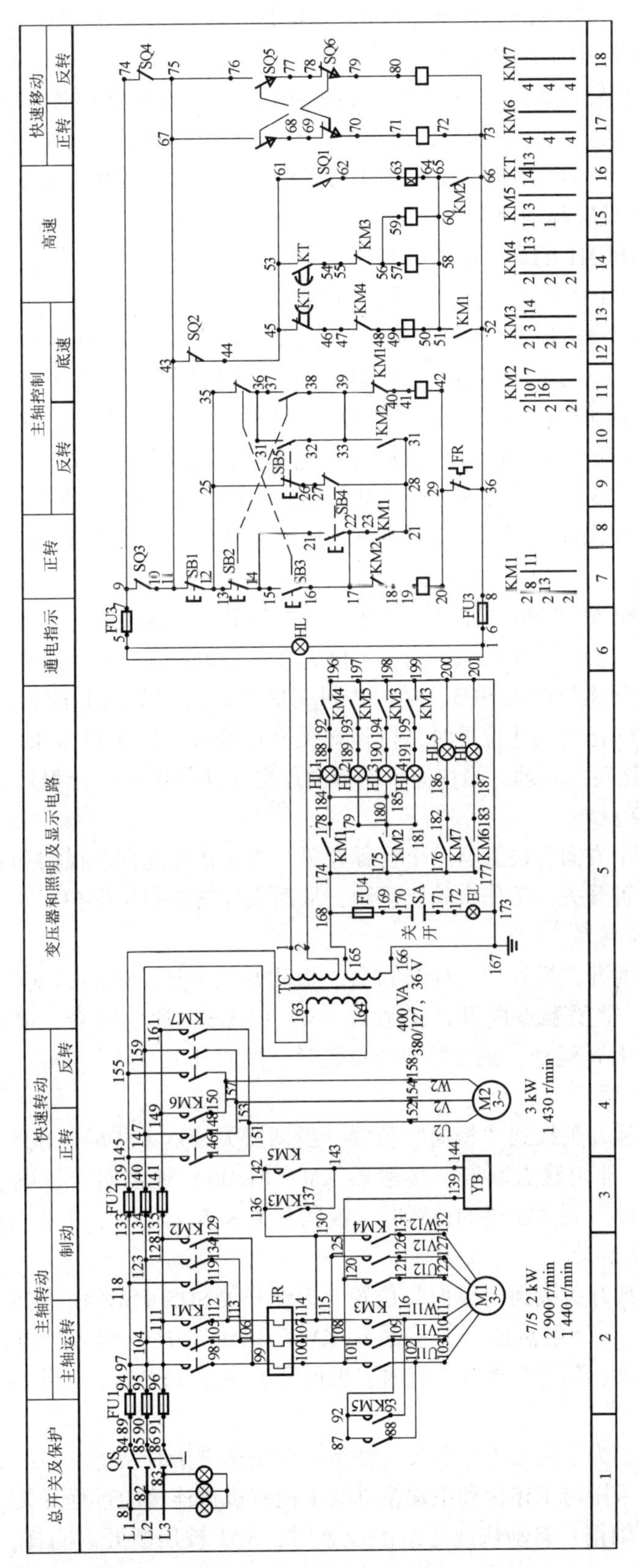

图 6－3－2　T68 型卧式镗床电气原理图

同理，按下反向点动按钮 SB5，接触器 KM2 和 KM3 线圈获电吸合，M1 反向点动。

（3）主轴电动机 M1 的停车制动。

当电动机正在正转运转时，按下停止按钮 SB1，接触器 KM1 线圈断电释放，KM1 的常开触点（8 区和 13 区）闭合因断电而断开，KM3 也断电释放。制动电磁铁 YB 因失电而制动，电动机 M1 制动停车。同理，反转制动只需按下制动按钮 SB1，动作原理同上，所不同的是，接触器 KM2 反转制动停车。

（4）主轴电动机 M1 的高、低速控制。

若选择电动机 M1 在低速运行，可通过变速手柄使变速开关 SQ1（16 区）处于断开低速位置，相应地，时间继电器 KT 线圈也断电，电动机 M1 只能由接触器 KM3 接成三角形连接低速运动。如果需要电动机高速运行，应首先通过变速手柄使变速开关 SQ1 压合接通高速位置，然后按正转启动按钮 SB3（或反转启动按钮 SB2），时间继电器 KT 线圈获电吸合。由于 KT 的两个触点延时动作，故 KM3 线圈先获电吸合，电动机 M1 接成三角形低速启动，以后 KT 的常闭触点（13 区）延时断开，KM3 线圈断电释放，KT 的常开触点（14 区）延时闭合，KM4、KM5 线圈获电吸合，电动机 M1 接成YY连接，以高速运行。

2）进给运动电动机 M2 的控制

快速移动电动机 M2 控制主轴的轴向进给、主轴箱的垂直进给、工作台的纵向和横向进给等的快速移动。该模块因无机械机构，不能完成复杂的机械传动的方向进给，只能通过操纵装在床身的转换开关与开关 SQ5、SQ6 共同完成工作台的横向和前后、主轴箱的升降控制。当快速手柄扳向正向快速位置时，行程开关 SQ6 受压，接触器 KM6 线圈通电吸合，快速移动电动机 M2 正转。同理，当快速手柄扳向反向快速位置时，行程开关 SQ5 受压，KM7 线圈通电吸合，M2 反转。

在工作台上六个方向各设置有一个行程开关，当工作台纵向、横向和升降运动到极限位置时，挡铁撞到位置开关，工作台停止运动，从而实现终端限位保护。

3）主轴箱升降运动

将床身上的转换开关扳到“升降”位置，扳动开关 SQ5（SQ6），SQ5（SQ6）常开触点闭合，SQ5（SQ6）常闭触点断开，接触器 KM7（KM6）通电吸合，电动机 M2 反（正）转，主轴箱向下（上）运动，到达需要的位置时，扳回开关 SQ5（SQ6），主轴箱停止运动。

4）工作台横向运动

将床身上的转换开关扳到“横向”位置，扳动开关 SQ5（SQ6），SQ5（SQ6）常开触点闭合，SQ5（SQ6）常闭触点断开，接触器 KM7（KM6）通电吸合，电动机 M2 反（正）转，工作台横向运动，到达需要的位置时，扳回开关 SQ5（SQ6），工作台横向停止运动。

5）工作台纵向运动

将床身上的转换开关扳到“纵向”位置，扳动开关 SQ5（SQ6），SQ5（SQ6）常开触点闭合，SQ5（SQ6）常闭触点断开，接触器 KM7（KM6）通电吸合，电动机 M2 反（正）转，工作台纵向运动，到达需要的位置时，扳回开关 SQ5（SQ6），工作台纵向停止运动。

6）联锁保护

在真实机床中，为了防止工作台或主轴箱自动快速进给时又将主轴进给手柄扳到自动快速进给的误操作，采用与工作台和主轴箱进给手柄有机械连接的行程开关 SQ3。当上述手柄扳在工作台（或主轴箱）自动快速进给的位置时，SQ3 被压断开。同样，在主轴箱上还装有另一个行程开关SQ4，它与主轴进给手柄有机械连接，当手柄动作时，SQ4也受压断开。即，电动机M1和M2必须在行程开关SQ3和SQ4中有一个处于闭合状态时才可以启动，如果工作台（或主轴箱）在自动进给（此时SQ3断开）时，再将主轴进给手柄扳到自动进给位置（SQ4也断开），即Q3、SQ4均受压，切断控制电路的电源，电动机M1和M2便都自动停车，避免机床或刀具受到损坏。

项目实施

以亚龙T68型卧式镗床考核模块为实施对象进行排故训练。

1. 工具、仪表及器材

(1) 工具：螺丝刀、电工钳、剥线钳、尖嘴钳等。

(2) 仪表：万用表1只。

(3) 器材：所需器材见表6-3-1。

表6-3-1　技能训练所需器材

名称	型号规格	数量
三相漏电开关	DZ47-60 10 A	1个
熔断器	RL1-15	3个
3P熔断器	RT18-32	2个
主令开关	LS1-1	7个
时间继电器	JS7-2A	1个
中间继电器	JZ7-44	2个
桥堆		1个
交流接触器	CJ20-10	6个
热继电器	JR36-20	3个
三相交流异步电动机		1台
双速电动机		1台
端子板、线槽、导线		各适量

2. T68型卧式镗床电路实训模块故障现象

T68型卧式镗床电路智能实训考核模块的16个故障点现象和故障点（线号）汇总见表6-3-2。

表6-3-2　T68型卧式镗床电路智能实训考核模块的16个故障点现象和故障点（线号）汇总

故障现象	故障点（线号）
(1) 所有电动机缺相，控制回路失效	85-90
(2) 主轴电动机及工作台进给电动机，无论正反转，均缺相，控制回路正常	96-111
(3) 主轴正转缺一相	98-9

续表

故障现象	故障点（线号）
（4）主轴正、反转均缺一相	107－108
（5）主轴电动机低速运转，制动电磁铁 YB 不能动作	137－15
（6）进给电动机快速移动，正转时缺一相	146－151
（7）进给电动机无论正反转，均缺一相	151－152
（8）控制变压器缺一相，控制回路及照明回路均没电	55－163
（9）主轴电动机正转，点动与启动均失效	20－29
（10）控制回路全部失效	8－30
（11）主轴电动机反转，点动与启动均失效	29－42
（12）主轴电动机的高低速运行及快速移动电动机的快速移动均不可启动	30－52
（13）主轴电动机的低速不能启动，高速时，无低速的过渡	48－49
（14）主轴电动机的高速运行失效	54－55
（15）快速移动电动机，无论正反转，均失效	66－73
（16）快速移动电动机，正转不能启动	72－73

注：如加入故障点，其位置可参见图6－3－2带故障点标注的原理图。

3. 常见故障现象、原因、检修方法与技巧

1）主轴驱动电路

（1）故障现象：主轴停车时没有制动作用。

故障原因：

①主要原因是速度继电器 SR 发生了故障，使它的两个动合触头 SR2（21）和SR2（15）不能按旋转方向正常闭合，就会导致停车时无制动作用。例如，SR 中推动触头的胶木摆杆有时会断裂。这时 SR 的转子虽随电动机转动，但不能推动触头闭合，也就没有制动作用了。

②此外，速度继电器 SR 转子的旋转是通过联动装置来传动的。当继电器轴伸圆销扭弯、磨损或弹性连接件损坏、销松动或打滑时，都会使速度继电器的转子不能正常运转，其动合触头也就不能正常闭合，在停车时不起作用。

（2）故障现象：主轴停车后产生短时反向旋转。

故障原因：这往往是速度继电器 SR 动触头调整过松，使触头分断过迟，以致在反接的惯性作用下，主轴电动机停止后，仍做短时间的反向旋转。只要将触头弹簧调节适当，就可消除这个故障了。

（3）故障现象：主轴电动机正转时，按停止按钮不停车。

故障原因：此故障是由接触器 KM1 主触头熔焊造成的。这时只有断开电源开关 QS，才能使主轴电动机停下来。应检查接触器 KM1 型号是否合乎规格，主轴电动机是否过载，或启动、制动是否过于频繁等。可根据情况更换接触器的主触头或新的接触器。

2）主轴变速或进给变速冲动电路

故障现象：主轴变速手柄拉出后，主轴电动机不能冲动；或变速完毕合上手柄后，主轴

电动机不能自动开车。

故障原因：

①由受主轴变速操作盘控制的行程开关SQ3、SQ6引起的。不变速时，通过变速机构的杠杆、压板使SQ3、SQ6受压，即SQ3（12）闭合，SQ3（15）断开，SQ6（16）断开。当主轴变速手柄拉出时，行程开关SQ3复位，主轴电动机断电而停止。

②当速度选好后，推上手柄时，若发生顶齿，则SQ6复位，接通瞬时点动控制电路，使主电动机低速冲动。SQ3、SQ6装在主轴箱下部，往往由于紧固不牢，位置偏移，接点接触不良而不能完成上述动作。

③此外，SQ3、SQ6是由胶木塑压成型的，往往由于质量等原因将绝缘击穿。例如，若接点（4－9）短路，就会造成变速手柄拉出后，尽管SQ3已经动作，但由于接点（4－9）仍接通，使主轴仍按原来转速旋转，此时变速将无法进行。

3）刀架降及辅助电路

故障现象：扳动正向快速或反向快速手柄，快速移动不起作用。

故障原因：

（1）各进给部分的快速移动由电动机M2拖动，由快速手柄带动相应的限位开关SQ8、SQ9进行辅助控制。

（2）若SQ8、SQ9触点接触不良，接触器KM7、KM8线圈断线，电动机M2绕组断线或接线脱落，都会出现上述故障现象，

（3）快速手柄与限位开关SQ8、SQ9联系的机械机构没有正确动作。

4. 填写维修工作票（表6－3－3）

表6－3－3 维修工作票

工作票编号NO：

发单日期：20 年 月 日

工位号	
工作任务	T68型卧式镗床电气线路故障检测与排除
工作时间	自 年 月 日 时 分 至 年 月 日 时 分
工作条件	登录学号：（即两位数的工位号，如01、11、21等） 登录密码：无 观察故障现象，排除故障后试机通电；检测及排故过程停电
工作许可人签名	
维修要求	1. 在工作许可人签名后方可进行检修； 2. 对电气线路进行检测，确定线路的故障点并排除、调试，填写下列表格； 3. 严格遵守电工操作安全规程； 4. 不得擅自改变原线路接线，不得更改电路和元件位置； 5. 完成检修后，能恢复该镗床各项功能

续表

故障现象描述	
故障检测和排除过程	
故障点描述	

项目 4　X62W 型卧式万能铣床电气控制线路分析与排故

项目描述

现有一台 X62W 型卧式万能铣床出现故障，需要排除故障。排除故障后，通电空载试运行至成功。

项目分析

本项目是对 X62W 型卧式万能铣床控制系统的基本操作，通过对控制功能进行分析，进而进行控制原理图的分析与模拟故障排除的操作训练，能够掌握 X62W 型卧式万能铣床的排故与调试的方法。因此，本项目实施需要了解 X62W 型卧式万能铣床的控制功能要求，能进行电气原理图的分析和故障点的查找与判断，了解调试步骤与方法。

知识链接

铣床是主要用于加工零件表面的平面、斜面、沟槽等型面的机床。配置分度头以后，可加工直齿轮或螺旋面；配置回转圆工作台则可以加工凸轮和弧形槽。铣床用途广泛，在金属切削机床中使用数量仅次于车床。铣床的种类很多，有卧铣、立铣、龙门铣、仿形铣及各种专用铣床。X62W 型卧式万能铣床是应用最广泛的铣床之一。

1. 功能分析

1）主要结构与运动分析

X62W 型卧式万能铣床具有主轴转速高、调速范围宽、操作方便、工作台能自动循环加工等特点。其结构如图 6-4-1 所示。主要由底座、床身、悬梁、刀杆支架、工作台滑板和升降台等部分组成。箱形床身固定在底座上，它是机床的主体部分，用来安装和连接机床的其他部件，床身内装有主轴传动机构和变速操纵机构。床身的顶部有水平导轨，其上安装有带一个或两个刀杆支架的悬梁，刀杆支架用来支承铣刀心轴的一端，心轴的另一端则固定在主轴上，并由主轴带动旋转。悬梁可以沿水平导轨移动，以便调整铣刀的位置。床身的前侧面装有垂直导轨，升降台可沿导轨上下移动。在升降台上面的水平导轨上，安装有可在平行于主轴轴线方向移动（横向移动，即前后移动）的横溜板，溜板上部有可以转动的回转台。工作台安装在回转台导轨上，可以做垂直于轴线方向的移动（纵向移动，即左右移动）。工作台上有固定工件的 T 形槽。因此，固定于工作台上的工件可做上下、左右及前后三个方向的移动，便于工作调整和加工时进给方向的选择。

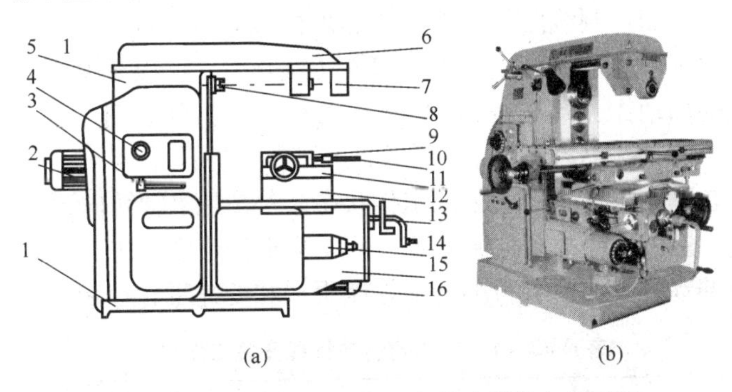

图 6-4-1　X62W 型卧式万能铣床结构与外形图

1—底座；2—主轴电动机；3—主轴变速手柄；4—主轴变速数字盘；5—床身（立柱）；6—悬梁；7—刀架支杆；8—主轴；9—工作台；10—工作台纵向操作手柄；11—回转台；12—床鞍；13—工作台升降及横向操作手柄；14—进给变速手轮及数字盘；15—升降台；16—进给电动机

此外，横溜板可绕垂直轴线左右旋转 45°，因此工作台可沿倾斜方向进给，以加工螺旋槽。该铣床还可以安装圆工作台，以扩大铣削能力。

由上述分析可知，X62W 型卧式万能铣床有三种运动形式：

①主运动。主轴带动铣刀做顺铣、逆铣运动。

②进给运动。工作台带动工件的上下、左右、前后移动和工作台的旋转运动。

③辅助运动。工作台带动工件在三个方向上的快速移动。

由于主轴传动系统在床身内部，进给系统在升降台内，并且主运动和进给运动之间没有速度比例协调的要求，因此采用单独传动，即主轴与工作台各自单独采用笼型异步电动机拖动。

2）电力拖动方式和控制要求

①主轴电动机 M1 在空载下启动，为能进行顺铣和逆铣加工，要求主轴电动机能实现可逆运行，其旋转方向可根据铣刀的种类进行选择。

②铣削加工时，多刀多刃不连续切削，负载波动大。为减轻负载波动的影响，在主轴传动系统上安装有飞轮，以加大转动惯量。同时，为实现主轴快速停车，主轴电动机应采用反接制动控制方式。

③工作台的进给运动由 M2 驱动，M2 能实现可逆运行，并且三个运动之间应有联锁保护。

④工作台应有快速移动控制，由电磁铁吸合来实现。

⑤圆工作台的旋转运动和工作台的运动应有联锁控制。

⑥主轴转速和进给转速应有较宽的调节范围，采用改变变速箱传动比的方式实现机械调速，并且要求有电动机冲动控制。

⑦主轴旋转与工作台的进给应有联锁，即进给要在铣刀旋转之后才能进行，加工结束后，必须在铣刀停转前停止进给运动。

⑧冷却泵由 M3 驱动，直接启动，单向运行。

⑨为便于操作者在铣床正面与侧面皆可操作，主轴电动机的启动、停止等控制采用两地控制方式。

2. 电气控制线路分析

机床电气控制线路如图 6－4－2 所示。电气原理图由主电路图、控制电路图和照明电路图三部分组成。这种机床控制线路的显著特点是由机械和电气配合实现各类进给运动控制。因此，在分析电气原理图之前，必须详细了解各转换开关、行程开关的作用，各指令开关的状态及相应控制手柄的动作关系。表 6－4－1～表 6－4－3 分别列出了工作台纵向（左右）进给行程开关 SQ1、SQ2，工作台横向（前后）、升降（上下由十字开关控制）进给行程开关 SQ3、SQ4 及圆工作台转换开关 SA1 的工作状态。SA5 是主轴转向预选开关，实现按铣刀类型预选主轴转向。SA3 是冷却泵控制开关，SA4 是照明开关，SQ6 和 SQ7 分别是工作台进给变速和主轴变速冲动开关，由各自的变速控制手柄和变速手轮控制。

表 6－4－1　工作台纵向行程开关工作状态

触点	纵向操作手柄		
	向左	中间（停）	向右
SQ1－1	－	－	+
SQ1－2	+	+	－
SQ2－1	+	－	－
SQ2－2	－	+	+
注：表中“+”表示接通；“－”表示断开。			

表 6－4－2　工作台升降、横向行程开关工作状态

触点	升降及横向操作手柄		
	向前 向下	中间 （停）	向后 向上
SQ3－1	+	－	－
SQ3－2	－	+	+
SQ4－1	－	－	+
SQ4－2	+	+	－
注：表中“+”表示接通；“－”表示断开。			

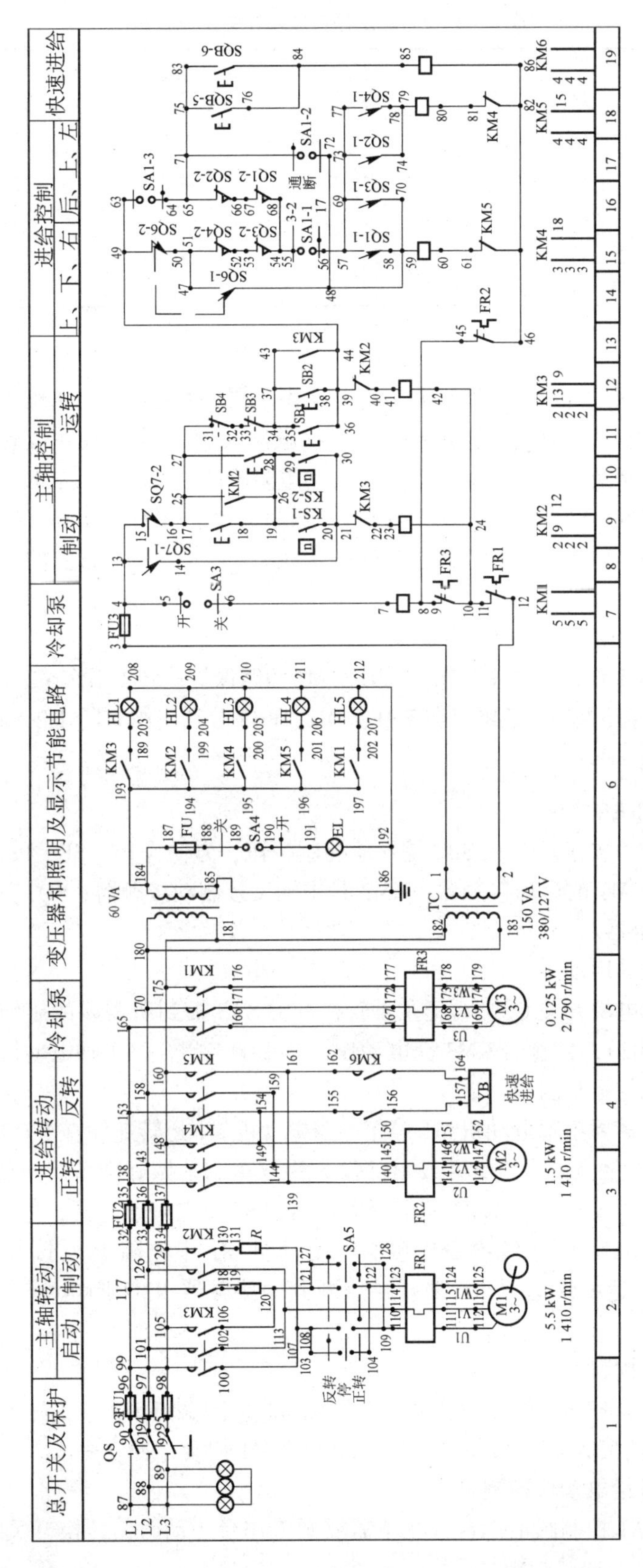

图 6-4-2　X62W 型卧式万能铣床电气原理图

表 6-4-3 圆工作台转换开关工作状态

触点	位置	
	接通圆工作台	断开圆工作台
SA1-1	-	+
SA1-2	+	-
SA1-3	-	+
注：表中“+”表示接通；“-”表示断开。		

1）主电路

由主轴电动机 M1、进给电动机 M2、冷却泵电动机 M3 三台电动机组成。

（1）主轴电动机 M1 通过转换开关 SA5 与接触器 KM1 配合实现正反转控制，与接触器 KM2、制动电阻器 R 及速度继电器配合，实现串电阻瞬时冲动和正反转反接制动控制。

（2）进给电动机 M2 能进行正反转控制，通过接触器 KM3、KM4 与行程开关 SQ6 及 KM5、快速电磁铁 YA 配合，能实现进给变速时的瞬时冲动、6 个方向的常速进给和快速进给控制。

（3）冷却泵电动机 M3 只能正转。

（4）熔断器 FU1 作机床总短路保护，兼作 M1 短路保护；FU2 用作 M2、M3 及控制变压器 TC、照明灯 EL 的短路保护；热继电器 FR1、FR2、FR3 分别用作 M1、M2、M3 的过载保护。

2）控制电路

（1）主轴电动机的控制。

控制线路的启动按钮 SB1 和 SB2 是异地控制按钮，方便操作；SB3 和 SB4 是停止按钮；KM3 是主轴电动机 M1 的启动接触器；KM2 是主轴反接制动接触器；SQ7 是主轴变速冲动开关；KS 为速度继电器。

①主轴电动机的启动。

启动前先合上电源开关 QS，再把主轴转换开关 SA5 扳到所需要的旋转方向，然后按启动按钮 SB1（或 SB2），接触器 KM3 获电动作，其主触点闭合，主轴电动机 M1 启动。

②主轴电动机的停车制动。

铣削完毕后，需要主轴电动机 M1 停车，当电动机 M1 运转速度在 120 r/min 以上时，速度继电器 KS 的常开触点闭合（9 区或 10 区），为停车制动做好准备。当要 M1 停车时，就按下停止按钮 SB3（或 SB4），KM3 断电释放。由于 KM3 主触点断开，电动机 M1 断电做惯性运转，紧接着接触器 KM2 线圈获电吸合，电动机 M1 串电阻 R 反接制动。当转速降至 120 r/min 以下时，速度继电器 KS 常开触点断开，接触器 KM2 断电释放，停车反接制动结束。

③主轴的冲动控制。

当需要主轴冲动时，按下冲动开关 SQ7，SQ7 的常闭触点 SQ7-2 先断开，而后常开触点 SQ7-1 闭合，使接触器 KM2 通电吸合，电动机 M1 启动，冲动完成。

（2）工作台进给电动机控制。

由转换开关 SA1 控制圆工作台，在不需要圆工作台运动时，转换开关扳到“断开”位置，此时 SA1－1 闭合，SA1－2 断开，SA1－3 闭合；当需要圆工作台运动时，将转换开关扳到“接通”位置，则 SA1－1 断开，SA1－2 闭合，SA1－3 断开。

①工作台纵向进给。

工作台的左右（纵向）运动是由装在床身两侧的转换开关及开关 SQ1、SQ2 完成的。需要进给时，把转换开关扳到“纵向”位置，按下开关 SQ1，常开触点 SQ1－1 闭合，常闭触点 SQ1－2 断开，接触器 KM4 通电吸合，电动机 M2 正转，工作台向右运动；当工作台要向左运动时，按下开关 SQ2，常开触点 SQ2－1 闭合，常闭触点 SQ2－2 断开，接触器 KM5 通电吸合，电动机 M2 反转工作台向左运动。在工作台上设置有一块挡铁，两边各设置有一个行程开关，当工作台纵向运动到极限位置时，挡铁撞到位置开关，工作台停止运动，从而实现纵向运动的终端保护。

②工作台升降和横向（前后）进给。

由于本产品没有机械机构，不能完成复杂的机械传动，只能通过操纵装在床身两侧的转换开关及开关 SQ3、SQ4 来完成工作台上下和前后运动。在工作台上也分别设置有一块挡铁，两边各设置有一个行程开关，当工作台升降和横向运动到极限位置时，挡铁撞到位置开关，工作台停止运动，从而实现纵向运动的终端保护。

工作台向上（下）运动，在主轴电动机启动后，把装在床身一侧的转换开关扳到“升降”位置，再按下按钮 SQ3（SQ4），SQ3（SQ4）常开触点闭合，SQ3（SQ4）常闭触点断开，接触器 KM4（KM5）通电吸合，电动机 M2 正（反）转，工作台向下（上）运动。到达想要的位置时松开按钮，工作台停止运动。

工作台向前（后）运动，在主轴电动机启动后，把装在床身一侧的转换开关扳到“横向”位置，再按下按钮 SQ3（SQ4），SQ3（SQ4）常开触点闭合，SQ3（SQ4）常闭触点断开，接触器 KM4（KM5）通电吸合，电动机 M2 正（反）转，工作台向前（后）运动。到达想要的位置时松开按钮，工作台停止运动。

（3）联锁问题。

①真实机床在上、下、前、后四个方向进给时，又操作纵向控制这两个方向的进给，将造成机床重大事故，所以必须联锁保护。当上、下、前、后四个方向进给时，若操作纵向任一方向，SQ1－2 或 SQ2－2 两个开关中的一个被压开，接触器 KM4（KM5）立刻失电，电动机 M2 停转，从而得到保护。同理，当纵向操作时，当同时操作某一方向而选择了向左或向右进给时，SQ1 或 SQ2 被压着，它们的常闭触点 SQ1－2 或 SQ2－2 是断开的，接触器 KM4 或 KM5 都由 SQ3－2 和 SQ4－2 接通。若发生误操作，而选择上、下、前、后某一方向的进给，就一定使 SQ3－2 或 SQ4－2 断开，使 KM4 或 KM5 断电释放，电动机 M2 停止运转，避免了机床事故。

②进给冲动。真实机床为使齿轮进入良好的啮合状态，将变速盘向里推。在推进时，挡块压动位置开关 SQ6，首先使常闭触点 SQ6－2 断开，然后常开触点 SQ6－1 闭合，接触器 KM4 通电吸合，电动机 M2 启动。但它并未转起来，位置开关 SQ6 已复位，首先断开 SQ6－1，而后闭合 SQ6－2。接触器 KM4 失电，电动机失电停转。这样，电动机接通一下电源，齿轮系统产生一次抖动，使齿轮啮合顺利进行。要冲动时，按下冲动开关 SQ6，模拟冲动。

③工作台的快速移动。当工作台向某个方向运动时，按下按钮 SB5 或 SB6（两地控

制），接触器闭合，KM6 通电吸合，它的常开触点（4 区）闭合，电磁铁 YB 通电（指示灯亮）模拟快速进给。

④圆工作台的控制。把圆工作台控制开关 SA1 扳到“接通”位置，此时 SA1－1 断开，SA1－2 接通，SA1－3 断开，主轴电动机启动后，圆工作台即开始工作，其控制电路是：电源—SQ4－2—SQ3－2—SQ1－2—SQ2－2—SA1－2—KM4 线圈—电源。接触器 KM4 通电吸合，电动机 M2 运转。真实铣床为了扩大机床的加工能力，可在机床上安装附件圆工作台，这样可以进行圆弧或凸轮的铣削加工。拖动时，所有进给系统均停止工作，只让圆工作台绕轴心回转。该电动带动一根专用轴，使圆工作台绕轴心回转，铣刀铣出圆弧。在圆工作台开动时，其余进给一律不准运动，若有误操作动了某个方向的进给，则必然会使开关SQ1～SQ4 中的某一个常闭触点断开，使电动机停转，从而避免了机床事故的发生。按下主轴停止按钮 SB3 或 SB4，主轴停转，圆工作台也停转。

（4）冷却照明控制。

要启动冷却泵时，扳动开关 SA3，接触器 KM1 通电吸合，电动机 M3 运转，冷却泵启动。机床照明由变压器 T 供给 36 V 电压，工作灯由 SA4 控制。

（5）主轴电动机变速时的瞬动（冲动）控制。

这是由变速手柄与冲动行程开关 SQ7 通过机械联动机构实现的。变速时，先下压变速手柄（图 6－4－3），并向前拉出，当接近第二道槽时，转动变速盘，选择需要的转速，此时凸轮压下弹簧杆，使冲动行程开关 SQ7 的常闭触点先断开，切断 KM3 线圈的电路，电动机 M1 断电；同时，SQ7 的常开触点接通，KM2 线圈得电动作，M1 反接制动。当手柄拉至第二道槽时，SQ7 不受凸轮控制而复位，M1 停转。当将手柄从第二道槽推回原始位置时，凸轮又瞬时压动行程开关 SQ7，使 M1 反向瞬时冲动一下，以利于变速齿轮的啮合。但要注意，无论是启动还是停车，都应以较快的速度将手柄推回原始位置，以免通电时间过长，引起 M1 转速过高而损坏齿轮。

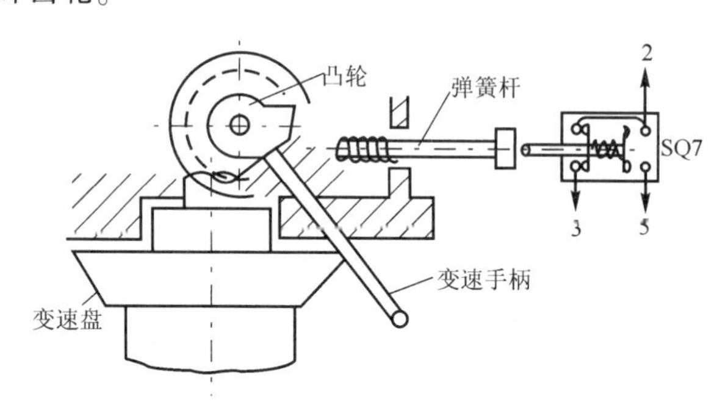

图 6－4－3　X62W 主轴变速冲动控制示意图

（6）进给电动机变速瞬动（冲动）控制。

变速时，为使齿轮易于啮合，进给变速设置了与主轴变速类似的变速冲动环节。当需要进行进给变速时，应将转速盘的蘑菇形手轮向外拉出并转动转速盘，将与速度对应的标尺数字对准箭头，然后再将蘑菇形手轮用力向外拉至极限位置并随即推向原位，在此操作过程中，其连杆机构二次瞬时压下行程开关 SQ6，使 KM4 瞬时吸合，M2 做正向瞬动。

由于进给变速瞬时冲动的通电回路要经过 SQ1～SQ4 四个行程开关的常闭触点，因此，只有当进给运动的操作手柄均处于中间（停止）位置时，才能实现进给变速冲动控制，以保证操作时的安全。同时，与主轴变速时冲动控制类似，电动机的通电时间不能太长，以防转速过高，在变速时损坏齿轮。

（7）圆工作台运动的控制。

当铣床需铣切螺旋槽、弧形槽等曲线时，可在工作台上安装圆形工作台及其传动机械，圆形工作台的回转运动由进给电动机 M2 传动机构驱动。

圆工作台工作时，应先将进给操作手柄均置于中间（停止）位置，然后将圆工作台组合开关 SA3 切换到圆工作台接通位置。此时 SA3－1 断，SA3－3 断，SA3－2 通。准备就绪后，按下主轴启动按钮 SB3 或 SB4，则接触器 KM1 与 KM3 相继吸合。主轴电动机 M1 与进给电动机 M2 相继启动并运行，而进给电动机仅以正转方向带动圆工作台做定向回转运动。圆工作台与工作台进给之间存在互锁，即当圆工作台工作时，不允许工作台在纵向、横向、垂直方向上有任何运动。若误操作而切换进给运动操纵手柄（即压下 SQ1～SQ4、SQ6 中任一个），M2 即停行。

项目实施

以亚龙 X62W 型卧式万能铣床考核模块为实施对象进行排故训练。

1. 工具、仪表及器材

（1）工具：螺丝刀、电工钳、剥线钳、尖嘴钳等。

（2）仪表：万用表 1 只。

（3）器材：所需器材见表 6－4－4。

表 6－4－4　技能训练所需器材

名称	型号规格	数量
三相漏电开关	DZ47－6010A	1 个
熔断器	RL1－15	2 个
3P 熔断器	RT18－32	2 个
主令开关	LS1－1	2 个
	LS2－2	2 个
万能开关	LW5D－16	1 个
	LW6D－2	1 个
交流接触器	CJ20－10	6 个
热继电器	JR36－20	3 个
三相交流异步电动机		3 台
端子板、线槽、导线		各适量

2. X62W 型卧式万能铣床电路实训模块故障现象

X62W 铣床电路智能实训考核模块的 16 个故障点现象和故障点（线号）汇总见表 6－4－5。

表 6－4－5　X62W 铣床电路智能实训考核模块的 16 个故障点现象和故障点（线号）汇总

故障现象	故障点（线号）
（1）主轴电动机正、反转均缺一相，进给电动机、冷却泵缺一相，控制变压器及照明变压器均没电	98－105
（2）主轴电动机无论正反转，均缺一相	113－114
（3）进给电动机反转缺一相	144－159
（4）快速进给电磁铁不能动作	161－162
（5）照明及控制变压器没电，照明灯不亮，控制回路失效	170－180
（6）控制变压器没电，控制回路失效	181－182
（7）照明灯不亮	184－187
（8）控制回路失效	02－12
（9）控制回路失效	1－3
（10）主轴制动失效	22－23
（11）主轴不能启动	40－41
（12）主轴不能启动	24－42
（13）工作台进给控制失效	8－45
（14）工作台向下、向右、向前进给控制失效	60－61
（15）工作台向后、向上、向左进给控制失效	80－81
（16）两处快速进给全部失效	82－86

注：如加入故障点，其位置可参见图 6－4－3 带故障点标注的原理图。

3. 常见故障现象、原因、检修方法与技巧

（1）主轴、冷却泵电动机电路的故障现象：主轴电动机在启动过程中不能制动。

故障原因：

①停止按钮 SB1 或 SB2 接触不良。

②接触器 KM2 线圈所串接的互锁触点 KM1 接触不良。

③制动接触器 KM2 线圈断线或线圈烧坏。

④速度继电器触点 SR1 或 SR2 闭合时接触不良。

检修方法与技巧：

①在断开电源情况下，用万用表蜂鸣挡测按钮 SB1 或 SB2 动合触点和动断触点，若动合触点在按下时不能闭合导通，或动断触点按下后不能断开，要更换对应的按钮。

②用万用表蜂鸣挡在断开电源情况下测 KM2 接触器串接的互锁动断触点 KM1，若接触不良，要修复触点；再检查 KM1 主触点的释放是否完全到位，如机械动作机构接触不好，则要修复，若触点熔焊，要设法分开或更换。

③在断开电源情况下，用万用表电阻挡测接触器 KM2 线圈是否断路或短路，若断路或短路，要更换接触器线圈或更换整个接触器。

④在主轴电动机旋转时，检查速度继电器 SR1 或 SR2 触点是否不可靠，若闭合不可靠，要更换速度继电器。

(2) 工作台进给、冲动控制电路圆工作台运动的故障现象：主轴电动机运转后，工作台的电动机不能上升或下降，不能向前或向后运动，不能向左或向右运动。

故障原因：

①铣床主轴接触器辅助触点 KM1 未能闭合或接触不良。

②行程开关 SQ1、SQ2、SQ3、SQ4 触点闭合不好或接触不良。

③转换开关 SA1 在工作台进给位置时触点接触不良。

④接触器 KM3、KM4 互锁动断触点接触不良。

⑤接触器 KM3、KM4 线圈损坏或机械动作不良。

⑥进给电动机 M2 轴承卡死或电动机烧坏。

检修方法与技巧：

①在断开电源情况下，用万用表蜂鸣挡测接触器 KM1 辅助触点，在人为使接触器 KM1 闭合时，看 KM1 是否可靠接触，若接触不好，应打磨辅助触点并修复好。

②铣床进给电动机不能向六个方向进给时，应查行程开关 SQ1、SQ2、SQ3、SQ4 触点及相关线路接触是否可靠。在断电情况下，用万用表蜂鸣挡测上述触点及相应线路。若闭合不好或接触不良，则应更换对应的行程开关或修复线路；同时，在维修时也可以打开各行程开关的盖，在操作手柄动作后，观察行程开关动作闭合情况，检查动作机构是否到位或损坏，若损坏，则修复或更换行程开关。

③检查转换开关 SA1 能否可靠断开或闭合，若动作后不能闭合或断开线路，应进行更换。

④用万用表检查两只接触器互锁动断触点 KM3 或 KM4 是否接触不良，若接触不良，则应打磨辅助触点并修复好；若触头熔焊，使接触器不能复位，应先修理主触点或动作机构使其正常，再看辅助触点。

⑤断开电源，打开接触器 KM3、KM4，检查动作机构是否灵活，若不灵活，要更换该接触器；若灵活，要用万用表电阻挡测 KM3、KM4 线圈是否烧断或有匝间短路，若测得线圈阻值很小或断线，要更换线圈或整个接触器。

⑥用 500 V 兆欧表测进给电动机线包，若绝缘损坏对地短路或线包烧毁，要更换线包。

(3) 圆工作台运动、工作台快速进给电路故障现象：主轴启动后，不能快速进给。

故障原因：

①转换开关 SA1 触点接触不良。

②快速按钮 SB5 或 SB6 按下后不能可靠闭合。

③接触器 KM5 线圈损坏或接触器机械动作机构卡死。

④快速牵引电磁铁 YV 断线或烧毁。

检修方法与技巧：

①检查开关 SA1，用万用表蜂鸣器挡测触点不能闭合时，应更换相应的专用开关。

②在断开电源的情况下，用万用表电阻挡去测按钮 SB5 或 SB6，检查当按下时能否可靠闭合，如不能，要更换对应的按钮。

③用万用表测接触器 KM5 线圈电阻是否正常，若短路或电阻值小，说明线圈损坏，要

更换线圈或更换接触器；若线圈完好，还需检查接触器 KM5 动作机构及触点闭合情况，查出问题时，更换触点或更换接触器。

④检查快速牵引电磁铁线圈有无焦煳味或线圈变色处，也可以用万用表电阻挡在断开铣床电源情况下，测电磁铁线圈是否断线或电阻值变小，若烧毁，要更换快速牵引电磁阀。

4. 填写维修工作票（表 6－4－6）

表 6－4－6 维修工作票

工作票编号 NO：

发单日期：20 年 月 日

工位号	
工作任务	X62W 型卧式万能铣床电气线路故障检测与排除
工作时间	自 年 月 日 时 分 至 年 月 日 时 分
工作条件	登录学号：（即两位数的工位号，如 01、11、21 等） 登录密码：无 观察故障现象，排除故障后试机通电；检测及排故过程停电
工作许可人签名	
维修要求	1. 在工作许可人签名后方可进行检修； 2. 对电气线路进行检测，确定线路的故障点并排除、调试，填写下列表格； 3. 严格遵守电工操作安全规程； 4. 不得擅自改变原线路接线，不得更改电路和元件位置； 5. 完成检修后，能恢复该铣床各项功能
故障现象描述	
故障检测和排除过程	
故障点描述	

项目 5　Z3050 摇臂钻床电路分析与排故

项目描述

现有一台 Z3050 摇臂钻床出现故障，需要排除故障。排除故障后，通电空载试运行至成功。

项目分析

本项目是对 Z3050 摇臂钻床控制系统的基本操作，通过对控制功能进行分析，进而进行控制原理图的分析与模拟故障排除的操作训练，能够掌握 Z3050 摇臂钻床的排故与调试的方法。因此，本项目实施需要了解 Z3050 摇臂钻床的控制功能要求，能进行电气原理图的分析及故障点的查找与判断，了解调试步骤与方法。

知识链接

1. 功能分析

Z3050 钻床可用来进行钻孔、扩孔、铰孔、刮平面及攻螺纹等机械加工。摇臂钻床属于立式钻床，其主要由底座、外立柱、内立柱、摇臂、主轴箱、工作台等部件组成。工作台用螺柱固定在底座上，工作台上面固定加工工件，内立柱也固定在底座上，外立柱套在内立柱上，用液压夹紧机构夹紧后，二者不能相对运动；松开夹紧机构后，外立柱用手推动可绕内立柱旋转 360°。Z3050 钻床由四台电动机控制，其中冷却泵电动机 M4 采用开关直接启动；主轴电动机 M1 只要求单方向旋转，其正反转由机械手柄操作切换，M1 带动主轴及进给传动系统实现加工运动，需要热继电器 FR1 进行过载保护及短路保护。摇臂升降电动机 M2 通过正反转驱动摇臂的升降。液压油泵电动机 M3 通过正向转动和反向转动驱动液压油泵供给夹紧装置压力油，实现摇臂和立柱的夹紧和松开。需要过载保护。

2. 电路分析

1）主电路分析

如图 6－5－1 所示，Z3050 钻床有四台电动机，除冷却泵采用开关直接启动外，其余三台异步电动机均采用接触器启动。M1 是主轴电动机，由交流接触器 KM1 控制，只要求单方向旋转，主轴的正反转由机械手柄操作，M1 装在主轴箱顶部，带动主轴及进给传动系统，热继电器 FR1 是过载保护元件，短路保护是总电源开关中的电磁脱扣装置。M2 是摇臂升降电动机，装于主轴顶部，用接触器 KM2 和 KM3 控制正反转。因为该电动机短时间工作，故不设过载保护电器。M3 是液压油泵电动机，可以做正向转动和反向转动。正向旋转和反向旋转的启动与停止由接触器 KM4 和 KM5 控制。热继电器 FR2 是液压油泵电动机的过载保护电器。该电动机的主要作用是供给夹紧装置压力油，实现摇臂和立柱的夹紧和松开。M4 是冷却泵电动机，功率很小，由开关直接启动和停止。

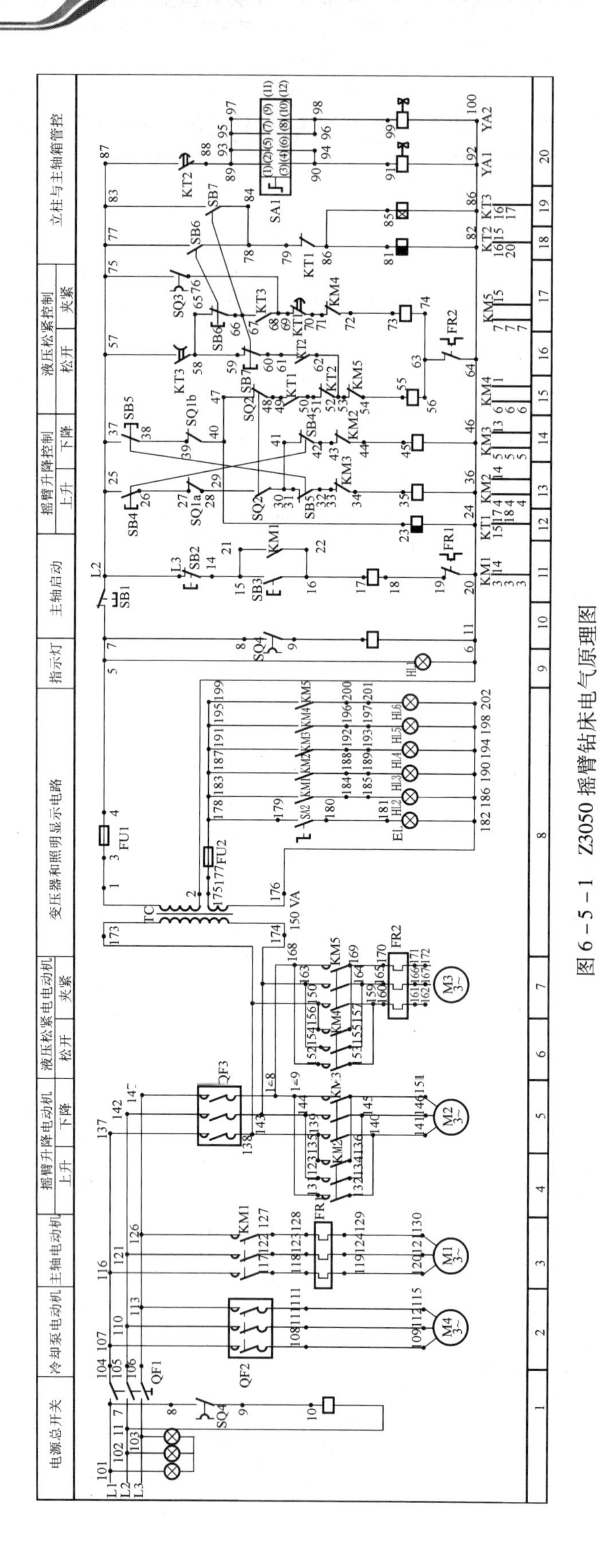

图 6-5-1 Z3050 摇臂钻床电气原理图

2）控制电路分析

（1）开车前的准备工作。

为了安全，钻床具有“开门断电”功能。所以，开车前应将立柱下部及摇臂后部的电门盖关好方能接通电源。合上电源开关 QF1，则电源指示灯 HL1 亮，表示机床的电气线路已进入带电状态。

（2）主轴电动机 M1 的控制。

按启动按钮 SB3，则接触器 KM1 吸合并自锁，使主电动机 M1 启动运行。按停止按钮 SB2，则接触器 KM1 释放，使主轴电动机 M1 停止旋转。

（3）摇臂升降控制。

①摇臂上升按上升按钮 SB4，则时间继电器 KT1 通电吸合，它的瞬时闭合的动合触头（15 区）闭合，接触器 KM4 线圈通电，液压油泵电动机 M3 启动并正向旋转，供给压力油，压力油经分配阀进入摇臂的“松开油腔”，推动活塞移动，活塞推动菱形块，将摇臂松开。同时，活塞杆通过弹簧片位置开关 SQ2 使其动断触点断开，动合触头闭合。前者切断了接触器 KM4 的线圈电路，KM4 主触头断开，液压油泵电动机停止工作，后者使交流接触器 KM2 的线圈通电，主触头接通 M2 的电源，摇臂升降电动机启动并正向旋转，带动摇臂上升。如果此时摇臂未松开，则位置开关 SQ2 常开触头不闭合，接触器 KM2 就不能吸合，摇臂就不能上升。当摇臂上升到所需位置时，松开按钮 SB4，则接触器 KM2 和时间继电器 KT1 同时断电释放，M2 停止工作，随之摇臂停止上升。由于时间继电器 KT1 断电释放，经 1～3 s 延时后，其延时闭合的常闭触点（17 区）闭合，使接触器 KM5 吸合，液压泵 M3 反向旋转，随之泵内压力油经分配阀进入摇臂的“夹紧油腔”，摇臂夹紧。在摇臂夹紧的同时，活塞杆通过弹簧片使位置开关 SQ3 的动断触点断开，KM5 断电释放，最终 M3 停止工作，完成了摇臂的松开、上升、夹紧的整套动作。

②摇臂下降按下降按钮 SB5，则时间继电器 KT1 通电吸合，其常开触头闭合，接通 KM4 的线圈电源，液压油泵 M3 启动并正向旋转，供给压力油。与前面叙述的过程相似，先使摇臂松开，接着压着位置开关 SQ2，其常闭触头断开，使 KM4 断电释放，液压油泵电动机停止工作；其常开触点闭合，使 KM3 线圈通电，摇臂升降电动机 M2 反向运行，带动摇臂下降。当摇臂下降到所需位置时，松开按钮 SB5，则接触器 KM3 和时间继电器 KT1 同时断电释放，M2 停止工作，摇臂停止下降。由于时间继电器 KT1 断电释放，经 1～3 s 延时后，其延时闭合的常闭触头闭合，KM5 线圈获电，液压泵电动机 M3 反向旋转，随之摇臂夹紧。在摇臂夹紧的同时，使位置开关 SQ3 断开，KM5 断电释放，最终 M3 停止工作，完成了摇臂的松开、下降、夹紧的整套动作。位置开关 SQ1a 和 SQ1b 用来限制摇臂的升降超程。当摇臂上升到极限位置时，SQ1a 动作，接触器 KM2 断电释放，M2 停止运行，摇臂停止上升；当摇臂下降到极限位置时，SQ1b 动作，接触器 KM3 断电释放，M2 停止旋转，摇臂停止下降。摇臂的自动夹紧由位置开关 SQ3 控制。

（4）立柱和主轴箱的夹紧与松开控制。

立柱和主轴箱的松开（或夹紧）既可以同时进行，也可以单独进行，由转换开关 SA1 和按钮 SB6（或 SB7）进行控制。SA1 有三个位置，扳到中间位置时，立柱和主轴箱的松开（或夹紧）同时进行；扳到左边位置时，立柱夹紧（或放松）；扳到右边位置时，主轴箱夹紧（或松开）。按钮 SB6 是松开控制按钮，SB7 是夹紧控制按钮。

①立柱和主轴箱同时松开（或夹紧）时，将转换开关 SA1 扳到中间位置，然后按松开按钮 SB6，时间继电器 KT2、KT3 同时得电。KT2 的延时断开的常开触头闭合，电磁铁 YA1、YA2 得电吸合。而 KT3 的延时闭合的常开触点经 1 ~3 s 后才闭合，随后，KM4 闭合，液压泵电动机 M3 正转，供出的压力油进入立柱和主轴箱的松开油腔，使立柱和主轴箱同时松开。立柱和主轴箱同时夹紧的工作原理与松开的相似，只要把 SB6 换成 SB7，接触器 KM4 换成 KM5，M3 由正转换成反转即可。

②立柱和主轴箱单独进行松开（或夹紧）控制，如希望单独控制主轴箱，可将转换开关 SA1 扳到右侧位置，按下松开按钮 SB6（或夹紧按钮 SB7），此时时间继电器 KT2 和 KT3 的线圈同时得电，电磁铁 YA2 单独通电吸合，即可实现主轴箱的单独松开（或夹紧）。

松开按钮开关 SB6（或 SB7），时间继电器 KT2 和 KT3 的线圈断电释放，KT3 的通电延时闭合的常开触头瞬时断开，接触器 KM4（或 KM5）的线圈断电释放，液压泵电动机停转。经 1 ~3 s 的延时，电磁铁 YA2 的线圈断电释放，主轴箱松开（或夹紧）的操作结束。同理，把转换开关扳到左侧，则可使立柱单独松开或夹紧。

项目实施

以亚龙 Z3050 摇臂钻床考核模块为实施对象进行排故训练。

1. 工具、仪表及器材

（1）工具：螺丝刀、电工钳、剥线钳、尖嘴钳等。

（2）仪表：万用表 1 只。

（3）器材：所需器材见表 6 -5 -1。

表 6 -5 -1　技能训练所需器材

代号	名称	型号规格	数量
QS	三相漏电开关	DZ20Y - 10	1 个
QS	三相漏电开关	DZ47 - 60	2 个
FU1	1P 熔断器	RT14 - 20	2 个
SQ	万能开关	LW5 - 16/3	1 个
SQ	十字开关	LS2 - 2	1 个
SQ1、SQ2、SQ3、SQ4	行程开关	LX19K - B	2 个
KM1、KM2、KM3、KM4	交流接触器	CJ20 - 10	5 个
FR1、FR2	热继电器	JR36 - 20	2 个
KT	时间继电器	JS7 - 2A	5 个
TC	变压器	150 W 380 V/127 V/36 V	1 个
TC	变压器	15 W 220 V/6 V	1 个
M	微电动机	12 V 6 转	3 个
M	三相交流异步电动机		4 台
	端子板、线槽、导线		各适量

2. Z3050 摇臂钻床电路实训模块故障现象

（1）M4 启动后缺一相。
（2）M1 启动后缺一相。
（3）除冷却泵电动机可以正常运转外，其余电动机及控制回路均失效。
（4）摇臂上升时，电动机缺一相。
（5）M3 液压松紧电动机缺一相。
（6）除照灯外，其他控制全部失效。
（7）QF1 不能吸合。
（8）摇臂上升时，液压松开无效，并且 KT1 线圈不得电。
（9）摇臂升降控制、液压松紧控制、立柱与主轴箱控制失效。
（10）液压松开正常，摇臂上升失效。
（11）摇臂下降控制、液压松紧控制、立柱与主轴箱控制失效，KT1 线圈能得电。
（12）摇臂液压松开失效；立柱和主轴箱的松开也失效。
（13）液压夹紧控制失效。
（14）摇臂升降操作后，液压夹紧失效、立柱与主轴箱控制失效。
（15）摇臂升降操作后，液压自动夹紧失效。
（16）立柱和主轴箱的液压松开和夹紧操作均失效。
注：如加入故障点，其位置可参见图 6－5－1 带故障点标注的原理图。

3. 填写维修工作票（表 6－5－2）

表 6－5－2　维修工作票

工作票编号 NO：
发单日期：20　　年　月　日

工位号	
工作任务	Z3050 摇臂钻床电气线路故障检测与排除
工作时间	自　　年　月　日　时　分 至　　年　月　日　时　分
工作条件	登录学号：（即两位数的工位号，如 01、11、21 等） 登录密码：无 观察故障现象，排除故障后试机通电；检测及排故过程停电
工作许可人签名	
维修要求	1. 在工作许可人签名后方可进行检修； 2. 对电气线路进行检测，确定线路的故障点并排除、调试，填写下列表格； 3. 严格遵守电工操作安全规程； 4. 不得擅自改变原线路接线，不得更改电路和元件位置； 5. 完成检修后，能恢复该钻床各项功能

续表

故障现象描述	
故障检测和排除过程	
故障点描述	

维修电工中级工操作技能样题及评分标准

维修电工中级工操作技能考核准备通知单（考场）1

试题 1

（1）材料准备单（表 F1－1）。

表 F1－1 试题 1 材料准备单

序号	名称	型号与规格	单位	数量	备注
1	三相双速电动机	自定	台	1	
2	配线板	500 mm × 450 mm × 20 mm	块	2	
3	组合开关	与电动机配套	个	1	
4	交流接触器	与电动机配套	只	2	
5	热继电器	与电动机配套	只	2	
6	中间继电器	与接触器配套	只	1	
7	时间继电器	1 ~ 5 s	只	1	
8	熔断器及熔芯配套	与电动机配套	套	3	
9	熔断器及熔芯配套	与接触器配套	套	1	
10	三联按钮	LA10—3H 或 LA4—3H	个	1	
11	接线端子排	JX2—1015，500 V，10 A，15 节	条	1	
12	螺钉	$\phi 3 \times 20$ mm 或 $\phi 3 \times 15$ mm	个	25	
13	塑料软铜线	BVR—2.5 mm^2	m	20	
14	塑料软铜线	BVR—1.5 mm^2	m	20	
15	塑料软铜线	BVR—0.75 mm^2	m	1	

续表

序号	名称	型号与规格	单位	数量	备注
16	接线端头	UT2.5—4 mm^2	个	20	
17	行线槽	自定	条	5	
18	号码管	与导线配套	m	0.2	

（2）工具准备单（表 F1－2）。

表 F1－2　试题 1 工具准备单

序号	名称	型号与规格	单位	数量	备注
1	电工通用工具	验电笔、钢丝钳、螺钉旋具（一字形和十字形）、电工刀、尖嘴钳、剥线钳、压接钳等	套	1	
2	万用表	MF47	块	1	
3	兆欧表	型号自定，500 V	台	1	
4	钳形电流表	0～50 A	块	1	

试题 2

（1）材料准备单（表 F1－3）。

表 F1－3　试题 2 材料准备单

序号	名称	型号与规格	单位	数量	备注
1	可编程控制器	型号自定，I/O 口 24 点以上	台	1	
2	编程用计算机及下载线	与 PLC 配套	台	1	
3	便携式编程器	与 PLC 配套（可选）	台	1	
4	三相电动机	自定	台	1	
5	配线板	500 mm×450 mm×20 mm	块	2	
6	组合开关	与电动机配套	个	1	
7	交流接触器	与电动机配套	只	3	
8	热继电器	与电动机配套	只	1	
9	熔断器及熔芯配套	与电动机配套	套	3	
10	熔断器及熔芯配套	与接触器、PLC 等配套	套	3	
11	三联按钮	LA10—3H 或 LA4—3H	个	2	
12	接线端子排	JX2—1015，500 V（10 A，15 节）	条	4	
13	塑料软铜线	BVR—2.5 mm^2	m	20	
14	塑料软铜线	BVR—1.5 mm^2	m	20	
15	塑料软铜线	BVR—0.75 mm^2	m	20	
16	接线端头	UT2.5—4 mm^2	个	20	
17	行线槽	自定	条	5	
18	号码管	与导线配套	m	0.2	

（2）工具准备单（表F1－4）。

表F1－4　试题2工具准备单

序号	名称	型号与规格	单位	数量	备注
1	电工通用工具	验电笔、钢丝钳、螺钉旋具（一字形和十字形）、电工刀、尖嘴钳、剥线钳、压接钳等	套	1	
2	万用表	MF47	块	1	
3	兆欧表	型号自定，500 V	台	1	
4	钳形电流表	0～50 A	块	1	

试题3

（1）材料准备单（表F1－5）。

表F1－5　试题3材料准备单

序号	名称	型号与规格	单位	数量	备注
1	双向晶闸管控制电路的电路板	依据电路图自配	块	1	
2	配套电路图	详见参考图F1－1	套	1	

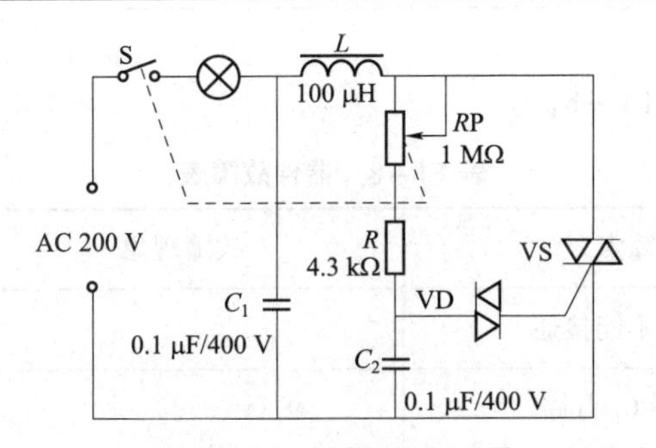

图F1－1 配套电路图

（2）工具准备单（表F1－6）。

表F1－6　试题3工具准备单

序号	名称	型号与规格	单位	数量	备注
1	电烙铁、烙铁架、焊料与焊剂	与线路板和元器件配套	套	1	
2	直流稳压电源	0～36 V	台	1	
3	信号发生器	与电路功能配套	台	1	
4	示波器	与电路参数配套	台	1	
5	单相交流电源	220 V	处	1	
6	电子通用工具	自定	套	1	尖嘴钳、镊子、斜口钳、剥线钳等
7	万用表	MF47	块	1	

（3）考题设置准备。

在考前，根据下列故障设置表，考场准备好电路故障抽签序号和器件故障序号，由考生随机抽一个线路故障序号和两个器件故障序号，并告知考评员，记录到评分表上，根据故障序号设置隐蔽故障。

（4）故障设置表（考评员专用）。

①电路故障表，见表 F1 -7。

表 F1 -7　电路故障表

故障序号	故障点	故障现象	备注
1	负载灯泡电路右侧不通		故障现象根据实际情况由工作人员考前填写完整
2	电容器 C_1 上端电路不通		
3	电感 L 右侧电路不通		
4	双向二极管右侧电路不通		
5	双向晶闸管上端电路不通		

②电路故障表，见表 F1 -8。

表 F1 -8　器件故障表

故障序号	故障点	故障现象	备注
1	开关 S 不能接通		故障现象根据实际情况由工作人员考前填写完整
2	电容器 C_1 开路		
3	电容器 C_1 短路		
4	电感 L 开路		
5	电感 L 短路		
6	电容器 C_2 开路		
7	电容器 C_2 短路		
8	电位器 R_P 短路		
9	电位器 R_P 开路		
10	双向晶闸管短路		

维修电工中级工操作技能考核准备通知单（考生）1

试题1

劳保用品、绘图用文具

试题2

劳保用品、绘图用文具

试题3

劳保用品、绘图用文具

维修电工中级工操作技能考核评分记录表1

考件编号：________姓名：________准考证号：________________单位：________

总成绩表见表F1－9。

表F1－9　总成绩表

序号	试题名称	配分	得分	权重	最后得分	备注
1	三相交流双速电动机控制电路的安装与调试	35				
2	PLC控制三相异步电动机启动装调	35				
3	单相双向晶闸管电路的测量与维修	30				
合　计		100				

统分人：　　　　　　　　　　　　年　月　日

维修电工中级工操作技能考核分项目评分记录表及评分标准

试题1　三相交流双速电动机控制电路的安装与调试

分项目评分记录及评分标准见表F1－10。

表F1－10　试题1分项目评分记录表及评分标准

序号	考核内容	考核要点	配分	评分标准	扣分	得分
1	识图	正确识图 正确回答笔试问题	5	笔试部分见参考答案和评分标准 本项配分扣完为止		
2	工具的使用	正确使用工具 正确回答笔试问题	2	工具使用不正确，每次扣2分 笔试部分见参考答案和评分标准 本项配分扣完为止		
3	仪表的使用	正确使用仪表 正确回答笔试问题	2	仪表使用不正确，每次扣2分 笔试部分见参考答案和评分标准 本项配分扣完为止		
4	安全文明生产	（1）明确安全用电的主要内容 （2）操作过程符合文明生产要求	3	（1）笔试部分见参考答案和评分标准 （2）未经考评员同意私自通电，扣3分 （3）损坏设备，扣2分 （4）损坏工具仪表，扣1分 （5）发生轻微触电事故，扣3分 本项配分扣完为止		
5	安装布线	按照电气安装规范，依据电路图正确完成本次考核线路的安装和接线	13	（1）不按图接线，每处扣1分 （2）电源线和负载不经接线端子排接线，每根导线扣1分 （3）电器安装不牢固、不平正，不符合设计及产品技术文件要求的，每项扣1分 （4）电动机外壳没有接零或接地，扣1分 （5）导线裸露部分没有加套绝缘，每处扣1分 本项配分扣完为止		
6	试运行	（1）通电前检测设备、元器件及电路 （2）通电试运行实现电路功能	10	（1）通电运行发生短路和开路现象，扣10分 （2）通电运行异常，每项扣5分 本项配分扣完为止		
合计			35			
否定项：若考生发生重大设备和人身事故，则应及时终止其考试，考生该试题成绩记为零分						

评分人：　　　　　年　月　日　　　　　核分人：　　　　　年　月　日

笔试部分参考答案和评分标准：

（1）写出下列图形文字符号的名称。（本题分值5分，每错一处扣1分）

答：QS（电源开关）；FU1（熔断器）；KM1（交流接触器）；KT（时间继电器）；KA（中间继电器）。

（2）简述冲击电钻装卸钻头注意事项。（本题分值2分，错答或漏答扣2分）

答：装卸钻头时，必须用钻头钥匙，不能用其他工具敲打夹头。

（3）简述兆欧表使用注意事项。（本题分值2分，错答或漏答一条扣0.5分）

答：①正确选用兆欧表规格型号；②正确接线；③均匀地摇动手柄；④待指针稳定下来再读数；⑤注意被测电路中的电容；⑥注意兆欧表输出高压。

（4）回答电气安全用具使用注意事项。（本题分值3分，错答或漏答一条扣1分）

答：①安全用具的电压等级低于作业设备的电压等级不可使用；②安全用具有缺陷不可使用；③安全用具潮湿不可使用。

试题2　PLC控制三相异步电动机启动装调

试题2分项目评分记录表及评分标准见表F1－11。

表F1－11　试题2分项目评分记录表及评分标准

序号	考核内容	考核要点	配分	评分标准	扣分	得分
1	识图	正确识图 正确回答笔试问题	5	笔试部分见参考答案和评分标准 本项配分扣完为止		
2	工具的使用	正确使用工具 正确回答笔试问题	2	工具使用不正确，每次扣2分 笔试部分见参考答案和评分标准 本项配分扣完为止		
3	仪表的使用	正确使用仪表 正确回答笔试问题	2	仪表使用不正确，每次扣2分 笔试部分见参考答案和评分标准 本项配分扣完为止		
4	安全文明生产	（1）明确安全用电的主要内容 （2）操作过程符合文明生产要求	3	（1）笔试部分见参考答案和评分标准 （2）未经考评员同意私自通电，扣3分 （3）损坏设备，扣2分 （4）损坏工具仪表，扣1分 （5）发生轻微触电事故，扣3分 本项配分扣完为止		

续表

序号	考核内容	考核要点	配分	评分标准	扣分	得分
5	安装布线	按照电气安装规范，依据电路图正确完成本次考核线路的安装和接线	13	（1）不按图接线，每处扣1分 （2）电源线和负载不经接线端子排接线，每根导线扣1分 （3）电器安装不牢固、不平正，不符合设计及产品技术文件的要求，每项扣1分 （4）电动机外壳没有接零或接地，扣1分 （5）导线裸露部分没有加套绝缘，每处扣1分 本项配分扣完为止		
6	试运行	（1）通电前检测设备、元器件及电路 （2）通电试运行实现电路功能	10	（1）通电运行发生短路和开路现象，扣10分 （2）通电运行异常，每项扣5分 本项配分扣完为止		
合计			35			
否定项：若考生发生重大设备和人身事故，则应及时终止其考试，考生该试题成绩记为零分						

评分人：　　　　　　年　月　日　　　　　　核分人：　　　　　　年　月　日

笔试部分参考答案和评分标准：

（1）绘制PLC的I/O接口图和梯形图。（本题分值5分，每错一处扣1分）

考评员依据具体考核要求，参考运行结果，对I/O接口图和梯形图进行评分。

PLC接线图（如图F1－2所示，用FX系列PLC参考答案）：

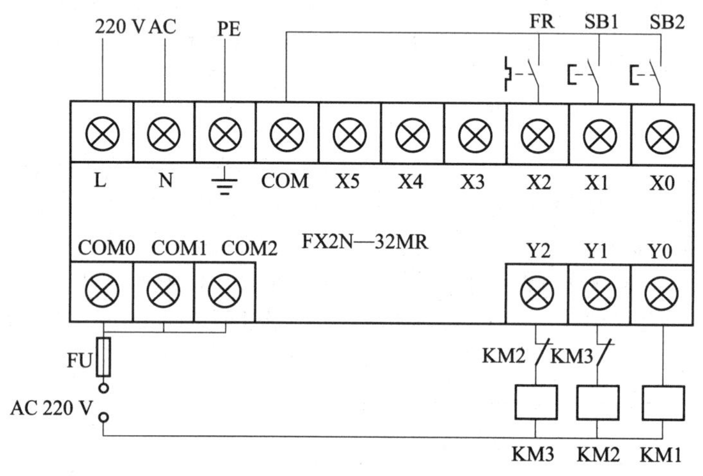

图F1－2　PLC接线图

PLC 梯形图（如图 F1－3 所示）：

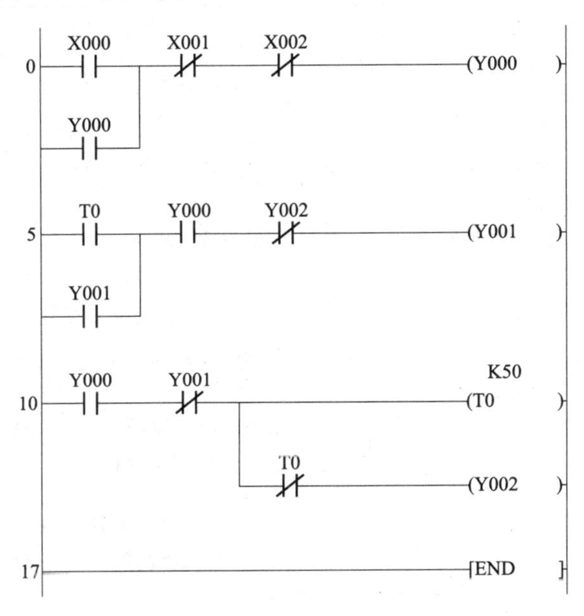

图 F1－3 PLC 梯形图

(2) 简述电烙铁使用注意事项。(本题分值 2 分，错答或漏答一条扣 0.5 分)

答：①检查电源线是否完整；②使用松香等作为助焊剂；③保持烙铁头清洁；④暂时不用时应把烙铁放到烙铁架上。

(3) 简述指针式万用表电阻挡的使用方法。(本题分值 2 分，错答或漏答一条扣 0.5 分)

答：①预估被测电阻的大小，选择挡位；②调零；③测出电阻的数值；④如果挡位不合适，更换挡位后重新调零和测试。

(4) 室外高压设备的围栏悬挂什么内容标示牌？(本题分值 3 分，回答错误扣 3 分)

答：悬挂“止步，高压危险！”的标示牌。

试题 3 单相双向晶闸管电路的测量与维修

故障点代码________、________、________。(由考生随机抽取，考评员填写)

试题 3 分项目评分记录表及评分标准见表 F1－12。

表 F1－12 试题 3 分项目评分记录表及评分标准

序号	考核内容	考核要点	配分	评分标准	扣分	得分
1	识图	正确识图 正确回答笔试问题	5	笔试部分见参考答案和评分标准		
2	工具的使用	正确使用工具 正确回答笔试问题	2	工具使用不正确，每次扣 2 分 笔试部分见参考答案和评分标准 本项配分扣完为止		
3	仪表的使用	正确使用仪表 正确回答笔试问题	2	仪表使用不正确，每次扣 2 分 笔试部分见参考答案和评分标准 本项配分扣完为止		

续表

序号	考核内容	考核要点	配分	评分标准	扣分	得分
4	安全文明生产	(1) 明确安全用电的主要内容 (2) 操作过程符合文明生产要求	3	(1) 笔试部分见参考答案和评分标准 (2) 未经考评员同意私自通电，扣3分 (3) 损坏设备，扣2分 (4) 损坏工具仪表，扣1分 (5) 发生轻微触电事故，扣3分 本项配分扣完为止		
5	故障查找	找出故障点，在原理图上标注	10	错标或漏标故障点，每处扣5分 本项配分扣完为止		
6	故障排除	排除电路各处故障	3	(1) 每少排除1处故障点扣2分 (2) 排除故障时产生新的故障后不能自行修复，扣2分 本项配分扣完为止		
7	通电运行	(1) 通电前检测设备、元器件及电路 (2) 电路各项功能恢复正常	5	(1) 通电运行发生短路和开路现象，扣5分 (2) 通电运行出现异常，每处扣2分 本项配分扣完为止		
合计			30			
否定项：若考生发生重大设备和人身事故，则应及时终止其考试，考生该试题成绩记为零分						

评分人：　　　　　　　年　月　日　　　　　　　核分人：　　　　　　　年　月　日

笔试部分参考答案和评分标准：

(1) 写出下列图形文字符号的名称。(本题分值5分，每错一处扣1分)

答：L（电感线圈）；H（白炽灯）；C_1（电容器）；VS（双向晶闸管）；VD（双向二极管）。

(2) 简述电烙铁使用注意事项。(本题分值2分，错答或漏答一条扣0.5分)

答：①检查电源线是否完整；②使用松香等作为助焊剂；③保持烙铁头清洁；④暂时不用时应把烙铁放到烙铁架上。

(3) 简述万用表检测无标志二极管的方法。(本题分值2分，错答或漏答一条扣0.5分)

答：①选好挡位；②校准零位；③测二极管的正反向电阻值；④在呈现高阻抗时，红表笔接的一端为二极管的正极。

(4) 应悬挂什么文字标示牌？(本题分值3分，回答错误扣3分)

答：合闸后可送电到作业地点的刀闸，操作把手上应悬挂“禁止合闸，有人工作!”的标示牌。

维修电工中级工操作技能考核试卷1

注　意　事　项

一、本试卷依据2009年颁布的《维修电工》国家职业标准命制。

二、请根据试题考核要求，完成考试内容。

三、请服从考评人员指挥，保证考核安全顺利进行。

试题1　三相交流双速电动机控制电路的安装与调试

（1）考试时间：120分钟。

（2）考核方式：实操＋笔试。

（3）本题分值：35分。

（4）具体考核要求：按照电气安装规范，依据图F1－4正确完成三相交流双速电动机控制线路的安装、接线和调试。

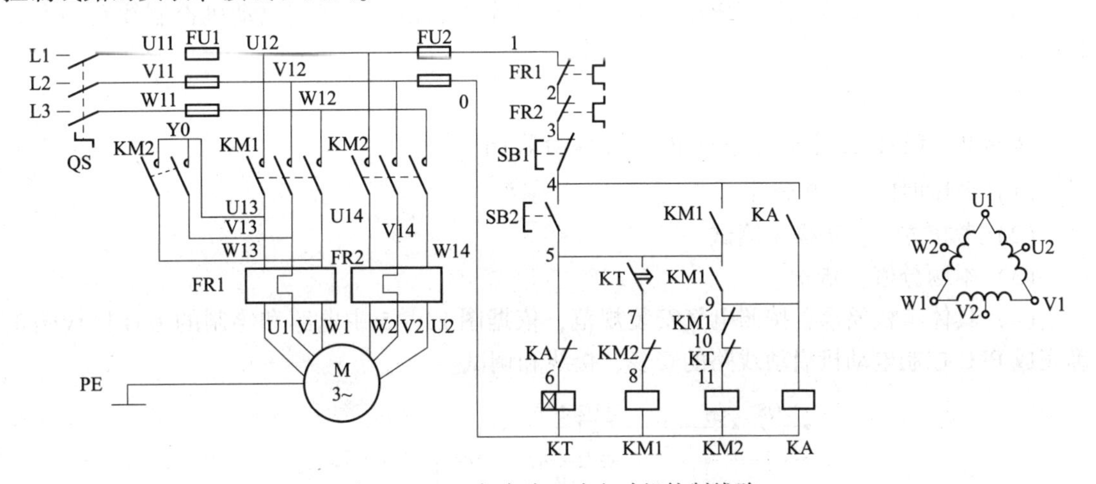

图F1－4　三相交流双速电动机控制线路

笔试部分：

（1）正确识读给定的电路图，写出下列图形文字符号的名称。

QS（　　　　　　　）；FU1（　　　　　　　）；KM1（　　　　　　　）；

KT（　　　　　　　）；KA（　　　　　　　）。

（2）正确使用工具，简述冲击电钻装卸钻头时的注意事项。

答：

(3) 正确使用仪表，简述指兆欧表的使用方法。

答：

(4) 安全文明生产，回答电气安全用具使用注意事项。

答：

操作部分：

(5) 按照电气安装规范，依据图 F1 - 4 正确完成三相交流双速电动机控制线路的安装和接线。

(6) 通电试运行。

试题 2　PLC 控制三相异步电动机启动装调

(1) 考试时间：120 分钟。

(2) 考核方式：实操 + 笔试。

(3) 本题分值：35 分。

(4) 具体考核要求：按照电气安装规范，依据图 F1 - 5 主电路和绘制的 I/O 接线图正确完成 PLC 控制电动机启动线路的安装、接线和调试。

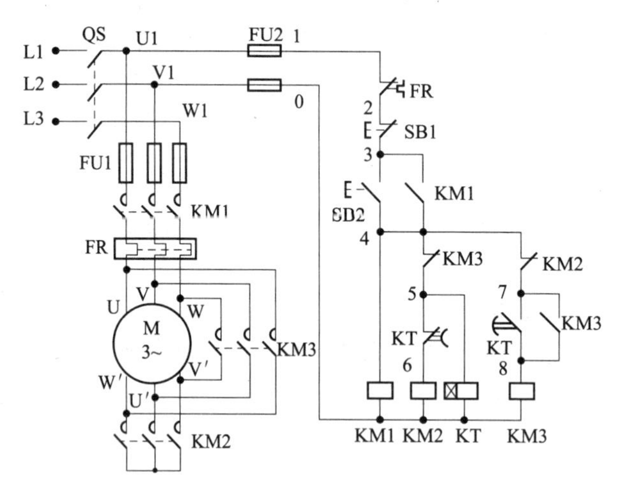

图 F1 - 5　I/O 接线图

笔试部分：

(1) 正确识读给定的电路图，将控制电路部分改为 PLC 控制，在答题纸上正确绘制 PLC 的 I/O 口（输入、输出）接线图并设计 PLC 梯形图。

（2）正确使用工具，简述电烙铁使用注意事项。
答：

（3）正确使用仪表，简述指针式万用表电阻挡的使用方法。
答：

（4）安全文明生产，回答在室外地面高压设备四周的围栏上应悬挂什么内容的标示牌。
答：

操作部分：
（5）按照电气安装规范，将控制电路部分改为PLC控制，依据图F1－5主电路和绘制的I/O接线图正确完成PLC控制电动机启动线路的安装和接线。
（6）正确编制程序并输入PLC中。
（7）通电试运行。
笔试部分答题纸：
1. PLC接线图

2. PLC梯形图

试题3　单相双向晶闸管电路的测量与维修

（1）考试时间：60分钟。
（2）考核方式：实操＋笔试。
（3）试卷抽取方式：由考生随机抽取故障序号。
（4）本题分值：30分。
（5）具体考核要求：单相双向晶闸管电路的测量与维修。

笔试部分：

（1）正确识读给定的电路图（如图 F1－6）；写出下列图形文字符号的名称。

L（　　　　　　　）；H（　　　　　　　　）；C_1（　　　　　　　）；

VS（　　　　　　）；VD（　　　　　　　　）。

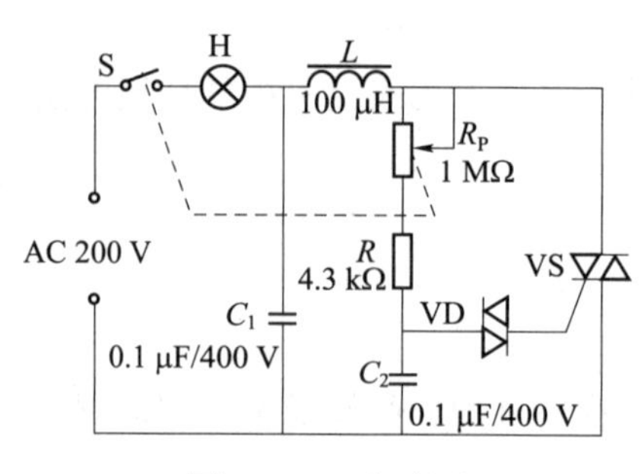

图 F1－6　电路图

（2）正确使用工具，简述电烙铁使用注意事项。

答：

（3）正确使用仪表，简述万用表检测无标志二极管的方法。

答：

（4）安全文明生产，回答合闸后可送电到作业地点的刀闸操作把手上应悬挂什么文字标示牌。

答：

操作部分：排除 3 处故障，其中线路故障 1 处，器件故障 2 处。

（5）在不带电状态下查找故障点并在原理图上标注。

（6）排除故障，恢复电路功能。

（7）通电运行，实现电路的各项功能。

附录2 维修电工高级工操作技能样题及评分标准

维修电工高级工操作技能考核试卷1

注 意 事 项

一、本试卷依据2009年颁布的《维修电工》国家职业标准命制。

二、请根据试题考核要求，完成考试内容。

三、请服从考评人员指挥，保证考核安全顺利进行。

试题1 PLC控制多种液体混合系统的设计、安装与调试

考试时间：150分钟。

考核方式：实操+笔试。

本题分值：40分。

具体考核要点：PLC控制多种液体混合系统的设计、安装与调试。

（1）任务：

图F2-1所示为多种液体混合系统参考图。

①初始状态时，容量是空的，Y1、Y2、Y3、Y4为OFF，L1、L2、L3为OFF，搅拌机M为OFF。

②启动按钮按下，Y1=ON，液体A进入容器，当液体到达L3时，L3=ON，Y1=OFF，Y2=ON；液体B进入容器，当液体到达L2时，L2=ON，Y2=OFF，Y3=ON；液体C进入容器，当液面到达L1时，L1=ON，Y3=OFF，M开始搅拌。

③搅拌到10 s后，M=OFF，H=ON，开始对液体加热。

④当温度达到一定时，T=ON，H=OFF，停止加热，Y4=ON，放出混合液体。

⑤液面下降到L3后，L3=OFF，过5 s，容器空，Y4=OFF。

⑥要求隔5 s后开始下一周期，如此循环。

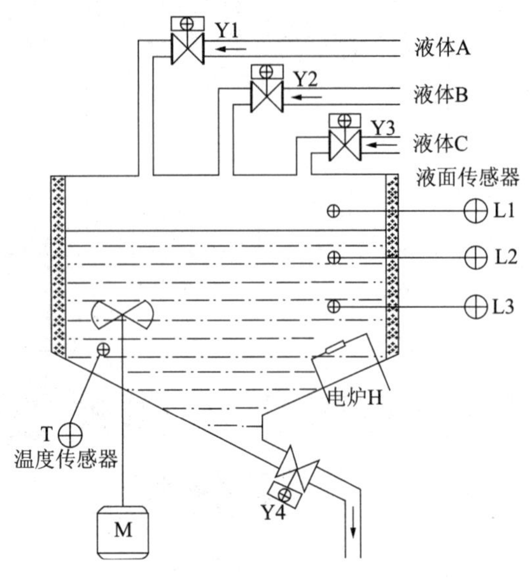

图 F2－1　设备示意图

（2）要求：

①工作方式设置：按下启动按钮后自动循环，按下停止按钮后，要在一个混合过程结束后才可停止。

②有必要的电气保护和互锁。

笔试部分：

（1）PLC 从规模上分哪三种？

答：（　　　　　）；（　　　　　）；（　　　　　）。

（2）正确使用工具，冲击电钻装卸钻头时有什么注意事项？

答：

（3）正确使用仪表，简述指针式万用表电阻挡的使用方法。

答：

（4）安全文明生产，回答何为安全电压。

答：

操作部分：

(5) 电路绘制，根据控制要求，在答题纸上正确设计 PLC 梯形图及按规范绘制 PLC 控制 I/O 口（输入/输出）接线图。

(6) 安装与接线，按照电气安装规范。

①将熔断器、接触器、继电器、PLC 装在一块配线板上，将方式转换开关、行程开关、按钮等装在另一块配线板上。

②按 PLC 控制 I/O 口（输入/输出）接线图在配线板上正确安装，元器件在配线板上布置要合理，安装要准确、紧固，配线导线要紧固、美观，导线要垂直进入线槽，导线要有端子标号，引出端要用接线端头。

(7) 正确地将所编程序输入 PLC，按照被控设备的动作要求进行模拟操作调试，达到设计要求。

(8) 通电试验，通电前正确使用电工工具及万用表，进行仔细检查。

笔答部分答题纸：

1. PLC 接线图

2. PLC 梯形图

试题2　某型号直流调速装置外围电路故障维修

考试时间：60 分钟。

考核方式：实操 + 笔试。

试卷抽取方式：由考生随机抽取故障序号。

本题分值：30 分。

正确识读给定的电路图（由考点提供），检修某型号直流调速装置外围主电路故障，在其电气线路上，设隐蔽故障 3 处，其中主电路 1 处（如电源故障等），控制回路 2 处（如给定、速度反馈等），考场中各工位故障清单提供给考评员。

具体考核要点：某型号直流调速装置外围主电路故障维修。

笔试部分：

（1）正确使用工具，简述剥线钳的使用方法。

答：

（2）正式使用仪表，简述冲击电钻装卸钻头时的注意事项。

答：

（3）安全文明生产，回答照明灯的电压为什么采用24 V。

答：

操作部分：排除3处故障，主电路1处，控制回路2处。

（4）在不带电状态下查找故障点并在原理图上标注。

（5）排除故障，恢复电路功能。

试题3　三人表决器的设计、安装与调试

考试时间：60分钟。

考核方式：实操 + 笔试。

本题分值：30分。

具体考核要点：三人表决器的设计、安装与调试。

用组合逻辑电路绘制一个三人表决器并安装、调试。

设计一个组合逻辑电路三人表决器，当多数人同意时，提议通过；否则不通过。设输入三个变量分别为：A、B、C输出变量用F表示，当输入同意时用1表示，否则为0；输出状态为1时表示通过，输出为0时表示否决。

笔试部分：

（1）正确使用工具，简述电烙铁使用注意事项。

答：

（2）正确使用仪表，简述万用表检测无标志二极管的方法。

答：

（3）安全文明生产，回答合闸后可送电到作业地点的刀闸操作把手上应悬挂什么文字标示牌。

答：

操作部分：

（4）绘制电路，按照设计电路图及电子焊接工艺要求，将各元器件安装在印制电路板上。

（5）正确使用工具和仪表，装接质量要可靠，装接技术要符合工艺要求。

（6）测试，符合功能要求。

维修电工高级工操作技能考核评分记录表 1

考件编号：________　姓名：________　准考证号：________　单位：________

总成绩表见表 F2 - 1。

表 F2 - 1　总成绩表

序号	试题名称	配分	得分	权重	最后得分	备注
1	PLC 控制多种液体混合系统的设计、安装与调试	40				
2	某型号直流调速装置外围主电路故障维修	30				
3	三人表决器的设计、安装与调试	30				
合　计		100				

统分人：　　　　年　月　日

维修电工高级工操作技能考核分项目评分记录表及评分标准

试题 1　PLC 控制多种液体混合系统的设计、安装与调试

分项目评分记录表及评分标准见表 F2－2。

表 F2－2　试题 1 分项目评分记录表及评分标准

序号	考核内容	考核要点	评分标准	配分	扣分	得分
1	绘图	（1）正确识图，理解电气工作原理 （2）正确绘制 PLC 接线图，列出 PLC 控制 I/O（输入/输出）元器件地址分配表 （3）根据控制要求，设计梯形图 （4）正确回答笔试问题	（1）电气图形文字符号错误或遗漏，每处均扣 2 分 （2）徒手绘制电路图，扣 2 分 （3）电路原理错误，扣 5 分；缺少 PLC 接线图，扣 5 分 （4）梯形图画法不规范，扣 2 分 （5）笔试部分见参考答案评分标准 本项配分扣完为止	10		
2	工具的使用	正确使用工具 正确回答笔试问题	工具使用不正确，每次扣 2 分 笔试部分见参考答案评分标准 本项配分扣完为止	2		
3	仪表的使用	正确使用仪表 正确回答笔试问题	仪表使用不正确，每次扣 2 分 笔试部分见参考答案评分标准 本项配分扣完为止	2		
4	安全文明生产	（1）明确安全用电的主要内容 （2）操作过程符合文明生产要求	（1）笔试部分见参考答案评分标准 （2）未经考评员同意私自通电，扣 3 分 （3）损坏设备，扣 2 分；损坏工具仪表，扣 1 分 （4）发生轻微触电事故，扣 3 分 本项配分扣完为止	3		
5	安装布线	按照电气安装规范，依据电路图正确完成本次考核线路的安装和接线	（1）不按图接线，每处扣 1 分 （2）电源线和负载不经接线端子排接线，每根导线扣 1 分 （3）电器安装不牢固、不平正，不符合设计及产品技术文件的要求，每项扣 1 分			

续表

序号	考核内容	考核要点	评分标准	配分	扣分	得分
5	安装布线		(4) 电动机外壳没有接零或接地，扣1分 (5) 导线裸露部分没有加套绝缘，每处扣1分 本项配分扣完为止	13		
6	程序输入及调试	(1) 熟练操作PLC (2) 按照被控设备的动作要求进行模拟操作调试，达到控制要求	(1) 不会操作PLC，扣10分 (2) 模拟操作与控制流程不符，每处扣5分；1次试车不成功，扣5分；2次试车不成功，扣10分 本项配分扣完为止	10		
合计				40		
否定项：若考生发生重大设备和人身事故，则应及时终止其考试，考生该试题成绩记为零分						

评分人：　　　　　　年　月　日　　　　　　核分人：　　　　　　年　月　日

笔试部分参考答案和评分标准：

(1) PLC从规模上分哪3种？(本题分值3分，每错一处扣1分)

答：(小型)；(中型)；(大型)。

(2) 正确使用工具，冲击电钻装卸钻头时有什么注意事项？(本题分值2分，错答或漏答扣2分)

答：装卸钻头时，必须用钻头钥匙，不能用其他工具敲打夹头。

(3) 正确使用仪表，简述指针式万用表电阻挡的使用方法。(本题分值2分，错答或漏答一条扣0.5分)

答：①预估被测电阻的大小，选择挡位；②调零；③测出电阻的数值；④如果挡位不合适，更换挡位后重新调零和测试。

(4) 安全文明生产，回答何为安全电压？(本题分值3分，回答错误扣3分)

答：加在人体上在一定时间内不致造成伤害的电压。

1. PLC接线图（图F2-2）

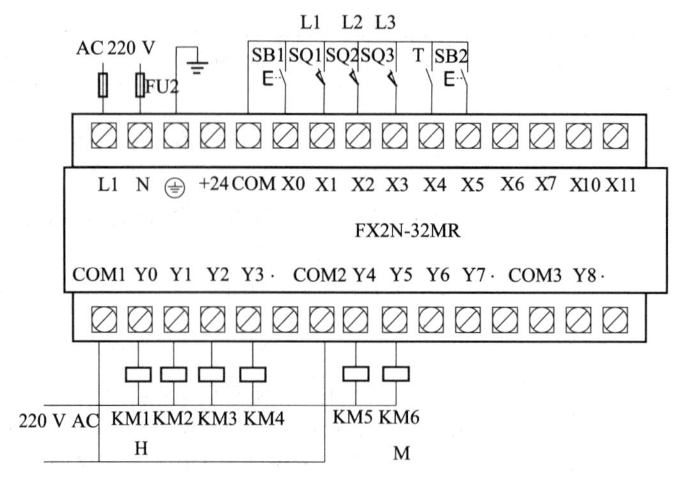

图 F2－2 PLC 接线图

2. 梯形图（图 F2－3）

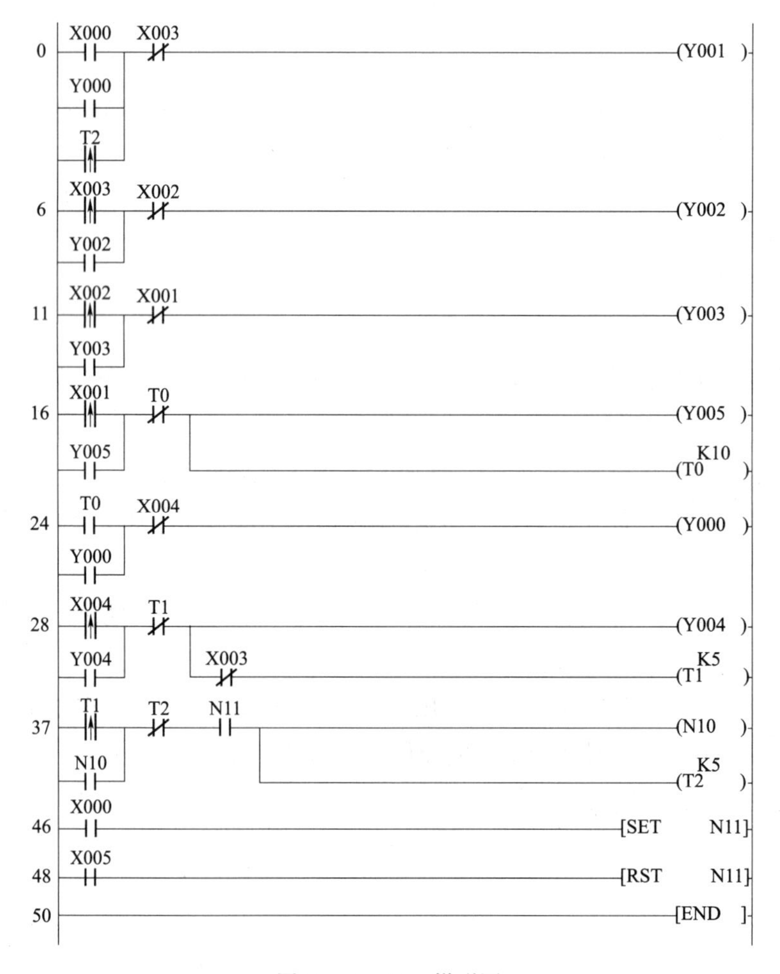

图 F2－3 PLC 梯形图

试题2　某型号直流调速装置外围主电路故障维修

故障点代码________、________、________。(由考生随机抽取，考评员填写)

分项目评分记录表及评分标准见表F2－3。

表F2－3　试题2分项目评分记录表及评分标准

序号	考核内容	考核要点	评分标准	配分	扣分	得分
1	识图	正确识图，简述电路功能	电路功能描述错误，扣5分	5		
2	工具的使用	正确使用工具 正确回答笔试问题	工具使用不正确，每次扣2分 笔试部分见参考答案评分标准 本项配分扣完为止	2		
3	仪表的使用	正确使用仪表 正确回答笔试问题	仪表使用不正确，每次扣2分 笔试部分见参考答案评分标准 本项配分扣完为止	2		
4	安全文明生产	(1) 明确安全用电的主要内容 (2) 操作过程符合文明生产要求	(1) 笔试部分见参考答案评分标准 (2) 未经考评员同意私自通电，扣3分 (3) 损坏设备，扣2分；损坏工具仪表，扣1分 (4) 发生轻微触电事故，扣3分 本项配分扣完为止	3		
5	故障查找	找出故障点，在原理图上标注	错标或漏标故障点，每处扣5分 本项配分扣完为止	5		
6	故障排除	排除电路各处故障	(1) 每少排除1处故障点，扣3分 (2) 排除故障时产生新的故障后不能自行修复，扣5分 本项配分扣完为止	5		
7	通电运行	(1) 通电前检测设备、元器件及电路 (2) 电路各项功能恢复正常	(1) 通电运行发生短路和开路现象，扣8分 (2) 通电运行出现异常，每处均扣3分 本项配分扣完为止	8		
合计				30		
否定项：若考生发生重大设备和人身事故，则应及时终止其考试，考生该试题成绩记为零分						

评分人：　　　　　　　年　月　日　　　　　　　核分人：　　　　　　　年　月　日

笔试部分参考答案和评分标准：

(1) 正确使用工具，简述剥线钳的使用方法。(本题分值2分，错答或漏答一处扣1分，扣完为止)

答：①正确选用剥线钳的规格型号；②根据导线线径选择合适的槽口；③用力恰当。

(2) 正式使用仪表，简述冲击电钻装卸钻头时的注意事项。(本题分值2分，错答或漏

答扣2分)

答：装卸钻头时，必须用钻头钥匙，不能用其他工具敲打夹头。

(3) 安全文明生产，回答照明灯的电压为什么采用24 V。(本题分值3分，错答或漏答一处扣1分，扣完为止)

答：①车床加工过程中有可能会打破灯泡，使设备外壳带电；②为了保证车床操作使用人员的安全，采用经过变压器隔离的24 V安全电压；③即使人体碰到带电体，也不会发生触电事故。

试题3 三人表决器的设计、安装与调试

分项目评分记录表及评分标准见表F2-4。

表F2-4 试题3分项目评分记录表及评分标准

序号	考核内容	考核要点	配分	评分标准	扣分	得分
1	识图	正确识图 正确回答笔试问题	2	正确识图 笔试部分见参考答案和评分标准 本项配分扣完为止		
2	工具的使用	正确使用工具 正确回答笔试问题	2	工具使用不正确，每次扣2分 笔试部分见参考答案和评分标准 本项配分扣完为止		
3	仪表的使用	正确使用仪表 正确回答笔试问题	2	仪表使用不正确，每次扣2分 笔试部分见参考答案和评分标准 本项配分扣完为止		
4	安全文明生产	(1) 明确安全用电的主要内容 (2) 操作过程符合文明生产要求	3	(1) 笔试部分见参考答案和评分标准 (2) 未经考评员同意私自通电，扣3分 (3) 损坏设备，扣2分 (4) 损坏工具仪表，扣1分 (5) 发生轻微触电事故，扣3分 本项配分扣完为止		
5	安装布线	按照电子焊接工艺要求，依据电路图正确完成本次考核线路的安装和接线	11	(1) 不按图组装接线，每处扣1分 (2) 元器件组装不牢固，每处扣1分 (3) 元器件偏斜，每个扣0.5分 (4) 焊点不圆滑，每个扣0.5分 (5) 焊接点接触不良，每处扣1分 (6) 元器件引线高出焊点1 mm以上，每处扣1分 本项配分扣完为止		
6	试运行	(1) 通电前检测设备、元器件及电路 (2) 通电试运行实现电路功能	10	(1) 通电测试发生短路和开路现象，扣10分 (2) 通电测试异常，每项扣5分 本项配分扣完为止		
合计			30			
否定项：若考生发生重大设备和人身事故，则应及时终止其考试，考生该试题成绩记为零分						

评分人：　　　　年　月　日　　　　核分人：　　　　年　月　日

笔试部分参考答案和评分标准：

（1）正确使用工具，简述电烙铁使用注意事项。（本题分值2分，错答或漏答一条扣0.5分）

答：①检查电源线是否完整；②使用松香等作为助焊剂；③保持烙铁头清洁；④暂时不用时应把烙铁放到烙铁架上。

（2）正确使用仪表，简述万用表检测无标志二极管的方法。（本题分值2分，错答或漏答一条扣0.5分）

答：①选好挡位；②校准零位；③测二极管的正反向电阻值；④当呈现高阻抗时，红表笔接的一端为二极管的正极。

（3）安全文明生产，回答合闸后可送电到作业地点的刀闸操作把手上应悬挂什么文字的标示牌。（本题分值3分，回答错误扣3分）

答：合闸后可送电到作业地点的刀闸操作把手上应悬挂“禁止合闸，有人工作!”的标示牌。

三人表决器的电路设计参考：当A、B、C三人表决某个提案时，两人或两人以上同意，提案通过，否则提案不通过。即以A、B、C三个人为输入变量，同意提案时用输入1表示，不同意时用输入0表示；表决结果Y为输出变量，提案通过用输出1表示，提案不通过用输出0表示。由此可列出表F2-5所示真值表。

表F2-5　真值表

输入变量			输出变量
A	B	C	Y
0	0	0	0
0	0	1	0
0	1	0	0
0	1	1	1
1	0	0	0
1	0	1	1
1	1	0	1
1	1	1	1

根据真值表，写出输出函数的与或表达式为

$$Y=\overline{A}BC+A\overline{B}C+AB\overline{C}+ABC$$

对上式进行化简，得

$$Y = BC + AC + AB$$

将上式变换成与非表达式为

$$Y = \overline{\overline{AB} \times \overline{AC} \times \overline{BC}}$$

进而再根据输出逻辑表达式，得出逻辑图如图 F2－4 所示。

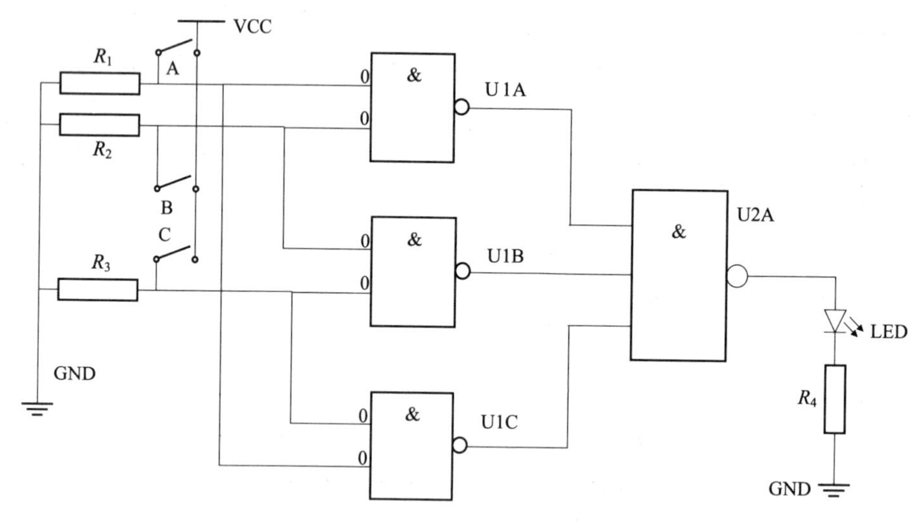

图 F2－4　三人表决器电路原理图

参 考 文 献

[1] 机械工业技师考评教材编审委员会. 维修电工技师培训教材 [M]. 北京：机械工业出版社，2006.
[2] 李明. 电动机与电力拖动 [M]. 北京：电子工业出版社，2007.
[3] 劳动和社会保障部教材办公室，上海市职业技术培训教研室组织. 维修电工（中级）[M]. 北京：中国劳动社会保障出版社，2004.
[4] 劳动和社会保障部教材办公室，上海市职业技术培训教研室组织. 维修电工（高级）上册 [M]. 北京：中国劳动社会保障出版社，2004.
[5] 劳动和社会保障部教材办公室，上海市职业技术培训教研室组织. 维修电工（高级）下册 [M]. 北京：中国劳动社会保障出版社，2004.
[6] 徐军. 传感器及应用 [M]. 北京：电子工业出版社，2010.
[7] 郭宗仁，等. 可编程控制器应用系统设计及通信网络技术 [M]. 北京：人民邮电出版社，2001.
[8] 王卫兵. PLC 系统通信、扩展与网络互连技术 [M]. 北京：机械工业出版社，2001.
[9] 黄云龙. 可编程控制器教程 [M]. 北京：科学出版社，2001.
[10] 汪晓平，等. PLC 可编程控制器系统开发实例导航 [M]. 北京：人民邮电出版社，2001.
[11] 孙志永. 赵砚江. 数控与电气控制技术 [M]. 北京：机械工业出版社，2002.
[12] 机械工业职业技能鉴定指导中心. 维修电工技术（中级）[M]. 北京：机械工业出版社，2004.
[13] 机械工业职业技能鉴定指导中心. 维修电工技术（高级）[M]. 北京：机械工业出版社，2004.
[14] 廖常初. PLC 编程与应用 [M]. 北京：机械工业出版社，2003.
[15] 王侃夫. 数控机床控制技术与系统 [M]. 北京：机械工业出版社，2003.
[16] 赵俊生. 数控机床电气控制技术基础 [M]. 北京：电子工业出版社，2005.
[17] 侯崇升. 现代调速控制系统 [M]. 北京：机械工业出版社，2006.
[18] 赵俊生. 电气控制与 PLC 技术 [M]. 北京：电子工业出版社，2008.
[19] 吕汀，石红梅. 变频技术原理与应用 [M]. 北京：机械工业出版社，2004.
[20] 赵俊生. 数控机床电气控制技术基础 [M]. 北京：电子工业出版社，2009.
[21] 张燕宾，胡纲衡，唐瑞球. 实用变频调速技术培训教程 [M]. 北京：机械工业出版社，2003.
[22] 陈立周. 电气测量 [M]. 北京：机械工业出版社，2002.
[23] 席时达. 电工技术 [M]. 北京：高等教育出版社，2004.
[24] 职业技能鉴定教材编审委员会. 维修电工 [M]. 北京：中国劳动社会保障出版社，2004.

［25］劳动和社会保障部教材办公室．电工仪表与测量［M］．北京：中国劳动社会保障出版社，2004.
［26］吴家礼．数控机床故障诊断与维修技术［M］．北京：机械工业出版社，2006.
［27］钱平．交直流调速控制系统［M］．北京：高等教育出版社，2006.
［28］浣喜明．电力电子技术［M］．北京：高等教育出版社，2004.
［29］李明生．电子测量与仪器［M］．北京：高等教育出版社，2004.
［30］魏召刚．工业变频器原理及应用［M］．北京：电子工业出版社，2006.
［31］唐义锋，赵俊生．维修电工与实训［M］．北京：化学工业出版社，2006.
［32］赵俊生．单片机原理与应用［M］．北京：中国铁道出版社，2013.
［33］李志坤．基于地源热泵技术的变频恒压供水空调系统［J］．中国高新技术企业，2009（23）．
［34］陈东群．传感器技术及实训［M］．北京：机械工业出版社，2012.